Zero To Production In Rust

An opinionated introduction to backend development

从零构建 Rust 生产级服务

[美] Luca Palmieri　著

温祖彤　李　力　杨楚天　译

电子工业出版社

Publishing House of Electronics Industry

北京 · BEIJING

内 容 简 介

本书是一本面向 Rust 后端开发人员的入门参考书，通过实际项目引导读者从 0 到 1 构建一个功能齐全的电子邮件通信 API。本书涵盖了广泛的主题，包括 Rust 生态系统的利用、应用结构的设计、测试的编写、用户认证和授权、错误处理策略的实施、应用状态的观察，以及持续集成和部署管道的建立等。本书不仅介绍了具体的工具和库，还深入探讨了系统设计、可观测性和易操作性等重要概念，能够帮助读者掌握专业的开发方法。

本书适合初学者，是开启 Rust 开发之旅的理想起点，即使没有 Rust 或后端开发经验，相信你也能够轻松跟上、快速入门。

版权贸易合同登记号　图字：01-2024-4105

图书在版编目（CIP）数据

从零构建 Rust 生产级服务 /（美）卢卡·帕尔米耶里
（Luca Palmieri）著；温祖彤，李力，杨楚天译.
北京 ：电子工业出版社，2024. 9. -- ISBN 978-7-121
-48707-1
　　Ⅰ. TP312
　　中国国家版本馆 CIP 数据核字第 2024KY3538 号

责任编辑：孙奇俏
文字编辑：葛　娜
印　　刷：三河市良远印务有限公司
装　　订：三河市良远印务有限公司
出版发行：电子工业出版社
　　　　　北京市海淀区万寿路 173 信箱　邮编：100036
开　　本：787×980　1/16　印张：35　字数：795.2 千字
版　　次：2024 年 9 月第 1 版
印　　次：2024 年 12 月第 3 次印刷
定　　价：168.00 元

凡所购买电子工业出版社图书有缺损问题，请向购买书店调换。若书店售缺，请与本社发行部联系，联系及邮购电话：(010) 88254888，88258888。

质量投诉请发邮件至 zlts@phei.com.cn，盗版侵权举报请发邮件至 dbqq@phei.com.cn。

本书咨询联系方式：faq@phei.com.cn。

推荐语

如果你想部署一个用 Rust 编写的 Web API 或 Web 应用程序，强烈建议你阅读这本书。这本书让我最欣赏的一点是作者强调了实用的、真实的 Rust 开发建议，不仅提供了明确可行的步骤来实现具体目标，还包括了现代应用部署策略。除此之外，作者的写作风格也让这本书非常易于阅读。

张汉东，资深 Rust 咨询师、《Rust 编程之道》作者

市面上不缺讲解 Rust 语言编程的书，但是介绍如何运用 Rust 来解决行业问题的书还比较稀缺。在这方面，本书是业界公认的一本好书，非常期待这本书能为 Rust 语言在中文社区的推广和发展提供价值。

唐刚，Rust 语言中文社区联合创始人

本书是 Rust 后端开发的宝典，融合了 Rust 的高性能与安全特性，以及现代 API 服务开发实践。讲解深入浅出，辅以丰富的实例，真正做到了从零构建 Rust 生产级服务。无论是 Rust 新手还是经验丰富的开发者，都能从本书中汲取宝贵知识，提升构建高效、可靠后端服务的能力。如果你想学习 Rust 开发，本书将是你的学习指南。

赵悦，资深 Rust 开发者

本书系统讲述了目前 Rust Web Dev 开发方向的生态，也提到了很多 Rust 风格的编码方式，非常适合在学习完 Rust 语法之后不知道如何实践的读者阅读。

连修明，资深服务端开发工程师

译者序

在计算机科学领域，编程语言一直是研究和开发的重点。随着计算机技术的不断发展，新的编程语言不断涌现，其中 Rust 备受关注。Rust 是一种系统级编程语言，它的目标是提供高效、安全的编程体验，并且支持并发编程。Rust 的出现引起了广泛的关注和热议，成为近年来最热门的编程语言之一。

《从零构建 Rust 生产级服务》是一本介绍 Rust 实践应用的优秀图书，主要讲述如何在实际项目中应用 Rust 进行开发，以及如何使用 Rust 解决实际问题。我们相信，通过对本书的学习，读者可以了解如何应用 Rust 构建后端服务，也会对 Rust 有更深入的认识和理解，同时获得更多的收获和成就。

在本书的翻译过程中，我们尽量保持原书清晰、简洁的风格，努力保证术语和用词准确。但是由于能力有限，若有不足之处，还望读者海涵。

感谢张汉东老师提供这个宝贵的机会，正是因为他的支持，我们才有幸翻译本书。

感谢缘分，让我们三人——温祖彤、李力、杨楚天相识，协力完成本书的翻译。

感谢李国斌、杨力，他们对本书初稿及终稿提供了许多意见和建议，还给了我们很多鼓励。没有他们的支持，本书的翻译工作肯定不会进展得这么顺利。

最后，感谢电子工业出版社编辑孙奇俏老师对我们的耐心指导。

序言

当你读到这些文字时，Rust 已经实现了其最大的目标：为程序员提供一种新的选择来编写生产系统。在本书结束时，是否选择走这条路仍然取决于你自己，但你已经拥有了考虑这一提议所需的一切。我曾参与两种截然不同的语言——Ruby 和 Rust 的发展过程，使用它们编写代码、组织活动、参与项目管理并围绕它们开展业务。通过这样做，我有幸与这些语言的作者保持联系，并和其中一些人成为朋友。Rust 给了我难得的机会，使我可以见证并帮助一门语言从实验阶段发展到被工业界采用。

告诉你一个我在这个过程中了解到的秘密：某种编程语言之所以被工业界采用，并不是因为其拥有某些功能特性，而是由于三个关键因素的复杂作用：优秀的技术、交流这些技术的能力和足够多愿意对技术进行长期投资的人。当我写下这些文字时，已经有超过 5000 人在业余时间为 Rust 项目做出了贡献，而且往往是免费的——因为他们相信自己的选择。你不必为编译器做出贡献，也不必在 git 日志中记录，就能够为 Rust 做出贡献。Luca 的书就是这样一种贡献：它为新手提供了一个了解 Rust 的视角，并推动了许多人的出色工作。

Rust 从未打算成为一个研究平台，它始终是一种编程语言，旨在解决大型代码库中的实际问题。它来自一个拥有庞大而复杂代码库的组织——Firefox 的创造者 Mozilla，这并不令人惊讶。当我加入 Rust 时，它雄心勃勃地要将研究产业化，使未来的软件变得更好。这种编程语言始终都是为所有人设计的——凭借其所有的理论概念、线性类型、基于区域的内存管理。这反映在它的术语上：Rust 使用"所有权"和"借用"等通俗易懂的名称来表示我刚才提到的概念。Rust 自始至终都是一种工业语言。

这也体现在它的支持者上——多年来，我一直知道 Luca 是一位对 Rust 非常了解的社区成员。但他更感兴趣的是通过解决人们的需求来说服他们 Rust 值得一试。这本书的标题和结构反映了 Rust 的一个核心价值观：在编写可靠、有效的生产软件中发现它的价值。Rust 的优势体现在用其高效编写稳定软件时所付出的努力和积累的知识上。在这方面，找到一个引领者是最好的选择，而 Luca 是你在 Rust 圈子中能找到的最好的引领者之一。

Rust 并不能解决你所有的问题，但它努力消除了各种错误。有一种观点认为，程序员的无能导致了语言安全特性的存在，但我不赞同这种观点。Emily Dunham 在她的 RustConf 2017 主题演讲中表达得很好：“安全的代码让你能够承担更大的风险。”Rust 社区的许多魔力就在于对其用户的积极看法：无论你是新手还是经验丰富的开发者，我们都相信你的经验和决策能力。在这本书中，Luca 提供了许多新知识，甚至可以将这些知识应用到 Rust 以外的领域，而且结合日常开发对其进行了很好的解释。祝你愉快地阅读、学习和思考！

弗洛里安·吉尔彻（Florian Gilcher）

Ferrous Systems 总经理

Rust 基金会联合创始人

前言

这是关于什么的书

后端开发的世界是广阔的。

你所处的环境对于确定解决问题的最佳工具和实践方法有着巨大的影响。例如,基于主干(trunk)的开发方式非常适合编写在云环境中持续部署的软件。但是,对于那些销售本地托管和运行的软件的团队来说,这样的方法可能不太适合他们的商业模式和面临的挑战——他们可能更适合采用Gitflow方法。

而如果是从事独立开发的,则可以直接在 **main** 分支上工作。

在软件开发领域,没有绝对的事情,我认为在评估任何技术或方法的利弊时,澄清自己的观点都是有益的。

《从零构建 Rust 生产级服务》将重点讨论由拥有不同经验和水平的四五名工程师组成的团队在编写云原生应用程序时所面临的挑战。

云原生应用程序

定义云原生应用程序的含义本身就可以写一本书了[1]。我们不规定云原生应用程序应该是什么样子的,而是阐述期望云原生应用程序能做什么。

借用 Cornelia Davis 的话,我们期望云原生应用程序:

- 在容易出现故障的环境中实现高可用性;

---

1 例如,Cornelia Davis 写的那本《云原生模式》(*Cloud Native Patterns*)就很好。

- 允许在零停机的情况下持续发布新版本；

- 处理动态的工作负载（例如请求量）。

这些要求对软件架构的解决方案产生了深远影响。

高可用性意味着即使一台或多台计算机突然发生故障（这在云环境[1]中很常见），我们的应用程序也应该能够在零停机的情况下处理请求。这要求应用程序是分布式的——应该在多台计算机上运行多个实例。

如果希望能够处理动态的工作负载，我们必须能够衡量系统是否处于过载状态，并通过启动新的应用程序实例来提高计算能力。这要求基础设施具有弹性，以避免过度配置和增加成本。

运行应用程序的副本会影响数据持久化的处理方式——我们将避免使用本地文件系统作为持久化解决方案，而是依赖数据库来满足持久化需求。

因此，《从零构建 Rust 生产级服务》将广泛涵盖那些与后端应用程序开发看似不相关的主题。但是，云原生软件与 DevOps 和彩虹部署这些概念有关，因此，我们将花费大量时间来讨论与操作系统相关的传统主题。

我们将介绍如何对 Rust 应用程序进行插桩，收集日志、跟踪信息和指标，以便观测系统。

我们将介绍如何通过迁移来设置和演进数据库模式。

我们将介绍所有必要的材料，以使用 Rust 来解决云原生 API 的日常问题。

在团队中工作

上述三个要求的影响超出了系统的技术特性范畴，它还影响我们构建软件的方式。

为了能够快速向用户发布新版本的应用程序，我们需要确保应用程序能够正常工作。

如果你在自己的独立项目上工作，则可以依靠自己对整个系统的全面理解来确保代码的正确性，因为是你自己编写的代码，整个系统可能足够小，你可以完整记住所有细节[2]。

如果你在企业级项目的团队中工作，则很可能会经常处理那些不是自己编写的或审核的代码，而原作者可能已经离职了。

如果你依赖对代码功能的全面了解来防止代码遭到破坏，那么每次要引入更改时，你都会非常

---

1 例如，许多公司使用 AWS 竞价型实例来减少基础设施费用。竞价型实例的价格是通过持续拍卖确定的，它比按需型实例的相应全价便宜得多（可省高达 90%的成本）。但需要注意的是，AWS 可以在任何时间取消你的竞价型实例。因此，你的软件必须具备容错能力，才能充分利用这个机会。

2 假设你是最近编写的这个软件。在软件开发领域，一年前的你实际上可以被视为陌生人。如果你要重新拾起一个旧的项目，请祈祷你过去写下了注释。

担心。

因此，你需要进行自动化测试。

在每次提交时运行，在每个分支上运行，保持 **main** 分支的健康状态。

你希望利用类型系统使不良状态难以被表示。

你希望利用所有可用的工具，使团队的每个成员都能够开发软件的一部分，为开发过程做出贡献——即使他们可能不像你那么有经验，或者对代码库或所使用的技术不太熟悉。

因此，《从零构建 Rust 生产级服务》将非常注重测试驱动开发和持续集成——我们甚至在启动并运行 Web 服务器之前，就会创建一条持续集成流水线！

我们将介绍一些在 Rust 社区中并不太流行或文档不太完善但非常强大的技术，例如针对 API 的黑盒测试和 HTTP mock。

我们还将借用领域驱动设计的术语和技术，将其与类型驱动设计相结合，以确保系统的正确性。

> 我们的主要关注点是企业级软件：正确的代码既要有足够的表达力来建模领域，又要有足够的灵活性来支持其不断演进。

因此，我们会倾向于使用简单可行的解决方案，即使它们可能会带来性能开销。通过更严谨和精细的方法是可以减少这些开销的。

让代码先运行起来，然后再进行优化（如果需要的话）。

这本书是为谁而写的

Rust 生态系统一直致力于打破使用障碍，为初学者和新手提供了出色的材料。从文档到编译器诊断的不断完善，它都付出了不懈的努力。

为尽可能多的使用者提供服务是有意义的。

然而，总是想迎合所有人可能不会产生好的效果：与中、高级用户相关的材料，对于初学者来说可能过于深入，初学者容易忽视它们。

当我开始尝试使用 **async/await** 时，亲身经历了这个问题。

我需要的知识，和我在阅读 *The Rust Book* 或在 Rust 数字生态系统中工作时所掌握的知识之间存在显著的差距。

我想得到一个简单问题的答案：

> Rust 是否可以成为一种用于 API 开发的高效语言？

可以。

但是要弄清楚如何做到这一点，可能需要一些时间。

这就是我写这本书的原因。

这本书是为已经阅读了 *The Rust Book* 并试图移植一些简单系统的有经验的后端开发人员写的。

这本书是为团队中的新手工程师写的，帮助他们理解在未来几周或几个月内将要贡献的代码库。

这本书是为一个小众群体写的，我认为在 Rust 生态系统中这个群体的需求目前没有得到很好的满足。

这本书是我一年前为自己写的。

通过分享我在这个过程中获得的知识，来推广 Rust 在后端开发中的使用，包括工具箱是什么样子，都有哪些设计模式，会遇到哪些陷阱。

如果你认为自己不符合这些描述，但是你正在朝着这个目标努力，那么我会尽力在这个过程中帮助你：虽然不会直接介绍很多材料（例如大部分 Rust 语言特性），但我会尽力提供必要的参考和链接，帮助你在学习过程中掌握和复习这些概念。

让我们开始吧。

目录

第 1 章
准备工作

对于编程语言而言，有些东西比其本身还要重要，那就是工具。工具最能决定编程语言的使用体验。

因此，工具非常重要，不管是在编程语言的设计中还是在教学的过程中都是如此。

Rust 社区从一开始就把工具放在最优先的位置。现在，我们将简单介绍一些工具和程序，这些工具和程序将在后面的学习之旅中持续发挥作用。其中，有些是由 Rust 组织正式支持的，有些则是由社区构建和维护的。

1.1 安装 Rust 工具链

在计算机上安装 Rust 有很多方法，但我们最推荐的方法是通过 **rustup** 安装。

你可以在 rustup 官网查找关于安装 **rustup** 的方法。

rustup 不仅仅是一个 Rust 安装器，其更大的价值在于它的工具链管理能力。

工具链是编译目标和发布渠道的组合。

1.1.1 编译目标

Rust 编译器最主要的目的是将 Rust 代码转换为机器码——CPU 和操作系统能理解并执行的指令。

因此，对于每一个平台（例如 64 位 Linux 或 64 位 macOS），如果都需要编译出一个可执行文件，那么就需要为每个编译目标提供不同的 Rust 编译器后端。

Rust 项目致力于支持各种编译目标，并提供不同级别的保证。编译目标分为多个级别，从第一级别"保证工作"到第三级别"尽最大努力"。

这里[1]有一份详尽的、实时更新的编译目标的列表。

1.1.2　发布渠道

Rust 编译器本身是一个富有生命力的软件，它随着数百名志愿者的日常贡献而不断发展和改进。Rust 项目追求稳定而非停滞不前。以下引用自 Rust 文档[2]：

> ……你永远不必担心升级到 **stable** 渠道的新版本 Rust。每次升级对你而言都应该是无感的，而且还应该为你带来新的功能、更少的错误和更快的编译速度。

这就是对于应用开发来说，你应当使用来自 **stable** 渠道的最新版本 Rust 编译器去运行、构建和测试软件的原因。这也是"**stable** 渠道"这个名称的由来。

每 6 周[3]，在 **stable** 渠道上就会发布一个新版本的 Rust 编译器。在写作本书时，Rust 编译器的最新版本是 **v1.59.0**[4]。

除了 **stable** 渠道版本，还有其他两个版本。

* **beta**：**stable** 渠道版本的下一个候选版本；
* **nightly**：每天晚上通过 **rust-lang/rust** 仓库的 **master** 分支进行软件的构建，因而得名。

使用 **beta** 渠道的编译器对软件进行测试，也是对 Rust 项目的一种支持——有助于在编译器发布前捕获漏洞[5]。

nightly 渠道版本则有着不同的目的：它允许喜欢新技术的探索者在一些未开发完成的特性[6]公布之前就使用它们（这些特性甚至是不稳定的）。

如果你打算使用 **nightly** 渠道的编译器运行生产软件，请三思而后行：它的不稳定是有原因的。

1.1.3　我们需要什么样的工具链

安装 **rustup** 会为你提供以本机平台为编译目标、开箱即用的最新 **stable** 渠道的编译器。在本书中，我们将使用 **stable** 渠道的编译器来构建、测试和运行代码。

---

1 参见"链接 1-1"。（扫描封底二维码，获取本书配套链接资源）

2 参见"链接 1-2"。

3 更多关于发行计划的信息可以查看"链接 1-3"。

4 你可以在 RustForge 上查看下一个版本及其发行日期。

5 由于 Rust 项目的持续集成/持续部署设置，**beta** 渠道几乎不会出现问题。其中最有意思的组件叫作 **crater**，该工具可用于搜集 crates.io 和 GitHub 上的 Rust 项目，在编译项目之后运行测试以寻找潜在的回归。Pietro Albini 在 RustFest 2019 上做了题为 *Shipping a compiler every six weeks*（每 6 周发布一次编译器）的演讲，对该工具进行了大致介绍。

6 你可以查阅 *The Unstable Book* 来检查 **nightly** 渠道编译器支持的所有特性标识。

你可以通过 **rustup update** 来升级工具链，使用 **rustup toolchain list** 来展示系统中所安装的工具链。

我们不需要（或运行）任何交叉编译——工作负载将会在容器中运行，因此我们无须将开发机器的源码交叉编译到生产环境中的宿主机上。

1.2　项目初始化

通过 **rustup** 安装的工具链捆绑了各种组件。其中之一就是 Rust 编译器本身 **rustc**：

```
1  rustc --version
```

你不会频繁直接与 **rustc** 打交道——构建和测试 Rust 应用程序主要使用的是 **cargo**，即 Rust 的构建工具。

你可以通过下面的命令进行仔细的检查，以确保工具链没有问题：

```
1  cargo --version
```

使用 **cargo** 创建项目骨架，在本书中我们将围绕着项目骨架展开介绍：

```
1  cargo new zero2prod
```

现在，在当前目录下应该有了一个名为 **zero2prod** 的文件夹，其结构如下所示：

```
1  zero2prod/
2    Cargo.toml
3    .gitignore
4    .git
5    src/
6      main.rs
```

这个项目已经是一个开箱即用的 **git** 仓库了。

如果你计划在 GitHub 上托管代码，那么只需要创建一个新的空仓库并运行下面的命令：

```
1  cd zero2prod
2  git add .
3  git commit -am "Project skeleton"
4  git remote add origin git@github.com:YourGitHubNickName/zero2prod.git
5  git push -u origin main
```

考虑到 GitHub 的受欢迎程度，以及最近发布的用于持续集成流水线的 GitHub Actions 功能，我们使用 GitHub 作为参考平台。当然，你也可以自由地选择任何其他的 **git** 托管解决方案（或者不选）。

1.3　集成开发环境

项目骨架已经准备好，是时候选择一个自己最喜欢的编辑器，然后就可以开始操作了。

不同的人有不同的偏好，但我认为，当你开始使用一种全新的编程语言时，编译器至少应该支持语法高亮显示、代码导航和自动补全。

当有明显的语法错误时，语法高亮显示会立刻给出反馈。代码导航和自动补全将会允许你进行"探索式"编程：你不用在编辑器和 docs.rs 之间频繁切换，便可以访问外部库中的结构体或枚举中的可用方法。

对集成开发环境（IDE）主要有两种选择：**rust-analyzer** 和 IntelliJ Rust。

1.3.1 rust-analyzer

rust-analyzer[1]是 Rust 语言服务器协议的一个实现。语言服务器协议使得在不同的编辑器中使用 **rust-analyzer** 变得容易，这些编辑器包括但不限于 VS Code、Emacs、Vim/NeoVim 和 Sublime Text 3。

你可以在这里[2]找到关于不同编辑器的设置说明。

1.3.2 IntelliJ Rust

IntelliJ Rust 为 JetBrains 开发的编辑器套件提供了 Rust 支持。

如果你没有 JetBrains 许可证[3]，则可以使用免费的 IntelliJ IDEA，它支持 IntelliJ Rust。如果你有 JetBrains 许可证，CLion 将是 JetBrains IDE 套件中首选的 Rust 编辑器。

1.3.3 应该如何选择 IDE

就写本章时（2022 年 3 月）来说，应该优先选择 IntelliJ Rust。

虽然 **rust-analyzer** 未来一片光明，并且在 2021 年取得了惊人的进展，但是与 IntelliJ Rust 现在所能提供的 IDE 开发体验相比，它还有着相当大的差距。

另外，IntelliJ Rust 迫使你使用 JetBrains 的 IDE 进行工作，你可能并不愿意用它。如果你坚持使用自己偏爱的编辑器，那么请查找其拥有的 **rust-analyzer** 插件或其他可能的交互方式。

值得一提的是，**rust-analyzer** 是 Rust 编译器正在进行的大量解耦工作的一部分：**rust-analyzer** 和 **rustc** 所提供的功能有所重叠，这导致了很多重复工作。

将编译器的代码库演变为一组可复用的模块，将允许 **rust-analyzer** 利用编译器代码库中越来越大的子集，解锁按需分析功能，以提供一流的 IDE 体验。

---

1 **rust-analyzer** 并不是第一次尝试为 Rust 实现语言服务器协议，其前身是 **RLS**。**RLS** 采用了一种批处理方法：在一个项目中，任何文件的每一个微小变化都会触发对整个项目的重新编译。这种策略从根本上说是受限的，导致了低下的性能和响应能力。RFC2912 正式宣告了 **RLS** 的"退役"，并且确定将 **rust-analyzer** 作为更好的 Rust 语言服务器协议实现。

2 参见"链接 1-4"。

3 学生和教师可以获得免费的 JerBrains 教育许可证。

这是未来值得关注的一个方向[1]。

1.4 内部开发循环

在项目上开展工作时，我们会不停地重复一些相同的步骤：

- 做出修改；

- 编译应用程序；

- 运行测试；

- 运行应用程序。

这些步骤又被称作**内部开发循环**。

内部开发循环的速度是在单位时间内可以完成的迭代次数的上限。

如果编译和运行应用程序耗时 5 分钟，那么在 1 小时内最多可以完成 12 次迭代。如果耗时减少至 2 分钟，那么在 1 小时内最多可以完成 30 次迭代。

Rust 在这一方面没有提供帮助——编译速度可能会变成大项目的一个痛点。在继续下一步之前，我们看看可以通过哪些方法来缓解这个问题。

1.4.1 更快的链接

当谈到内部开发循环时，我们主要关注的是增量编译的性能——在对源代码进行微小的改动后，**cargo** 需要多长时间才能重新编译出二进制文件。

有相当多的时间被花费在链接阶段——根据之前编译器的输出组装实际的二进制文件。

默认的链接器能够很好地完成工作，但是存在着更快的替代者，根据你所使用的操作系统而不同：

- **lld** 可以工作在 Windows 和 Linux 系统上，是一个由 LLVM 项目开发的链接器；

- **zld** 可以工作在 macOS 系统上。

如果想加快链接，则必须在机器上安装额外的链接器，并将下面的配置文件添加到项目中：

```
1  # .cargo/config.toml
2
3  # 在 Windows 系统上
4  # ```
5  # cargo install -f cargo-binutils
```

---

1 可以通过 "New Few Years" 博客来了解关于 **rust-analyzer** 的技术路线及主要技术重点的更多内容。

```
 6  # rustup component add llvm-tools-preview
 7  # ```
 8  [target.x86_64-pc-windows-msvc]
 9  rustflags = ["-C", "link-arg=-fuse-ld=lld"]
10
11  [target.x86_64-pc-windows-gnu]
12  rustflags = ["-C", "link-arg=-fuse-ld=lld"]
13
14  # 在 Linux 系统上
15  # - Ubuntu 系统, `sudo apt-get install lld clang`
16  # - Arch 系统, `sudo pacman -S lld clang`
17  [target.x86_64-unknown-linux-gnu]
18  rustflags = ["-C", "linker=clang", "-C", "link-arg=-fuse-ld=lld"]
19
20  # 在 macOS 系统上, `brew install michaeleisel/zld/zld`
21  [target.x86_64-apple-darwin]
22  rustflags = ["-C", "link-arg=-fuse-ld=/usr/local/bin/zld"]
23
24  [target.aarch64-apple-darwin]
25  rustflags = ["-C", "link-arg=-fuse-ld=/usr/local/bin/zld"]
```

Rust 编译器团队正在进行相关工作，以便在可行的操作系统上将 **lld** 设置为默认链接器。在不久的将来，不需要自定义配置文件即可实现更高的编译性能[1]。

1.4.2 cargo-watch

我们也可以通过减少可感知的编译时间——例如，你盯着屏幕等待 **cargo check** 或者 **cargo run** 完成的时间——来减轻对生产力的影响。这里可以使用工具来帮忙——安装 **cargo-watch**：

```
1  cargo install cargo-watch
```

cargo-watch 监视你的源代码，并在代码的任意文件被更改时触发一些命令。

例如：

```
1  cargo watch -x check
```

这会在任意代码变更后运行 **cargo check**。

这将有助于减少可感知的编译时间：

- 你仍然在使用 IDE，重新阅读你刚刚对代码所做的更改；

- 与此同时，**cargo-watch** 已启动了编译程序；

- 当切换到终端时，编译器就已经完成了一半。

---

1 真实情况可能并非如此——**mold** 是一个更新更快的链接器，它看起来甚至比 **lld** 还要快。由于其尚处于开发前期，我们不会使用它作为默认链接器，但其仍需被重视。

cargo-watch 也支持命令链：

```
1  cargo watch -x check -x test -x run
```

它在启动的时候会运行 **cargo check**。

如果成功了，则会运行 **cargo test**。

如果测试也成功了，最终会通过 **cargo run** 启动这个应用程序。

内部开发循环不过如此！

1.5　持续集成

工具链安装好了。

项目骨架搭建好了。

IDE 也配置好了。

在开始构建应用程序之前，最后一件事情就是：**持续集成流水线**。

在基于主分支的开发中，我们应该能够在任何时间点部署主分支。团队的每个成员都可以从主分支拉出新分支，在开发完一个小功能或修复一个 bug 后，将其合并回主分支并发布给用户。

> 持续集成使团队中的每个成员都能够在一天中多次将其更改集成到主分支中。

使用持续集成会带来强烈的连锁反应。

有些影响是显而易见的：它减少了因分支长期存在而产生的混乱的合并冲突。没有人喜欢合并冲突。

有些影响则更加微妙：**持续集成缩短了反馈回路**。你不太可能在自行开发数天或数周之后，才意识到自己所选择的方法没有得到团队其他成员的认可，或者它无法与项目的其他部分很好地整合。

它会迫使你在感觉轻松的时候更早地与队友接触，在问题还比较容易解决的时候进行必要的修正（而且没有人可能会被冒犯）。

我们如何使之成为可能呢？

在每次提交时都会运行一系列自动检查——通过持续集成流水线。如果其中一项检查失败，就不能合并到主分支——就这么简单。

持续集成流水线通常不仅仅确保代码健康，它还是执行一系列其他重要检查的好地方——例如，扫描依赖关系树以查找已知的漏洞、代码静态分析、代码格式化等。

作为 Rust 项目持续集成流水线的一部分，我们将运行不同的检查并介绍相关工具。

然后，我们将为一些主要的持续集成服务商提供一组现成的持续集成流水线。

1.5.1　持续集成的步骤

1.5.1.1　测试

如果持续集成流水线只有一个步骤，那么它应该是测试。

测试是 Rust 生态系统中一个极为重要的概念，你可以使用 **cargo** 来运行单元测试和集成测试：

```
1  cargo test
```

cargo test 还会在运行测试前构建项目，因此，你不需要事先运行 **cargo build**（尽管大多数流水线会在运行测试前调用 **cargo build** 来缓存依赖关系）。

1.5.1.2　代码覆盖率

现在有很多文章讨论测量代码覆盖率的利弊。

虽然使用代码覆盖率进行质量检查有一些缺点，但我认为这是一种快速收集信息的方法，可以发现代码库的某些部分是否随着时间的推移而被忽略了，或者缺少测试。

测量 Rust 项目的代码覆盖率，最简单的方法是通过 **cargo tarpaulin**，这是一个由 **xd009642** 开发的 **cargo** 子命令。你可以使用以下命令来安装 **tarpaulin**：

```
1  # 在撰写本书时，tarpaulin 只支持
2  # 在 Linux 系统的 x86_64 CPU 架构下运行
3  cargo install cargo-tarpaulin
```

下面的命令会计算代码覆盖率而忽略测试函数：

```
1  cargo tarpaulin --ignore-tests
```

tarpaulin 可以将代码覆盖率指标上传到常用的服务商，例如 Codecov 或 Coveralls。更为详细的说明可以在 **tarpaulin** 的 README 中找到。

1.5.1.3　提示器

使用任何编程语言编写地道的代码都需要时间和实践。

在学习之初，你可能会用很复杂的方法来解决问题，而实际上本可以用更简单的方法。

静态分析可以提供帮助：就像编译器逐步检查代码来确保它符合语言规则和约束一样，提示器会试图发现不规范的代码、过于复杂的结构和常见的错误/低效率的写法。

Rust 团队维护着 **clippy**，即官方的 Rust 提示器[1]。

如果你使用的是默认配置文件，那么 **clippy** 就被包含在通过 **rustup** 安装的组件中。

1　是的，**clippy** 是以著名的回形针形状的 Microsoft Word 助手命名的。

在通常情况下，持续集成环境会使用最简易的 **rustup** 配置文件，其中不包括 **clippy**。

你可以通过以下命令轻松安装它：

```
1  rustup component add clippy
```

如果已经安装过了，这个命令将不会起任何作用。

在项目中运行 **clippy**：

```
1  cargo clippy
```

在持续集成流水线中，如果 **clippy** 发出任何警告，我们希望提示器检查失败。可以使用下面的命令实现该效果：

```
1  cargo clippy -- -D warning
```

静态分析并非万能的，有时 **clippy** 可能会给出你认为不正确或不可取的建议。

你可以在受影响的代码块上使用 **#[allow(clippy::lint_name)]** 参数来禁用警告，或者使用 **clippy.toml** 中的配置行或项目级别的**#![allow(clippy::lint_name)]** 指令。

有关可用静态代码分析的详细信息，以及如何根据特定目的对其进行调整，请参阅 **clippy** 的 README。

1.5.1.4　格式化

大多数组织对主分支都有不止一道防线：一道是持续集成流水线检查，另一道通常是合并请求（PR）审查。

令人愉悦的 PR 审查流程与令人沮丧的 PR 审查流程有很多区别——当然，没有必要在这里展开讨论。

我很清楚什么不应该是一个好的 PR 审查的重点：在格式化上计较——例如，"可以在这里添加换行符吗？""我想每一行代码都应该以空格结尾！"等等。

让机器处理格式化问题，而审查人员专注于架构、测试、可靠性、可观测性。自动格式化消除了在 PR 审查过程中复杂因素的干扰。你可能不喜欢这样或那样的格式，但将代码彻底格式化，可以避免浪费许多时间和精力来讨论无意义的技术问题。

rustfmt 是官方的 Rust 格式器。

与 **clippy** 一样，**rustfmt** 也被包含在通过 **rustup** 安装的默认组件中。如果不存在，则可以使用下面的命令安装它：

```
1  rustup component add rustfmt
```

你可以通过下面的命令格式化项目的所有代码：

```
1  cargo fmt
```

在持续集成流水线中添加一个格式化步骤：

```
1  cargo fmt -- --check
```

如果提交包含了未格式化的代码，它将返回失败信息，并将差异打印到控制台[1]。

你可以使用 **rustfmt.toml** 配置文件来调整项目的 **rustfmt**。详细内容可以在 **rustfmt** 的 README 中找到。

1.5.1.5 安全漏洞

cargo 使得利用生态系统中现有的包（crate）来解决问题变得非常容易。

从另一个角度来看，每个包都可能隐藏着可利用的漏洞，这可能会损害软件的安全性。

Rust 安全代码工作组维护着一个 Advisory 数据库——这是一个最新的集合，其中包括在 crates.io 上已发布的包的漏洞报告。

他们还提供了 **cargo-audit**[2]，这是一个方便的 **cargo** 子命令，可以用来检查项目依赖关系树中的任何包是否存在已被公开的漏洞。

你可以使用下面的命令安装它：

```
1  cargo install cargo-audit
```

安装成功后，运行以下命令来扫描依赖关系树：

```
1  cargo audit
```

我们将在每次提交时都运行 **cargo-audit** 作为持续集成流水线的一部分。

还可以每天都运行它，以了解目前我们可能没有积极处理，但仍在生产环境中运行的项目依赖项的新漏洞。

1.5.2 准备就绪的持续集成流水线

> 授人以鱼不如授人以渔。

希望我所教的知识足以让你迈出第一步，为 Rust 项目构建起一条稳定的持续集成流水线。

我们还应该坦然地承认，学习持续集成服务商的特定配置语言可能需要花费数小时，并且调试的过程通常让人非常痛苦，反馈周期很长。

---

1 在持续集成中，因为格式化问题而导致的失败是很令人沮丧的。大多数 IDE 都支持"在保存时格式化"的功能，使格式化更加顺利。另外，你也可以使用 **git** 自定义推送钩子的功能。

2 **cargo-deny** 是由 Embark Studios 开发的另一个 **cargo** 子命令，支持对依赖关系树进行漏洞扫描。它还提供了对依赖关系进行的额外检查——识别未维护的包，定义规则以限制允许的软件许可证，并发现锁定文件中存在的一个包的多个版本（这会浪费编译周期）。虽然前期配置需要花费一些精力，但它可以为你的持续集成工具箱添加强大的功能。

因此，我决定从最受欢迎的持续集成服务商处收集一套现成的配置文件——与我们刚才描述的步骤完全相同，随时可以将其嵌入你的项目仓库：

- GitHub Actions
- CircleCI
- GitLab CI
- Travis

调整现有的配置文件以满足你的特定需求，这通常比从头开始编写新的配置文件容易得多。

第 2 章

构建邮件简报

2.1 引导示例

前言提到：

> 本书重点讨论的是：由拥有不同经验和水平的四五名工程师组成的团队在编写云原生
> 应用程序时所面临的挑战。

怎么做呢？去构建一个这样的应用程序！

2.1.1 基于问题的学习

选择一个你想解决的问题，让问题来驱动新概念和技术的引入。

这颠覆了你习惯的方式：你正在学习的资料是不是相关的，并不取决于别人说是不是，而取决于它是不是有助于你更接近问题的解决方案。

你将学习到新技术，并在需要的时候使用这些技术。

细节决定成败：基于问题的学习方式可能会令人愉快，但也容易让人低估过程中每一步的挑战。

我们的引导示例需要：

- 足够精简，可以在本书中完成，并且不偷工减料；
- 足够复杂，能够反映大型系统中会出现的大多数关键主题；
- 足够有趣，能够让读者在阅读过程中保持参与。

我们将选择构建邮件简报作为引导示例，下一节将详细介绍我们计划实现的功能[1]。

2.1.2　帮助完善本书

基于问题的学习方式在互动环境中效果最好：老师作为引导者，根据学习者的行为和反馈，提供相应的支持。

但以图书的形式学习，就没有这样的机会了。在网站给予反馈是为本书做出贡献的一种方式。

2.2　邮件简报服务应该做什么

有几十家公司提供了维护和管理电子邮件列表的服务，或者以此为中心开发了周边服务。

虽然它们有一套核心功能（即发送电子邮件），但其服务都是针对特定用例的——有的产品针对的是大公司，需要管理数十万个符合严格的安全性和合规性要求的电子邮件地址；有的产品则针对独立的内容创作者，例如经营个人博客或小型线上商店的人。这两种产品的 UI、营销策略和定价都有很大的不同。

现在，我们并没有建立下一个 MailChimp 或 ConvertKit 的野心——涉及的知识范围太广，无法在一本书中涵盖。此外，其中有些功能需要反复地应用相同的概念和技术——时间长了就会觉得乏味。

也许你愿意在博客上添加一个电子邮件订阅页面，我们将尝试建立一个邮件简报服务来满足你的需求——这个例子正合适[2]。

2.2.1　捕捉需求：用户故事

对于上面的产品介绍需要做一些额外的解释——为了更好地明确我们的服务应该支持什么，下面通过用户故事来描述。

其格式相当简单：

作为……，

我想……，

以便……。

---

1 谁知道呢，也许最终我会使用自己开发的邮件简报程序发布最后一章，这会给我带来一种结束的感觉。

2 别搞错了，在购买 SaaS（Software-as-a-Service，软件即服务）产品时，你买的往往不是软件本身，你买的是放心，因为你知道有一个工程团队在全职工作，以保证服务的正常运行。他们有法律和专业知识，以及安全团队。随着时间的推移，开发人员往往低估了这样做为自己节省的时间和省去的麻烦。

用户故事可以帮助我们捕捉到这些关键信息——我们在为谁构建产品（作为……），他们想做的事情（我想……）以及他们的动机（以便……）。

我们将完成三个用户故事：

- 作为博客的访问者，

  我想订阅邮件简报服务，

  以便当博客上有新内容发布时，我可以收到邮件通知。

- 作为博客的作者，

  我想给所有订阅者发送邮件，

  以便在发布新内容时通知他们。

- 作为博客的订阅者，

  我希望能够取消订阅邮件简报，

  以便停止接收来自博客的邮件通知。

我们不会添加下列功能：

- 管理多个邮件简报服务；

- 区分不同的订阅者；

- 跟踪打开率和点击率。

如上所述，这个产品相当简陋。尽管如此，它已经足以满足大多数博客作者的需求。

总之，它肯定满足我对本书引导示例的要求。

2.3　循序渐进，不断迭代

我们来看其中一个用户故事。

> 作为博客的作者，
>
> 我想给所有订阅者发送邮件，
>
> 以便在发布新内容时通知他们。

这在实践中意味着什么？我们需要构建什么？

一旦你开始仔细研究这个问题，就会有大量的问题冒出来。例如，如何确保调用者确实是博客的作者？是否需要引入一种认证机制？是支持在邮件中内嵌 HTML，还是坚持使用纯文本？需要支持表情符号吗？

我们可能很容易陷入这种境地：花了几个月的时间，实现了一个极其精巧的邮件简报发送系统，但却连一个基本的订阅/取消订阅功能都没有实现到位。

我们可能在电子邮件发送上做到了最好，但是没有人会使用我们的邮件简报服务——它没有涵盖完整的链路。

我们应当尝试构建足够多的功能，在一定程度上满足第一版中所有用户故事的需求，而不是在一个用户故事上进行深入研究。

然后，我们会不断改进：为电子邮件的发送添加容错和重试功能，为新的订阅者添加电子邮件确认功能，等等。

我们将以迭代的方式工作： 每次迭代都需要固定的时间，创建更完善的产品版本，从而改善用户的体验。

值得强调的是，我们在产品的功能上进行迭代，但不会在工程质量上将就：每次迭代产生的代码都会经过测试并配有适当的文档，即使它只提供了一个很小的但功能齐全的特性。

在每次迭代结束后，我们的代码都要被发布到生产环境——它需要具有生产级的质量。

2.3.1 准备开始

策略很明确，我们终于可以开始了：下一章将集中讨论订阅功能。

为了开始工作，我们还需要做一些起步的重要事情：选择一个 Web 框架，建立管理数据库迁移的基础设施，将应用程序的脚手架以及集成测试的设置放在一起。

我们期待着花更多的时间与编译器结对编程！

第 3 章
注册新的订阅者

我们在第 2 章中一直在文字层面定义这个要构建的内容（邮件简报），不停地明确、细化最终的需求。现在就来到实操环节了！

本章首先聚焦于一个用户故事：

> 作为博客的访问者，
>
> 我想订阅邮件简报服务，
>
> 以便当博客上有新内容发布时，我可以收到邮件通知。

我们希望博客的访问者能够在网页的表单中输入自己的电子邮件地址。该表单将触发一个 API 调用，具体的作用是将输入的电子邮件地址发送到实际处理信息的后端服务器，服务器对信息进行存储并返回响应。

本章将重点介绍后端服务器——我们将实现 **/subscriptions** 端点来处理 POST 请求。

3.1 前期准备工作

我们正在从头开始创建一个新项目，这需要做大量的前期准备工作，包括但不限于：

- 选择一个 Web 框架并且熟悉基本的写法；
- 确定测试方案；
- 选择一个能够与数据库进行交互的包（数据总得被存储在某个地方）；
- 确定如何管理数据库模式的变更（如何迁移数据库）；
- 编写一些对数据库的查询。

上面的内容太复杂了，如果你没有接触过，则很有可能不知所措。

当然，我们会对步骤进行拆解和分析，以帮助大家更快地入门。在实现 **/subscriptions** 端点之前，首先会实现一个更加简单的 **/health_check** 端点。这有助于加强对 Web 框架不同部件的理解。

我们将使用持续集成流水线对整个过程进行检测——如果你还没有完成对持续集成流水线的设置，则请查阅第 1 章（或者获取一个现成的模板[1]）。

3.2　选择一个 Web 框架

我们应该选择哪个 Web 框架来实现 Rust 后端服务呢？

这里应该讨论一下不同 Rust Web 框架的优缺点——如果介绍得很详细，则会占用太多的篇幅。所以我发表了一篇文章 *Choosing a Rust web framework, 2020 edition*[2]，在这篇文章中包含了对 **actix-web**、**rocket**、**tide**、**warp** 等 Rust Web 框架的对比和分析。感兴趣的读者可以阅读。

当然，如果你是新手或者对于阅读这种篇幅过长的文章没有兴趣，则推荐使用 **actix-web** 框架。这是我认为截至 2022 年 3 月最佳的 Rust Web 框架。**actix-web** 成熟稳健，生产可用，背靠着一个富有生命力的社区，并且基于 **tokio** 异步运行时，性能强悍，几乎不需要与底层的异步运行时进行交互。所以，我们选择 **actix-web** 作为本书中使用的 Rust Web 框架。

不过，**tide**、**rocket**、**warp** 等框架也拥有巨大潜力，你也可以使用它们来实现本书中所写的内容。

在学习本章及后续章节的内容时，建议你多查阅 **actix-web** 官方网站、**actix-web** 官方文档 v4.0.1、**actix-web** 的示例代码，里面有很多有用的信息。

3.3　实现第一个端点：健康检查

我们尝试实现一个 **/health_check** 端点，它能够接收一个 **GET** 请求，返回状态码 **200**，并且没有响应体。

我们可以使用 **/health_check** 端点来获取后端服务的运行状态。因为只有在后端服务启动成功后，**/health_check** 端点才能被成功访问。

如果将该端点与 pingdom***等 SaaS（Software-as-a-Service，软件即服务，即通过云服务器提供软件服务）服务连接起来，那么当服务下线或者宕机时，你就可以收到警告信息。

如果你使用容器的服务编排（Kubernetes 或者 Nomad）来管理应用程序，那么就可以调用

---

1 参见"链接 3-1"。
2 参见"链接 3-2"。

/health_check 端点让容器实时检测服务状态，并且在无响应或者宕机时触发重启应用程序的流程。

3.3.1   使用 actix-web 编写代码

现在我们开始使用 **actix-web** 构建第一个应用程序，即"Hello World!"：

```
1  use actix_web::{web, App, HttpRequest, HttpServer, Responder};
2
3  async fn greet(req: HttpRequest) -> impl Responder {
4      let name = req.match_info().get("name").unwrap_or("World");
5      format!("Hello {}!", &name)
6  }
7
8  #[tokio::main]
9  async fn main() -> std::io::Result<()> {
10     HttpServer::new(|| {
11         App::new()
12             .route("/", web::get().to(greet))
13             .route("/{name}", web::get().to(greet))
14     })
15     .bind("127.0.0.1:8000")?
16     .run()
17     .await
18 }
```

将上面的代码粘贴到 **main.rs** 文件中。

然后，运行 **cargo check**[1]：

```
1  error[E0432]: unresolved import `actix_web`
2   --> src/main.rs:1:5
3    |
4  1 | use actix_web::{web, App, HttpRequest, HttpServer, Responder};
5    |     ^^^^^^^^^ use of undeclared type or module `actix_web`
6
7  error[E0433]: failed to resolve:
8      use of undeclared type or module `tokio`
9   --> src/main.rs:8:3
10   |
11 8 | #[tokio::main]
12   |   ^^^^^^^ use of undeclared type or module `tokio`
13
14 error: aborting due to 2 previous errors
```

编译器无法解析我们导入的内容，原因是没有将 **actix-web** 和 **tokio** 库加入项目依赖中。

---

[1] 在开发过程中，我们并不总是对生成可执行的二进制文件感兴趣，通常只想知道代码是否已编译通过。**cargo check** 就是为了满足这个需求而设计的。它运行与 **cargo build** 相同的检查，但不会生成任何机器码。因此，它的速度更快，并提供了更短的反馈回路。

下面我们通过手动加入 **actix-web** 和 **tokio** 库来解决问题：

```
1  #! Cargo.toml
2  # [...]
3
4  [dependencies]
5  actix-web = "4"
6  tokio = { version = "1", features = ["macros", "rt-multi-thread"]}
```

如果你想更深入地了解 **cargo**，也可以使用 **cargo add** 命令，从命令行快速添加依赖，而无须像上面那样打开文本编辑器手动编辑 **Cargo.toml**。

```
1  cargo add actix-web@4.0.0
```

cargo add 并非默认的 **cargo** 命令，它由 **cargo-edit** 提供。**cargo-edit** 是一个由社区维护[1]的 **cargo** 扩展。你可以这样安装它：

```
1  cargo install cargo-edit
```

运行 **cargo check** 后应该就没有错误了。

你现在可以在命令行中通过 **cargo run** 启动应用程序，快速进行手动测试[2]：

```
1  curl http://127.0.0.1:8000
```

```
1  Hello World!
```

成功了！

如果想停止后端服务，则可以在运行的命令行中按下 **Ctrl+C** 组合键。

3.3.2　actix-web 应用程序剖析

现在我们回头来看看刚刚在 **main.rs** 中粘贴了哪些代码。

```
1  //! src/main.rs
2  // [...]
3
4  #[tokio::main]
5  async fn main() -> std::io::Result<()> {
6      HttpServer::new(|| {
7          App::new()
8              .route("/", web::get().to(greet))
9              .route("/{name}", web::get().to(greet))
10     })
11     .bind("127.0.0.1:8000")?
```

1　**cargo** 遵循与 Rust 标准库相同的理念：在可能的情况下，通过第三方包来探索新功能的添加，然后在合适的情况下进行上游推进（例如 **cargo-vendor**）。

2　译者注：**cargo run** 将会启动后端服务，在手动停止 **cargo run** 之前，它会持续运行，所以在运行了 **cargo run** 的命令行中没有办法再运行其他 **cargo** 命令，必须要新建另一个终端进行测试。

```
12    .run()
13    .await
14 }
```

3.3.2.1　服务器——HttpServer

HttpServer 是应用程序的核心，其主要负责处理如下问题：

- 应用程序应该在哪里监听传入的请求、TCP 套接字（例如 127.0.0.1:8000）、UNIX 域套接字？
- 当前服务允许的最大并发连接数是多少？每秒有多少个新连接？
- 应当启用传输层安全协议（TLS）吗？

……

换句话说，**HttpServer** 处理所有传输层的问题。

之后会发生什么呢？**HttpServer** 与我们的 API 客户端建立新连接之后会做什么呢？

这就是 **App** 的工作了！

3.3.2.2　应用程序——App

App 是应用程序逻辑所在之处，包含路由、中间件和请求处理器等。**App** 是一个组件，它接收请求作为输入，并且返回响应作为输出。

我们来看下面的代码片段：

```
1 App::new()
2    .route("/", web::get().to(greet))
3    .route("/{name}", web::get().to(greet))
```

App 类型使用了建造者模式，即 **new** 函数返回了一个空的 **App** 对象，然后对这个对象进行 **route** 操作，每个端点都会对应一个 **route** 调用。这种调用方式被称为链式调用。在整本书中，我们需要在了解的基础上介绍应用程序的大部分 API 端点。在本书结束之后，你对大部分端点应该都略有接触。

3.3.2.3　端点——Route

如何给应用程序添加一个新的端点呢？最简单的方式就是使用 **route** 方法。毕竟上面编写的是"Hello World!"程序，一定会用最简单的方式。

route 方法接收两个参数，如下所述。

- **path**：一个字符串，格式可能是模板（例如 **"/{name}"**），通常用来接收动态的请求路径；
- **route**：一个 **Route** 结构体的实例。

Route 将一个处理器和一组守卫结合在一起。

　　多个守卫将特定的满足条件的请求按照 **route** 的顺序分别与处理器进行匹配。从代码实现上看，守卫实际上是 **Guard** 特质的实现：**Guard::check** 函数才是进行主要工作的地方。

　　在前面的代码片段中有：

```
1  .route("/", web::get().to(greet))
```

　　"/" 会匹配所有在基础路径（例如 **http://localhost:8000/**）之后没有任何其他路径的请求。

　　web::get() 实际上是 **Route::new().guard(guard::Get())** 的简写，当且仅当请求的方式是 **GET** 时才会将请求传递给处理器。

　　当一个新的请求到来时，你可以想象发生了什么：**App** 会遍历所有注册的端点，直到找到一个匹配的端点（路径模板和守卫的条件同时得到满足时），然后将请求对象传递给处理器。

　　这并不是 100% 准确的，但对于现在来说已经足够好了。

　　那么处理器是什么样子的？它的函数签名是什么？

　　目前只有一个例子，即 **greet**：

```
1  async fn greet(req: HttpRequest) -> impl Responder {
2      [...]
3  }
```

　　greet 是一个异步函数，它接收一个 **HttpRequest** 作为输入，并且返回的内容需要实现 **Responder** 特质[1]。任何实现了 **Responder** 特质的类型都可以被转换成 **HttpResponse** 类型。当然，**actix-web** 已经为很多常见类型（例如字符串状态码、字节以及 **HttpResponse**）实现了该特质。我们也可以为自定义类型实现该特质，在实现之后，可以将自定义类型作为 **greet** 的返回值。

　　现在肯定有人想问，难道所有请求处理器的函数签名都必须与 **greet** 一样吗？

　　答案当然是否定的。**actix-web** 使用了一些被禁止的"特质黑魔法"，使得各种各样的函数签名都可以正常工作，尤其是在输入参数方面有很大的自由度。很快我们就能见识到了！

3.3.2.4　运行时——tokio

　　前面我们从 **HttpServer** 到 **Route** 持续深入，现在回头来看看 **main** 函数：

```
1  //! src/main.rs
2  // [...]
3
4  #[tokio::main]
5  async fn main() -> std::io::Result<()> {
6      HttpServer::new(|| {
7          App::new()
8              .route("/", web::get().to(greet))
```

1　**impl Responder** 使用了在 Rust 1.26 中引入的 **impl Trait** 语法——你可以在这里（参见"链接"3-3）找到更多详细信息。

```
 9                .route("/{name}", web::get().to(greet))
10        })
11        .bind("127.0.0.1:8000")?
12        .run()
13        .await
14  }
```

大家可能会好奇，**#[tokio::main]** 的作用是什么呢？我们可以先删除这一部分，看看 **cargo check** 会报出什么错误信息：

```
 1  error[E0277]: `main` has invalid return type `impl std::future::Future`
 2   --> src/main.rs:8:20
 3    |
 4  8 | async fn main() -> std::io::Result<()> {
 5    |                    ^^^^^^^^^^^^^^^^^^^^
 6    | `main` can only return types that implement `std::process::Termination`
 7    |
 8    = help: consider using `()`, or a `Result`
 9
10  error[E0752]: `main` function is not allowed to be `async`
11   --> src/main.rs:8:1
12    |
13  8 | async fn main() -> std::io::Result<()> {
14    | ^^^^^^^^^^^^^^^^^^^^^^^^^^^^^^^^^^^^^^^
15    | `main` function is not allowed to be `async`
16
17  error: aborting due to 2 previous errors
```

我们需要的 **main** 函数是异步的，因为 **HttpServer::run** 是一个异步方法，只能在异步函数中调用另一个异步函数。但 **main** 函数是整个程序的入口点，**不能是异步函数**。为什么呢？

这就涉及 Rust 中底层的内容了。Rust 中的异步编程被建立在 **Future** 特质之上：**Future** 代表可能还没计算完的值。**Future** 暴露的 **poll** 方法每次被调用时都会推进计算的进度，并且最终给出计算的结果。你可以将 Rust 的 **Future** 看成是惰性的，除非使用 **poll** 去询问，否则永远不会得到结果（甚至不会执行）。这通常被称为被动型（pull）异步模型，其他有的语言使用的则是主动型（push）异步模型[1]。

按照设计，虽然 Rust 语言本身支持异步关键字 **async**，但是不包含异步运行时。你必须要选择一个异步运行时作为依赖（放置在 Cargo.toml 中的 [dependencies] 标签之下），从而使项目具有异步的能力。这种方法非常灵活：你可以自由地选择或者实现自己的异步运行时，或者为特定使用场景进行性能的优化（参考 Fuchsia 项目或者 bastion 的 actor 框架）。

这解释了 **main** 函数为何不能是异步函数：谁负责调用 **poll** 呢？并没有一个特定的地方告诉 Rust 编译器你在 **Cargo.toml** 中写的哪个依赖项目是异步运行时（就像 allocators 那样）。公正地说，甚

---

1 请查看关于 **async/await** 的发布说明，以获取更多详细信息。也可以查看 Withoutboats 在 Rust LATAM 2019 上的演讲。

至没有关于运行时的标准定义（例如 **Executor** 特质）。

你肯定要在 **main** 函数，也就是主要功能启动之前，就启动这个异步运行时，然后使用这个异步运行时来控制整个应用程序的运行。

现在你可能已经猜到了 **#[tokio::main]** 的作用是什么。但怎么证实这个猜测呢？

tokio::main 是一个过程宏。讲到宏，这里不得不介绍一下 **cargo expand**——一个非常有趣的、瑞士军刀般强大的 Rust 开发工具。使用如下命令安装它：

```
1  cargo install cargo-expand
```

Rust 的宏在语法分析器级别就进行了操作：宏传入一系列 token（ 对于 **tokio::main** 这个宏来说，它的操作对象是整个 **main** 函数），并且使用一系列新的 token 去替代之前的 token。所以在示例中，如果不加上 **tokio::main** 这个宏，是没有办法编译通过的，而加上后就可以编译通过了。宏的主要作用是按照指定规则进行代码的替换和生成。

但是话说回来，对于这么神奇的功能，如何进行调试呢？

当然是利用上面提到的 **cargo expand** 工具：它可以将所有的宏在无须编译的情况下展开，让使用者更好地了解自己的代码究竟被宏变成了什么样子。

下面使用 **cargo expand** 命令揭开 **#[tokio::main]** 过程宏的神秘面纱：

```
1  cargo expand
```

遗憾的是，失败了。

```
1  error: the option `Z` is only accepted on the nightly compiler
2  error: could not compile `zero2prod`
```

我们现在使用的是 **stable** 编译器，用它来构建、测试和运行代码，而 **cargo-expand** 依赖 **nightly** 编译器来扩展宏。

你可以这样安装 **nightly** 编译器：

```
1  rustup toolchain install nightly --allow-downgrade
```

在通过 **rustup** 安装的软件包中，某些组件在最新发布的 **nightly** 版本中可能已经损坏或丢失：**--allow-downgrade** 会告诉 **rustup** 找到并安装最新的 **nightly** 编译器，其中所有需要的组件都是可用的。

你也可以使用 **rustup default** 命令指定默认的 Rust 工具链（ 在指定了默认的 Rust 工具链之后，就不用每次使用 **cargo** 的时候都手动指定了 ）。当然，这里不强求你修改——我们每次使用 **cargo** 的时候都会手动指定默认的 Rust 工具链。

在手动指定的时候，需要加上 **+nightly**。运行下面的命令：

```
1  cargo +nightly expand
```

```
1   /// [...]
2
3   fn main() -> std::io::Result<()> {
4       let body = async move {
5           HttpServer::new(|| {
6               App::new()
7                   .route("/", web::get().to(greet))
8                   .route("/{name}", web::get().to(greet))
9           })
10          .bind("127.0.0.1:8000")?
11          .run()
12          .await
13      };
14      tokio::runtime::Builder::new_multi_thread()
15          .enable_all()
16          .build()
17          .expect("Failed building the Runtime")
18          .block_on(body)
19  }
```

千辛万苦，终于看到了这个宏展开之后的代码的真实面目。

真没想到，**main** 函数竟然是一个同步函数（没有 **async** 标识符）。

这就解释了为什么加上宏之后可以编译通过。

我们将目光聚焦于最关键的几行代码：

```
1   tokio::runtime::Builder::new_multi_thread()
2       .enable_all()
3       .build()
4       .expect("Failed building the Runtime")
5       .block_on(body)
```

这几行代码显示，我们确实在使用 **tokio** 提供的异步运行时。换一种说法，**#[tokio::main]** 任务给了我们一种能够定义异步 **main** 函数的错觉。而在实际的原理中，它只是获取了异步 **main** 函数体，并且补充了必要的样板代码，让它可以在 **tokio** 上运行。

3.3.3　实现健康检查处理器

前面我们将示例中的细节分析了一遍，包括 **HttpServer**、**App**、**route** 和 **tokio::main** 等。

终于有点儿明白了！现在我们就可以对示例进行"大刀阔斧"的修改，实现一个功能：当在健康检查端点/**health_check** 接收 **GET** 请求时，返回状态码 **200**，并且没有响应体。

下面来看看具体的实现：

```
1   //! src/main.rs
2   use actix_web::{web, App, HttpRequest, HttpServer, Responder};
3
```

```rust
4  async fn greet(req: HttpRequest) -> impl Responder {
5      let name = req.match_info().get("name").unwrap_or("World");
6      format!("Hello {}!", &name)
7  }
8
9  #[tokio::main]
10 async fn main() -> std::io::Result<()> {
11     HttpServer::new(|| {
12         App::new()
13             .route("/", web::get().to(greet))
14             .route("/{name}", web::get().to(greet))
15     })
16     .bind("127.0.0.1:8000")?
17     .run()
18     .await
19 }
```

首先，我们需要一个请求处理器。参考 **greet**，定义下面的函数签名：

```rust
1  async fn health_check(req: HttpRequest) -> impl Responder {
2      todo!()
3  }
```

我们之前说过，实现 **impl Responder** 就是为了将返回值转换成 **HttpResponse** 类型，当然直接返回一个 **HttpResponse** 类型的值也没问题。

查看 **HttpResponse** 的文档，我们可以使用 **HttpResponse::Ok** 获取一个以 200 状态码为基础的 **HttpResponseBuilder**。**HttpResponseBuilder** 提供了丰富的流式接口来逐步生成 **HttpResponse**，但在这里并不需要它：我们通过调用构建器上的 **finish** 来获得一个具有空响应体的 **HttpResponse**。

```rust
1  async fn health_check(req: HttpRequest) -> impl Responder {
2      HttpResponse::Ok().finish()
3  }
```

如果担心出错，则可以使用 **cargo check** 检查一下。不出意外的话，编译会成功。仔细看看 **HttpResponseBuilder** 类型，它也实现了 **Responder** 特质，因此可以省去对 **finish** 的调用，将处理器简写成：

```rust
1  async fn health_check(req: HttpRequest) -> impl Responder {
2      HttpResponse::Ok()
3  }
```

下一步就是将这个请求处理器绑定到路由。按照之前的步骤，通过 **route**()将其绑定到 **App**：

```rust
1  App::new()
2      .route("/health_check", web::get().to(health_check))
```

现在整体看一看：

```rust
1  //! src/main.rs
2  use actix_web::{web, App, HttpRequest, HttpResponse, HttpServer, Responder};
3
```

```
4  async fn health_check(req: HttpRequest) -> impl Responder {
5      HttpResponse::Ok()
6  }
7
8  #[tokio::main]
9  async fn main() -> std::io::Result<()> {
10     HttpServer::new(|| {
11         App::new()
12             .route("/health_check", web::get().to(health_check))
13     })
14     .bind("127.0.0.1:8000")?
15     .run()
16     .await
17 }
```

本以为 **cargo check** 会顺利执行，但却发出了警告：

```
1  warning: unused variable: `req`
2  --> src/main.rs:3:23
3   |
4  3 | async fn health_check(req: HttpRequest) -> impl Responder {
5   |                       ^^^
6   | help: if this is intentional, prefix it with an underscore: `_req`
7   |
8   = note: `#[warn(unused_variables)]` on by default
```

health_check 并没有使用到传入的参数 **req**，也就是说，现在 **health_check** 是一个静态函数，其返回值与传入的参数并没有关系。我们可以遵从编译器的指示，在 **req** 前面添加一条下画线，即变成 **_req** 前缀，表示用不到这个参数。当然，也可以直接把这个参数删除：

```
1  async fn health_check() -> impl Responder {
2      HttpResponse::Ok()
3  }
```

我们秉着不放走一个警告的态度，终于编译成功了！

可以看出，**actix-web** 是一个非常优雅、实用的 Rust Web 框架，对于端点实现程序的函数签名来说，具有广泛的适应性（甚至不需要传入参数）。后面会给大家展示更多、更有趣的东西。

还需要做什么呢？

一个小测试！

```
1  # 首先在另一个终端窗口中运行`cargo run`命令
2  curl -v http://127.0.0.1:8000/health_check
```

```
1  * Trying 127.0.0.1...
2  * TCP_NODELAY set
3  * Connected to localhost (127.0.0.1) port 8000 (#0)
4  > GET /health_check HTTP/1.1
5  > Host: localhost:8000
```

```
 6 > User-Agent: curl/7.61.0
 7 > Accept: */*
 8 >
 9 < HTTP/1.1 200 OK
10 < content-length: 0
11 < date: Wed, 05 Aug 2020 22:11:52 GMT
```

恭喜！你刚刚实现了第一个后端应用程序。虽然它只有一个/**health_check** 端点，但这是非常关键的一步！

3.4　第一次集成测试

/**health_check** 是第一个端点，下面我们通过启动应用程序并使用 **curl** 手动测试来验证一切顺利。

手动测试是很耗时的。随着应用程序变得越来越大，每次执行一些变更后，手动检查应用程序的行为是否符合预期都变得越来越麻烦。

我们希望尽可能自动化：每次提交变更时，这些检查都应该在持续集成流水线中运行，以防止出现回归问题。

在我们的学习旅程中，虽然健康检查的行为几乎不会变化，但正确地设置测试脚手架是一个很好的起点。

3.4.1　如何对端点进行测试

API 是达到目的的手段，是一种向外部世界公开用于执行某种任务（例如存储文档、发布电子邮件等）的工具。

我们在 API 中公开的端点定义了我们与客户端之间的契约——关于系统的输入和输出的共享契约，即其接口。

契约可能会随着时间的推移而变化，我们可以大致描述两种情况：向后兼容的变更（例如，添加新端点）和破坏性变更（例如，从其输出的架构中删除端点或删除字段）。

在第一种情况下，现有的 API 客户端将保持原样工作。在第二种情况下，如果现有的集成依赖契约中被违反的部分，那么它们可能会失效。

虽然我们可能会有意地对 API 契约进行重大变更，但是不要意外地破坏它，这一点至关重要。

检查是否引入了用户可见的回归问题，最可靠的方法是什么？通过以与用户完全相同的方式交互来测试 API：对 API 发起 HTTP 请求，并根据所收到的响应验证我们的假设。

这通常被称为"黑盒测试"，即通过检查给定的一组输入的输出来验证系统的行为，而无须了解其内部实现的细节。

遵循这个原则，我们不会满足于直接调用处理器函数的测试，例如：

```
1  #[cfg(test)]
2  mod tests {
3      use crate::health_check;
4
5      #[tokio::test]
6      async fn health_check_succeeds() {
7          let response = health_check().await;
8          // 这需要将`health_check`函数的返回类型
9          // 从`impl Responder`修改为`HttpResponse`才能编译通过
10         // 你还需要通过`use actix_web::HttpResponse`导入该类型
11         assert!(response.status().is_success())
12     }
13 }
```

我们还没有检查是否在 GET 请求中调用了处理器，也没有检查是否以 **/health_check** 为路径调用了处理器。

更改这两个属性中的任何一个都会破坏 API 契约，但测试仍然会通过——这说明测试还不够好。

actix-web 在不跳过路由逻辑的情况下为与 **App** 交互提供了一些便利[1]，但它的方法存在严重缺陷：

- 迁移到另一个 Web 框架将迫使我们重写整个集成测试套件。我们希望集成测试尽可能与 API 实现技术高度分离（例如，在进行大规模的重写或重构时，编写与框架无关的集成测试将是明智之举）。

- 由于 **actix-web** 的某些限制[2]，我们无法在生产代码和测试代码之间共享 **App** 启动逻辑，因此随着时间的推移存在不一致的风险，这会破坏我们对测试套件的信任。

我们将选择完全黑盒的解决方案：在每次测试开始时都启动应用程序，并使用现成的 HTTP 客户端（例如 **reqwest**）与之交互。

3.4.2　应该将测试放在哪里

在编写测试的时候，Rust 给你三种选择。

- 在你的代码附近嵌入一个测试模块，例如：

```
1  // 一些测试代码
2
3  #[cfg(test)]
```

---

1 参见"链接 3-4"。

2 **App** 是一个通用结构体，它的一些初始化参数对于 **actix_web** 项目来说是私有的。因此，编写一个返回 **App** 实例的函数是不可能的（或者说太麻烦了，我从来没有成功过）。

```
4  mod tests {
5      // 导入希望测试的代码
6      use super::*;
7
8      // 你的测试
9  }
```

- 放在外部的 **tests** 文件夹中，例如：

```
1  > ls
2
3  src/
4  tests/
5  Cargo.toml
6  Cargo.lock
7  ...
```

- 作为公开文档的一部分（文档测试），例如：

```
1  /// 检查一个数是否是偶数
2  /// ```rust
3  /// use zero2prod::is_even;
4  ///
5  /// assert!(is_even(2));
6  /// assert!(!is_even(1));
7  /// ```
8  pub fn is_even(x: u64) -> bool {
9      x % 2 == 0
10 }
```

它们有何不同？

嵌入式测试模块是项目的一部分，只是隐藏在配置条件检查 **#[cfg(test)]** 的后面。相反，外部 **tests** 文件夹中的任何内容和文档测试都会被编译成各自独立的二进制文件。

当涉及可见性规则时，这种差异会产生影响。

嵌入式测试模块拥有访问周围代码的特权：它可以与未被标记为公共的结构体、方法、字段和函数交互，并且如果代码的用户将其作为自己项目的依赖项导入，那么他们通常无法使用这些结构体、方法、字段和函数。嵌入式测试模块对于冰山项目非常有用，即公开的内容很少（例如，只有几个公开的函数），但底层机制很庞大，而且相当复杂（例如，有几十个例程）。通过公开的函数来测试所有可能的边界情况可能并不简单——这时你可以利用嵌入式测试模块为私有子组件编写单元测试，以增加自己对整个项目正确性的整体信心。

相反，外部 **tests** 文件夹中的测试和文档测试，其代码访问级别与将该包作为其他项目的依赖项添加时的完全相同。因此，它们主要用于集成测试，即以与用户完全相同的方式调用代码来测试代码。

我们的邮件简报不是一个库，因此界限有点儿模糊——没有将其作为 Rust 包公开，而是将其作为通过网络访问的 API 放在那里。

尽管如此，我们还是使用 **tests** 文件夹进行 API 集成测试——它被清晰地分隔开来，并且更容易将测试辅助函数作为外部测试二进制文件的子模块进行管理。

3.4.3　改变项目结构以便于测试

在 **/tests** 下真正编写第一个测试之前，我们还有些事情要做。

正如我们所说，**/tests** 下的任何东西最终都会被编译为独立的二进制文件——所有的测试代码都是以包的形式导入的。但我们的项目目前是二进制文件，它应该被执行，而不是被共享。因此，不能像现在这样在测试中导入 **main** 函数。

如果你不相信我的话，可以快速试验一下：

```
1  # 创建一个新的 tests 文件夹
2  mkdir -p tests
```

创建一个新的 **tests/health_check.rs** 文件，并填充如下内容：

```
1  //! tests/health_check.rs
2
3  use zero2prod::main;
4
5  #[test]
6  fn dummy_test() {
7      main()
8  }
```

cargo test 应该会失败，出现如下错误信息：

```
1  error[E0432]: unresolved import `zero2prod`
2  --> tests/health_check.rs:1:5
3    |
4  1 | use zero2prod::main;
5    |     ^^^^^^^^^ use of undeclared type or module `zero2prod`
6
7  error: aborting due to previous error
8
9  For more information about this error, try `rustc --explain E0432`.
10 error: could not compile `zero2prod`.
```

我们需要将项目重构为一个库和一个二进制文件：所有的逻辑都将存在于库中，而二进制文件本身是一个入口点，只包含了轻量的 **main** 函数。

首先，需要更改 **Cargo.toml**。目前它看起来像这样：

```
1  [package]
2  name = "zero2prod"
```

```
3  version = "0.1.0"
4  authors = ["Luca Palmieri <contact@lpalmieri.com>"]
5  edition = "2021"
6
7  [dependencies]
8  # [...]
```

我们依赖 **cargo** 的默认行为：除非某些东西被清楚地说明，否则它将寻找一个 **src/main.rs** 文件作为二进制文件入口点，并使用 **package.name** 字段作为二进制文件名称。查看清单目标规范[1]，我们需要添加 **lib** 部分来为项目添加一个库：

```
1  [package]
2  name = "zero2prod"
3  version = "0.1.0"
4  authors = ["Luca Palmieri <contact@lpalmieri.com>"]
5  edition = "2021"
6
7  [lib]
8  # 在这里可以使用任何路径，但我们遵循社区约定
9  # 可以使用`name`字段指定库名称。如果未指定，
10 # cargo 将默认使用`package.name`，这正是我们想要的
11 path = "src/lib.rs"
12
13 [dependencies]
14 # [...]
```

lib.rs 文件现在还不存在，**cargo** 不会帮我们创建它。

```
1  cargo check
```

```
1  error: couldn't read src/lib.rs: No such file or directory (os error 2)
2
3  error: aborting due to previous error
4
5  error: could not compile `zero2prod`
```

我们来手动创建它，现在它是一个空文件。

```
1  touch src/lib.rs
```

现在一切都应该正常了。**cargo check** 通过了，并且 **cargo run** 仍然会启动我们的应用程序。

尽管如此，但是 **Cargo.toml** 文件现在并不能让人一目了然：你可以看到一个库，但看不到二进制文件。即使这不是绝对必要的，我们也希望在脱离自动生成的基本配置后，一切都清晰明了。

```
1  [package]
2  name = "zero2prod"
3  version = "0.1.0"
4  authors = ["Luca Palmieri <contact@lpalmieri.com>"]
```

---

1 参见"链接 3-5"。

```
 5  edition = "2021"
 6
 7  [lib]
 8  path = "src/lib.rs"
 9
10  # 注意双方括号: 它是 TOML 语法中的数组
11  # 一个项目中只能有一个库, 但可以有多个二进制文件
12  # 如果要在同一个存储库中管理多个库, 则可以看看工作区功能 (稍后会介绍它)
13
14  [[bin]]
15  path = "src/main.rs"
16  name = "zero2prod"
17
18  [dependencies]
19  # [...]
```

感觉代码很整洁, 我们继续前进。

目前可以将 **main** 函数移动到库中 (命名为 **run** 以避免冲突):

```
 1  //! main.rs
 2
 3  use zero2prod::run;
 4
 5  #[tokio::main]
 6  async fn main() -> std::io::Result<()> {
 7      run().await
 8  }
```

```
 1  //! lib.rs
 2
 3  use actix_web::{web, App, HttpResponse, HttpServer};
 4
 5  async fn health_check() -> HttpResponse {
 6      HttpResponse::Ok().finish()
 7  }
 8
 9  // 需要将`run`函数标记为公共的
10  // 它不再是二进制文件入口点, 因此可以将其标记为异步的
11  // 无须使用任何过程宏
12  pub async fn run() -> std::io::Result<()> {
13      HttpServer::new(|| {
14          App::new()
15              .route("/health_check", web::get().to(health_check))
16      })
17      .bind("127.0.0.1:8000")?
18      .run()
19      .await
20  }
```

好了，我们已经准备好编写一些有趣的集成测试了。

3.5　实现第一个集成测试

对于健康检查端点，我们的规范是：

当在/health_check 接收 GET 请求时，返回状态码 200，并且没有响应体。

我们将上面的文字转换成测试，尽可能多地填充内容。

```
1  //! tests/health_check.rs
2
3  // `tokio::test`是`tokio::main`的测试等价物
4  // 它还使你不必指定`#[test]`属性
5  //
6  // 你可以使用以下命令检查生成了哪些代码
7  // `cargo expand --test health_check`（<-测试文件名）
8  #[tokio::test]
9  async fn health_check_works() {
10     // 准备
11     spawn_app().await.expect("Failed to spawn our app.");
12     // 需要引入`reqWest`对应用程序执行 HTTP 请求
13     let client = reqwest::Client::new();
14
15     // 执行
16     let response = client
17         .get("http://127.0.0.1:8000/health_check")
18         .send()
19         .await
20         .expect("Failed to execute request.");
21
22     // 断言
23     assert!(response.status().is_success());
24     assert_eq!(Some(0), response.content_length());
25 }
26
27 // 在后台某处启动应用程序
28 async fn spawn_app() -> std::io::Result<()> {
29     todo!()
30 }
```

```
1  #! Cargo.toml
2  # [...]
3  # 开发依赖项（dev-dependencies）仅在运行测试或示例时使用
4  # 它们没有被包含在最终的应用程序二进制文件中
5  [dev-dependencies]
```

```
6 reqwest = "0.11"
7 # [...]
```

花一点儿时间仔细看看这个测试用例。

spawn_app 是唯一合理地依赖应用程序代码的部分。其他一切测试都与底层实现细节完全分离——如果我们明天决定放弃 Rust 并在 Ruby on Rails 中重写应用程序，那么只要使用适当的触发器替换 **spawn_app**（例如，启动 Rails 应用程序的 bash 命令），就仍然可以使用相同的测试套件来检查新技术栈中的回归问题。

该测试还涵盖了我们有兴趣检查的所有点：

- 健康检查被暴露在 **/health_check** 上；
- 健康检查使用 **GET** 方法；
- 健康检查总是返回状态码 200；
- 健康检查没有响应体。

如果这些都没问题，就成功了。

在做任何有用的事情之前这个测试就崩溃了，因为缺少 **spawn_app**，集成测试的最后一块拼图。

为什么不直接在此处调用 **run** 函数呢？例如：

```
1 //! tests/health_check.rs
2 // [...]
3
4 async fn spawn_app() -> std::io::Result<()> {
5     zero2prod::run().await
6 }
```

我们试一试：

```
1 cargo test
```

```
1   Running target/debug/deps/health_check-fc74836458377166
2
3 running 1 test
4 test health_check_works ...
5 test health_check_works has been running for over 60 seconds
```

无论等待多长时间，测试的执行都不会终止。这是怎么回事呢？

在 **zero2prod::run** 中，我们调用（并等待）**HttpServer::run**。**HttpServer::run** 返回一个 **Server** 实例——当调用 **.await** 时，它开始不断循环监听我们指定的地址，处理到达的请求，但永远不会自动关闭或"完成"。

这意味着 **spawn_app** 永远不会返回，我们的测试逻辑永远不会被执行。

我们需要将应用程序作为后台任务运行。**tokio::spawn** 在这里非常方便：**tokio::spawn** 获取一个

future 并将其交给运行时进行轮询，而无须等待其完成；因此，它与下游的 **future** 和任务（例如测试逻辑）同时运行。

下面重构 **zero2prod::run** 以返回一个 **Server**，而无须等待它：

```
1  //! src/lib.rs
2
3  use actix_web::{web, App, HttpResponse, HttpServer};
4  use actix_web::dev::Server;
5
6  async fn health_check() -> HttpResponse {
7      HttpResponse::Ok().finish()
8  }
9
10 // 注意不同的函数签名
11 // 在正常情况下返回`Server`，并删除了`async`关键字
12 // 没有进行.await 调用，所以不再需要它了
13 pub fn run() -> Result<Server, std::io::Error> {
14     let server = HttpServer::new(|| {
15         App::new()
16             .route("/health_check", web::get().to(health_check))
17     })
18     .bind("127.0.0.1:8000")?
19     .run();
20     // 此处没有.await
21     Ok(server)
22 }
```

因此，需要修改 **main.rs** 中的内容：

```
1  //! src/main.rs
2
3  use zero2prod::run;
4
5  #[tokio::main]
6  async fn main() -> std::io::Result<()> {
7      // 如果绑定地址失败，则会发生错误 io::Error
8      // 否则，在服务器上调用 .await
9      run()?.await
10 }
```

快速执行 **cargo check**，以便确认一切正常。

现在可以开始写 **spawn_app** 了：

```
1  //! tests/health_check.rs
2  // [...]
3
4  // 此处没有.await 调用，因此现在 spawn_app 函数不需要是异步的
5  // 我们也在此运行测试，所以传播错误是不值得的
6  // 如果未能执行所需的初始化，则可能会发生 panic 并让所有的工作崩溃
```

```
7  fn spawn_app() {
8      let server = zero2prod::run().expect("Failed to bind address");
9      // 启动服务器作为后台任务
10     // tokio::spawn 返回一个指向 spawned future 的 handle
11     // 但是这里没有用它，因为这是非绑定的 let 用法
12     let _ = tokio::spawn(server);
13 }
```

快速调整测试以适应 **spawn_app** 函数签名的变化：

```
1  //! tests/health_check.rs
2  // [...]
3
4  #[tokio::test]
5  async fn health_check_works() {
6      // 没有 .await，也没有 .expect
7      spawn_app();
8      // [...]
9  }
```

现在是时候运行 **cargo test** 命令了！

```
1  cargo test
```

```
1      Running target/debug/deps/health_check-a1d027e9ac92cd64
2
3  running 1 test
4  test health_check_works ... ok
5
6  test result: ok. 1 passed; 0 failed; 0 ignored; 0 measured; 0 filtered out
```

太好了！第一个集成测试通过了！为本章中第二个重要里程碑的实现而鼓掌！

3.5.1　优化

集成测试工作正常，现在我们需要重新审视它。如果需要或可能的话，则改进它。

3.5.1.1　清理资源

当测试运行结束时，在后台运行的应用程序会发生什么？它会关闭吗？它会成为僵尸进程吗？

连续运行多次 **cargo test** 总是成功的——这意味着每次运行结束时，都正确地关闭了应用程序，8000 端口也在应用程序关闭后被释放了。

再看一下 **tokio::spawn** 的文档以支持我们的假设：当 **tokio** 运行时关闭时，其上所有生成的任务都会被删除。**tokio::test** 在每个测试用例开始时都会启动一个新的运行时，它们在每个测试用例结束时关闭。

换句话说，这是一个好消息——我们不需要实现任何清理逻辑，以避免在测试用例之间泄漏资源。

3.5.1.2 选择一个随机端口

spawn_app 总是尝试在 8000 端口上运行应用程序——这并不理想：

- 如果 8000 端口被机器上的另一个程序（例如我们自己的应用程序）使用，测试将失败；
- 如果尝试并行运行两个或多个测试，那么其中只有一个测试能够绑定端口，其他所有测试都会失败。

但我们可以做得更好：测试应该在随机可用端口上运行后台应用程序。首先，需要改变 **run** 函数——它应该接收应用程序地址作为参数，而不是依赖硬编码的值：

```
1  //! src/lib.rs
2  // [...]
3
4  pub fn run(address: &str) -> Result<Server, std::io::Error> {
5      let server = HttpServer::new(|| {
6          App::new()
7              .route("/health_check", web::get().to(health_check))
8      })
9      .bind(address)?
10     .run();
11     Ok(server)
12 }
```

然后，所有的 **zero2prod::run()** 调用都必须被更改为 **zero2prod::run("127.0.0.1:8000")**，以保持相同的行为并再次编译项目。

那么，如何为测试找到一个随机可用端口呢？

操作系统提供了支持：使用端口 0。

端口 0 在操作系统级别是一个特例：尝试绑定端口 0 将触发操作系统扫描可用端口，然后将其绑定到应用程序。

因此，将 **spawn_app** 更改为

```
1  //! tests/health_check.rs
2  // [...]
3
4  fn spawn_app() {
5      let server = zero2prod::run("127.0.0.1:0").expect("Failed to bind address");
6      let _ = tokio::spawn(server);
7  }
```

完工了！现在每次启动 **cargo test** 时，后台应用程序都在随机端口上运行。

但有一个小问题……测试失败了[1]！

---

1 操作系统最终很有可能会选择 8000 作为随机端口，在这种情况下一切都很顺利。幸运的读者加油吧！

```
1  running 1 test
2  test health_check_works ... FAILED
3  failures:
4
5  ---- health_check_works stdout ----
6  thread 'health_check_works' panicked at
7      'Failed to execute request.:
8         reqwest::Error { kind: Request, url: "http://localhost:8000/health_check",
9         source: hyper::Error(
10            Connect,
11            ConnectError(
12                "tcp connect error",
13                Os {
14                    code: 111,
15                    kind: ConnectionRefused,
16                    message: "Connection refused"
17                }
18            )
19        )
20     }', tests/health_check.rs:10:20
21  note: run with `RUST_BACKTRACE=1` environment variable to display a backtrace
22  Panic in Arbiter thread.
23
24
25  failures:
26      health_check_works
27
28  test result: FAILED. 0 passed; 1 failed; 0 ignored; 0 measured; 0 filtered out
```

HTTP 客户端仍然在调用 **127.0.0.1:8000**，我们现在真的不知道该放什么：应用程序端口是在运行时确定的，不能写死。

我们需要通过某种方法找出操作系统分配给应用程序的端口，并从 **spawn_app** 返回。

有几种方法可以做到这一点，比如使用 **std::net::TcpListener**。

HttpServer 现在正在做两件事：首先绑定指定的地址，然后启动应用程序。但是我们可以接管第一步：使用 **TcpListener** 绑定端口，然后通过 **listen** 将其交给 **HttpServer**。

这么做有什么好处呢？

TcpListener::local_addr 返回一个 **SocketAddr**，它暴露了通过 **.port()** 绑定的实际端口。

我们从 **run** 函数开始：

```
1  //! src/lib.rs
2
3  use actix_web::dev::Server;
4  use actix_web::{web, App, HttpResponse, HttpServer};
5  use std::net::TcpListener;
```

```
6
7   // [...]
8
9   pub fn run(listener: TcpListener) -> Result<Server, std::io::Error> {
10      let server = HttpServer::new(|| {
11          App::new()
12              .route("/health_check", web::get().to(health_check))
13      })
14      .listen(listener)?
15      .run();
16      Ok(server)
17  }
```

这一变更同时破坏了 **main** 函数和 **spawn_app** 函数，我将 **main** 函数留给你来完成，现在看看 **spawn_app** 函数。

```
1   //! tests/health_check.rs
2   // [...]
3
4   fn spawn_app() -> String {
5       let listener = TcpListener::bind("127.0.0.1:0")
6           .expect("Failed to bind random port");
7       // 检索操作系统分配的端口
8       let port = listener.local_addr().unwrap().port();
9       let server = zero2prod::run(listener).expect("Failed to bind address");
10      let _ = tokio::spawn(server);
11      // 将应用程序地址返回给调用者
12      format!("http://127.0.0.1:{}", port)
13  }
```

现在可以利用测试中的应用程序地址指向 **reqwest::Client**：

```
1   //! tests/health_check.rs
2   // [...]
3
4   #[tokio::test]
5   async fn health_check_works() {
6       // 准备
7       let address = spawn_app();
8       let client = reqwest::Client::new();
9
10      // 执行
11      let response = client
12          // 使用返回的应用程序地址
13          .get(&format!("{}/health_check", &address))
14          .send()
15          .await
16          .expect("Failed to execute request.");
17
18      // 断言
```

```
19    assert!(response.status().is_success());
20    assert_eq!(Some(0), response.content_length());
21  }
```

都没问题，现在 **cargo test** 也成功了。操作比之前更加可靠了！

3.6 重新聚焦

我们停下来回顾一下，前面介绍了相当多的内容！

我们实现了一个 **/health_check** 端点，从而有机会了解更多关于 Web 框架——**actix-web** 的基础知识，以及 Rust API 的（集成）测试基础知识。

现在，是时候利用我们学到的知识来完成邮件简报项目的第一个用户故事了：

> 作为博客的访问者，
>
> 我想订阅邮件简报服务，
>
> 以便当博客上有新内容发布时，我可以收到邮件通知。

我们希望博客的访问者在网页的表单中输入自己的电子邮件地址。该表单将触发对后端 API 的 **POST /subscriptions** 调用，该 API 将实际处理信息、存储信息并发回响应。

我们将不得不深入研究：

- 如何在 **actix-web** 中读取从 HTML 表单收集的数据（比如如何解析 **POST** 方法的请求体）；
- 哪些库可以在 Rust 中使用 PostgreSQL 数据库（对比 **diesel**、**sqlx** 和 **tokio-postgres**）；
- 如何安装和迁移数据库；
- 如何在 API 请求处理器中获得数据库连接；
- 如何在集成测试中测试副作用（也就是存储的数据）；
- 在使用数据库时，如何避免测试之间奇怪的影响。

下面就开始吧！

3.7 处理 HTML 表单

3.7.1 提炼需求

我们应该从访问者那里收集哪些信息，使他们注册成为邮件简报的订阅者呢？

当然，需要他们的电子邮件地址（毕竟这是一份邮件简报）。还有什么呢？

在常见的业务场景中，这通常会促使工程师和产品经理之间对齐需求。在这个例子中，我们既是技术负责人，又是产品负责人，所以可以主导局面。

从个人经验来看，人们在订阅邮件简报时通常会忽略或屏蔽电子邮件地址（至少，大多数人在订阅《从零构建 Rust 生产级服务》时都这样做了）。因此，若能收集一个可以用于电子邮件问候的名字（例如臭名昭著的 **Hey {{subscriber.name}}!**），同时也能在订阅者列表中发现我们认识的人，那就太好了。我们不是警察，对姓名的真实性不感兴趣——人们会在邮件简报系统中输入他们想用的任何内容作为身份标识，例如：**DenverCoder9**，我们欢迎你。

那问题就解决了：我们需要电子邮件地址和所有新订阅者的姓名。

鉴于数据是通过 HTML 表单收集的，它将在 **POST** 的请求体中被传递到后端 API。如何编码请求体呢？

在使用 HTML 表单时，有几个选项，**application/x-www-form-urlencoded** 最适合我们的情况。

根据 MDN 网络文档，在使用 **application/x-www-form-urlencoded** 时：

> 键和值（在我们的表单中）以键值对元组的形式编码，元组之间用"&"隔开，键和值之间用"="隔开。键和值中的非字母数字字符按百分号编码。

例如：如果名字是 **Le Guin**，电子邮件地址是 **ursula_le_guin@gmail.com**，那么 POST 请求体应该是 **name=le%20guin&email=ursula_le_guin%40gmail.com**（空格被替换为 **%20**，而 **@** 变成 **%40**——可以在这里[1]找到转换表）。

总结：

- 如果使用 **application/x-www-form-urlencoded** 格式提供了一对有效的姓名和电子邮件地址，则后端应返回 **200 OK**；
- 不管是姓名还是电子邮件地址缺失，后端都应该返回 **400 BAD REQUEST**。

3.7.2　以测试的形式捕捉需求

现在我们进一步了解了会发生什么，下面在几个集成测试中通过代码实现预期。

将新的测试添加到现有的 **tests/health_check.rs** 文件中——之后将重新组织测试套件文件夹的结构。

```
1  //! tests/health_check.rs
2  use std::net::TcpListener;
3
4  /// 启动应用程序的一个实例
5  /// 并返回其地址（例如 http://localhost:XXXX）
```

1　参见"链接 3-6"。

```
 6  fn spawn_app() -> String {
 7      [...]
 8  }
 9
10  #[tokio::test]
11  async fn health_check_works() {
12      [...]
13  }
14
15  #[tokio::test]
16  async fn subscribe_returns_a_200_for_valid_form_data() {
17      // 准备
18      let app_address = spawn_app();
19      let client = reqwest::Client::new();
20
21      // 执行
22      let body = "name=le%20guin&email=ursula_le_guin%40gmail.com";
23      let response = client
24          .post(&format!("{}/subscriptions", &app_address))
25          .header("Content-Type", "application/x-www-form-urlencoded")
26          .body(body)
27          .send()
28          .await
29          .expect("Failed to execute request.");
30
31      // 断言
32      assert_eq!(200, response.status().as_u16());
33  }
34
35  #[tokio::test]
36  async fn subscribe_returns_a_400_when_data_is_missing() {
37      // 准备
38      let app_address = spawn_app();
39      let client = reqwest::Client::new();
40      let test_cases = vec![
41          ("name=le%20guin", "missing the email"),
42          ("email=ursula_le_guin%40gmail.com", "missing the name"),
43          ("", "missing both name and email")
44      ];
45
46      for (invalid_body, error_message) in test_cases {
47          // 执行
48          let response = client
49              .post(&format!("{}/subscriptions", &app_address))
50              .header("Content-Type", "application/x-www-form-urlencoded")
51              .body(invalid_body)
52              .send()
53              .await
```

```
54          .expect("Failed to execute request.");
55
56      // 断言
57      assert_eq!(
58          400,
59          response.status().as_u16(),
60          // 关于测试失败的附加自定义错误消息
61          "The API did not fail with 400 Bad Request when the payload was {}.",
62          error_message
63      );
64  }
65 }
```

subscribe_returns_a_400_when_data_is_missing 是一个表驱动测试的例子,也被称为参数化测试。

在处理输入错误时,它特别有用——与其多次重复测试逻辑,不如简单地针对一组已知的无效请求体执行相同的断言,我们希望它们以相同的方式失败。

在参数化测试中,失败时提供良好的提示消息非常重要:如果无法确定哪个特定输入会出错,那么在某个特定行上断言失败并不好。此外,该参数化测试涵盖了很多内容,因此在生成良好的提示消息方面值得给予更多的关注。

其他语言的测试框架有时会对这类测试风格提供支持(例如,**pytest** 中的参数化测试或 C#的 xUnit 中的 **InlineData**)——在 Rust 生态系统中有一些包可以扩展具有类似功能的基本测试框架。但遗憾的是,它们与我们需要按照异步测试惯例编写的 **#[tokio::test]** 宏不太兼容(请参见 **rstest** 或 **test-case**)。

现在开始运行测试套件:

```
1  ---- health_check::subscribe_returns_a_200_for_valid_form_data stdout ----
2  thread 'health_check::subscribe_returns_a_200_for_valid_form_data'
3  panicked at 'assertion failed: `(left == right)`
4   left: `200`,
5   right: `404`:
6
7  ---- health_check::subscribe_returns_a_400_when_data_is_missing stdout ----
8  thread 'health_check::subscribe_returns_a_400_when_data_is_missing'
9  panicked at 'assertion failed: `(left == right)`
10  left: `400`,
11  right: `404`:
12 The API did not fail with 400 Bad Request when the payload was missing the email.'
```

不出所料,所有新的测试都失败了。

你可以立即发现参数化测试的局限:一旦某个测试用例失败,执行就会停止,我们不知道后面测试用例的结果。

让我们开始实现吧。

3.7.3 从 POST 请求中解析表单数据

所有的测试都失败了，因为命中了 **/subscriptions**，应用程序会为 **POST** 请求返回 **404 Not FOUND**。

我们没有为这条路径注册处理器。通过在 **src/lib.rs** 中向 **App** 添加匹配的路由来解决这个问题：

```rust
//! src/lib.rs
use actix_web::dev::Server;
use actix_web::{web, App, HttpResponse, HttpServer};
use std::net::TcpListener;

// 我们一开始就返回了`impl Responder`类型
// 由于对`actix-web`更加熟悉，所以现在可以明确给出返回的类型
// 没有性能差异！这只是一种风格选择
async fn health_check() -> HttpResponse {
    HttpResponse::Ok().finish()
}

// 我们以一种简单的方式开始：总是返回 200 OK
async fn subscribe() -> HttpResponse {
    HttpResponse::Ok().finish()
}

pub fn run(listener: TcpListener) -> Result<Server, std::io::Error> {
    let server = HttpServer::new(|| {
        App::new()
            .route("/health_check", web::get().to(health_check))
            // 为 POST /subscriptions 在请求路由表中添加一个新条目
            .route("/subscriptions", web::post().to(subscribe))
    })
    .listen(listener)?
    .run();
    Ok(server)
}
```

重新运行测试套件：

```
running 3 tests
test health_check::health_check_works ... ok
test health_check::subscribe_returns_a_200_for_valid_form_data ... ok
test health_check::subscribe_returns_a_400_when_data_is_missing ... FAILED

failures:

---- health_check::subscribe_returns_a_400_when_data_is_missing stdout ----
thread 'health_check::subscribe_returns_a_400_when_data_is_missing'
panicked at 'assertion failed: `(left == right)`
  left:`400`,
 right: `200`:
```

```
13   The API did not fail with 400 Bad Request when the payload was missing the email.'
14
15  failures:
16      health_check::subscribe_returns_a_400_when_data_is_missing
17
18  test result: FAILED. 2 passed; 1 failed; 0 ignored; 0 measured; 0 filtered out
```

subscribe_returns_a_200_for_valid_form_data 现在通过了：处理器接收所有传入的数据作为有效数据，没有什么意外。

而 **subscribe_returns_a_400_when_data_is_missing** 仍然失败。

现在，是时候认真解析请求体了。在这方面，**actix-web** 为我们提供了什么有用的工具呢？

3.7.3.1　提取器

在 **actix-web** 的用户指南中提到了提取器部分，这是非常重要的。顾名思义，提取器的作用是从传入的请求中提取特定的信息。

actix-web 提供了几个内置的提取器来满足最常见的用例要求：

- **Path**，用于从请求路径中获取动态路径参数；
- **Query**，用于获取查询参数；
- **Json**，用于解析 JSON 编码的请求体；

……

幸运的是，有一个提取器正好符合我们的用例要求，它就是 **Form**。

直接阅读其文档：

> **Form** 数据辅助函数（**application/x-www-form-urlencoded**）
>
> 可用于从请求体中获取 URL 编码的数据，或者发送 URL 编码的数据作为响应。

真是雪中送炭啊！

那么如何使用它呢？

继续看 **actix-web** 用户指南：

> 提取器可以作为处理器函数的参数被访问。**actix-web** 支持每个处理器函数最多有 10 个提取器，参数位置不重要。

举一个例子：

```
1  use actix_web::web;
2
3  #[derive(serde::Deserialize)]
4  struct FormData {
```

```
5        username: String,
6    }
7
8    /// 使用 serde 提取表单数据
9    /// 仅当内容类型为 x-www-form-urlencoded 时才调用此处理器
10   /// 请求的内容可以被反序列化为`FormData`结构体
11   fn index(form: web::Form<FormData>) -> String {
12       format!("Welcome {}!", form.username)
13   }
```

因此，基本上只需要将它作为处理器的参数放在那里，当请求到来时，**actix-web** 会为你完成繁重的工作。现在先让我们往前看看，稍后再回过头来了解底层发生了什么。

目前，我们的 **subscribe** 处理器看起来像这样：

```
1    //! src/lib.rs
2    // 我们以一种简单的方式开始：总是返回 200 OK
3    async fn subscribe() -> HttpResponse {
4        HttpResponse::Ok().finish()
5    }
```

使用这个例子来示范，我们可能需要以下内容：

```
1    //! src/lib.rs
2    // [...]
3
4    #[derive(serde::Deserialize)]
5    struct FormData {
6        email: String,
7        name: String
8    }
9
10   async fn subscribe(_form: web::Form<FormData>) -> HttpResponse {
11       HttpResponse::Ok().finish()
12   }
```

但 **cargo check** 报错了：

```
1    error[E0433]: failed to resolve: use of undeclared type or module `serde`
2    --> src/lib.rs:9:10
3      |
4    9 | #[derive(serde::Deserialize)]
5      |          ^^^^^ use of undeclared type or module `serde`
```

提示很有用：我们需要将 **serde** 添加到依赖项中。于是，在 **Cargo.toml** 中添加新的一行：

```
1    [dependencies]
2    # 我们需要可选的`derive`功能来使用`serde`的过程宏
3    # `#[derive(Serialize)]` 和 `#[derive(Deserialize)]`
4    # 默认不启用该功能，以避免引入不必要的依赖项
5    serde = { version = "1", features = ["derive"]}
```

现在 **cargo check** 应该成功了。那么 **cargo test** 呢?

```
1  running 3 tests
2  test health_check_works ... ok
3  test subscribe_returns_a_200_for_valid_form_data ... ok
4  test subscribe_returns_a_400_when_data_is_missing ... ok
5
6  test result: ok. 3 passed; 0 failed; 0 ignored; 0 measured; 0 filtered out
```

它们都成功了!

但为什么呢?

3.7.3.2 Form 和 FromRequest

我们直接追根溯源:**Form** 到底是什么样子的?

你可以在这里[1]找到其源代码。

定义看起来相当正常:

```
1  #[derive(PartialEq, Eq, PartialOrd, Ord)]
2  pub struct Form<T>(pub T);
```

它只是一个包装器:对于特定的 **T** 类型实现了泛型,然后用于填充 **Form** 的唯一字段。

这里没有什么可看的。那么提取魔法究竟发生在哪里?

提取器是一个实现了 **FromRequest** 特质的类型。

FromRequest 的定义有点儿复杂,因为 Rust 还不支持在特质定义中编写异步函数。稍微重构一下,它被归结为以下类似的东西:

```
1  /// 符合该特质的类型是可以从请求中提取的类型
2  ///
3  /// 实现该特质的类型可以与 Route 处理器一起使用
4  pub trait FromRequest: Sized {
5      type Error = Into<actix_web::Error>;
6
7      async fn from_request(
8          req: &HttpRequest,
9          payload: &mut Payload
10     ) -> Result<Self, Self::Error>;
11
12     /// 省略了 actix-web 默认实现的一些辅助方法并支持关联类型
13     /// [...]
14 }
```

from_request 将传入的 HTTP 请求(即 **HttpRequest**)的头和有效载荷(即 **Payload**)的字节

---

1 参见"链接 3-7"。

作为输入。如果提取成功，它将返回 **Self**，或者被转换为 **actix_web::Error** 的错误类型。

路由处理器函数签名中的所有参数都必须实现 **FromRequest** 特质：actix-web 将为每个参数调用 **from_request**，如果所有参数的提取都成功，则会执行真正的处理器函数。

如果其中一个提取失败，则会将相应的错误返回给调用者，并且不会调用处理器（**actix_web::Error** 可以被转换为 **HttpResponse**）。

这非常方便：处理器不必处理原始的传入请求，而是可以直接利用强类型进行工作，从而大大简化了处理请求所需编写的代码。

我们看看 **Form** 的 **FromRequest** 实现：它是做什么的？

再次微调实际代码，以突出关键元素并忽略实现细节。

```
1  impl<T> FromRequest for Form<T>
2  where
3      T: DeserializeOwned + 'static,
4  {
5      type Error = actix_web::Error;
6
7      async fn from_request(
8          req: &HttpRequest,
9          payload: &mut Payload
10     ) -> Result<Self, Self::Error> {
11
12     // 省略了有关提取器配置（例如有效载荷大小限制）的内容
13
14         match UrlEncoded::new(req, payload).await {
15             Ok(item) => Ok(Form(item)),
16             // 可以自定义错误处理器
17             // 在默认情况下，它将返回 400，这正是我们想要的
18             Err(e) => Err(error_handler(e))
19         }
20     }
21 }
```

似乎所有繁重的工作都是在 **UrlEncoded** 结构体中完成的。

UrlEncoded 做了很多事情：它透明地处理了压缩和未压缩的有效载荷，处理了请求体以字节流的形式分块到达的事实，等等。

在处理完所有这些事情之后，关键的部分是：

```
1  serde_urlencoded::from_bytes::<T>(&body).map_err(|_| UrlencodedError::Parse)
```

serde_urlencoded 提供了对 **application/x-www-form-urlencoded** 数据格式的（反）序列化支持。

from_bytes 接收一个连续的字节片段作为输入，并根据 URL 编码格式的规则将其中类型为 **T** 的实例反序列化：键值对之间用 **&** 分隔，键和值之间用 **=** 分隔；键和值中的非字母数字字符按百

分号编码。

它是怎么知道如何为泛型 **T** 实现这一点的?

这是因为 **T** 实现了 **serde** 的 **DeserializedOwned** 特质:

```
1  impl<T> FromRequest for Form<T>
2  where
3      T: DeserializeOwned + 'static,
4  {
5      // [...]
6  }
```

为了理解 **serde** 的实际工作原理,我们需要更仔细地看一下 **serde** 本身。

在 3.7.3.3 节中,**serde** 涉及一些高级的 Rust 主题。如果在第一次阅读时并没有完全理解,那也没关系! 你可以在使用 Rust 和 **serde** 一段时间后,再回来深入研究其中最难的部分。

3.7.3.3　Rust 中的序列化:serde

为什么需要 **serde**? **serde** 实际上为我们做了什么?

在它的文档中是这么说的:

serde 是一个高效且通用的 Rust 数据结构序列化和反序列化框架。

1. 泛型

serde 本身并不提供对任何特定数据格式的序列化和反序列化支持:你不会在 **serde** 中找到处理 JSON、Avro 或 MessagePack 等具体格式的代码。如果需要支持特定的数据格式,则需要引入其他的包(例如用于 JSON 的 **serde_json**,用于 Avro 的 **avro-rs**)。

serde 定义了一组接口,或其自称为数据模型。

如果你想实现一个支持新数据格式的序列化库,则需要实现 **Serializer** 特质。

Serializer 特质上的每个方法都对应着 **serde** 数据模型中的 29 种类型之一,**Serializer** 实现指定了每种类型如何映射到特定的数据格式。

例如,如果你正在添加对 JSON 序列化的支持,那么 **serialize_seq** 实现将输出一个开放的方括号"**[**"并返回一个可用于序列化序列元素的类型[1]。

另外,假如有 **Serialize** 特质:对于 Rust 类型的 **Serialize::serialize** 实现,应该指定如何根据 **serde** 的数据模型使用 **Serializer** 特质上可用的方法对其进行分解。

---

1 你可以查看 **serde_json** 的 **serialize_seq** 实现进行确认。对于空序列,有一种优化(立即输出 **[]**),但这基本上就是正在发生的事情。

再以序列为例，这就是 Rust **Vector** 的 **Serialize** 实现方式：

```
1  use serde::ser::{Serialize, Serializer, SerializeSeq};
2
3  impl<T> Serialize for Vec<T>
4  where
5      T: Serialize,
6  {
7      fn serialize<S>(&self, serializer: S) -> Result<S::Ok, S::Error>
8      where
9          S: Serializer,
10     {
11         let mut seq = serializer.serialize_seq(Some(self.len()))?;
12         for element in self {
13             seq.serialize_element(element)?;
14         }
15         seq.end()
16     }
17 }
```

这就是 **serde** 不受数据格式限制的原因：一旦你的类型实现了 **Serialize** 特质，你就可以自由地使用任何特定的 **Serializer** 实现来进行序列化。也就是说，无论将类型序列化成任何格式，在 **crates.io** 上都能找到它们（几乎所有常用的数据格式都有）。

同样，通过 **Deserialize** 和 **Deserializer** 进行反序列化也是如此，只是在生命周期方面增加了一些细节，以支持零拷贝的反序列化。

2. 效率

在速度方面呢？**serde** 是否会由于底层数据格式上的泛型而变慢？

不会，这要归功于一种叫作单态化的过程。

每次用具体类型调用泛型函数时，Rust 编译器都会创建一个函数体副本，用具体类型替换泛型参数。编译器可以根据具体类型来优化函数体的每个实例：其结果与在不使用泛型或特质的情况下，为每种类型分别编写函数所得到的结果并无不同。换句话说，我们不需要为使用泛型[1]而支付任何运行时成本。

这个概念非常强大，通常被称为零成本抽象：使用高级编程语言生成的机器码与难以理解的手工实现的代码相同。因此，我们可以编写更易于人类阅读的代码（因为这就是它的目的），而不必降低最终产品的质量。

serde 在内存使用方面也非常谨慎：我们所说的中间数据模型是通过特质方法隐式定义的，没有

---

[1] 同时，必须提到的是，编写一个专门针对单一数据格式和单一用例（例如处理序列化）的序列化器，可能会让你有机会利用算法选择，这些选择与 **serde** 的数据模型结构不兼容，旨在支持各种用例的多种格式。这方面的一个例子是 **simd-json**。

真正的中间序列化结构。如果你想了解更多信息，则可以参阅 Josh Mcguigan 写的一篇名为 "Understanding Serde" 的深度文章。

值得指出的是，所有在特定数据格式下需要（反）序列化特定类型的信息在编译时都是可用的，没有运行时开销。其他语言中的（反）序列化器经常利用运行时反射来获取有关（反）序列化的类型信息（例如，它们的字段名称列表）。Rust 不提供运行时反射，一切都必须事先指定。

3. 便捷

这就是 #[derive(Serialize)] 和 #[derive(Deserialize)] 派上用场的地方。

你真的不希望为项目中定义的每种类型都手动说明应该如何进行序列化。这样做既无聊又容易出错，而且会占用你应该关注的应用程序逻辑的时间。这两个过程宏与 serde 捆绑在一起，位于 derive 功能标志的后面，将解析你的类型定义，自动生成适当的 Serialize/Deserialize 实现。

3.7.3.4　整合一切

考虑到目前我们所学到的一切，再次审视 subscribe 处理器：

```
1  #[derive(serde::Deserialize)]
2  pub struct FormData {
3      email: String,
4      name: String,
5  }
6
7  // 我们以一种简单的方式开始：总是返回 200 OK
8  async fn subscribe(_form: web::Form<FormData>) -> HttpResponse {
9      HttpResponse::Ok().finish()
10 }
```

现在我们已经清楚地了解到发生了什么：

- 在调用 subscribe 之前，actix-web 为 subscribe 的所有输入参数调用了 from_request 方法——在我们的场景中，是 Form::from_request；

- Form::from_request 尝试利用 URL 编码规则 serde_urlencoded 和 FormData 的 Deserialize 实现将请求体反序列化为 FormData，这是由 #[derive(serde::Deserialize)] 自动生成的；

- 如果 Form::from_request 失败，则向调用者返回 400 BAD REQUEST；如果成功，则会调用 subscribe，返回 200 OK。

是不是很惊讶？它看起来比实际更简单，但其中有很多东西——我们在很大程度上借助了 Rust 的优势及其生态系统中一些最完善的包。

3.8 存储数据：数据库

POST /subscriptions 端点通过了测试，但其实用性相当有限：我们没有将有效的电子邮件地址和姓名存储在任何地方。

没有持久化从 HTML 表单中收集的信息。该如何解决呢？

在定义云原生应用程序的含义时，我们提到了希望在系统中看到一些期望的行为，特别是希望在容易出现故障的环境中实现高可用。

因此，应用程序必须为分布式系统——应该在多台机器上运行多个实例，当硬件发生故障时它能够继续运行。

这会影响数据持久化：我们不能依赖主机的文件系统并将其作为数据的存储层。

对于应用程序来说，我们保存在磁盘上的任何内容都是众多副本中的一个[1]。此外，如果底层主机崩溃，那么磁盘上的内容可能会消失。

这就解释了为什么云原生应用程序通常是无状态的：将它们的持久化需求交给外部系统——数据库。

3.8.1 选择数据库

我们的邮件简报项目应该使用哪个数据库？

我的经验听起来可能会有争议：

> 如果你对持久化需求不确定，请使用关系型数据库。
> 如果你没有大规模扩展的预期，请使用 PostgreSQL。

在过去的二十年中，数据库方面的产品爆发式增长。

从数据模型的角度来看，NoSQL 运动给我们带来了文档存储（例如 MongoDB）、键值存储（例如 AWS DynamoDB）、图数据库（例如 Neo4J）等。

我们有使用内存作为主要存储的数据库（例如 Redis）。

我们有专为列式存储而优化的数据库（例如 AWS Redshift），以便于分析统计。

在设计系统时，有无数的可能性，你应该充分利用这种丰富的可能性。

然而，如果你仍然没有清楚地了解应用程序所使用的数据访问模式，那么使用某些特定的数据存储解决方案会很容易让自己陷入困境。关系型数据库作为万能的工具是相当不错的选择：在构建

---

1 除非在副本之间实现某种同步协议，否则它很快就会变成一个编写得很糟糕、质量很差的数据库副本。

应用程序的第一个版本时，它们通常是一个不错的选择，为你探索领域提供长期支持[1]。

即使是关系型数据库，也有很多选择。除了像 PostgreSQL 和 MySQL 这样的经典数据库，你还会发现一些令人兴奋的新产品，比如 AWS Aurora、Google Spanner 和 CockroachDB。

它们有什么共同点呢？

它们都是为了扩展性而构建的，远远超出了传统 SQL 数据库所能处理的范围。

如果你有扩展性问题，那么一定要看看这里。否则，不需要考虑额外的复杂性。

这就是我们最终选择 PostgreSQL 的原因：它是一种经过实战检验的技术，在所有的云服务商中得到广泛支持（如果你需要托管服务）。而且，它是开源的，有详尽的文档，可以通过 Docker 在本地和持续集成中轻松运行。它在 Rust 生态系统中得到良好的支持。

3.8.2 选择数据库包

截至 2020 年 8 月，在 Rust 项目中与 PostgreSQL 交互时，有三个首选项目。

- **tokio-postgres**；
- **sqlx**；
- **diesel**。

这三个项目都极受欢迎，在生产环境中得到了广泛应用。如何选择呢？

这取决于你对以下三个话题的看法：

- 编译时的安全性；
- SQL 优先还是用于查询构建的 DSL；
- 同步接口还是异步接口。

3.8.2.1 编译时的安全性

与关系型数据库交互时，会很容易犯错误，例如：

- 在查询中提到的列或表的名称有拼写错误；
- 尝试执行被数据库引擎拒绝的操作（例如，将字符串和数字相加，或者在错误的列上关联两个表）；
- 期望在返回的数据中有某个字段，但实际上没有。

关键问题是：我们什么时候意识到自己犯了一个错误？

---

1 关系型数据库提供了事务处理—— 一种处理部分故障并管理共享数据并发访问的强大机制。我们将在第 7 章中更详细地讨论事务。

在大多数编程语言中，这将在运行时发生：当我们尝试执行查询时，数据库将拒绝它，并且我们会收到一个错误或异常。这是在使用 **tokio-postgres** 时发生的情况。

diesel 和 **sqlx** 则尝试通过在编译时检测大多数这样的错误来缩短反馈周期。其中，**diesel** 利用其命令行工具将数据库模式转换为 Rust 代码的表示形式，然后使用它来检查所有查询的假设。而 **sqlx** 使用过程宏在编译时连接到数据库，并检查所提供的查询是否确实合法[1]。

3.8.2.2 查询接口

tokio-postgres 和 **sqlx** 都希望你直接使用 SQL 来编写查询。

而 **diesel** 提供了自己的查询构建器：将查询表示为 Rust 类型，你可以通过在其上调用方法来添加过滤器、执行连接和类似的操作。这通常被称为领域特定语言（DSL）。

哪个更好呢？

通常来说，这取决于具体情况。

SQL 非常易于移植——无论使用哪种编程语言或应用程序框架，你都可以在任何需要与关系型数据库交互的项目中使用它。

相比之下，**diesel** 的 DSL 仅在使用 **diesel** 时才会用到：你必须付出学习成本才能熟练地掌握它，并且只有在当前和未来的项目中坚持使用 **diesel** 时才会有回报。值得指出的是，使用 **diesel** 的 DSL 表达复杂查询可能会很困难，最终你可能还是需要编写原始的 SQL 语句。

此外，**diesel** 的 DSL 使编写可重用组件更容易：你可以将复杂查询分成较小的单元，并在多个地方使用它们，就像使用普通的 Rust 函数一样。

3.8.2.3 异步支持

我记得在某个地方读到过一个非常好的关于异步 I/O 的解释，大致是这样的：

> 线程用于并行工作，异步用于并行等待。

数据库与应用程序不会位于同一台物理主机上：要运行查询，必须执行网络调用。

异步数据库驱动程序不会减少处理单个查询所需的时间，但它将使应用程序能够利用所有 CPU 核心来做其他有意义的工作（例如，处理另一个 HTTP 请求），同时等待数据库返回结果。

接下来就要考虑为了编写异步代码，是否值得引入额外的复杂性。

这取决于应用程序的性能要求。

---

[1] 在过程宏中执行 I/O 有些争议，并迫使你在处理 **sqlx** 项目时始终保持数据库运行状态。**sqlx** 通过在即将发布的 0.4.0 版本中缓存检索到的查询元数据，增加了对"离线"构建的支持。

一般来说，在单独的线程池上运行查询应该足以满足大多数用例。同时，如果 Web 框架已经是异步的，那么使用异步数据库驱动程序实际上会让你少遇到一些麻烦[1]。

sqlx 和 **tokio-postgres** 都提供异步接口，而 **diesel** 是同步的，并且没有计划在可见的未来推出异步支持。

值得一提的是，目前 **tokio-postgres** 是唯一支持查询管道的包。虽然 **sqlx** 的这一功能仍处于设计阶段，但是我在 **diesel** 的文档或问题跟踪器中没有找到相关内容。

3.8.2.4 总结

现在我们用比较矩阵的形式总结一下所讨论的内容：

包	编译时的安全性	查询接口	异步
tokio-postgres	不支持	SQL	支持
sqlx	支持	SQL	支持
diesel	支持	DSL	不支持

3.8.2.5 我们的选择：sqlx

在《从零构建 Rust 生产级服务》这本书中，我们将使用 **sqlx**：它的异步支持简化了与 **actix-web** 的集成，而不会迫使我们在编译时做出妥协。由于它使用原始的 SQL 语句进行查询，因此我们只需要熟练掌握较少的 API 即可。

3.8.3 带有副作用的集成测试

我们想要达到什么目的呢？

现在，再次看一下正常情况的测试：

```
//! tests/health_check.rs
// [...]

#[tokio::test]
async fn subscribe_returns_a_200_for_valid_form_data() {
    // 准备
    let app_address = spawn_app();
    let client = reqwest::Client::new();

    // 执行
    let body = "name=le%20guin&email=ursula_le_guin%40gmail.com";
```

---

1 异步运行时基于这样的假设：当调用 **future** 时，它会"非常快地"将控制权交还给执行器。如果错误地在运行异步任务的线程池上运行阻塞 I/O 代码，则会遇到麻烦。例如，应用程序在特定负载下可能会被莫名其妙地挂起。你必须小心，并始终确保阻塞 I/O 是在单独的线程池上使用类似于 **tokio::spawn_blocking** 或 **async_std::spawn_blocking** 这样的函数执行的。

```
12    let response = client
13        .post(&format!("{}/subscriptions", &app_address))
14        .header("Content-Type", "application/x-www-form-urlencoded")
15        .body(body)
16        .send()
17        .await
18        .expect("Failed to execute request.");
19
20    // 断言
21    assert_eq!(200, response.status().as_u16());
22 }
```

在这里断言是不够的。

仅凭 API 响应，无法判断是否已经实现了预期的业务效果——我们想知道是否发生了副作用，即数据存储。

如果想要检查是否已经持久化了新订阅者的详细信息，该怎么做？

我们有两种选择：

（1）利用公共 API 的另一个端点来检查应用程序状态。

（2）在测试用例中直接查询数据库。

如果可能的话，第一项应该是首选：你的测试对 API 的实现细节（例如底层数据库技术及其架构）毫不知情，因此不太可能受到未来重构的干扰。

很遗憾，在我们的 API 上没有任何公共端点可以用来验证订阅者是否存在。

我们可以添加一个 **GET /subscriptions** 端点来获取现有订阅者的列表，但是担心它的安全性：我们不希望在没有任何形式的身份验证的情况下，将订阅者的姓名和电子邮件地址暴露在互联网上。

最终我们可能会编写 **GET /subscriptions** 端点（即不想登录生产数据库来查询订阅者列表），但不应该编写一个新功能来测试正在开发的功能。

我们迎难而上，在测试中编写一个简单的查询。当有更好的测试策略可用时，我们将会删除它。

3.8.4 数据库初始化

为了运行测试套件，我们需要：

- 一个正在运行的 Postgres 实例[1]；
- 一个能够存储订阅者信息的表。

---

[1] 我不属于"内存测试数据库"派别的人：无论如何，你都应该尽可能在测试环境和生产环境中使用相同的数据库。我已经因为内存存储和真实数据库引擎之间的差异而受到太多的折磨，无法相信它能带来比使用"真实环境"更大的好处。

3.8.4.1　Docker

为了运行 Postgres，我们将使用 Docker。在启动测试套件之前，我们使用 Postgres 的官方 Docker 镜像启动一个新的 Docker 容器。

你可以按照 Docker 网站上的说明将其安装在计算机上。

首先，新建一个简单的 bash 脚本 **scripts/init_db.sh**，其中包含一些自定义的 Postgres 默认设置：

```
1  #!/usr/bin/env bash
2  set -x
3  set -eo pipefail
4
5  # 检查是否已设置自定义用户名。如果未设置，则默认是 "postgres"
6  DB_USER=${POSTGRES_USER:=postgres}
7  # 检查是否已设置自定义密码。如果未设置，则默认是 "password"
8  DB_PASSWORD="${POSTGRES_PASSWORD:=password}"
9  # 检查是否已设置自定义数据库名称。如果未设置，则默认是 "newsletter"
10 DB_NAME="${POSTGRES_DB:=newsletter}"
11 # 检查是否已设置自定义数据库端口。如果未设置，则默认是 "5432"
12 DB_PORT="${POSTGRES_PORT:=5432}"
13
14 # 使用 Docker 启动 Postgres
15 docker run \
16   -e POSTGRES_USER=${DB_USER} \
17   -e POSTGRES_PASSWORD=${DB_PASSWORD} \
18   -e POSTGRES_DB=${DB_NAME} \
19   -p "${DB_PORT}":5432 \
20   -d postgres \
21   postgres -N 1000
22   # ^ 为了进行测试，增加了最大连接数
```

修改使其可执行：

```
1  chmod +x scripts/init_db.sh
```

然后，通过以下命令启动 Postgres：

```
1  ./scripts/init_db.sh
```

如果运行 **docker ps**，将会看到类似于下面的输出：

```
1  IMAGE        PORTS                    STATUS
2  postgres 127.0.0.1:5432->5432/tcp Up 12 seconds [...]
```

注意：如果不使用 Linux，则端口映射部分可能会略有不同。

3.8.4.2　数据库迁移

为了存储订阅者的详细信息，我们需要创建一个表。

要向数据库中添加新表，需要更改数据库模式——这通常被称为"数据库迁移"。

1. sqlx-cli

sqlx 提供了一个命令行工具 **sqlx-cli**，用于管理数据库迁移。

我们可以通过如下命令安装这个命令行工具：

```
1 cargo install --version=0.6.0 sqlx-cli --no-default-features --features postgres
```

运行 **sqlx --help** 以检查一切是否按预期工作。

2. 创建数据库

我们通常需要运行的第一条命令是 **sqlx database create**。根据帮助文档：

```
1 sqlx-database-create
2 Creates the database specified in your DATABASE_URL
3
4 USAGE:
5     sqlx database create
6
7 FLAGS:
8     -h, --help Prints help information
9     -V, --version Prints version information
```

对于我们而言，这并不是完全必要的：因为在启动 Docker 实例时使用环境变量指定了配置，Postgres 的 Docker 实例已经自带了名为 **newsletter** 的默认数据库。尽管如此，在持续集成流水线和生产环境中，仍然需要执行创建步骤，因此需要涵盖这个流程。

正如帮助文档所展示的，**sqlx database create** 依赖 **DATABASE_URL** 环境变量来决定如何进行操作。

DATABASE_URL 应该是有效的 Postgres 连接字符串，其格式如下：

```
1 postgres://${DB_USER}:${DB_PASSWORD}@${DB_HOST}:${DB_PORT}/${DB_NAME}
```

因此，我们可以在 **scripts/init_db.sh** 脚本中添加几行代码[1]。

```
1 # [...]
2
3 export DATABASE_URL=postgres://${DB_USER}:${DB_PASSWORD}@localhost:${DB_PORT}/
  ${DB_NAME} sqlx database create
```

你可能会不时地遇到一个烦人的问题：当尝试运行 **sqlx database create** 命令时，Postgres 容器将无法接受连接。这个问题出现的频率高到让我不得不寻找一种解决办法：需要等待 Postgres 完成操作，然后再开始对其运行命令。我们将脚本更新为

```
1 #!/usr/bin/env bash
2 set -x
```

---

[1] 如果现在再次运行该脚本，则会失败，因为已经有一个同名的 Docker 容器正在运行！在运行更新后的脚本之前，必须先停止/中止它。

```
3  set -eo pipefail
4
5  DB_USER=${POSTGRES_USER:=postgres}
6  DB_PASSWORD="${POSTGRES_PASSWORD:=password}"
7  DB_NAME="${POSTGRES_DB:=newsletter}"
8  DB_PORT="${POSTGRES_PORT:=5432}"
9
10 docker run \
11     -e POSTGRES_USER=${DB_USER} \
12     -e POSTGRES_PASSWORD=${DB_PASSWORD} \
13     -e POSTGRES_DB=${DB_NAME} \
14     -p "${DB_PORT}":5432 \
15     -d postgres \
16     postgres -N 1000
17
18 # 保持对 Postgres 的轮询，直到它准备好接受命令
19 export PGPASSWORD="${DB_PASSWORD}"
20 until psql -h "localhost" -U "${DB_USER}" -p "${DB_PORT}" -d "postgres" -c '\q'; do
21     >&2 echo "Postgres is still unavailable - sleeping"
22     sleep 1
23 done
24
25 >&2 echo "Postgres is up and running on port ${DB_PORT}!"
26
27 export DATABASE_URL=postgres://${DB_USER}:${DB_PASSWORD}@localhost:${DB_PORT}/${DB_NAME}
28 sqlx database create
```

问题得到解决！

健康检查测试使用 **psql**（Postgres 的命令行客户端）。你可以查看有关如何在操作系统上安装它的说明[1]。

脚本一般不会与清单捆绑以声明其依赖项：遗憾的是，人们通常会在未安装所有依赖的情况下启动脚本。这通常会导致脚本在执行过程中崩溃，有时会使系统中的内容处于半损坏状态。在初始化脚本中，我们可以做得更好：在开始时检查 **psql** 和 **sqlx-cli** 是否已安装。

```
1  set -x
2  set -eo pipefail
3
4  if ! [ -x "$(command -v psql)" ]; then
5      echo >&2 "Error: psql is not installed."
6      exit 1
7  fi
8
9  if ! [ -x "$(command -v sqlx)" ]; then
10     echo >&2 "Error: sqlx is not installed."
```

---

1 参见"链接 3-8"。

```
11    echo >&2 "Use:"
12    echo >&2 "cargo install --version=0.6.0 sqlx-cli --no-default-features --features postgres"
13    echo >&2 "to install it."
14    exit 1
15 fi
16
17 # 脚本的剩余部分
```

3. 添加迁移

现在，使用以下命令创建第一个迁移：

```
1 # 假设使用了默认参数在 Docker 中启动 Postgres
2 export DATABASE_URL=postgres://postgres:password@127.0.0.1:5432/newsletter
3 sqlx migrate add create_subscriptions_table
```

现在，项目中应该出现了一个新的根目录——**migrations**。这是 **sqlx** 的命令行工具存储项目中所有迁移的地方。

在 **migrations** 目录中，应该已经有一个名为**{timestamp}_create_subscriptions_table.sql** 的文件——这是我们编写第一个迁移的 SQL 代码的地方。

我们快速创建所需要的查询：

```
1 -- migrations/{timestamp}_create_subscriptions_table.sql
2 -- 创建 subscriptions 表
3 CREATE TABLE subscriptions(
4     id uuid NOT NULL,
5     PRIMARY KEY (id),
6     email TEXT NOT NULL UNIQUE,
7     name TEXT NOT NULL,
8     subscribed_at timestamptz NOT NULL
9 );
```

关于主键争论不休：有些人喜欢使用具有业务含义的列（例如 **email** 这种自然主键），有些人则更喜欢使用没有任何业务含义的合成主键（例如 **id**、随机生成的 UUID 这种代理主键）。

我通常默认使用合成主键，除非有非常充分的理由不这样做——在这一点上，你可以有不同的看法。

还有其他一些需要注意的事项：

- 使用 **subscribed_at** 跟踪订阅的创建时间（**timestamptz** 是一个时区感知的日期和时间类型）；
- 使用 **UNIQUE** 约束在数据库级别上强制保证电子邮件地址的唯一性；
- 使用 **NOT NULL** 约束在每列上强制执行所有字段都不能为空；
- 使用 **TEXT** 作为 **email** 和 **name** 的类型，因为它没有最大长度限制。

数据库约束对于防止应用程序漏洞非常有用，但使用它们也有代价——数据库必须确保在将新数据写入表之前通过所有检查。因此，约束会影响写入的吞吐量，即在单位时间内向表中插入/更新数据的行数。

特别是 **UNIQUE** 约束在 **email** 列上引入了一个额外的 B 树索引：索引必须在每个 **INSERT/UPDATE/DELETE** 查询上更新，并且占用磁盘空间。

在具体情况中，我不会太担心：邮件列表必须非常受欢迎才会遇到写吞吐量的问题。如果确实发生这种情况，那肯定是一个好问题。

4. 运行迁移

我们可以使用以下命令对数据库运行迁移：

```
1  sqlx migrate run
```

它与 **sqlx database create** 具有相同的行为——它将查看 **DATABASE_URL** 环境变量以了解需要迁移的数据库。

我们将其添加到 **scripts/init_db.sh** 脚本中：

```
1   !/usr/bin/env bash
2   set -x
3   set -eo pipefail
4
5   if ! [ -x "$(command -v psql)" ]; then
6       echo >&2 "Error: psql is not installed."
7       exit 1
8   fi
9
10  if ! [ -x "$(command -v sqlx)" ]; then
11      echo >&2 "Error: sqlx is not installed."
12      echo >&2 "Use:"
13      echo >&2 "cargo install --version=0.6.0 sqlx-cli --no-default-features --features postgres"
14      echo >&2 "to install it."
15      exit 1
16  fi
17
18  DB_USER=${POSTGRES_USER:=postgres}
19  DB_PASSWORD="${POSTGRES_PASSWORD:=password}"
20  DB_NAME="${POSTGRES_DB:=newsletter}"
21  DB_PORT="${POSTGRES_PORT:=5432}"
22
23  # 如果已经运行了 Docker 中的 Postgres 数据库，则允许跳过 Docker 步骤
24  if [[ -z "${SKIP_DOCKER}" ]]
25  then
26      docker run \
27          -e POSTGRES_USER=${DB_USER} \
28          -e POSTGRES_PASSWORD=${DB_PASSWORD} \
29          -e POSTGRES_DB=${DB_NAME} \
```

```
30          -p "${DB_PORT}":5432 \
31          -d postgres \
32          postgres -N 1000
33 fi
34
35 export PGPASSWORD="${DB_PASSWORD}"
36 until psql -h "localhost" -U "${DB_USER}" -p "${DB_PORT}" -d "postgres" -c '\q'; do
37     >&2 echo "Postgres is still unavailable - sleeping"
38     sleep 1
39 done
40
41 >&2 echo "Postgres is up and running on port ${DB_PORT} - running migrations now!"
42
43 export DATABASE_URL=postgres://${DB_USER}:${DB_PASSWORD}@localhost:${DB_PORT}/${DB_NAME}
44 sqlx database create
45 sqlx migrate run
46
47 >&2 echo "Postgres has been migrated, ready to go!"
```

当存在已经运行于 Docker 中的 Postgres 数据库时，我们通过使用 **SKIP_DOCKER** 标志将 **docker run** 命令放在其后，以便轻松地运行迁移，而无须手动删除这一部分或修改 **scripts/init_db.sh**。如果在脚本中没有启动 Postgres，那么它在持续集成中仍会发挥作用。

现在，使用以下命令迁移数据库：

```
1 SKIP_DOCKER=true ./scripts/init_db.sh
```

在输出中，你应该能够看到类似于以下的内容：

```
1 + sqlx migrate run
2 20200823135036/migrate create subscriptions table (7.563944ms)
```

如果你使用自己喜欢的图形界面检查 Postgres 数据库，则会看到一个 **subscriptions** 表和一个全新的 **_sqlx_migrations** 表：这是 **sqlx** 记录对数据库运行了哪些迁移的地方——现在应该只包含一条 **create_subscriptions_table** 迁移的记录。

3.8.5 编写第一个查询

我们已经成功迁移了数据库并启动了它。接下来，如何与之交互呢？

3.8.5.1 sqlx 功能标志

我们已经安装了 **sqlx-cli**，但实际上还没有添加 **sqlx** 作为应用程序的依赖项。现在，在 **Cargo.toml** 中添加一行新内容：

```
1 [dependencies]
2 # [...]
3
4 # 使用类似于表格的 toml 语法以避免行内字符过多
```

```
5  [dependencies.sqlx]
6  version = "0.6"
7  default-features = false
8  features = [
9      "runtime-actix-rustls",
10     "macros",
11     "postgres",
12     "uuid",
13     "chrono",
14     "migrate"
15 ]
```

这里有很多功能标志。简单介绍如下：

- **runtime-actix-rustls** 告诉 **sqlx** 使用 **actix** 运行时作为其功能的一部分，使用 **rustls** 作为 TLS 后端；

- **macros** 允许我们访问 **sqlx::query!** 和 **sqlx::query_as!**，在很多地方都会使用到它们；

- **postgres** 解锁了 Postgres 特定功能（例如非标准 SQL 类型）；

- **uuid** 添加了将 SQL UUID 映射到 **uuid** 包中的 **Uuid** 类型的支持。我们需要它来处理 **id** 列；

- **chrono** 添加了将 SQL **timestamptz** 映射到 **chrono** 包中的 **DateTime<T>** 类型的支持。我们需要它来处理 **subscribed_at** 列；

- **migrate** 允许我们访问在 **sqlx-cli** 内部使用的相同函数来管理迁移。对于测试套件来说，这将非常有用。

这些功能标志应该足以满足我们在本章中需要做的事情。

3.8.5.2 配置管理

连接到 Postgres 数据库的最简单入口点是 **PgConnection**。**PgConnection** 实现了 **Connection** 特质，为我们提供了一个 **connect** 方法：它将连接字符串作为输入，并异步返回一个 **Result<PostgresConnection, sqlx::Error>**。

从哪里获得连接字符串呢？

我们可以在应用程序中硬编码一个，并将其用于测试。或者，可以选择立即引入一些基本的配置管理机制。

这比听起来简单得多，它将为我们节省在整个应用程序中跟踪一堆硬编码值的成本。**config** 包是 Rust 配置方面的瑞士军刀，当涉及配置时它支持多种文件格式，可以让我们按照层次结构组合不同的来源（例如环境变量、配置文件等），以便针对每个部署环境轻松自定义应用程序的行为。

目前，我们不需要任何花哨的东西，使用一个简单的配置文件就可以了。

1. 划分模块

现在所有的应用程序代码都在一个 **lib.rs** 文件中。我们快速将其拆分为多个子模块，以避免混乱，因为正在添加新功能。我们希望按照以下文件夹结构进行划分：

```
1  src/
2     configuration.rs
3     lib.rs
4     main.rs
5     routes/
6        mod.rs
7        health_check.rs
8        subscriptions.rs
9  startup.rs
```

lib.rs 变成下面这样：

```
1  //! src/lib.rs
2  pub mod configuration;
3  pub mod routes;
4  pub mod startup;
```

startup.rs 将托管 **run** 函数，**health_check** 函数位于 **routes/health_check.rs** 文件中，**subscribe** 和 **FormData** 函数位于 **routes/subscriptions.rs** 文件中，**configuration.rs** 文件为空。

这两个处理函数都在 **routes/mod.rs** 文件中被重新导出。

```
1  //! src/routes/mod.rs
2  mod health_check;
3  mod subscriptions;
4
5  pub use health_check::*;
6  pub use subscriptions::*;
```

你可能需要在某些地方添加 **pub** 可见性修饰符，以及对 **main.rs** 和 **tests/health_check.rs** 中的 **use** 语句进行修改。在继续之前，执行 **cargo test** 命令，确保测试通过。

2. 读取配置文件

为了使用 **config** 包管理配置，我们必须将应用程序设置表示为实现 **serde** 的 **Deserialize** 特质的 Rust 类型。

现在创建一个新的 **Settings** 结构体：

```
1  //! src/configuration.rs
2  #[derive(serde::Deserialize)]
3  pub struct Settings {}
```

目前，有两组配置值：

• 应用程序端口，**actix-web** 监听传入请求的端口（当前在 **main.rs** 文件中被硬编码为 **8000**）；

- 数据库连接参数。

为它们中的每一个添加一个字段到 **Settings**：

```
1  //! src/configuration.rs
2  #[derive(serde::Deserialize)]
3  pub struct Settings {
4      pub database: DatabaseSettings,
5      pub application_port: u16
6  }
7
8  #[derive(serde::Deserialize)]
9  pub struct DatabaseSettings {
10     pub username: String,
11     pub password: String,
12     pub port: u16,
13     pub host: String,
14     pub database_name: String,
15 }
```

我们需要在 **DatabaseSettings** 结构体的上方加上 **#[derive(serde::Deserialize)]**，否则编译会出错：

```
1  error[E0277]: the trait bound
2  `configuration::DatabaseSettings: configuration::_::_serde::Deserialize<'_>`
3  is not satisfied
4  --> src/configuration.rs:3:5
5   |
6  3 |    pub database: DatabaseSettings,
7   |    ^^^ the trait `configuration::_::_serde::Deserialize<'_>`
8   |        is not implemented for `configuration::DatabaseSettings`
9   |
10  = note: required by `configuration::_::_serde::de::SeqAccess::next_element`
```

这是有道理的：一个类型中的所有字段都必须是可反序列化的，这样整个类型才能是可反序列化的。

有了配置类型，接下来该怎么做呢？

首先，将 **config** 添加到依赖项中：

```
1  #! Cargo.toml
2  # [...]
3  [dependencies]
4  config = "0.13"
5  # [...]
```

我们想从一个名为 **configuration.yaml** 的配置文件中读取应用程序设置：

```
1  //! src/configuration.rs
2  // [...]
3
```

```rust
 4  pub fn get_configuration() -> Result<Settings, config::ConfigError> {
 5      // 初始化配置读取器
 6      let settings = config::Config::builder()
 7          // 从一个名为`configuration.yaml`的文件中读取配置值
 8          .add_source(config::File::new("configuration.yaml", config::FileFormat::Yaml))
 9          .build()?;
10      // 尝试将其读取到的配置值转换为 Settings 类型
11      settings.try_deserialize::<Settings>()
12  }
```

然后，修改 **main** 函数，将读取配置作为第一步：

```rust
 1  //! src/main.rs
 2  use std::net::TcpListener;
 3  use zero2prod::startup::run;
 4  use zero2prod::configuration::get_configuration;
 5
 6  #[tokio::main]
 7  async fn main() -> std::io::Result<()> {
 8      // 如果不能读取配置的话，则发生 panic
 9      let configuration = get_configuration().expect("Failed to read configuration.");
10      // 我们已经移除了硬编码值`8000`，现在将会从配置中读取它
11      let address = format!("127.0.0.1:{}", configuration.application_port);
12      let listener = TcpListener::bind(address)?;
13      run(listener)?.await
14  }
```

如果试图使用 **cargo run** 启动应用程序，它应该会崩溃。

```
 1  Running `target/debug/zero2prod`
 2
 3  thread 'main' panicked at 'Failed to read configuration.:
 4  configuration file "configuration" not found', src/main.rs:7:25
 5
 6  note: run with `RUST_BACKTRACE=1` environment variable to display a backtrace
 7  Panic in Arbiter thread.
```

接下来，通过添加配置文件来修复它。

我们可以使用任何文件格式，只要 **config** 知道如何处理它：选择 YAML。

```yaml
 1  # configuration.yaml
 2  application_port: 8000
 3  database:
 4      host: "127.0.0.1"
 5      port: 5432
 6      username: "postgres"
 7      password: "password"
 8      database_name: "newsletter"
```

现在 **cargo run** 应该能够顺利运行了。

3.8.5.3　连接 Postgres

PgConnection::connect 函数希望将单个连接字符串作为输入，而 **DatabaseSettings** 为我们访问所有连接参数提供了细粒度控制。下面添加一个方便的 **connection_string** 方法来处理这个问题：

```
1  // src/configuration.rs
2  // [...]
3  impl DatabaseSettings {
4      pub fn connection_string(&self) -> String {
5          format!(
6              "postgres://{}:{}@{}:{}/{}",
7              self.username, self.password, self.host, self.port, self.database_name
8          )
9      }
10 }
```

我们终于准备好进行连接了！

现在调整一下测试用例：

```
1  //! tests/health_check.rs
2  use sqlx::{PgConnection, Connection};
3  use zero2prod::configuration::get_configuration;
4  // [...]
5
6  #[tokio::test]
7  async fn subscribe_returns_a_200_for_valid_form_data() {
8      // 准备
9      let app_address = spawn_app();
10     let configuration = get_configuration().expect("Failed to read configuration");
11     let connection_string = configuration.database.connection_string();
12     // 为了调用 `PgConnection::connect`，`Connection` 特质必须位于作用域内
13     // 它不是该结构体的内在方法
14     let connection = PgConnection::connect(&connection_string)
15         .await
16         .expect("Failed to connect to Postgres.");
17     let client = reqwest::Client::new();
18
19     // 执行
20     let body = "name=le%20guin&email=ursula_le_guin%40gmail.com";
21     let response = client
22         .post(&format!("{}/subscriptions", &app_address))
23         .header("Content-Type", "application/x-www-form-urlencoded")
24         .body(body)
25         .send()
26         .await
27         .expect("Failed to execute request.");
28
29     // 断言
```

```
30      assert_eq!(200, response.status().as_u16());
31  }
```

cargo test 运行成功了！

我们刚刚确认，可以从测试中成功连接到 Postgres。

这对于世界来说是一小步，但是对于我们来说是一个巨大的飞跃。

3.8.5.4　测试断言

现在，数据库已经连接成功，可以开始编写测试断言了——这是我们在之前几页中一直想做的事情。

我们将使用 **sqlx** 的 **query!** 宏：

```
1   //! tests/health_check.rs
2   // [...]
3
4   #[tokio::test]
5   async fn subscribe_returns_a_200_for_valid_form_data() {
6       // [...]
7       // 连接必须被标记为可变的
8       let mut connection = ...
9
10      // 断言
11      assert_eq!(200, response.status().as_u16());
12
13      let saved = sqlx::query!("SELECT email, name FROM subscriptions",)
14          .fetch_one(&mut connection)
15          .await
16          .expect("Failed to fetch saved subscription.");
17
18      assert_eq!(saved.email, "ursula_le_guin@gmail.com");
19      assert_eq!(saved.name, "le guin");
20  }
```

saved 的类型是什么？**query!** 宏返回一个匿名的记录类型：在编译时，在验证查询的有效性后生成结构体定义，每个成员都对应结果中的一个列（例如，**saved.email** 对应 **email** 列）。

如果尝试运行 **cargo test**，则会得到一个错误：

```
1   error: `DATABASE_URL` must be set to use query macros
2   --> tests/health_check.rs:59:17
3      |
4   59 | let saved = sqlx::query!("SELECT email, name FROM subscriptions",)
5      |             ^^^^^^^^^^^^^^^^^^^^^^^^^^^^^^^^^^^^^^^^^^^^^^^^^^^^^^^
6      |
7      = note: this error originates in a macro (in Nightly builds,
8        run with -Z macro-backtrace for more info)
```

正如之前所讨论的那样，**sqlx** 在编译时与 Postgres 进行交互，以检查查询是否合法。就像 **sqlx-cli** 命令一样，它依赖 **DATABASE_URL** 环境变量来确定数据库的位置。

我们可以手动导出 **DATABASE_URL**，但是每次启动计算机并开始处理该项目时，都会遇到相同的问题。我们采纳 **sqlx** 作者的建议——在根目录下添加一个 **.env** 文件。

```
1  DATABASE_URL="postgres://postgres:password@localhost:5432/newsletter"
```

sqlx 将从 **.env** 文件中读取 **DATABASE_URL**，省去了每次都要重新导出环境变量的麻烦。

在两个地方（**.env** 和 **configuration.yaml**）同时存在数据库连接参数可能有点儿让人不爽，但这不是主要问题：**configuration.yaml** 可以用于在编译后更改应用程序的运行时行为，而 **.env** 仅与开发过程、构建和测试步骤相关。

将 **.env** 文件提交到版本控制系统中——在持续集成中很快就需要使用它！

再次尝试运行 **cargo test**：

```
1   running 3 tests
2   test health_check_works ... ok
3   test subscribe_returns_a_400_when_data_is_missing ... ok
4   test subscribe_returns_a_200_for_valid_form_data ... FAILED
5
6   failures:
7
8   ---- subscribe_returns_a_200_for_valid_form_data stdout ----
9   thread 'subscribe_returns_a_200_for_valid_form_data' panicked at
10  'Failed to fetch saved subscription.: RowNotFound', tests/health_check.rs:59:17
11
12  failures:
13      subscribe_returns_a_200_for_valid_form_data
```

正如预期的那样，这个测试失败了！

现在修复一下应用程序，让它通过测试。

3.8.5.5　升级持续集成流水线

如果你检查一下，就会发现持续集成流水线现在无法执行在项目开始时引入的大多数检查。

现在，我们的测试需要依赖正在运行的 Postgres 数据库才能正确执行。由于 **sqlx** 的编译时检查，所有的构建命令（**cargo check**、**cargo lint**、**cargo build**）都需要一个正在运行的数据库。

我们不想在持续集成损坏的情况下冒险前进。

你可以在这里[1]找到更新后的 GitHub Actions 设置。只需要更新 **general.yml** 文件即可。

---

1 参见"链接 3-9"。

3.9 持久化一个新的订阅者

就像编写 **SELECT** 语句查询在测试中持久化到数据库的订阅一样，现在需要编写 **INSERT** 语句存储来自 **/subscriptions** 的合法 POST 请求。

我们看一下请求处理器：

```
//! src/routes/subscriptions.rs
use actix_web::{web, HttpResponse};

#[derive(serde::Deserialize)]
pub struct FormData {
    email: String,
    name: String,
}

// 我们以一种简单的方式开始：总是返回 200 OK
pub async fn subscribe(_form: web::Form<FormData>) -> HttpResponse {
    HttpResponse::Ok().finish()
}
```

如果要在 **subscribe** 函数中执行查询，则需要获取一个数据库连接。

下面看看如何获取一个数据库连接。

3.9.1 actix-web 中的应用程序状态

到目前为止，我们的应用程序完全是无状态的：处理器仅使用来自请求的数据。

actix-web 为我们提供了改变的可能性，即将与单个请求生命周期无关的数据附加到应用程序上，也就是所谓的"应用程序状态"。

你可以使用 **App** 上的 **app_data** 方法向应用程序状态添加信息。

我们尝试使用 **app_data** 将 **PgConnection** 注册为应用程序状态的一部分。需要修改 **run** 方法，使其在 **TcpListener** 参数以外接收一个 **PgConnection** 参数：

```
//! src/startup.rs

use crate::routes::{health_check, subscribe};
use actix_web::dev::Server;
use actix_web::{web, App, HttpServer};
use sqlx::PgConnection;
use std::net::TcpListener;

pub fn run(
    listener: TcpListener,
    // 新的参数
    connection: PgConnection
```

```
13  ) -> Result<Server, std::io::Error> {
14      let server = HttpServer::new(|| {
15          App::new()
16              .route("/health_check", web::get().to(health_check))
17              .route("/subscriptions", web::post().to(subscribe))
18              // 将连接注册为应用程序状态的一部分
19              .app_data(connection)
20      })
21      .listen(listener)?
22      .run();
23      Ok(server)
24  }
```

然而，**cargo check** 向我们发出警告：

```
1   error[E0277]: the trait bound `PgConnection: std::clone::Clone`
2   is not satisfied in `[closure@src/startup.rs:8:34: 13:6 PgConnection]`
3     --> src/startup.rs:8:18
4      |
5   8  |        let server = HttpServer::new(|| {
6      | _____^^^^^^^^^^^^^^^^^_-
7      | |                      |
8      | |                      within `[closure@src/startup.rs:8:34: 13:6 PgConnection]`,
9      | |                      the trait `std::clone::Clone` is not implemented
10     | |                      for `PgConnection`
11  9  | |          App::new()
12  10 | |              .route("/health_check", web::get().to(health_check))
13  11 | |              .route("/subscriptions", web::post().to(subscribe))
14  12 | |              .app_data(connection)
15  13 | |      })
16     | |_____- within this `[closure@src/startup.rs:8:34: 13:6 PgConnection]`
17     |
18     = note: required because it appears within the type
19            `[closure@src/startup.rs:8:34: 13:6 PgConnection]`
20     = note: required by `actix_web::server::HttpServer::<F, I, S, B>::new`
21
22  error[E0277]: the trait bound `PgConnection: std::clone::Clone`
23  is not satisfied in `[closure@src/startup.rs:8:34: 13:6 PgConnection]`
24    --> src/startup.rs:8:18
25     |
26  8  |        let server = HttpServer::new(|| {
27     | _____^_____-
28     | |_____|
29     | ||
30  9  | ||         App::new()
31  10 | ||             .route("/health_check", web::get().to(health_check))
32  11 | ||             .route("/subscriptions", web::post().to(subscribe))
33  12 | ||             .app_data(connection)
34  13 | ||     })
```

```
35    | ||_____- within this `[closure@src/startup.rs:8:34: 13:6 ::PgConnection]`
36  14 | |     .listen(listener)?
37    | |_____^
38    |   within `[closure@src/startup.rs:8:34: 13:6 ::PgConnection]`,
39    |   the trait `std::clone::Clone` is not implemented for `PgConnection`
40    |
41    |
42  56 |     F: Fn() -> I + Send + Clone + 'static,
43    |                           -----
44    |   required by this bound in `actix_web::server::HttpServer`
45    |
46    = note: required because it appears within the type
47           `[closure@src/startup.rs:8:34: 13:6 PgConnection]`
```

HttpServer 期望 **PgConnection** 是可克隆的，但是很遗憾，事实并非如此。不过，它为什么需要先实现 **Clone** 呢？

3.9.2　actix-web 工作进程[1]

让我们聚焦于对 **HttpServer::new** 的调用：

```
1  let server = HttpServer::new(|| {
2      App::new()
3          .route("/health_check", web::get().to(health_check))
4          .route("/subscriptions", web::post().to(subscribe))
5  })
```

HttpServer::new 不接受 **App** 作为参数，而是需要一个返回 **App** 结构的闭包。这是为了支持 **actix-web** 的运行时模型：**actix-web** 将为机器上每个可用的核心启动一个工作进程。

每个工作进程都运行自己的应用程序副本，该副本是由 **HttpServer** 调用与 **HttpServer::new** 参数完全相同的闭包构建的。

这就是为什么连接必须是可克隆的——我们需要为每个 **App** 副本都提供一个连接。但是，正如我们所说，**PgConnection** 没有实现 **Clone**，因为它基于一个不可克隆的系统资源，即与 Postgres 的 TCP 连接。那该怎么办呢？

我们可以使用 **web::Data**，这是另一个 **actix-web** 提取器。

web::Data 将连接包装在一个原子性引用计数指针 **Arc** 中：每个应用程序实例都不会获取 **PgConnection** 的原始副本，而是获取一个指向连接的指针。无论 **T** 是什么类型，**Arc\<T\>** 始终是可克隆的：克隆 **Arc** 会增加活动引用计数，并将包装值的内存地址的新副本移交出去。然后，处理器可以使用相同的提取器访问应用程序状态。

---

1 译者注：此处的工作进程（worker process）是指 **actix-web** 在运行服务器时所启动的任务执行器，并非操作系统层面的进程。后文的所有"工作进程"指的也是相同的概念，不再赘述。

我们基于上述思路进行尝试：

```rust
//! src/startup.rs
use crate::routes::{health_check, subscribe};
use actix_web::dev::Server;
use actix_web::{web, App, HttpServer};
use sqlx::PgConnection;
use std::net::TcpListener;

pub fn run(
    listener: TcpListener,
    connection: PgConnection
) -> Result<Server, std::io::Error> {
    // 将连接包装在一个智能指针中
    let connection = web::Data::new(connection);
    // 通过上下文捕获`connection`
    let server = HttpServer::new(move || {
        App::new()
            .route("/health_check", web::get().to(health_check))
            .route("/subscriptions", web::post().to(subscribe))
            // 获得一个指针的副本并将其绑定到应用程序状态
            .app_data(connection.clone())
    })
    .listen(listener)?
    .run();
    Ok(server)
}
```

它目前无法编译，我们只需要做一些清理工作：

```
error[E0061]: this function takes 2 arguments but 1 argument was supplied
  --> src/main.rs:11:5
   |
11 |     run(listener)?.await
   |     ^^^ -------- supplied 1 argument
   |     |
   |     expected 2 arguments
```

快速解决这个问题：

```rust
//! src/main.rs
use zero2prod::configuration::get_configuration;
use zero2prod::startup::run;
use sqlx::{Connection, PgConnection};
use std::net::TcpListener;

#[tokio::main]
async fn main() -> std::io::Result<()> {
    let configuration = get_configuration().expect("Failed to read configuration.");
    let connection = PgConnection::connect(&configuration.database.connection_string())
        .await
```

```
12        .expect("Failed to connect to Postgres.");
13    let address = format!("127.0.0.1:{}", configuration.application_port);
14    let listener = TcpListener::bind(address)?;
15    run(listener, connection)?.await
16 }
```

非常好，编译成功了。

3.9.3　Data 提取器

现在，我们可以使用 **web::Data** 提取器，在请求处理器中获取 **Arc\<PgConnection\>**：

```
1 //! src/routes/subscriptions.rs
2 use sqlx::PgConnection;
3 // [...]
4
5 pub async fn subscribe(
6     _form: web::Form<FormData>,
7     // 从应用程序状态中取出连接
8     _connection: web::Data<PgConnection>,
9 ) -> HttpResponse {
10    HttpResponse::Ok().finish()
11 }
```

我们称 **Data** 为提取器，但它是从哪里提取出 **PgConnection** 的呢？

actix-web 使用一个类型映射来表示其应用程序状态： **HashMap**，它可以将任意数据（使用 **Any** 类型来表示任意类型）存储在它们的唯一类型标识符（通过 **TypeId::of** 获得）上。

当一个新的请求到来时，**web::Data** 会获取函数签名中指定类型的 **TypeId**（在我们的例子中是 **PgConnection**），并检查类型映射中是否存在对应的记录。如果存在对应的记录，它就将检索到的 **Any** 值强制转换为指定的类型（**TypeId** 是唯一的，不必担心）并传递给处理器。

这是一种有趣的技术，可以执行其他语言生态系统中可能被称为"依赖注入"的操作。

3.9.4　INSERT 语句

我们终于在 **subscribe** 中拥有了一个连接：现在尝试将新订阅者的详细信息持久化。再次使用 **query!** 宏，在测试中使用过它。

```
1 //! src/routes/subscriptions.rs
2 use chrono::Utc;
3 use uuid::Uuid;
4 // [...]
5
6 pub async fn subscribe(
7     form: web::Form<FormData>,
8     connection: web::Data<PgConnection>,
9 ) -> HttpResponse {
```

```
10    sqlx::query!(
11        r#"
12        INSERT INTO subscriptions (id, email, name, subscribed_at)
13        VALUES ($1, $2, $3, $4)
14        "#,
15        Uuid::new_v4(),
16        form.email,
17        form.name,
18        Utc::now()
19    )
20    // 使用 get_ref 来获取一个不可变引用
21    // 引用到由 `web::Data` 包装的 `PgConnection`
22    .execute(connection.get_ref())
23    .await;
24    HttpResponse::Ok().finish()
25 }
```

我们来分析一下正在发生的事情：

- 将动态数据绑定到 **INSERT** 语句中。**$1** 指的是传递给 **query!** 的第一个参数，**$2** 指的是第二个参数，以此类推。**query!** 在编译时验证所提供的参数数量是否与查询所期望的匹配，以及它们的类型是否兼容（例如，不能将数字传递给 **id** 字段）；

- 生成了一个随机的 **Uuid** 用作 **id**；

- 使用当前 **Utc** 时区的时间戳作为 **subscribed_at** 字段的值。

还需要将两个新的依赖项添加到 **Cargo.toml** 中，以解决明显的编译错误：

```
1 [dependencies]
2 # [...]
3 uuid = { version = "1", features = ["v4"] }
4 chrono = "0.4.15"
```

如果尝试重新编译，会发生什么呢？

```
1 error[E0277]: the trait bound `&PgConnection: sqlx_core::executor::Executor<'_>`
2                 is not satisfied
3   --> src/routes/subscriptions.rs:29:14
4    |
5 29 |      .execute(connection.get_ref().deref())
6    |               ^^^^^^^^^^^^^^^^^^^^^^^^^^^^^^
7    |               the trait `sqlx_core::executor::Executor<'_>`
8    |               is not implemented for `&PgConnection`
9    |
10   = help: the following implementations were found:
11           <&'c mut PgConnection as sqlx_core::executor::Executor<'c>>
12   = note: `sqlx_core::executor::Executor<'_>` is implemented for
13           `&mut PgConnection`, but not for `&PgConnection`
14
15 error: aborting due to previous error
```

execute 需要一个实现了 sqlx 的 Executor 特质的参数。我们应该记住在测试中编写的查询，&PgConnection 没有实现 Executor——只有 &mut PgConnection 实现了 Executor。

为什么会这样呢？

sqlx 具有异步接口，但其不允许在同一个数据库连接上同时运行多个查询。要求可变引用允许用户在他们的 API 中可以轻松地保证在同一个数据库连接上不会同时出现多个查询。你可以将可变引用视为唯一引用：编译器保证 execute 确实具有对 PgConnection 的独占访问权限，因为在整个程序中不能同时存在两个活动的对同一个值的可变引用。这是一个很好的举措。

尽管如此，看起来我们还是钻进了牛角尖：web::Data 将永远不会为我们提供对应用程序状态的可变访问。

我们可以利用内部可变性。例如，把 PgConnection 放在锁（例如 Mutex）的后面，将允许我们同步访问底层 TCP 套接字，并在获取锁后获得对包装连接的可变引用。

我们可以让它起作用，但并不理想：我们被限制一次最多运行一个查询。这样不太好。

我们再仔细看看 sqlx 的 Executor 特质的文档：除了 &mut PgConnection，还有谁实现了 Executor？

相信聪明的你已经看出来了，那就是 PgPool 的共享引用。

PgPool 是一个 Postgres 数据库连接池。它是如何绕过我们刚刚讨论的 PgConnection 并发问题的呢？

仍然是内部可变性在起作用，但这是一种不同类型的可变性：当对 &PgPool 运行查询时，sqlx 将从连接池中借用 PgConnection 并使用它来执行查询；如果没有可用的连接，它将创建一个新连接或者等待一个空闲连接。

这将增加应用程序可以运行的并发查询的数量，还可以提高其弹性：单个慢查询不会对连接锁产生竞争，从而影响所有传入请求的性能。

现在重构 run、main 和 subscribe 函数，以便使用 PgPool 而不是单个的 PgConnection：

```rust
//! src/main.rs
use zero2prod::configuration::get_configuration;
use zero2prod::startup::run;
use sqlx::PgPool;
use std::net::TcpListener;

#[tokio::main]
async fn main() -> std::io::Result<()> {
    let configuration = get_configuration().expect("Failed to read configuration.");
    // 已经重命名了
    let connection_pool = PgPool::connect(&configuration.database.connection_string())
        .await
```

```
13        .expect("Failed to connect to Postgres.");
14    let address = format!("127.0.0.1:{}", configuration.application_port);
15    let listener = TcpListener::bind(address)?;
16    run(listener, connection_pool)?.await
17 }
```

```
1  //! src/startup.rs
2  use crate::routes::{health_check, subscribe};
3  use actix_web::dev::Server;
4  use actix_web::{web, App, HttpServer};
5  use sqlx::PgPool;
6  use std::net::TcpListener;
7
8  pub fn run(listener: TcpListener, db_pool: PgPool) -> Result<Server, std::io::Error> {
9      // 将连接池使用 web::Data 包装起来, 其本质上是一个 Arc 智能指针
10     let db_pool = web::Data::new(db_pool);
11     let server = HttpServer::new(move || {
12         App::new()
13             .route("/health_check", web::get().to(health_check))
14             .route("/subscriptions", web::post().to(subscribe))
15             .app_data(db_pool.clone())
16     })
17     .listen(listener)?
18     .run();
19     Ok(server)
20 }
```

```
1  //! src/routes/subscriptions.rs
2  // 不再需要导入 PgConnection
3  use sqlx::PgPool;
4  // [...]
5
6  pub async fn subscribe(
7      form: web::Form<FormData>,
8      pool: web::Data<PgPool>, // 重命名过了
9  ) -> HttpResponse {
10     sqlx::query!(/* */)
11     // 将连接池作为可替换的组件
12     .execute(pool.get_ref())
13     .await;
14     HttpResponse::Ok().finish()
15 }
```

编译器几乎没有报错，但是有一个来自 **cargo check** 的警告。

```
1  warning: unused `Result` that must be used
2    --> src/routes/subscriptions.rs:13:5
3     |
4  13 | /     sqlx::query!(
```

```
5   14 | |          r#"
6   15 | |          INSERT INTO subscriptions (id, email, name, subscribed_at)
7   16 | |          VALUES ($1, $2, $3, $4)
8   ... |
9   23 | |          .execute(pool.get_ref())
10  24 | |          .await;
11     | |_____^
12     |
13     = note: `#[warn(unused_must_use)]` on by default
14     = note: this `Result` may be an `Err` variant, which should be handled
```

sqlx::query 可能失败——它会返回一个 **Result**，这是 Rust 中的函数处理错误的方式。

编译器提醒我们要处理错误——接受这个建议：

```
1   //! src/routes/subscriptions.rs
2   // [...]
3
4   pub async fn subscribe(/* */) -> HttpResponse {
5       // `Result` 有两个变体：`Ok` 和 `Err`
6       // 第一个用于表示成功，第二个用于表示失败
7       // 我们使用 `match` 语句根据结果来决定要执行什么操作
8       // 在接下来的内容中将更多地讨论 `Result`
9       match sqlx::query!(/* */)
10      .execute(pool.get_ref())
11      .await
12      {
13          Ok(_) => HttpResponse::Ok().finish(),
14          Err(e) => {
15              println!("Failed to execute query: {}", e);
16              HttpResponse::InternalServerError().finish()
17          }
18      }
19  }
```

cargo check 满足了要求，但是 **cargo test** 还不行。

```
1   error[E0061]: this function takes 2 arguments but 1 argument was supplied
2     --> tests/health_check.rs:10:18
3      |
4   10 | let server = run(listener).expect("Failed to bind address");
5      |              ^^^ -------- supplied 1 argument
6      |              |
7      |              expected 2 arguments
8   error: aborting due to previous error
```

3.10 更新测试

错误发生在 **spawn_app** 辅助函数中：

```
1  //! tests/health_check.rs
2  use zero2prod::startup::run;
3  use std::net::TcpListener;
4  // [...]
5
6  fn spawn_app() -> String {
7      let listener = TcpListener::bind("127.0.0.1:0")
8          .expect("Failed to bind random port");
9      // 获取操作系统分配给我们的端口
10     let port = listener.local_addr().unwrap().port();
11     let server = run(listener).expect("Failed to bind address");
12     let _ = tokio::spawn(server);
13     // 将应用程序地址返回给调用者
14     format!("http://127.0.0.1:{}", port)
15 }
```

我们需要给 **run** 函数传递一个连接池。

考虑到接下来需要在 **subscribe_returns_a_200_for_valid_form_data** 中执行 **SELECT** 查询，使用同一个连接池，因此通用化 **spawn_app** 是有意义的：为调用者提供一个 **TestApp** 结构体，而不是返回原始字符串。**TestApp** 将保存测试应用程序实例的地址和连接池句柄，简化了测试用例中的准备步骤。

```
1  //! tests/health_check.rs
2  use zero2prod::configuration::get_configuration;
3  use zero2prod::startup::run;
4  use sqlx::PgPool;
5  use std::net::TcpListener;
6
7  pub struct TestApp {
8      pub address: String,
9      pub db_pool: PgPool,
10 }
11
12 // 现在这个函数是异步的
13 async fn spawn_app() -> TestApp {
14     let listener = TcpListener::bind("127.0.0.1:0")
15         .expect("Failed to bind random port");
16     let port = listener.local_addr().unwrap().port();
17     let address = format!("http://127.0.0.1:{}", port);
18
19     let configuration = get_configuration().expect("Failed to read configuration.");
20     let connection_pool = PgPool::connect(&configuration.database.connection_string())
21         .await
22         .expect("Failed to connect to Postgres.");
23
24     let server = run(listener, connection_pool.clone())
25         .expect("Failed to bind address");
```

```
26      let _ = tokio::spawn(server);
27      TestApp {
28          address,
29          db_pool: connection_pool,
30      }
31  }
```

所有的测试用例都需要相应地更新——将这个练习留给读者来完成。

下面我们一起来看一下，在进行必要的更改后，**subscribe_returns_a_200_for_valid_form_data**
看起来是什么样子的：

```
1  //! tests/health_check.rs
2  // [...]
3  #[tokio::test]
4  async fn subscribe_returns_a_200_for_valid_form_data() {
5      // 准备
6      let app = spawn_app().await;
7      let client = reqwest::Client::new();
8
9      // 执行
10     let body = "name=le%20guin&email=ursula_le_guin%40gmail.com";
11     let response = client
12         .post(&format!("{}/subscriptions", &app.address))
13         .header("Content-Type", "application/x-www-form-urlencoded")
14         .body(body)
15         .send()
16         .await
17         .expect("Failed to execute request.");
18
19     // 断言
20     assert_eq!(200, response.status().as_u16());
21
22     let saved = sqlx::query!("SELECT email, name FROM subscriptions",)
23         .fetch_one(&app.db_pool)
24         .await
25         .expect("Failed to fetch saved subscription.");
26
27     assert_eq!(saved.email, "ursula_le_guin@gmail.com");
28     assert_eq!(saved.name, "le guin");
29  }
```

现在测试意图变得更加清晰了，因为减少了大部分与建立数据库连接相关的样板代码。

为了提取大多数集成测试都会使用到的支持功能，**TestApp** 是我们为未来所建立的基础。

揭秘的时刻来了：更新后的 **subscribe** 实现是否会使 **subscribe_returns_a_200_for_valid_form_data**
测试通过？

```
1  running 3 tests
2  test health_check_works ... ok
3  test subscribe_returns_a_400_when_data_is_missing ... ok
4  test subscribe_returns_a_200_for_valid_form_data ... ok
5
6  test result: ok. 3 passed; 0 failed; 0 ignored; 0 measured; 0 filtered out
```

太好了！全部都通过了！

我们再次运行它，享受这个光荣时刻吧！

```
1  cargo test
```

```
1  running 3 tests
2  test health_check_works ... ok
3  Failed to execute query: error returned from database:
4  duplicate key value violates unique constraint "subscriptions_email_key"
5  thread 'subscribe_returns_a_200_for_valid_form_data'
6      panicked at 'assertion failed: `(left == right)`
7   left: `200`,
8   right: `500`', tests/health_check.rs:66:5
9  note: run with `RUST_BACKTRACE=1` environment variable to display a backtrace
10 Panic in Arbiter thread.
11 test subscribe_returns_a_400_when_data_is_missing ... ok
12 test subscribe_returns_a_200_for_valid_form_data ... FAILED
13
14 failures:
15
16 failures:
17     subscribe_returns_a_200_for_valid_form_data
18
19 test result: FAILED. 2 passed; 1 failed; 0 ignored; 0 measured; 0 filtered out
```

等等，怎么会这样呢！

好吧，我确实撒了个谎——我知道会发生这种事情。

很抱歉，我让你品尝到胜利的果实，然后又把你带入失败的泥潭。

但是相信我，这里隐藏了一个重要教训。

3.10.1 测试隔离

现在的数据库是一个庞大的全局变量：所有的测试都在与它交互，而它所保留下来的结果将被用于其他测试套件及后续测试运行。

这正是一切发生的根源：第一次测试运行已经注册了一个新的订阅者，其电子邮件地址是 **ursula_le_guin@gmail.com**，应用程序也确实承担了这个职责。

当我们重新运行测试套件，尝试再次使用相同的电子邮件地址执行另一次 **INSERT** 时，**UNIQUE**

约束在 **email** 列上引发了唯一键冲突，并拒绝插入，迫使应用程序返回 **500 INTERNAL_SERVER_ ERROR**。

　　我们确实不想让测试间有任何关联：这将导致测试运行结果的不确定，且会导致测试失败。这些失败非常棘手，很难找到其原因并进行修复。

　　在与关系型数据库交互的测试中，我知道有两种方法可以确保测试隔离：

- 将整个测试包装在一个 SQL 事务中，然后在事务结束时回滚它；
- 为每个集成测试都启动一个全新的逻辑数据库。

　　第一种方法更加巧妙，通常速度更快：回滚一个 SQL 事务所需的时间少于启动一个全新的逻辑数据库的时间。当为查询编写单元测试时，它运行得非常好，但是要在像我们这样的集成测试中实现它则很麻烦：应用程序将从 **PgPool** 中借用 **PgConnection**，我们无法在 SQL 事务上下文中"捕获"该连接。因此，我们只能采用第二种方法：虽然其速度慢，但实现起来容易得多。

　　如何实现呢？在每次测试运行之前，我们都需要：

- 创建一个具有唯一名称的新逻辑数据库；
- 在其上运行数据库迁移。

　　最好的实现位置是在 **spawn_app** 函数中，在启动 **actix-web** 测试应用程序之前完成这些操作。

　　我们再来看一下：

```rust
1  //! tests/health_check.rs
2  use zero2prod::configuration::get_configuration;
3  use zero2prod::startup::run;
4  use sqlx::PgPool;
5  use std::net::TcpListener;
6  use uuid::Uuid;
7
8  pub struct TestApp {
9      pub address: String,
10     pub db_pool: PgPool,
11 }
12
13 // 现在这个函数是异步的
14 async fn spawn_app() -> TestApp {
15     let listener = TcpListener::bind("127.0.0.1:0")
16         .expect("Failed to bind random port");
17     let port = listener.local_addr().unwrap().port();
18     let address = format!("http://127.0.0.1:{}", port);
19
20     let configuration = get_configuration().expect("Failed to read configuration.");
21     let connection_pool = PgPool::connect(&configuration.database.connection_string())
22         .await
```

```
23          .expect("Failed to connect to Postgres.");
24
25      let server = run(listener, connection_pool.clone())
26          .expect("Failed to bind address");
27      let _ = tokio::spawn(server);
28      TestApp {
29          address,
30          db_pool: connection_pool,
31      }
32  }
33
34  // [...]
```

configuration.database.connection_string() 使用在 configuration.yaml 文件中指定的 database_name——对于所有的测试来说，这是相同的。

通过下面的代码使数据库名称随机化：

```
1  let mut configuration = get_configuration().expect("Failed to read configuration.");
2  configuration.database.database_name = Uuid::new_v4().to_string();
3
4  let connection_pool = PgPool::connect(&configuration.database.connection_string())
5      .await
6      .expect("Failed to connect to Postgres.");
```

运行 cargo test 会失败：没有一个数据库可以使用我们生成的名称进行连接。

在 DatabaseSettings 中添加一个 connection_string_without_db 方法：

```
1  //! src/configuration.rs
2  // [...]
3
4  impl DatabaseSettings {
5      pub fn connection_string(&self) -> String {
6          format!(
7              "postgres://{}:{}@{}:{}/{}",
8              self.username, self.password, self.host, self.port, self.database_name
9          )
10      }
11
12      pub fn connection_string_without_db(&self) -> String {
13          format!(
14              "postgres://{}:{}@{}:{}",
15              self.username, self.password, self.host, self.port
16          )
17      }
18  }
```

省略数据库名称后，连接到 Postgres 实例，而不是特定的逻辑数据库。

现在，我们可以使用该连接创建所需的数据库，并在其上运行迁移。

```
1  //! tests/health_check.rs
2  // [...]
3  use sqlx::{Connection, Executor, PgConnection, PgPool};
4  use zero2prod::configuration::{get_configuration, DatabaseSettings};
5
6  async fn spawn_app() -> TestApp {
7      // [...]
8      let mut configuration = get_configuration().expect("Failed to read configuration.");
9      configuration.database.database_name = Uuid::new_v4().to_string();
10     let connection_pool = configure_database(&configuration.database).await;
11     // [...]
12 }
13
14 pub async fn configure_database(config: &DatabaseSettings) -> PgPool {
15     // 创建数据库
16     let mut connection = PgConnection::connect(&config.connection_string_without_db())
17         .await
18         .expect("Failed to connect to Postgres");
19     connection
20         .execute(format!(r#"CREATE DATABASE "{}";"#, config.database_name).as_str())
21         .await
22         .expect("Failed to create database.");
23
24     // 迁移数据库
25     let connection_pool = PgPool::connect(&config.connection_string())
26         .await
27         .expect("Failed to connect to Postgres.");
28     sqlx::migrate!("./migrations")
29         .run(&connection_pool)
30         .await
31         .expect("Failed to migrate the database");
32
33     connection_pool
34 }
```

sqlx::migrate!和 **sqlx-cli** 执行 **sqlx migrate run** 时使用的是同一个宏——无须混合 bash 脚本以获得相同的结果。

我们再次尝试运行 **cargo test**：

```
1  running 3 tests
2  test subscribe_returns_a_200_for_valid_form_data ... ok
3  test subscribe_returns_a_400_when_data_is_missing ... ok
4  test health_check_works ... ok
5
6  test result: ok. 3 passed; 0 failed; 0 ignored; 0 measured; 0 filtered out
```

这次成功了。

你可能已经注意到，在测试结束时，没有执行任何清理操作——我们创建的逻辑数据库没有被删除。这是有意为之：我们可以添加清理步骤，但是 Postgres 实例仅用于测试目的。如果经过数百次测试运行后，由于残留（几乎为空的）数据库的数量而导致性能开始受到影响，那么重新启动它也很容易。

3.11　总结

本章介绍了许多话题：**actix-web** 提取器和 HTML 表单、使用 **serde** 进行序列化/反序列化、Rust 生态系统中可用的数据库包、**sqlx** 的基本原理，以及在处理数据库时确保测试隔离的基本技术。

请花些时间来消化这些内容，如果有必要，则可以反复查看各部分。

第 4 章

遥测

在第 3 章中，我们初步实现了邮件简报项目中的 **POST /subscriptions** 端点，完成了以下这个用户故事。

> 作为博客的访问者，
>
> 我想订阅邮件简报服务，
>
> 以便当博客上有新内容发布时，我可以收到邮件通知。

我们还没有创建一个包含表单的网页，用于检验端到端的流程。但是已经做了几个黑盒集成测试，覆盖了当前阶段我们关注的两个基本场景：

- 如果表单数据是正确的（姓名和电子邮件地址都有值），则将数据存储于数据库中；
- 如果表单数据是不完整的（比如没有提供姓名或电子邮件地址，或者两者都没有），则 API 返回 400 错误。

我们是否应该满足于此，立刻把应用程序第一版部署到云服务器上呢？

还不行，我们当前无法安心地在生产环境中运行程序。代码没有插桩，我们也没有收集任何遥测数据。当在生产环境中面对"未知的未知"问题时，我们会很被动。

即使你无法理解上面这段话，也没关系，本章的目标就是探索这个领域。

4.1 未知的未知

我们已经做了一些测试。测试很好，让我们对代码的正确性更有信心了。尽管如此，但测试套件并不能证明代码完全正确，我们还需要探索其他验证正确性的途径（例如形式化方法）。而在运行时，我们可能会遇到测试没有覆盖到，甚至是在设计应用程序时未曾想到的场景。

根据我的经验，当前应用程序还有一些盲点：

- 当应用程序与数据库断开连接时会发生什么？**sqlx::PgPool** 是否会尝试重连，或者应用程序会盲目地使用这个已断开的连接，所有数据库交互都会失败，直到重启应用程序？

- 如果有攻击者尝试构造 **POST /subscriptions** 请求，并发送恶意的数据（例如超大的有效载荷、SQL 注入攻击等），应用程序能合理应对吗？

这些都属于"已知的未知"一类问题。也就是说，我们已经知道这些问题了，只不过还未解决，也可能我们断定在目前阶段这些问题并不紧迫。如果有足够的时间和精力，我们完全有能力解决这些问题。

遗憾的是，我们还可能会遇到另一类问题，对于这类问题，以前没有处理过，也没有预见到，即所谓的"未知的未知"问题。

有时候凭借足够的经验，可以让"未知的未知"成为"已知的未知"：如果你以前从未使用过数据库，则可能不会考虑到数据库连接会断开；然而，一旦遇到过一次，它就成为一个你已熟知并会预防的问题。

但在大多数情况下，我们所遇到的"未知的未知"问题是当前工作中所独有的。软件的组件、背后的操作系统、底层的硬件、开发流程以及"外部世界"这个巨大的不确定性来源，这些因素的排列和组合带来了大量出现未知问题的风险。

这些问题可能出现于以下场景中：

- 系统处于异常状态（例如，正在遭遇突发的异常高峰流量）；
- 多个组件同时发生错误（例如，一个 SQL 事务在数据库的主从故障转移过程中被挂起）；
- 某个变更打破了系统平衡（例如，正在调整系统的重试策略）；
- 系统未有变动，运行了很长时间（例如，一个系统长时间未重启，你观察到了一些内存泄漏）；
……

这些场景都有一个相似点：它们难以在其他场合中复现。

为了应对"未知的未知"问题所导致的错误，我们要有哪些万全之策呢？

4.2　可观测性

我们必须做最坏的打算：当问题出现时，我们很有可能不在现场，例如问题出现在深夜，或者我们正在处理其他事情。

然而，即使我们正好身处问题的第一现场，也很有可能无法在生产环境中调试（就算知道要调试哪个进程），而且服务降级可能会同时影响多个系统，干扰我们的判断。

此时，我们要了解和调试当前所面对的"未知的未知"问题，唯一可以依赖的就是遥测数据：由应用程序自动收集的其运行过程中的各种信息，用于了解在任何时间点系统的状态。

所以，我们要了解什么呢？

毕竟，现在讨论的是"未知的未知"问题，我们没法提前知道，也很难预知当其出现时，需要了解哪些系统信息才能发现问题的根源。这就是我们所面临的根本问题。

我们的目标应当是构建一个**可观测的应用程序**。

下面的话引用自 Honeycomb 的可观测性指南：

> 可观测性的目标是可以回答你对环境提出的任意问题——这是重点——无须提前知道你的问题是什么。

"任意"是一个很极端的词，就像其他有着绝对含义的声明一样。如果要在字面意义上达成上述条件，则可能需要投入不切实际的时间与金钱。

在实践中，如果应用程序的可观测性达到合理的程度，使得为用户提供的服务能够达到所承诺的标准，我们就心满意足了。

简单来说，构建一个可观测的系统，我们需要：

- 利用插桩收集高质量的遥测数据；
- 利用工具切分和处理所收集的数据，用来回答要了解的问题。

针对上述第二点需求，后面会给出一些可行方案，但不会详细地讨论。

本章的剩余部分，将重点讨论第一点需求。

4.3　日志

日志是最基本的遥测数据。

即使是对遥测毫无概念的开发者，一般也能够理解日志的作用。当系统出现异常时，我们希望日志里有足够的线索，从而帮助自己发现问题。

日志究竟是怎样的呢？

根据所处的年代、所采用的平台和技术栈的不同，日志会有多种格式。现代的日志记录一般由文本数据组成，各条记录之间以换行符分隔。例如：

```
1  The application is starting on port 8080
2  Handling a request to /index
3  Handling a request to /index
4  Returned a 200 OK
```

这是 4 条典型的 Web 服务器日志记录。

那么，在 Rust 生态系统中，都有哪些关于日志记录的东西呢?

4.3.1　log 包

在 Rust 中做日志记录，最基本的选择是使用 **log** 包。

log 包提供了 5 个宏: **trace**、**debug**、**info**、**warn** 和 **error**。

它们都提供了相同的功能: 以宏的名字所代表的日志级别，记录一条日志。

trace 是最低级别，该级别的日志一般非常详细，并且信噪比很低（例如，Web 服务器一般以 trace 级别记录每个收到的 TCP 包的日志）。

接下来，按照严重程度从低到高的顺序，依次是 *debug*、*info*、*warm* 和 *error* 日志级别。

error 级别的日志通常用于记录严重到会影响用户体验的错误（例如，处理请求失败，或者数据库连接超时）。

我们来看这个例子:

```
1  fn fallible_operation() -> Result<String, String>{...}
2
3  pub fn main() {
4      match fallible_operation() {
5          Ok(success) => {
6              log::info!("Operation succeeded: {}", success);
7          }
8          Err(err) => {
9              log::error!("Operation failed: {}", err);
10         }
11     }
12 }
```

在上述代码中，我们调用了一个可能会失败的函数。如果成功了，则记录一条 info 级别的日志;如果失败了，则记录一条 error 级别的日志。

我们可以看到，**log** 的宏提供了与标准库中的 **println/print** 一样的插值语法。

在某个特定的函数中，选择记录哪些信息，通常是一个局部的决定: 只根据函数自身所包含的内容，就能看出哪些信息值得记录。这使得包里的代码也能够被很好地遥测，将遥测范围扩展到自己编写的代码之外。

4.3.2　actix-web 的 Logger 中间件

actix-web 提供了一个 **Logger** 中间件，对每个请求都会记录一条日志。

我们将它添加到应用程序中：

```
1  //! src/startup.rs
2  use crate::routes::{health_check, subscribe};
3  use actix_web::dev::Server;
4  use actix_web::web::Data;
5  use actix_web::{web, App, HttpServer};
6  use actix_web::middleware::Logger;
7  use sqlx::PgPool;
8  use std::net::TcpListener;
9
10 pub fn run(listener: TcpListener, db_pool: PgPool) -> Result<Server, std::io::Error> {
11     let db_pool = Data::new(db_pool);
12     let server = HttpServer::new(move || {
13         App::new()
14             // 将中间件通过 `wrap` 方法加入 `App` 中
15             .wrap(Logger::default())
16             .route("/health_check", web::get().to(health_check))
17             .route("/subscriptions", web::post().to(subscribe))
18             .app_data(db_pool.clone())
19     })
20     .listen(listener)?
21     .run();
22     Ok(server)
23 }
```

现在使用 **cargo run** 启动应用程序，并通过 **curl http://127.0.0.1:8000/health_check -v** 来看看效果。

请求返回了 200。然而，在控制台中并没有任何日志记录。

4.3.3　外观模式

我们说过，在函数内部选择记录哪些信息是一个局部的决定。

然而，我们还要做一个全局的决定：对于日志记录，应该如何处理？

我们应当将其添加到文件中，还是输出到控制台，抑或是通过 HTTP 传输到远程系统（例如 Elasticsearch）？

log 包通过外观模式来处理这个问题。它为我们提供了记录日志的接口，但没有限定处理这些日志的方法。相反，它提供了一个 **Log** 特质：

```
1  //! 这是 log 包的源码 - src/lib.rs
2
3  /// 该特质封装了一个记录器应当实现的方法
4  pub trait Log: Sync + Send {
5      /// 决定一条携带特定元数据的日志消息是否应该被记录
6      ///
```

```
7      /// `log_enabled!` 宏会使用该方法，避免不该被记录的日志消息所带来的计算开销
8      fn enabled(&self, metadata: &Metadata) -> bool;
9
10     /// 记录日志
11     ///
12     /// 注意 `enabled` 方法不一定会在该方法之前被调用
13     /// 该方法必须自己对此做出合适的筛选
14     fn log(&self, record: &Record);
15
16     /// 提交所有缓存的日志记录
17     fn flush(&self);
18 }
```

在 **main** 函数的起始位置，我们可以调用 **set_logger** 函数，并传递一个 **Log** 特质的实现：每当一条日志通过 **Log::log** 被记录时，都会调用我们提供的实现。无论希望怎样处理日志记录，都可以通过这种方式做到。

如果没有调用 **set_logger** 函数，那么所有的日志记录都会被丢弃，就像我们之前所看到的一样。

现在来初始化记录器。

crates.io 上有很多 **log** 的实现，其中最流行的几个已在 **log** 包的文档中列出。

这里我们使用的是 **env_logger**——如果只想将日志输出到控制台，那么它就是完美的选择。

我们将其添加到依赖项中：

```
1 #! Cargo.toml
2 # [...]
3 [dependencies]
4 env_logger = "0.9"
5 # [...]
```

env_logger::Logger 将日志输出到控制台，采用如下格式：

```
1 [<时间戳> <日志级别> <模块路径>] <日志消息>
```

它会根据环境变量 **RUST_LOG** 来决定输出和过滤哪些日志。

例如，我们可以运行 **RUST_LOG=debug cargo run**，将所有 debug 及以上级别的日志记录下来，包括应用程序本身的日志，以及所使用的包中收集的日志。如果环境变量被设置为 **RUST_LOG=zero2prod**，则会过滤掉所有所使用的包中收集的日志。

现在根据需要来修改 **main.rs** 文件：

```
1 // [...]
2 use env_logger::Env;
3
4 #[tokio::main]
5 async fn main() -> std::io::Result<()> {
6     // 我们只需要使用 `init` 方法，由它来调用 `set_logger`
```

```
7      // 如果环境变量 RUST_LOG 未被设置，则默认输出所有 info 及以上级别的日志
8      env_logger::Builder::from_env(Env::default().default_filter_or("info")).init();
9
10     // [...]
11  }
```

我们尝试运行 **cargo run** 来启动应用程序（采用默认的日志级别，等价于 **RUST_LOG=info cargo run**），此时应该有两条日志记录出现在控制台上（由于页边距的限制，在下面的输出中适当添加了换行符和缩进）：

```
1   [2020-09-21T21:28:40Z INFO actix_server::builder] Starting 12 workers
2   [2020-09-21T21:28:40Z INFO actix_server::builder] Starting
3       "actix-web-service-127.0.0.1:8000" service on 127.0.0.1:8000
```

如果使用 **curl http://127.0.0.1:8000/health_check** 发送一个请求，我们就能够看到另一条日志记录。通过前面添加的 **Logger** 中间件将其打印出来：

```
1   [2020-09-21T21:28:43Z INFO actix_web::middleware::logger] 127.0.0.1:47244
2       "GET /health_check HTTP/1.1" 200 0 "-" "curl/7.61.0" 0.000225
```

顺便提一句，日志也是探索应用程序如何工作的好工具。

我们可以试着把 **RUST_LOG** 设置为 **trace**，然后重新启动应用程序。

此时可以看到一连串的 **registering with poller** 日志消息，这些消息由 **mio**，即一个底层的非阻塞 I/O 库所记录。此外，还会有 **actix-web** 启动各个工作线程的日志记录（每个工作线程对应一个 CPU 核心）。

通过这些 trace 级别的日志记录，我们可以深入了解当前开发的应用程序。

4.4 插桩 POST /subscriptions

现在我们使用之前学习的 **log** 包来插桩 **POST /subscriptions** 端点。之前的代码是这样的：

```
1   //! src/routes/subscriptions.rs
2   // [...]
3
4   pub async fn subscribe(/* */) -> HttpResponse {
5       match sqlx::query!(/* */)
6           .execute(pool.get_ref())
7           .await
8       {
9           Ok(_) => HttpResponse::Ok().finish(),
10          Err(e) => {
11              // 当出现意外时，使用 `println!` 捕获错误信息
12              println!("Failed to execute query: {}", e);
13              HttpResponse::InternalServerError().finish()
14          }
```

```
15     }
16 }
```

先将 **log** 添加到依赖项中：

```
1 #! Cargo.toml
2 # [...]
3 [dependencies]
4 log = "0.4"
5 # [...]
```

那么在日志记录中应当捕获什么呢？

4.4.1　与外部系统的交互

让我们从一个久经考验的经验法则开始：在所有通过网络与外部系统交互的过程中，都要反复不断地记录当前状态。我们也许会遇到很多问题，例如，网络可能会出现故障，数据库也许会断开连接，查询速度可能会随着 **subscribers** 表的增大而变慢，等等。我们先添加两条日志记录，其中一条在数据库查询开始前，另一条在查询完成后。

```
 1 //! src/routes/subscriptions.rs
 2 // [...]
 3
 4 pub async fn subscribe(/* */) -> HttpResponse {
 5     log::info!("Saving new subscriber details in the database");
 6     match sqlx::query!(/* */)
 7         .execute(pool.get_ref())
 8         .await
 9     {
10         Ok(_) => {
11             log::info!("New subscriber details have been saved");
12             HttpResponse::Ok().finish()
13         },
14         Err(e) => {
15             println!("Failed to execute query: {}", e);
16             HttpResponse::InternalServerError().finish()
17         }
18     }
19 }
```

如上所示，在查询成功时会记录一条日志。为了捕获错误，我们需要将 **println** 语句改成 error 级别的日志：

```
1 //! src/routes/subscriptions.rs
2 // [...]
3
4 pub async fn subscribe(/* */) -> HttpResponse {
5     log::info!("Saving new subscriber details in the database");
6     match sqlx::query!(/* */)
```

```
7           .execute(pool.get_ref())
8           .await
9       {
10          Ok(_) => {
11              log::info!("New subscriber details have been saved");
12              HttpResponse::Ok().finish()
13          },
14          Err(e) => {
15              log::error!("Failed to execute query: {:?}", e);
16              HttpResponse::InternalServerError().finish()
17          }
18      }
19  }
```

好多了——现在日志记录覆盖了这个查询。

注意，这里有一个关键的细节：我们使用了 **{:?}**，也就是 **std::fmt::Debug** 格式来捕获查询错误。

日志的读者群体主要是应用程序的维护人员——我们应当获取尽可能多的信息，以提高发现错误原因的概率。**Debug** 提供了尽可能原始的数据；反观 **std::fmt::Display**（**{}**），其格式更加规范，适合直接展示给应用程序的最终用户。

4.4.2　像用户一样思考

除此之外，还需要捕获哪些信息呢？

之前我们说过：

> 如果应用程序的可观测性达到合理的程度，使得为用户提供的服务能够达到所承诺的标准，我们就心满意足了。

这在实际中是怎样的呢？

现在需要改变一下参考系，暂时忘记我们是应用程序的开发者，设身处地为你的用户着想。一个用户来到你的网站，对你发布的内容十分感兴趣，想要订阅你的简报。

对于这个用户来说，如果发生错误会怎样呢？

故事可能是这样的：

> 你好！
>
> 我想通过电子邮件（**thomas_mann@hotmail.com**）订阅你的简报，但是网站返回了一个奇怪的错误。有空能看看这个问题吗？
>
> 祝好！
>
> Tom
>
> PS: 你们的博客很棒，加油！

Tom 来到我们的网站，当他点击"确定"按钮时，出现了一个奇怪的错误。

如果应用程序具有很强的可观测性，我们理应根据用户提供的信息（用户输入的电子邮件地址），查找出问题所在。

我们能做到吗？

首先，我们要确认一点：Tom 成功注册为订阅者了吗？

我们可以在数据库中快速检查一下 **subscribers** 表的 **email** 字段，看看 **thomas_mann@ hotmail.com** 有没有记录——没有记录。

在这里可以确认存在问题。下一步怎么办？

日志中并不会记录电子邮件地址，因此无法根据这一点来检索。这是一条死路。我们或许需要 Tom 提供更多的信息：日志记录都有时间戳，如果他能回忆起其在哪个时间段尝试了订阅，也许我们可以找出一些东西。

显然当前的日志还不够好，改进一下：

```
1  //! src/routes/subscriptions.rs
2  //! ..
3
4  pub async fn subscribe(/* */) -> HttpResponse {
5      // 在此我们使用了与 `println` / `print` 相同的插值语法
6      log::info!(
7          "Adding '{}' '{}' as a new subscriber.",
8          form.email,
9          form.name
10     );
11     log::info!("Saving new subscriber details in the database");
12     match sqlx::query!(/* */)
13         .execute(pool.get_ref())
14         .await
15     {
16         Ok(_) => {
17             log::info!("New subscriber details have been saved");
18             HttpResponse::Ok().finish()
19         },
20         Err(e) => {
21             log::error!("Failed to execute query: {:?}", e);
22             HttpResponse::InternalServerError().finish()
23         }
24     }
25 }
```

好多了，现在有一条日志记录了姓名和电子邮件地址[1]。这足以解决 Tom 的问题吗？

4.4.3 日志应当易于关联

从本书开始，为了保证例子的精确性，所给出的日志都会包含 **sqlx** 中的记录。**sqlx** 默认采用 **INFO** 级别——在第 5 章中，我们会将其下调到 **TRACE** 级别。

设想一下，假如另有一台 Web 服务器，它一次只能处理一个请求，那么它在控制台输出的日志大概是这个样子的：

```
1  # 第一个请求
2  [.. INFO zero2prod] Adding 'thomas_mann@hotmail.com' 'Tom' as a new subscriber
3  [.. INFO zero2prod] Saving new subscriber details in the database
4  [.. INFO zero2prod] New subscriber details have been saved
5  [.. INFO actix_web] .. "POST /subscriptions HTTP/1.1" 200 ..
6  # 第二个请求
7  [.. INFO zero2prod] Adding 's_erikson@malazan.io' 'Steven' as a new subscriber
8  [.. ERROR zero2prod] Failed to execute query: connection error with the database
9  [.. ERROR actix_web] .. "POST /subscriptions HTTP/1.1" 500 ..
```

可以看到，各个请求之间存在明确的分界点，中间包含一个请求处理开始的位置、在处理过程中服务器的行为、服务器的回复以及下一个请求处理开始的位置，等等。这样的日志是易于分析的。

然而，我们的应用程序会并行处理所收到的请求，输出的日志可能是这样的：

```
1   [.. INFO zero2prod] Receiving request for POST /subscriptions
2   [.. INFO zero2prod] Receiving request for POST /subscriptions
3   [.. INFO zero2prod] Adding 'thomas_mann@hotmail.com' 'Tom' as a new subscriber
4   [.. INFO zero2prod] Adding 's_erikson@malazan.io' 'Steven' as a new subscriber
5   [.. INFO zero2prod] Saving new subscriber details in the database
6   [.. ERROR zero2prod] Failed to execute query: connection error with the database
7   [.. ERROR actix_web] .. "POST /subscriptions HTTP/1.1" 500 ..
8   [.. INFO zero2prod] Saving new subscriber details in the database
9   [.. INFO zero2prod] New subscriber details have been saved
10  [.. INFO actix_web] .. "POST /subscriptions HTTP/1.1" 200 ..
```

虽然我们能够看出在数据库存储过程中发生了错误，但究竟是在存储哪个电子邮件地址时发生的，是 **thomas_mann@hotmail.com** 还是 **s_erikson@malazan.io**？根据当前的日志信息，是无法将其分辨出来的。

---

1 我们是否应当记录姓名和电子邮件地址？如果应用程序被部署在欧洲，那么这些信息会被视为个人身份信息（PII），对其进行处理需要符合《通用数据保护条例》（GDPR）。我们必须对以下几点做到严格控制：允许接触这些信息的角色、信息存储的时长、删除这些信息的流程（如果用户要求删除的话），等等。一般来说，有很多类型的信息可以帮助调查，但绝不可以将其直接写在日志中（例如密码）——要么不使用这些信息进行调查，要么采取混淆的方法（例如凭证化/伪名化），从而在安全性、隐私性和可用性之间达到平衡。

我们需要一种方法将所有的日志关联到对应的请求。

这通常需要使用**请求 ID**（也被称为**关联 ID**）：在开始处理一个请求时，会生成一个随机的标识符（例如 UUID)，用于将日志和请求关联起来。

我们将其添加到请求处理器中：

```
//! src/routes/subscriptions.rs
//! ..

pub async fn subscribe(/* */) -> HttpResponse {
    // 在此生成一个随机的标识符
    let request_id = Uuid::new_v4();
    log::info!(
        "request_id {} - Adding '{}' '{}' as a new subscriber.",
        request_id,
        form.email,
        form.name
    );
    log::info!(
        "request_id {} - Saving new subscriber details in the database",
        request_id
    );
    match sqlx::query!(/* */)
        .execute(pool.get_ref())
        .await
    {
        Ok(_) => {
            log::info!(
                "request_id {} - New subscriber details have been saved",
                request_id
            );
            HttpResponse::Ok().finish()
        },
        Err(e) => {
            log::error!(
                "request_id {} - Failed to execute query: {:?}",
                request_id,
                e
            );
            HttpResponse::InternalServerError().finish()
        }
    }
}
```

现在请求的日志看起来是这样的：

```
curl -i -X POST -d 'email=thomas_mann@hotmail.com&name=Tom' \
    http://127.0.0.1:8000/subscriptions
```

```
1  [.. INFO  zero2prod] request_id 9ebde7e9-1efe-40b9-ab65-86ab422e6b87 - Adding
2   'thomas_mann@hotmail.com' 'Tom' as a new subscriber.
3  [.. INFO  zero2prod] request_id 9ebde7e9-1efe-40b9-ab65-86ab422e6b87 - Saving
4   new subscriber details in the database
5  [.. INFO  zero2prod] request_id 9ebde7e9-1efe-40b9-ab65-86ab422e6b87 - New
6   subscriber details have been saved
7  [.. INFO  actix_web] .. "POST /subscriptions HTTP/1.1" 200 ..
```

我们可以检索 **thomas_mann@hotmail.com**，找到第一条记录，提取出其中的 **request_id**，然后通过它找出所有与该请求有关的日志。

几乎所有的日志都与这个请求有关：**request_id** 是在 **subscribe** 函数中生成的，因此 **actix-web** 的 **Logger** 中间件并不知道这个 **request_id**。也就是说，当用户尝试订阅简报时，我们无法看到应用程序返回给用户的状态码是什么。

这时我们该做什么呢？我们可以删除 **actix_web** 的 **Logger**，自己写一个中间件，并在其中生成一个 **request_id**，然后自己实现日志记录功能，将这个 **request_id** 添加到每条日志记录中。

这样做有用吗？有用。

我们会这么做吗？大概不会。

4.5 结构化日志

为了确保 **request_id** 被包含在所有的日志记录中，我们需要：

- 重写所有用来处理请求的上游组件（例如 **actix-web** 的 **Logger**）；
- 修改处于 **subscribe** 函数下游的所有函数的签名。如果它们需要记录日志，则必须将 **request_id** 作为参数传递进去。

那么，与日志记录有关的包怎么办？它们也全部要重写吗？

显然，这种方法不具有可扩展性。

退一步想：现在的代码是什么样子的？

我们有一个主要任务（处理 HTTP 请求），它可以被分为多个子任务（例如解析输入数据、查询数据库等），而这些子任务也能被拆解成更细的步骤。

所有这些步骤都有一个持续时间（即开始时间和结束时间），并且都有与之相关联的上下文（例如订阅者的姓名和电子邮件地址、**request_id** 等）。

现在来看，我们会陷入这个问题中并不奇怪：日志记录的是发生在特定时间点的独立事件，而我们却试图将其表示成一个树状的处理过程。**日志记录是错误的抽象**。

那么，我们应该怎么做呢？

4.5.1　tracing 包

tracing 包是我们的答案：

> **tracing** 允许包和应用程序记录结构化事件，并在其中包含用于说明记录的时间性或因果性的信息，以此开展日志形式的诊断。与普通的日志消息不同，**tracing** 中的一个跨度包含了开始时间和结束时间，可以进入和退出程序的控制流，并且能够和其他跨度共存于一棵嵌套树中。

听起来妙不可言。那么，在实践中会是怎样的呢？

4.5.2　从 log 迁移到 tracing

只有试试才知道。现在删除 **subscribe** 函数中的 **log**，改用 **tracing**。先将 **tracing** 添加到依赖项中：

```toml
#! Cargo.toml

[dependencies]
tracing = { version = "0.1", features = ["log"] }
# [...]
```

迁移的第一步非常直接：搜索所有的 **log** 字符串，并替换为 **tracing**。

```rust
//! src/routes/subscriptions.rs
// [...]

pub async fn subscribe(/* */) -> HttpResponse {
    let request_id = Uuid::new_v4();
    tracing::info!(
        "request_id {} - Adding '{}' '{}' as a new subscriber.",
        request_id,
        form.email,
        form.name
    );
    tracing::info!(
        "request_id {} - Saving new subscriber details in the database",
        request_id
    );
    match sqlx::query!(/* */)
        .execute(pool.get_ref())
        .await
    {
        Ok(_) => {
            tracing::info!(
                "request_id {} - New subscriber details have been saved",
                request_id
```

```
24              );
25              HttpResponse::Ok().finish()
26          },
27          Err(e) => {
28              tracing::error!(
29                  "request_id {} - Failed to execute query: {:?}",
30                  request_id,
31                  e
32              );
33              HttpResponse::InternalServerError().finish()
34          }
35      }
36  }
```

就是这样。

启动应用程序，并向 **POST /subscriptions** 端点发送一个请求，我们可以看到与之前完全相同的日志。挺不错的，不是吗?

这得益于在 **Cargo.toml** 中启用的 **tracing** 的 **log** 功能标志。当 **tracing** 的宏记录了一个事件或者跨度时，**log** 的记录器可以将其收集起来（在我们的例子中，这个记录器是 **env_logger**）。

4.5.3　tracing 中的跨度

现在我们可以采用 **tracing** 中的跨度，根据程序结构更好地捕获信息。我们想要创建一个跨度，其与当前所处理的请求相对应:

```
1  //! src/routes/subscriptions.rs
2  // [...]
3
4  pub async fn subscribe(/* */) -> HttpResponse {
5      let request_id = Uuid::new_v4();
6      // 跨度就像日志一样，有一个关联级别
7      // `info_span` 会创建一个 info 级别的跨度
8      let request_span = tracing::info_span!(
9          "Adding a new subscriber.",
10         %request_id,
11         subscriber_email = %form.email,
12         subscriber_name = %form.name
13     );
14
15     // 在异步函数中使用 `enter` 可能会导致灾难的后果
16     // 不过现在先容忍一下，记住，别在自己的项目中这么写
17     // 在后面的 "插桩 future" 一节中，我们会继续讨论这一点
18     let _request_span_guard = request_span.enter();
19
20     // [...]
21     // `_request_span_guard` 在 `subscribe` 结束时析构
```

```
22      // 此时就 "退出" 了这个跨度
23  }
```

这里发生了很大的改动，现在对其进行拆解。

首先使用 **info_span!** 宏创建了一个新的跨度，并将一些值绑定其上，包括 **request_id**、**form.email** 和 **form.name**。

我们不再使用字符串插值：**tracing** 允许我们将结构化信息以键值对的方式与跨度关联起来[1]。我们可以显式地给出键名（例如，将 **form.email** 作为 **subscriber_email** 的键），也可以隐式地用变量名作为键（例如，隐式的 **request_id** 等价于 **request_id = request_id**）。

注意，在代码中使用了 **%** 符号作为前缀来修饰变量，此时 **tracing** 会使用它们的 **Display** 实现来记录日志。我们可以在 **tracing** 的文档中找到更多细节。

info_span 返回了新创建的跨度，但是我们还需要显式地调用 **.enter()** 方法来激活它。

.enter() 返回了一个 **Entered** 类型的值，这是一个守卫对象：在这个变量被析构前，所有的下游跨度都会被注册为当前跨度的子跨度。这是 Rust 中一种常用的模式，被称为 "资源获取即初始化"（RAII）。编译器跟踪变量的生命周期，当它们离开作用域时，调用其析构函数 **Drop::drop**。

Drop 特质的默认实现只会简单地释放该变量所拥有的一切资源。我们可以编写一个自定义的 **Drop** 实现，用于执行其他清理操作。例如，在 **Entered** 的析构过程中会完成一个跨度的退出。

```
1  //!`tracing` 的源码
2
3  impl<'a> Drop for Entered<'a> {
4      #[inline]
5      fn drop(&mut self) {
6          // 析构会退出跨度
7          //
8          // 即使程序处于 unwinding 的过程中，也能退出这个跨度
9          if let Some(inner) = self.span.inner.as_ref() {
10             inner.subscriber.exit(&inner.id);
11         }
12
13         if_log_enabled! {{
14             if let Some(ref meta) = self.span.meta {
15                 self.span.log(
16                     ACTIVITY_LOG_TARGET,
17                     log::Level::Trace,
18                     format_args!("<- {}", meta.name())
19                 );
```

---

1 **log** 包也实现了将上下文信息保存在键值对中的功能——请查看不稳定的 **kv** 特性。但在撰写本书时，**log** 的主流包依然不支持结构化日志的功能。

```
20            }
21        }}
22    }
23 }
```

阅读依赖库的源码，常常会有意外之喜：在这里我们发现，如果启用了 **log** 功能标志，**tracing** 就会在跨度退出时记录一条 **trace** 级别的日志。

我们立即试一试：

```
1 RUST_LOG=trace cargo run
```

```
1  [.. INFO  zero2prod] Adding a new subscriber.; request_id=f349b0fe..
2      subscriber_email=ursulale_guin@gmail.com subscriber_name=le guin
3  [.. TRACE zero2prod] -> Adding a new subscriber.
4  [.. INFO  zero2prod] request_id f349b0fe.. - Saving new subscriber details
5      in the database
6  [.. INFO  zero2prod] request_id f349b0fe.. - New subscriber details have
7      been saved
8  [.. TRACE zero2prod] <- Adding a new subscriber.
9  [.. TRACE zero2prod] -- Adding a new subscriber.
10 [.. INFO  actix_web] .. "POST /subscriptions HTTP/1.1" 200 ..
```

仔细观察我们在日志中所收集到的跨度信息，根据当前跨度生命周期中的内容，可以看到：

- 在创建跨度时，有一条 **Adding a new subscriber** 日志；

- 进入该跨度（ -> ）；

- 执行 **INSERT** 查询；

- 退出该跨度 （ <- ）；

- 关闭该跨度 （ -- ）。

退出跨度和关闭跨度有什么区别呢？

我们可以反复地进入和退出一个跨度。而关闭一个跨度是终结性的，只在跨度被析构时发生。

如果工作流程需要反复地暂停和继续，这会很方便。例如，跟踪一个异步流程。

4.5.4 插桩 future

以数据库查询为例。异步运行时或许需要不止一次地轮询 future，直到完成。当 future 被阻塞时，我们将在其他的 future 上工作。

这也带来了一个明显的问题：我们应当怎样做才能让它们包含的跨度不被混淆在一起？

最好的解决方法是让跨度模拟一个 future 的生命周期：当 future 被轮询时，进入所对应的跨度；当 future 被挂起时，退出所对应的跨度。

这里就要用到 **Instrument**，这是一个用于扩展 future 的特质。**Instrument::instrument** 恰好满足我们的需求：以跨度为参数，每当 **self**，也就是 future 被轮询时，进入该跨度；而当 future 被挂起时，退出该跨度。

我们在代码的查询部分试试：

```rust
//! src/routes/subscriptions.rs
use tracing::Instrument;
// [...]

pub async fn subscribe(/* */) -> HttpResponse {
    let request_id = Uuid::new_v4();
    let request_span = tracing::info_span!(
        "Adding a new subscriber.",
        %request_id,
        subscriber_email = %form.email,
        subscriber_name = %form.name
    );
    let _request_span_guard = request_span.enter();

    // 我们不用对跨度调用 `.enter`
    // `.instrument` 会在合适的时机，根据 future 的状态来调用 `.enter`
    let query_span = tracing::info_span!(
        "Saving new subscriber details in the database"
    );
    match sqlx::query!(/* */)
        .execute(pool.get_ref())
        // 首先要绑定这个插桩，然后等待这个 future 完成
        .instrument(query_span)
        .await
    {
        Ok(_) => {
            HttpResponse::Ok().finish()
        },
        Err(e) => {
            // 这条错误日志不在 `query_span` 中
            // 在后文中我们会对其进行妥善处理
            tracing::error!("Failed to execute query: {:?}", e);
            HttpResponse::InternalServerError().finish()
        }
    }
}
```

此时，如果以 **RUST_LOG=trace** 再次启动应用程序，并尝试向 **/POST subscriptions** 发送一个请求，则可以看到与下面类似的日志：

```
[.. INFO  zero2prod] Adding a new subscriber.; request_id=f349b0fe..
   subscriber_email=ursulale_guin@gmail.com subscriber_name=le guin
[.. TRACE zero2prod] -> Adding a new subscriber.
```

```
4  [.. INFO  zero2prod] Saving new subscriber details in the database
5  [.. TRACE zero2prod] -> Saving new subscriber details in the database
6  [.. TRACE zero2prod] <- Saving new subscriber details in the database
7  [.. TRACE zero2prod] -> Saving new subscriber details in the database
8  [.. TRACE zero2prod] <- Saving new subscriber details in the database
9  [.. TRACE zero2prod] -> Saving new subscriber details in the database
10 [.. TRACE zero2prod] <- Saving new subscriber details in the database
11 [.. TRACE zero2prod] -> Saving new subscriber details in the database
12 [.. TRACE zero2prod] -> Saving new subscriber details in the database
13 [.. TRACE zero2prod] <- Saving new subscriber details in the database
14 [.. TRACE zero2prod] -- Saving new subscriber details in the database
15 [.. TRACE zero2prod] <- Adding a new subscriber.
16 [.. TRACE zero2prod] -- Adding a new subscriber.
17 [.. INFO  actix_web] .. "POST /subscriptions HTTP/1.1" 200 ..
```

我们可以清楚地看到用于查询的 future 被轮询了多少次。是不是很厉害?

4.5.5 tracing 的 Subscriber

通过从 log 迁移到 tracing,我们得以用更好的抽象形式进行插桩。我们特别希望将 request_id 绑定到所有与处理对应请求相关联的日志上。

尽管我承诺过 tracing 会解决我们的问题,但是看看当前的日志: request_id 只出现在首个跨度的日志中。这是为什么呢?

因为我们还没有真正完成 tracing 的迁移。

尽管插桩的代码都已经被替换成 tracing,但是我们依然使用 env_logger 来处理所有的工作。

```
1  //! src/main.rs
2  //! [...]
3
4  #[tokio::main]
5  async fn main() -> std::io::Result<()> {
6      env_logger::from_env(Env::default().default_filter_or("info")).init();
7      // [...]
8  }
```

env_logger 的记录器实现了 log 的 Log 特质,然而,它无法解析 tracing 中跨度里的结构化信息。

由于 tracing 兼容 log,我们能够快速地过渡到 tracing。现在,是时候将 env_logger 替换为 tracing 的方案了。

tracing 采用了与 log 相似的外观模式——我们可以随意使用 tracing 的宏来插桩,而由应用程序来决定如何处理遥测数据。

tracing 中 Subscriber 特质的功能与 log 的 Log 特质类似:实现 Subscriber 特质的类型需要完成一系列方法,用于处理跨度的所有阶段变化,包括创建、进入、退出和关闭一个跨度。

```
1  //! `tracing` 的源码
2
3  pub trait Subscriber: 'static {
4      fn new_span(&self, span: &span::Attributes<'_>) -> span::Id;
5      fn event(&self, event: &Event<'_>);
6      fn enter(&self, span: &span::Id);
7      fn exit(&self, span: &span::Id);
8      fn clone_span(&self, id: &span::Id) -> span::Id;
9      // [...]
10 }
```

tracing 文档的质量有口皆碑——强烈建议读者翻翻 **Subscriber** 的文档，仔细阅读上面每个方法的作用。

4.5.6 tracing-subscriber

tracing 没有自带的订阅功能。我们需要使用 **tracing-subscriber**，一个与 **tracing** 位于相同空间的包，在这里可以找到一些基本的订阅器。我们将其添加到依赖项中：

```
1  [dependencies]
2  # ...
3  tracing-subscriber = { version = "0.3", features = ["registry", "env-filter"] }
```

tracing-subscriber 不仅提供了若干实用的订阅器，还引入了一个关键的特质，那就是 **Layer**。

Layer 使得跨度数据能够以流水线的形式被处理：不用打造一个全面的订阅器，只需要将多个层次的小功能拼在一起，组成一条流水线。这种方法避免了在 **tracing** 生态系统中反复制造相同的轮子：开发者只需要通过 **Layer** 添加新的功能，而不需要订阅器面面俱到。

这种层次布局的基础是 **Registry**。**Registry** 实现了 **Subscriber** 特质，并处理架构中最难的部分：

> **Registry** 并不会主动记录踪迹。相反，其他所有层次收到的任何数据都会被它收集并存储。**Registry** 负责存储跨度的元数据，记录跨度之间的关系，并跟踪哪些跨度被激活，以及哪些跨度已经关闭。

下游的层次可以在 **Registry** 的基础上完成自己的功能。例如，过滤跨度处理的信息、格式化跨度数据、将跨度数据发送到远程系统等。

4.5.7 tracing-bunyan-formatter

我们需要打造与 **env_logger** 拥有相同功能的订阅器，在此将如下三个层次拼在一起[1]：

---

[1] 我们使用了 **tracing-bunyan-formatter** 而不是 **tracing-subscriber** 提供的格式化层，因为后者没有实现元数据继承——这也导致其无法满足我们的需求。

- **tracing_subscriber::filter::EnvFilter**：可以根据跨度的记录级别和来源筛选跨度数据，就像我们之前使用 **env_logger** 时 **RUST_LOG** 环境变量的功能一样。

- **tracing_bunyan_formatter::JsonStorageLayer**：可以处理跨度数据，将其转化为易于处理的 JSON 格式并发给下游的层次。还有特别的一点就是，它能将父跨度的上下文传播到子跨度。

- **tracing_bunyan_formatter::BunyanFormatterLayer**：在 **JsonStorageLayer** 的基础上工作，以兼容 **bunyan** 的 JSON 格式输出数据。

我们把 **tracing_bunyan_formatter** 添加到依赖项中[1]：

```
1  [dependencies]
2  # ...
3  tracing-bunyan-formatter = "0.3"
```

现在，在 **main** 函数中将这些串联起来：

```
1  //! src/main.rs
2  //! [...]
3  use tracing::subscriber::set_global_default;
4  use tracing_bunyan_formatter::{BunyanFormattingLayer, JsonStorageLayer};
5  use tracing_subscriber::{layer::SubscriberExt, EnvFilter, Registry};
6
7  #[tokio::main]
8  async fn main() -> std::io::Result<()> {
9      // 此处删除了之前的 `env_logger`
10
11     // 如果没有设置 `RUST_LOG` 环境变量，则输出所有 `info` 及以上级别的跨度
12     let env_filter = EnvFilter::try_from_default_env()
13         .unwrap_or_else(|_| EnvFilter::new("info"));
14     let formatting_layer = BunyanFormattingLayer::new(
15         "zero2prod".into(),
16         // 将格式化的跨度输出到 stdout
17         std::io::stdout
18     );
19
20     // `with` 方法由 `SubscriberExt` 提供，可以扩展 `tracing_subscriber` 的 `Subscriber`
21     let subscriber = Registry::default()
22         .with(env_filter)
23         .with(JsonStorageLayer)
24         .with(formatting_layer);
25
26     // `set_global_default` 可以用于指定处理跨度的订阅器
27     set_global_default(subscriber).expect("Failed to set subscriber");
28
29     // [...]
30 }
```

---

1 全面披露：我就是 **tracing-bunyan-formatter** 的作者。

通过 **cargo run** 启动应用程序，并发送一个请求，我们可以看到以下日志（为了便于阅读，这里对日志做了一些处理）：

```
1  {
2    "msg": "[ADDING A NEW SUBSCRIBER - START]",
3    "subscriber_name": "le guin",
4    "request_id": "30f8cce1-f587-4104-92f2-5448e1cc21f6",
5    "subscriber_email": "ursula_le_guin@gmail.com"
6    ...
7  }
8  {
9    "msg": "[SAVING NEW SUBSCRIBER DETAILS IN THE DATABASE - START]",
10   "subscriber_name": "le guin",
11   "request_id": "30f8cce1-f587-4104-92f2-5448e1cc21f6",
12   "subscriber_email": "ursula_le_guin@gmail.com"
13   ...
14 }
15 {
16   "msg": "[SAVING NEW SUBSCRIBER DETAILS IN THE DATABASE - END]",
17   "elapsed_milliseconds": 4,
18   "subscriber_name": "le guin",
19   "request_id": "30f8cce1-f587-4104-92f2-5448e1cc21f6",
20   "subscriber_email": "ursula_le_guin@gmail.com"
21   ...
22 }
23 {
24   "msg": "[ADDING A NEW SUBSCRIBER - END]",
25   "elapsed_milliseconds": 5
26   "subscriber_name": "le guin",
27   "request_id": "30f8cce1-f587-4104-92f2-5448e1cc21f6",
28   "subscriber_email": "ursula_le_guin@gmail.com",
29   ...
30 }
```

现在所有跨度的上下文都已经被传播到子跨度，**tracing-bunyan-formatter** 也给出了持续时间：每当一个跨度关闭时，一条包含 **elapse_millisecond** 的 JSON 消息就会被输出到控制台。

这条消息在需要的时候很容易被搜索出来：使用像 Elasticsearch 这样的工具可以轻易地解析这些数据，并自动推断出数据类型，生成一个以 **request_id** 为键，包含 **name** 和 **email** 这些字段的表，这样就可以利用查询引擎的强大功能来筛选日志。

而在此之前，我们可能要在搜索时构造复杂的正则表达式，因此从日志中寻找线索的能力也严重受限。相比起来，如今我们有了长足的进步。

4.5.8　tracing-log

回头再看看，好像漏掉了什么：当前控制台中只显示了应用程序直接记录的内容，那 **actix-web**

的日志去哪里了？

  tracing 的 **log** 功能标志确保每当 **tracing** 事件发生时都会发出一条日志记录，**log** 的记录器可以将其收集起来。反过来则不成立：**log** 自身不会在记录日志时发送 **tracing** 消息，也没有对应的功能标志。

  必要的话，我们可以自己实现一个记录器，用于将记录的日志导入 **tracing** 的订阅器中。

  此处直接使用 **tracing-log** 包中的 **LogTrace**：

```toml
1  #! Cargo.toml
2  # [...]
3  [dependencies]
4  tracing-log = "0.1"
5  # [...]
```

  然后，根据需要修改 **main** 函数：

```rust
1   //! src/main.rs
2   //! [...]
3   use tracing::subscriber::set_global_default;
4   use tracing_bunyan_formatter::{BunyanFormattingLayer, JsonStorageLayer};
5   use tracing_subscriber::{layer::SubscriberExt, EnvFilter, Registry};
6   use tracing_log::LogTracer;
7
8   #[tokio::main]
9   async fn main() -> std::io::Result<()> {
10      // 将 `log` 中的记录导入 `trace`中
11      LogTracer::init().expect("Failed to set logger");
12
13      let env_filter = EnvFilter::try_from_default_env()
14          .unwrap_or_else(|_| EnvFilter::new("info"));
15      let formatting_layer = BunyanFormattingLayer::new(
16          "zero2prod".into(),
17          std::io::stdout
18      );
19      let subscriber = Registry::default()
20          .with(env_filter)
21          .with(JsonStorageLayer)
22          .with(formatting_layer);
23      set_global_default(subscriber).expect("Failed to set subscriber");
24
25      // [...]
26  }
```

  现在，**actix-web** 的日志又出现了。

4.5.9 删除未使用的依赖

快速地浏览一遍所有文件，可以发现目前没有在任何地方使用 **log** 或 **env_logger** 。我们应当将其从 **Cargo.toml** 文件中删除。

在大项目中，很难察觉出在重构后某个包已不再被需要了。幸运的是，有合适的工具可以帮助我们做到这一点。我们安装 **cargo-udeps**（udeps 是指 **unused dep**endencies，即无用的依赖）：

```
1  cargo install cargo-udeps
```

cargo-udeps 会扫描 **Cargo.toml** 文件，并检查所有 **[dependencies]** 下列出的包是否都被使用过。经常检查 **cargo-udeps** 的输出，可以发现无用的依赖，从而减少构建时间。

现在，我们对项目做一次扫描：

```
1  # cargo-udeps 需要使用 nightly 编译器
2  # 在 cargo 命令中加上 `+nightly`，提示 cargo 我们需要使用哪条工具链
3  cargo +nightly udeps
```

输出应该是

```
1  zero2prod
2    dependencies
3      "env-logger"
```

遗憾的是，它没有找到 **log** 包。我们还是把 **env_logger** 和 **log** 都删除吧。

4.5.10 清理初始化流程

我们不断地加强应用程序的可观测性。现在回头看看编写过的代码，是否有需要改进的地方。

从 **main** 函数开始：

```
1  //! src/main.rs
2  use zero2prod::configuration::get_configuration;
3  use zero2prod::startup::run;
4  use sqlx::postgres::PgPool;
5  use std::net::TcpListener;
6  use tracing::subscriber::set_global_default;
7  use tracing_bunyan_formatter::{BunyanFormattingLayer, JsonStorageLayer};
8  use tracing_log::LogTracer;
9  use tracing_subscriber::{layer::SubscriberExt, EnvFilter, Registry};
10
11 #[tokio::main]
12 async fn main() -> std::io::Result<()> {
13     LogTracer::init().expect("Failed to set logger");
14
15     let env_filter = EnvFilter::try_from_default_env()
16         .unwrap_or(EnvFilter::new("info"));
17     let formatting_layer = BunyanFormattingLayer::new(
18         "zero2prod".into(),
```

```
19        std::io::stdout
20    );
21    let subscriber = Registry::default()
22        .with(env_filter)
23        .with(JsonStorageLayer)
24        .with(formatting_layer);
25    set_global_default(subscriber).expect("Failed to set subscriber");
26
27    let configuration = get_configuration().expect("Failed to read configuration.");
28    let connection_pool = PgPool::connect(&configuration.database.connection_string())
29        .await
30        .expect("Failed to connect to Postgres.");
31
32    let address = format!("127.0.0.1:{}", configuration.application_port);
33    let listener = TcpListener::bind(address)?;
34    run(listener, connection_pool)?.await?;
35    Ok(())
36 }
```

现在的 **main** 函数中包含了很多流程，我们对其进行拆解：

```
1  //! src/main.rs
2  use zero2prod::configuration::get_configuration;
3  use zero2prod::startup::run;
4  use sqlx::postgres::PgPool;
5  use std::net::TcpListener;
6  use tracing::{Subscriber, subscriber::set_global_default};
7  use tracing_bunyan_formatter::{BunyanFormattingLayer, JsonStorageLayer};
8  use tracing_log::LogTracer;
9  use tracing_subscriber::{layer::SubscriberExt, EnvFilter, Registry};
10
11 /// 将多个层次组合成 `tracing` 的订阅器
12 ///
13 /// # 注意事项
14 ///
15 /// 将 `impl Subscriber` 作为返回值的类型，以避免写出烦琐的真实类型
16 /// 我们需要显式地将返回类型标记为 `Send` 和 `Sync`，以便后面可以将其传递给`init_subscriber`
17 pub fn get_subscriber(
18    name: String,
19    env_filter: String,
20 ) -> impl Subscriber + Send + Sync {
21    let env_filter = EnvFilter::try_from_default_env()
22        .unwrap_or_else(|_| EnvFilter::new(env_filter));
23    let formatting_layer = BunyanFormattingLayer::new(
24        name,
25        std::io::stdout
26    );
27    Registry::default()
28        .with(env_filter)
```

```
29          .with(JsonStorageLayer)
30          .with(formatting_layer)
31 }
32
33 /// 将一个订阅器设置为全局默认值，用于处理所有跨度数据
34 ///
35 /// 这个函数只可被调用一次
36 pub fn init_subscriber(subscriber: impl Subscriber + Send + Sync) {
37     LogTracer::init().expect("Failed to set logger");
38     set_global_default(subscriber).expect("Failed to set subscriber");
39 }
40
41 #[tokio::main]
42 async fn main() -> std::io::Result<()> {
43     let subscriber = get_subscriber("zero2prod".into(), "info".into());
44     init_subscriber(subscriber);
45
46     // [...]
47 }
```

我们再将 **get_subscriber** 和 **init_subscriber** 移入 zero2prod 包中的一个单独模块 **telemetry**：

```
1 //! src/lib.rs
2 pub mod configuration;
3 pub mod routes;
4 pub mod startup;
5 pub mod telemetry;
```

```
1 //! src/telemetry.rs
2 use tracing::subscriber::set_global_default;
3 use tracing::Subscriber;
4 use tracing_bunyan_formatter::{BunyanFormattingLayer, JsonStorageLayer};
5 use tracing_log::LogTracer;
6 use tracing_subscriber::{layer::SubscriberExt, EnvFilter, Registry};
7
8 pub fn get_subscriber(
9     name: String,
10    env_filter: String,
11 ) -> impl Subscriber + Sync + Send {
12    // [...]
13 }
14
15 pub fn init_subscriber(subscriber: impl Subscriber + Sync + Send) {
16    // [...]
17 }
```

```
1 //! src/main.rs
2 use zero2prod::configuration::get_configuration;
3 use zero2prod::startup::run;
```

```
4  use zero2prod::telemetry::{get_subscriber, init_subscriber};
5  use sqlx::postgres::PgPool;
6  use std::net::TcpListener;
7
8  #[tokio::main]
9  async fn main() -> std::io::Result<()> {
10     let subscriber = get_subscriber("zero2prod".into(), "info".into());
11     init_subscriber(subscriber);
12
13     // [...]
14 }
```

完美。

4.5.11　集成测试中的日志

做上述清理工作不仅仅是出于审美和可读性的考虑——把 **get_subscriber** 和 **init_subscriber** 这两个函数移入 **zero2prod** 包后，也可以在测试套件中使用它们。

一般来说，我们在应用程序中使用的所有工具的功能都会被反馈在集成测试中。以结构化日志为例，它可以大幅度地提高我们调试的效率（当集成测试失败时）：不需要每次都依赖调试器，日志也许就能告诉我们哪里出错了。同时，这也是对日志本身质量的衡量——如果在集成测试中已经很难通过日志进行调试了，那么在生产环境中将更难依靠日志跟踪问题。

我们修改 **spawn_app** 函数，初始化与 **tracing** 有关的工具：

```
1  //! tests/health_check.rs
2
3  use zero2prod::configuration::{get_configuration, DatabaseSettings};
4  use zero2prod::startup::run;
5  use zero2prod::telemetry::{get_subscriber, init_subscriber};
6  use sqlx::{Connection, Executor, PgConnection, PgPool};
7  use std::net::TcpListener;
8  use uuid::Uuid;
9
10 pub struct TestApp {
11     pub address: String,
12     pub db_pool: PgPool,
13 }
14
15 async fn spawn_app() -> TestApp {
16     let subscriber = get_subscriber("test".into(), "debug".into());
17     init_subscriber(subscriber);
18
19     let listener = TcpListener::bind("127.0.0.1:0").expect("Failed to bind random port");
20     let port = listener.local_addr().unwrap().port();
21     let address = format!("http://127.0.0.1:{}", port);
22
```

```
23   let mut configuration = get_configuration().expect("Failed to read configuration.");
24   configuration.database.database_name = Uuid::new_v4().to_string();
25   let connection_pool = configure_database(&configuration.database).await;
26
27   let server = run(listener, connection_pool.clone()).expect("Failed to bind address");
28   let _ = tokio::spawn(server);
29   TestApp {
30       address,
31       db_pool: connection_pool,
32   }
33 }
34
35 // [...]
```

尝试运行 **cargo test**，我们将发现只有一个用例成功，其他的都失败了。

```
1  failures:
2  ---- subscribe_returns_a_400_when_data_is_missing stdout ----
3  thread 'subscribe_returns_a_400_when_data_is_missing' panicked at
4  'Failed to set logger: SetLoggerError(())'
5  Panic in Arbiter thread.
6
7  ---- subscribe_returns_a_200_for_valid_form_data stdout ----
8  thread 'subscribe_returns_a_200_for_valid_form_data' panicked at
9  'Failed to set logger: SetLoggerError(())'
10 Panic in Arbiter thread.
11
12
13 failures:
14    subscribe_returns_a_200_for_valid_form_data
15    subscribe_returns_a_400_when_data_is_missing
```

这是因为 **init_subscriber** 最多只能被调用一次，然而，现在所有的用例都调用了它。

我们可以使用 **once_cell** 对这一点进行修正[1]：

```
1  #! Cargo.toml
2  # [...]
3  [dev-dependencies]
4  once_cell = "1"
5  # [...]
```

```
1  //! tests/health_check.rs
2  // [...]
3  use once_cell::sync::Lazy;
4
```

---

1 考虑到 **tracing** 在初始化后再未被使用，我们可以使用 **std::sync::Once** 中的 **call_once** 方法。遗憾的是，如果需求有变（即在初始化后又需要使用它），最后可能会用到 **std::sync::SyncOnceCell**，而这是一个还没有稳定的类型。**once_cell** 能够同时覆盖这两种场景——这似乎是把这个有用的包加入你的工具箱的绝佳机会。

```
5  // 使用 `once_cell` 确保 `tracing` 最多只被初始化一次
6  static TRACING: Lazy<()> = Lazy::new(|| {
7      let subscriber = get_subscriber("test".into(), "debug".into());
8      init_subscriber(subscriber);
9  });
10
11 pub struct TestApp {
12     pub address: String,
13     pub db_pool: PgPool,
14 }
15
16 async fn spawn_app() -> TestApp {
17     // 只在第一次使用 `TRACING` 时调用 `initialize`
18     // 其他时候都会直接跳过
19     Lazy::force(&TRACING);
20
21     // [...]
22 }
23
24 // [...]
```

cargo test 通过，所有用例全部成功。

然而，当前的日志输出毫无条理：每个测试用例都会记录相关日志。我们希望在每个测试中都要运行所做的插桩，但不希望每次运行测试套件时都阅读一遍这些日志。

对于 **println/print**，**cargo test** 也会面临相同的问题。其解决方案是：在默认情况下，它会隐藏所有输出到控制台的信息。我们必须显式地通过 **cargo test -- --nocapture** 来展示。

对于 **tracing**，需要与上述一样的功能。

在 **get_subscriber** 中加入一个新的参数，用于控制日志是否应该被输出：

```
1  //! src/telemetry.rs
2  use tracing_subscriber::fmt::MakeWriter;
3  // [...]
4
5  pub fn get_subscriber<Sink>(
6      name: String,
7      env_filter: String,
8      sink: Sink,
9  ) -> impl Subscriber + Sync + Send
10     where
11         // 这个奇怪的语法结构是高阶特质约束
12         // 这里的意思是 `Sink` 会实现 `MakeWriter` 特质, 无论生命周期参数 `'a` 是什么
13         Sink: for<'a> MakeWriter<'a> + Send + Sync + 'static,
14 {
15     // [...]
16     let formatting_layer = BunyanFormattingLayer::new(name, sink);
```

```
17    // [...]
18 }
```

然后修改 **main** 函数，将 **sink** 设置为 **stdout**：

```
1 //! src/main.rs
2 // [...]
3
4 #[tokio::main]
5 async fn main() -> std::io::Result<()> {
6     let subscriber = get_subscriber("zero2prod".into(), "info".into(), std::io::stdout);
7
8 // [...]
9 }
```

而在测试套件中，我们可以根据 **TEST_LOG** 环境变量来选择 **sink**。如果设置了 **TEST_LOG**，则使用 **std::io::stdout**；否则，使用 **std::io::sink**。

这就完成了 **--nocapture** 开关的手工自制版：

```
1 //! tests/health_check.rs
2 //! ...
3
4 // 使用 `once_cell` 确保 `tracing` 最多只被初始化一次
5 static TRACING: Lazy<()> = Lazy::new(|| {
6     let default_filter_level = "info".to_string();
7     let subscriber_name = "test".to_string();
8     // 由于 `sink` 是 `get_subscriber` 所返回类型的一部分
9     // 导致两个条件分支中的 `subscriber` 的实际类型不一样
10    // 因此无法将 `get_subscriber` 从这条条件语句中提取出来
11    // 虽然我们有办法绕过这个问题，但是当前的写法是最直观的
12    if std::env::var("TEST_LOG").is_ok() {
13        let subscriber = get_subscriber(subscriber_name, default_filter_level, std::io::stdout);
14        init_subscriber(subscriber);
15    } else {
16        let subscriber = get_subscriber(subscriber_name, default_filter_level, std::io::sink);
17        init_subscriber(subscriber);
18    };
19 });
20
21 // [...]
```

如果要调试某个测试用例，则可以运行：

```
1 # 这里采用 `bunyan` 来美化输出的日志
2 # 原来的 `bunyan` 需要 NPM 安装，不过也可以使用 Rust 移植版本，只需运行
3 # `cargo install bunyan`
4 TEST_LOG=true cargo test health_check_works | bunyan
```

通过查看输出信息来寻找踪迹。

4.5.12 清理插桩代码——tracing::instrument

我们重构了初始化逻辑，现在来看看插桩代码。先回到 **subscribe** 函数：

```
1  //! src/routes/subscriptions.rs
2  // [...]
3
4  pub async fn subscribe(
5      form: web::Form<FormData>,
6      pool: web::Data<PgPool>,
7  ) -> HttpResponse {
8      let request_id = Uuid::new_v4();
9      let request_span = tracing::info_span!(
10         "Adding a new subscriber",
11         %request_id,
12         subscriber_email = %form.email,
13         subscriber_name = %form.name
14     );
15     let _request_span_guard = request_span.enter();
16     let query_span = tracing::info_span!(
17         "Saving new subscriber details in the database"
18     );
19     match sqlx::query!(/* */)
20         .execute(pool.get_ref())
21         .instrument(query_span)
22         .await
23     {
24         Ok(_) => HttpResponse::Ok().finish(),
25         Err(e) => {
26             tracing::error!("Failed to execute query: {:?}", e);
27             HttpResponse::InternalServerError().finish()
28         }
29     }
30 }
```

不得不说，日志的收集为 **subscribe** 函数带来了一些干扰，我们来看看能否改善这一点。

从 **request_span** 开始：希望所有 **subscribe** 中的步骤都在 **request_span** 的上下文中。换句话说，我们希望将 **subscribe** 包装在一个跨度中。

这个需求十分常见：我们经常将子任务抽取到单独的函数中，从而提升代码的可读性，并使其更容易测试。此时，我们需要将一个跨度绑定在这个函数上。

tracing 的开发者为实现这个需求提供了 **tracing::instrument** 过程宏，我们来看看其实际应用：

```
1  //! src/routes/subscriptions.rs
2  // [...]
3
4  #[tracing::instrument(
5      name = "Adding a new subscriber",
```

```
6       skip(form, pool),
7       fields(
8           request_id = %Uuid::new_v4(),
9           subscriber_email = %form.email,
10          subscriber_name = %form.name
11      )
12 )]
13 pub async fn subscribe(
14     form: web::Form<FormData>,
15     pool: web::Data<PgPool>,
16 ) -> HttpResponse {
17     let query_span = tracing::info_span!(
18         "Saving new subscriber details in the database"
19     );
20     match sqlx::query!(/* */)
21         .execute(pool.get_ref())
22         .instrument(query_span)
23         .await
24     {
25         Ok(_) => HttpResponse::Ok().finish(),
26         Err(e) => {
27             tracing::error!("Failed to execute query: {:?}", e);
28             HttpResponse::InternalServerError().finish()
29         }
30     }
31 }
```

#[tracing::instrument] 在函数声明处创建了一个跨度，并将所有传入的参数都放进这个跨度的上下文中——在本例中是 **form** 和 **pool**。很多时候我们不希望在日志中记录某些函数参数（例如 **pool**），这时就可以显式地指定应当如何捕获它们——我们可以通过 **skip** 指令告诉 **tracing** 忽略它们。

name 用于给出函数跨度自身的日志消息——如果这个参数被忽略的话，则会使用函数名字。

我们也可以通过 **fields** 指令将某些值添加到跨度的上下文中，其语法与之前我们在 **info_span!** 宏上看到的语法类似。

结果还不错：所有的插桩和函数体都被分开，其中插桩由过程宏处理，用来"装饰"函数，而函数体则专注于实际的业务逻辑。

值得指出的是，**tracing::instrument** 对于异步函数的插桩也是有效的。

我们将查询数据库的逻辑放在一个新的函数中，并使用 **tracing::instrument** 来替代 **query_span** 和 **.instrument** 方法调用。

```
1 //! src/routes/subscriptions.rs
2 // [...]
3
```

```rust
 4  #[tracing::instrument(
 5      name = "Adding a new subscriber",
 6      skip(form, pool),
 7      fields(
 8          request_id = %Uuid::new_v4(),
 9          subscriber_email = %form.email,
10          subscriber_name = %form.name
11      )
12  )]
13  pub async fn subscribe(
14      form: web::Form<FormData>,
15      pool: web::Data<PgPool>,
16  ) -> HttpResponse {
17      match insert_subscriber(&pool, &form).await
18      {
19          Ok(_) => HttpResponse::Ok().finish(),
20          Err(_) => HttpResponse::InternalServerError().finish()
21      }
22  }
23
24  #[tracing::instrument(
25      name = "Saving new subscriber details in the database",
26      skip(form, pool)
27  )]
28  pub async fn insert_subscriber(
29      pool: &PgPool,
30      form: &FormData,
31  ) -> Result<(), sqlx::Error> {
32      sqlx::query!(
33          r#"
34      INSERT INTO subscriptions (id, email, name, subscribed_at)
35      VALUES ($1, $2, $3, $4)
36          "#,
37          Uuid::new_v4(),
38          form.email,
39          form.name,
40          Utc::now()
41      )
42      .execute(pool)
43      .await
44      .map_err(|e| {
45          tracing::error!("Failed to execute query: {:?}", e);
46          e
47      // 使用`?` 操作符可以在函数调用失败返回 `sqlx::Error` 时，提前结束当前函数
48      // 我们将在后续章节中探讨错误处理
49      })?;
50      Ok(())
51  }
```

现在错误事件发生在查询跨度中，在此我们做到了关注点分离：

- **insert_subscriber** 负责处理数据库逻辑，它不会关心 Web 框架。换言之，我们不会将 **web::Form** 或者 **web::Data** 类型传递给它。
- **subscribe** 负责调用流程中所需的子程序，并根据 HTTP 的规则和约定将它们返回的结果转换为请求响应。

我必须承认自己对 **tracing::instrument** 的喜爱：它大大降低了插桩代码所需的工作量。这也把项目推向成功：正确的事情总是简单的。

4.5.13 保护隐私——secrecy

我对 **tracing::instrument** 有一点儿不满意：在默认情况下，它会自动将所有传递给函数的参数都放入跨度的上下文中。我们必须明确指出日志中不需要的输入[1]。

我们不希望某些隐私（例如密码）和个人信息（例如用户的账单地址）被记录到日志中。但参数不经特殊处理，是会被默认记录的。每当为一个使用了 **#[tracing::instrument]** 的函数添加新参数时，都要保持警惕：这安全吗？应该跳过这个参数吗？某时某刻，我们可能会麻痹大意，导致一起安全事故的发生[2]。

我们可以通过引入包装类型 **secrecy::Secret** 来避免这个问题，它可以显式地将某个字段标记为敏感信息：

```toml
#! Cargo.toml
# [...]
[dependencies]
secrecy = { version = "0.8", features = ["serde"] }
# [...]
```

我们看看它的定义：

```rust
/// 为包含机密的值所提供的包装类型，可以防止数据意外泄露，确保隐私数据在析构时被清除
/// （例如密码、密钥、访问令牌及其他敏感数据）
///
/// 如果要得到内部数据，则必须使用 `expose_secret()`方法
pub struct Secret<S>
    where
        S: Zeroize,
{
    /// 包装的敏感数据
    inner_secret: S,
}
```

---

1 **tracing** 有可能会在下一个向下不兼容的版本（0.2.x）中，将这个行为从默认开启变为默认关闭。

2 其中一些安全事故十分严重——例如，Facebook 曾因为疏忽在日志中记录了数十万个明文密码。

数据清理功能是由 **Zeroize** 特质提供的，这也是一个不错的功能。

在 **Secret** 中，我们更需要的是它对 **Debug** 的实现：**println!("{:?}", my_secret_string)** 会输出 **Secret([REDACTED STRING])**，而不是内部数据。即使我们一时疏忽，在 **#[tracing::instrument]** 或者其他日志工具中记录了敏感数据，也不会因此导致安全隐患。

此外，显式声明包装类型还有一个好处：当其他开发者阅读项目源码时，这个类型还可以发挥文档的作用，明确指出在当前领域中哪些数据是敏感的。

现在，我们唯一需要关心的敏感信息是数据库密码。我们将其包装起来：

```
1  //! src/configuration.rs
2  use secrecy::Secret;
3  // [..]
4
5  #[derive(serde::Deserialize)]
6  pub struct DatabaseSettings {
7      // [...]
8      pub password: Secret<String>,
9  }
```

Secret 不会妨碍反序列化——它通过将反序列化逻辑委托给包装类型实现了 **serde::Deserialize** 特质（条件是必须打开 **Secret** 的 **serde** 功能标志，我们之前已经做了）。

然而，编译没有通过：

```
1  error[E0277]: `Secret<std::string::String>` doesn't implement `std::fmt::Display`
2  --> src/configuration.rs:29:28
3   |
4   |          self.username, self.password, self.host, self.port
5   |                         ^^^^^^^^^^^^^
6   | `Secret<std::string::String>` cannot be formatted with the default formatter
```

这是一个特性，不是一个 bug。**secret::Secret** 并没有实现 **Display**，因此我们必须显式地暴露内部数据。这个编译错误提醒我们，数据库连接字符串也必须被包装在 **Secret** 之中，毕竟其中包含了数据库密码：

```
1  //! src/configuration.rs
2  use secrecy::ExposeSecret;
3  // [...]
4
5  impl DatabaseSettings {
6      pub fn connection_string(&self) -> Secret<String> {
7          Secret::new(format!(
8              "postgres://{}:{}@{}:{}/{}",
9              // [...]
10             self.password.expose_secret(),
11             // [...]
12         ))
```

```
13      }
14
15      pub fn connection_string_without_db(&self) -> Secret<String> {
16          Secret::new(format!(
17              "postgres://{}:{}@{}:{}",
18              // [...]
19              self.password.expose_secret(),
20              // [...]
21          ))
22      }
23  }
```

```
1   //! src/main.rs
2   use secrecy::ExposeSecret;
3   // [...]
4
5   #[tokio::main]
6   async fn main() -> std::io::Result<()> {
7       // [...]
8       let connection_pool =
9           PgPool::connect(&configuration.database.connection_string().expose_secret())
10              .await
11              .expect("Failed to connect to Postgres.");
12      // [...]
13  }
```

```
1   //! tests/health_check.rs
2   use secrecy::ExposeSecret;
3   // [...]
4
5   pub async fn configure_database(config: &DatabaseSettings) -> PgPool {
6       let mut connection =
7           PgConnection::connect(&config.connection_string_without_db().expose_secret())
8              .await
9              .expect("Failed to connect to Postgres");
10      // [...]
11      let connection_pool = PgPool::connect(&config.connection_string().expose_secret())
12          .await
13          .expect("Failed to connect to Postgres.");
14      // [...]
15  }
```

从此以后，每当引入敏感数据时，都要使用 **Secret** 将其包装起来。

4.5.14　请求 ID

我们还剩最后一件事情要做：确保在处理相同请求的过程中收集到的所有日志，特别是包含状态码的那条日志，都绑定了 **request_id** 属性。这要如何做到呢？

如果不去改动 **actix_web::Logger**，那么最简单的方法就是添加另一个中间件 **RequestIdMiddleware**，其负责：

- 生成一个唯一的请求 ID；
- 创建一个新的跨度，其上下文中包含请求 ID；
- 将下游的中间件都包装在这个新创建的跨度中。

但这种方法遗留了很多问题：对于 **actix_web::Logger** 所提供的丰富信息（状态码、处理时间、调用者 IP 地址等），我们无法像其他来源的数据一样，以结构化的 JSON 形式获得，因此必须手动对其消息字符串进行解析。

更好的方法是使用 **tracing** 生态系统中的工具。我们将 **tracing-actix-web** 添加到依赖项中[1]：

```
1  #! Cargo.toml
2  # [...]
3  [dependencies]
4  tracing-actix-web = "0.6"
5  # [...]
```

这个工具被设计作为 **actix-web** 的 **Logger** 替代品，基于 **tracing** 而非 **log**：

```
1   //! src/startup.rs
2   use crate::routes::{health_check, subscribe};
3   use actix_web::dev::Server;
4   use actix_web::web::Data;
5   use actix_web::{web, App, HttpServer};
6   use sqlx::PgPool;
7   use std::net::TcpListener;
8   use tracing_actix_web::TracingLogger;
9
10  pub fn run(listener: TcpListener, db_pool: PgPool) -> Result<Server, std::io::Error> {
11      let db_pool = Data::new(db_pool);
12      let server = HttpServer::new(move || {
13          App::new()
14              // 替换 `Logger::default`
15              .wrap(TracingLogger::default())
16              .route("/health_check", web::get().to(health_check))
17              .route("/subscriptions", web::post().to(subscribe))
18              .app_data(db_pool.clone())
19      })
20      .listen(listener)?
21      .run();
22      Ok(server)
23  }
```

启动应用程序并发送一个请求，我们可以看到 **request_id**、**request_path** 以及其他一些有用的

---

1 全面披露：我就是 **tracing-actix-web** 的作者。

信息出现在所有的日志中。

差不多快完工了——现在还遗留了一个问题。

仔细看看关于 **POST** **/subscriptions** 请求的日志记录：

```
 1 {
 2     "msg": "[REQUEST - START]",
 3     "request_id": "21fec996-ace2-4000-b301-263e319a04c5",
 4     ...
 5 }
 6 {
 7     "msg": "[ADDING A NEW SUBSCRIBER - START]",
 8     "request_id":"aaccef45-5a13-4693-9a69-5",
 9     ...
10 }
```

相同的请求却有着不同的 **request_id**。

这个 bug 可以被追溯到 **subscribe** 函数的 **#[tracing::instrument]** 注解：

```
 1 //! src/routes/subscriptions.rs
 2 // [...]
 3
 4 #[tracing::instrument(
 5     name = "Adding a new subscriber",
 6     skip(form, pool),
 7     fields(
 8         request_id = %Uuid::new_v4(),
 9         subscriber_email = %form.email,
10         subscriber_name = %form.name
11     )
12 )]
13 pub async fn subscribe(
14     form: web::Form<FormData>,
15     pool: web::Data<PgPool>,
16 ) -> HttpResponse {
17     // [...]
18 }
19
20 // [...]
```

我们在函数层面还生成了一个 **request_id**，而它覆盖了 **TracingLogger** 提供的 **request_id**。现在去除它来解决问题：

```
 1 //! src/routes/subscriptions.rs
 2 // [...]
 3
 4 #[tracing::instrument(
 5     name = "Adding a new subscriber",
 6     skip(form, pool),
```

```
 7      fields(
 8          subscriber_email = %form.email,
 9          subscriber_name = %form.name
10      )
11  )]
12  pub async fn subscribe(
13      form: web::Form<FormData>,
14      pool: web::Data<PgPool>,
15  ) -> HttpResponse {
16      // [...]
17  }
18
19  // [...]
```

好了，我们为应用程序的端点提供了一致的 **request_id**。

4.5.15　借力 tracing 生态系统

我们介绍了 **tracing** 的很多工具——它显著提高了遥测数据的质量以及插桩代码的清晰度。当然，我们所触及的也只是庞大的 **tracing** 生态系统的"冰山一角"。

下面列举几个工具：

- **tracing-actix-web** 可兼容于 OpenTelemetry。如果再加入 **tracing-opentelemetry**，那么就可以将跨度发送给所有兼容于 OpenTelemetry 的服务（如 Jaeger 或者 Honeycomb.io）并做进一步分析。
- **tracing-error** 增强了错误类型，通过 **SpanTrace** 进一步提升了故障排查能力。

毫不夸张地说，**tracing** 是 Rust 生态系统的基础包。而 **log** 是最基本的技术，**tracing** 已成为现代诊断工程与插桩领域的核心。

4.6　总结

本章开始时，我们的项目还是一个缺少反馈的 **actix-web** 应用程序；本章结束时，它已经可以产生高质量的遥测数据。现在，是时候让邮件简报 API 上线了！

在第 5 章中，我们将为 Rust 项目打造一条基本的部署流水线。

第 5 章
上线

我们已经实现了一个邮件简报 API 的工作原型——现在，是时候让它上线了。本章我们将学习如何把 Rust 应用程序打包成 Docker 镜像，并将其部署到 DigitalOcean 的应用平台。

在本章结束时，我们会得到一条持续部署流水线：每次向 **main** 分支提交时都会自动触发部署最新版本的应用程序。

5.1 我们必须讨论部署问题

每个人都认识到随时将新版本的应用程序发布到生产环境的重要性。

> "尽早获取客户反馈！"
> "经常发布，对产品进行迭代！"

但是没有人告诉你怎么做。

随便挑一本关于 Web 开发或 XYZ 框架介绍的书。大多数书不会用超过一章的篇幅来讨论部署的问题，少数书会有一章涉及这个问题——通常是在书的末尾，也就是你从来没有真正读过的部分。

少数人会给予部署本该有的重视。

为什么？

有很多被认为是最先进的服务商，大多数都不是直接使用的，或者其最佳实践往往变化得非常快[1]。

这就是为什么大多数作者对这一主题敬而远之：它需要很多页，而且写下的东西，一两年后才意识到已经过时了，这是很令人痛苦的。

---

1 Kubernetes 已有 6 年历史，Docker 本身也只有 7 年历史。

然而，部署是软件工程师日常工作中的一个常见问题。例如，如果不考虑部署过程，则很难讨论数据库模式迁移、领域验证和 API 演化。

在本书《从零构建 Rust 生产级服务》中，我们不能忽视这个主题。

5.2 选择工具

本章的目的是让你亲自体验每次向 **main** 分支提交，然后部署意味着什么。

这就是为什么我们早在第 5 章中就谈到了部署问题：让你有机会在本书的其余部分练习技能。如果这是一个真正的商业项目，你就会真的这么做。

事实上，我们对持续部署的工程实践如何影响设计决策和开发习惯特别感兴趣。

不过，构建完美的持续部署流水线并不是本书的重点——它值得单独写一本书，也可能是整个公司的事情。

我们必须实事求是，在实用性（即学习一个在行业中受到重视的工具）和开发人员的经验之间取得平衡。即使花时间把"最好的"技术结合起来，但是由于组织的特定限制，你也仍然有可能选择不同的工具和不同的服务商。

重要的是基本理念，以及将持续部署作为一种实践。

5.2.1 虚拟化：Docker

我们的本地开发环境和生产环境的用途截然不同。

浏览器、IDE、音乐播放软件——它们可以同时存在于本地机器上。这是一个多用途的工作站。

而生产环境的关注点要少得多：运行软件让用户使用。任何与这一目标不是很相关的东西，往好了说是一种资源浪费，往坏了说就是一种安全责任。

这种差异历来使部署变得相当麻烦，导致现在人们抱怨"它在我的机器上是正常的！"。

把源代码部署在生产服务器上是不够的。我们的软件很可能依赖底层操作系统的能力（例如，一个原生的 Windows 应用程序不会在 Linux 上运行）、同一台机器上其他软件的可用性（例如，某个版本的 Python 解释器）或其配置（例如，是否有 root 权限）。即使从两个完全相同的环境开始，随着时间的推移，也会遇到麻烦，因为会出现版本漂移和微小的不一致的问题。

确保软件正确运行的最简单方法是严格控制它的执行环境。

这就是虚拟化技术背后的基本理念：如果代码不被部署在生产环境中，而是被部署在一个包含应用程序的独立环境中，那会怎么样？这对彼此都有好处：对于开发者来说，周五晚上的意外会更少；对于负责生产基础设施的人来说，可以在其上构建一致的抽象。如果环境本身可以被指定为代码，以确保可重复性，那将非常有意义。

虚拟化的优势在于它已经成为主流近十年了。

就像技术领域的大多数事情一样，你可以根据需要进行选择：虚拟机、容器（如 Docker）和其他（如 Firecracker）。

5.2.2 托管：DigitalOcean

AWS、Google Cloud、Azure、DigitalOcean、Clever Cloud、Heroku、Qovery……可以用来托管软件的服务商数不胜数。

根据你的需求和使用情况为你推荐最好的云服务，这是一项成功的业务——这不是我的工作，也不是本书的目的。

我们正在寻找易于使用（出色的开发人员的经验、最小的不必要的复杂性）和非常成熟的东西。

截至 2020 年 11 月，可以满足这两个要求的似乎是 DigitalOcean，特别是其新推出的应用平台。

　　　免责声明：DigitalOcean 并没有付钱让我在这里推广其服务。

5.3　应用程序的 Dockerfile

DigitalOcean 的应用平台原生支持部署容器化的应用程序。

这是我们的第一个任务：编写一个 Dockerfile，用来构建和执行应用程序作为 Docker 容器。

5.3.1　Dockerfile

Dockerfile 是应用程序环境的模板。

它们是分层组织的：从一个基础镜像（通常是一个富含编程语言工具链的操作系统）开始，然后执行一系列命令（**COPY**、**RUN** 等），逐步构建你所需的环境。

现在来看看 Rust 项目中最简单的 Dockerfile：

```
1  # 我们使用最新的 Rust 稳定版作为基础镜像
2  FROM rust:1.59.0
3
4  # 把工作目录切换到`app`（相当于`cd app`）
5  # `app`文件夹将由 Docker 为我们创建，防止它不存在
6  WORKDIR /app
7  # 为链接配置安装所需的系统依赖
8  RUN apt update && apt install lld clang -y
9  # 将工作环境中的所有文件复制到 Docker 镜像中
10 COPY . .
```

```
11  # 开始构建二进制文件
12  # 使用 release 参数优化以提高速度
13  RUN cargo build --release
14  # 当执行`docker run`时, 启动二进制文件
15  ENTRYPOINT ["./target/release/zero2prod"]
```

在 git 仓库根目录下保存一个名为 **Dockerfile** 的文件:

```
1   zero2prod/
2      .github/
3      migrations/
4      scripts/
5      src/
6      tests/
7      .gitignore
8      Cargo.lock
9      Cargo.toml
10     configuration.yaml
11     Dockerfile
```

执行这些命令以获得镜像的过程被称为"构建"。

使用 Docker 命令行:

```
1   # 根据模板构建一个名为`zero2prod`的 Docker 镜像
2   # 在`Dockerfile`中指定
3   docker build --tag zero2prod --file Dockerfile .
```

命令结尾处的"."代表什么?

5.3.2 构建上下文

docker build 生成一个从 Dockerfile 和构建上下文开始的镜像。你可以把正在构建的 Docker 镜像想象成它自己的完全隔离的环境。

镜像和本地机器之间交互入口的命令是 **COPY** 或 **ADD**[1]: 构建上下文决定了主机上的哪些文件在 Docker 容器中对 **COPY** 可见。

使用"."告诉 Docker 将当前目录作为镜像的构建环境,因此 **COPY .app** 将把当前目录下的所有文件(包括源码)复制到 Docker 镜像的 **app** 目录下。

将"."作为构建上下文意味着, Docker 将不允许 **COPY** 访问来自上级目录或者机器上任意路径下的文件进入镜像。

你可以根据需要将不同的路径甚至是一个 URL (!)作为构建上下文。

---

1 除非使用**--network=host**、**--sh** 或其他类似选项。你也可以将数据卷作为运行时共享文件的替代机制。

5.3.3　sqlx 离线模式

如果你迫不及待地启动了构建命令，则会发现它并没有生效！

```
docker build --tag zero2prod --file Dockerfile .
```

```
# [...]
Step 4/5 : RUN cargo build --release
# [...]
error: error communicating with the server:
Cannot assign requested address (os error 99)
  --> src/routes/subscriptions.rs:35:5
   |
35 | /     sqlx::query!(
36 | |         r#"
37 | |         INSERT INTO subscriptions (id, email, name, subscribed_at)
38 | |         VALUES ($1, $2, $3, $4)
...  |
43 | |             Utc::now()
44 | |     )
   | |_____^
   |
   = note: this error originates in a macro
```

发生了什么？

sqlx 在编译时调用数据库，以确保存在表的模式，这样所有的查询都能执行成功。

然而，当我们在 Docker 镜像中执行 **cargo build** 时，**sqlx** 未能与 **.env** 文件中的 **DATABASE_URL** 环境变量所指向的数据库建立连接。

如何修复呢？

我们可以在构建时使用 **--network** 参数让镜像与运行在本机的数据库相连接。这是在持续集成流水线中遵循的策略，因为需要数据库来运行集成测试。

遗憾的是，由于 Docker 网络在不同操作系统（如 macOS）上的实现方式有差异，对于 Docker 构建来说，这有点儿麻烦，而且会大大影响构建的复用。

一个更好的选择是使用新引入的 **sqlx** 离线模式。

我们在 **Cargo.toml** 中为 **sqlx** 添加 **offline** 功能：

```
#! Cargo.toml
# [...]

# 使用类似于表的 toml 语法来避免行超长
[dependencies.sqlx]
version = "0.6"
default-features = false
```

```
 8  features = [
 9      "runtime-actix-rustls",
10      "macros",
11      "postgres",
12      "uuid",
13      "chrono",
14      "migrate",
15      "offline"
16  ]
```

下一步要依靠 **sqlx** 命令行。我们正在寻找的命令是 **sqlx prepare**。看看该命令的帮助信息：

```
 1  sqlx prepare --help
```

```
 1  sqlx-prepare
 2  Generate query metadata to support offline compile-time verification.
 3
 4  Saves metadata for all invocations of `query!` and related macros to
 5  `sqlx-data.json` in the current directory, overwriting if needed.
 6
 7  During project compilation, the absence of the `DATABASE_URL` environment
 8  variable or the presence of `SQLX_OFFLINE` will constrain the compile-time
 9  verification to only read from the cached query metadata.
10
11  USAGE:
12      sqlx prepare [FLAGS] [-- <args>...]
13
14  ARGS:
15      <args>...
16              Arguments to be passed to `cargo rustc ...`
17
18  FLAGS:
19      --check
20              Run in 'check' mode. Exits with 0 if the query metadata is up-to-date.
21              Exits with 1 if the query metadata needs updating
```

换句话说，**prepare** 执行的与调用 **cargo build** 时所做的工作类似，它将这些查询的结果保存在一个元数据文件（**sqlx-data.json**）中，由 **sqlx** 自行检测，可以完全跳过查询，从而执行离线构建。

我们调用它：

```
 1  # 该命令必须作为 cargo 的子命令来执行
 2  # `--` 之后的参数会被传给 cargo 自身
 3  # 由于所有的 SQL 查询都被放在以 `lib.rs` 为根的模块树中
 4  # 因此这里必须要用参数指明命令作用于 lib 部分
 5  cargo sqlx prepare -- --lib
```

```
 1  query data written to `sqlx-data.json` in the current directory;
 2  please check this into version control
```

我们需要将这个文件提交到版本控制系统中，正如命令输出所建议的那样。

下面在 Dockerfile 中设置 **SQLX_OFFLINE** 环境变量为 **true**，使得 **sqlx** 查看所保存的元数据，而不是试图实时查询数据库：

```
1  FROM rust:1.59.0
2
3  WORKDIR /app
4  RUN apt update && apt install lld clang -y
5  COPY . .
6  ENV SQLX_OFFLINE true
7  RUN cargo build --release
8  ENTRYPOINT ["./target/release/zero2prod"]
```

我们尝试重新构建 Docker 镜像：

```
1  docker build --tag zero2prod --file Dockerfile .
```

这次应该不会再有错误了！

但有一个问题：如何确保 **sqlx-data.json** 是最新的（例如，当数据库模式发生改变或添加新的查询时）？

我们可以在持续集成流水线中使用 **--check** 标志，确保它保持最新状态——查看本书 GitHub 存储库[1]中的流水线定义作为参考。

5.3.4　运行镜像

在构建镜像时，可以为其打上标签 **zero2prod**：

```
1  docker build --tag zero2prod --file Dockerfile .
```

我们可以使用这个标签在其他命令中引用这个镜像。特别是在运行时：

```
1  docker run zero2prod
```

docker run 将触发在 **ENTRYPOINT** 语句中指定的命令的执行：

```
1  ENTRYPOINT ["./target/release/zero2prod"]
```

在这个例子中执行了二进制文件，从而启动 API。

然后，启动镜像！

你应该立即看到一个错误：

```
1  thread 'main' panicked at
2    'Failed to connect to Postgres:
3      Io(Os {
4        code: 99,
5        kind: AddrNotAvailable,
```

---

1 参见"链接 5-1"。

```
6          message: "Cannot assign requested address"
7        })'
```

这来自 **main** 函数中的这些行：

```rust
1  //! src/main.rs
2  //! [...]
3
4  #[tokio::main]
5  async fn main() -> std::io::Result<()> {
6      // [...]
7      let connection_pool = PgPool::connect(
8          &configuration.database.connection_string().expose_secret()
9      )
10     .await
11     .expect("Failed to connect to Postgres.");
12     // [...]
13 }
```

我们可以使用 **connect_lazy** 推迟在启动时建立连接——它只会在首次使用连接池时尝试建立连接。

```rust
1  //! src/main.rs
2  //! [...]
3
4  #[tokio::main]
5  async fn main() -> std::io::Result<()> {
6      // [...]
7      // 不再是异步的，因为实际上并没有尝试建立连接
8      let connection_pool = PgPool::connect_lazy(
9          &configuration.database.connection_string().expose_secret()
10     ).
11     expect("Failed to create Postgres connection pool.");
12     // [...]
13 }
```

现在可以重新构建 Docker 镜像，并再次运行：你会立即看到几行日志！打开另一个终端，尝试向健康检查端点发出请求：

```
1  curl http://127.0.0.1:8000/health_check
```

```
1  curl: (7) Failed to connect to 127.0.0.1 port 8000: Connection refused
```

还没好！

5.3.5 网络

在默认情况下，Docker 镜像不会将端口暴露给宿主机。我们需要明确地使用 **-p** 标志来暴露端口。

杀死正在运行的镜像，并再次启动：

```
1  docker run -p 8000:8000 zero2prod
```

尝试访问健康检查端点，还是会触发同样的错误消息。

我们需要深入 **main.rs** 文件来了解原因：

```
1  //! src/main.rs
2  use zero2prod::configuration::get_configuration;
3  use zero2prod::startup::run;
4  use zero2prod::telemetry::{get_subscriber, init_subscriber};
5  use sqlx::postgres::PgPool;
6  use std::net::TcpListener;
7
8  #[tokio::main]
9  async fn main() -> std::io::Result<()> {
10     let subscriber = get_subscriber("zero2prod".into(), "info".into(), std::io::stdout);
11     init_subscriber(subscriber);
12
13     let configuration = get_configuration().expect("Failed to read configuration.");
14     let connection_pool = PgPool::connect_lazy(
15         &configuration.database.connection_string().expose_secret()
16     )
17     .expect("Failed to create Postgres connection pool.");
18
19     let address = format!("127.0.0.1:{}", configuration.application_port);
20     let listener = TcpListener::bind(address)?;
21     run(listener, connection_pool)?.await?;
22     Ok(())
23 }
```

我们使用 **127.0.0.1** 作为主机地址——指示应用程序只接受来自同一台机器的连接。

然而，从主机向 **/health_check** 发出了一个 GET 请求，Docker 容器并没有将其视为本地请求，因此导致了连接被拒绝的错误。

我们需要使用 **0.0.0.0** 作为主机地址，从而指示应用程序可以接受来自任何网络接口的连接，而不仅仅是本地接口。

不过还要注意：使用 **0.0.0.0** 会大大增加应用程序的"访问者"，并带来一些安全问题。

最好的方式是把地址的主机部分设置为可配置的——我们将继续使用 **127.0.0.1** 进行本地开发，并在 Docker 镜像中将其设置为 **0.0.0.0**。

5.3.6　层次化配置

目前的 **Settings** 结构体是这样的：

```
1  //! src/configuration.rs
2  // [...]
3
```

```
4  #[derive(serde::Deserialize)]
5      pub struct Settings {
6          pub database: DatabaseSettings,
7          pub application_port: u16,
8  }
9
10 #[derive(serde::Deserialize)]
11 pub struct DatabaseSettings {
12     pub username: String,
13     pub password: Secret<String>,
14     pub port: u16,
15     pub host: String,
16     pub database_name: String,
17 }
18
19 // [...]
```

我们引入另一个结构体 **ApplicationSettings**，将所有与应用程序地址相关的配置值集中起来：

```
1  #[derive(serde::Deserialize)]
2  pub struct Settings {
3      pub database: DatabaseSettings,
4      pub application: ApplicationSettings,
5  }
6
7  #[derive(serde::Deserialize)]
8  pub struct ApplicationSettings {
9      pub port: u16,
10     pub host: String,
11 }
12
13 // [...]
```

然后，更新 **configuration.yml** 文件以匹配新的结构：

```
1  #! configuration.yml
2  application:
3      port: 8000
4      host: 127.0.0.1
5  database:
6      # [...]
```

还有 **main.rs**，在这里将使用新的可配置的 **host** 字段：

```
1  //! src/main.rs
2  // [...]
3
4  #[tokio::main]
5  async fn main() -> std::io::Result<()> {
6      // [...]
7      let address = format!(
```

```
 8            "{}:{}",
 9            configuration.application.host, configuration.application.port
10        );
11        // [...]
12    }
```

现在从配置中读取 **host**，但如何在不同的环境中使用不同的值呢？

我们需要让配置层次化。

现在来看看 **get_configuration**，这个函数负责加载 **Settings** 结构体。

```
 1    //! src/configuration.rs
 2    // [...]
 3
 4    pub fn get_configuration() -> Result<Settings, config::ConfigError> {
 5        // 初始化配置读取器
 6        let settings = config::Config::builder()
 7            // 添加 `configuration.yaml` 文件中的配置值
 8            .add_source(config::File::new("configuration.yaml", config::FileFormat::Yaml))
 9            .build()?;
10        // 尝试将其读取到的配置值转换为 Settings 类型
11        settings.try_deserialize::<Settings>()
12    }
```

我们从一个名为 **configuration** 的文件中读取信息来填充 **Settings** 的字段。在 **configuration.yaml** 中指定的值没有进一步调整的空间了。

采取一种更精细的方法。我们将拥有：

- 一个基础的配置文件，用于指定在本地环境和生产环境中共享的值（例如数据库名称）；
- 一组特定于环境的配置文件，指定在每个环境的基础上定制的字段值（例如主机）；
- 一个环境变量 **APP_ENVIRONMENT**，用于确定运行的环境（例如生产环境或本地环境）。

所有的配置文件都位于同一个根目录下，也就是 **configuration**。

好消息是，我们正在使用的 **config** 包支持上述所有开箱即用的功能！

将它们整合起来：

```
 1    //! src/configuration.rs
 2    // [...]
 3
 4    pub fn get_configuration() -> Result<Settings, config::ConfigError> {
 5        let base_path = std::env::current_dir().expect("Failed to determine the current directory");
 6        let configuration_directory = base_path.join("configuration");
 7
 8        // 检查运行时环境
 9        // 如果没有指定，则默认是`local`
10        let environment: Environment = std::env::var("APP_ENVIRONMENT")
```

```
11          .unwrap_or_else(|_| "local".into())
12          .try_into()
13          .expect("Failed to parse APP_ENVIRONMENT.");
14      let environment_filename = format!("{}.yaml", environment.as_str());
15      let settings = config::Config::builder()
16        .add_source(config::File::from(configuration_directory.join("base.yaml")))
17        .add_source(config::File::from(configuration_directory.join(&environment_filename)))
18        .build()?;
19
20      settings.try_deserialize::<Settings>()
21  }
22
23  /// 应用程序可能的运行时环境
24  pub enum Environment {
25      Local,
26      Production,
27  }
28
29  impl Environment {
30      pub fn as_str(&self) -> &'static str {
31      match self {
32          Environment::Local => "local",
33          Environment::Production => "production",
34          }
35      }
36  }
37
38  impl TryFrom<String> for Environment {
39      type Error = String;
40
41      fn try_from(s: String) -> Result<Self, Self::Error> {
42          match s.to_lowercase().as_str() {
43              "local" => Ok(Self::Local),
44              "production" => Ok(Self::Production),
45              other => Err(format!(
46                  "{} is not a supported environment. Use either `local` or `production`.",
47                  other
48              )),
49          }
50      }
51  }
```

我们需要重构配置文件来匹配新的结构。

我们必须废弃 **configuration.yaml**，创建一个新的 **configuration** 目录，里面有 **base.yaml**、**local.yaml** 和 **production.yaml**。

```
1  #! configuration/base.yaml
2  application:
```

```
3     port: 8000
4 database:
5     host: "localhost"
6     port: 5432
7     username: "postgres"
8     password: "password"
9     database_name: "newsletter"
```

```
1 #! configuration/local.yaml
2 application:
3     host: 127.0.0.1
```

```
1 #! configuration/production.yaml
2 application:
3     host: 0.0.0.0
```

现在可以通过 **ENV** 指令设置 **APP_ENVIRONMENT** 环境变量，从而在 Docker 镜像的二进制文件中使用生产配置：

```
1 FROM rust:1.59.0
2 WORKDIR /app
3 RUN apt update && apt install lld clang -y
4 COPY . .
5 ENV SQLX_OFFLINE true
6 RUN cargo build --release
7 ENV APP_ENVIRONMENT production
8 ENTRYPOINT ["./target/release/zero2prod"]
```

然后，重新构建镜像并启动：

```
1 docker build --tag zero2prod --file Dockerfile .
2 docker run -p 8000:8000 zero2prod
```

第一个日志行应该是这样的：

```
1 {
2     "name":"zero2prod",
3     "msg":"Starting \"actix-web-service-0.0.0.0:8000\" service on 0.0.0.0:8000",
4     ...
5 }
```

如果是这样，则是好消息——我们的配置正常工作了！

我们再测试一下健康检查端点：

```
1 curl -v http://127.0.0.1:8000/health_check
```

```
1 curl -v http://127.0.0.1:8000/health_check
2 > GET /health_check HTTP/1.1
3 > Host: 127.0.0.1:8000
4 > User-Agent: curl/7.61.0
5 > Accept: */*
```

```
6  >
7  < HTTP/1.1 200 OK
8  < content-length: 0
9  < date: Sun, 01 Nov 2020 17:32:19 GMT
```

正常运行，太棒了！

5.3.7 数据库连接

POST /subscriptions 的情况如何？

```
1  curl --request POST \
2      --data 'name=le%20guin&email=ursula_le_guin%40gmail.com' \
3      127.0.0.1:8000/subscriptions --verbose
```

过了很久，看到 500 了！

我们看一下应用程序日志（很有用，不是吗）：

```
1  {
2      "msg": "[SAVING NEW SUBSCRIBER DETAILS IN THE DATABASE - EVENT]\
3              Failed to execute query: PoolTimedOut",
4      ...
5  }
```

这不应该有意外——把 **connect** 替换成了 **connect_lazy**，以避免直接处理数据库的问题。

我们花了 30s 才看到一个 500 的结果——30s 是在 **sqlx** 中从连接池获取连接的默认超时时间。

我们可以通过使用一个更短的超时时间来加速失败：

```
1  //! src/main.rs
2  use sqlx::postgres::PgPoolOptions;
3  // [...]
4
5  #[tokio::main]
6  async fn main() -> std::io::Result<()> {
7      // [...]
8      let connection_pool = PgPoolOptions::new()
9          .acquire_timeout(std::time::Duration::from_secs(2))
10         .connect_lazy(
11             &configuration.database.connection_string().expose_secret()
12         )
13         .expect("Failed to create Postgres connection pool.");
14      // [...]
15  }
```

有很多方法可以使用 Docker 容器进行本地设置：

- 使用 **--network=host** 运行应用程序容器，就像目前对 Postgres 容器所做的那样；
- 使用 **docker-compose**；

- 创建用户自定义网络。

当在 DigitalOcean 上部署时，一个正常的本地设置并不能接近一个可用的数据库连接。先这样吧。

5.3.8 优化 Docker 镜像

就 Docker 镜像而言，它似乎如预期的那样工作——是时候部署它了！嗯，还要等等。

我们可以对 Dockerfile 进行两点优化：

- 更小的镜像可以被更快地使用。
- 通过 Docke 分层缓存可以更快地构建镜像。

5.3.8.1 Docker 镜像大小

我们不会在托管应用程序的机器上运行 **docker build**，而是会使用 **docker pull** 下载 Docker 镜像，这样就不用每次都从头构建镜像了。

这非常方便：获取镜像可能需要相当长的时间（在 Rust 中肯定是这样的），而我们只需要构建一次。要实际使用这个镜像，只需要付出下载的代价，而这与镜像大小直接相关。

镜像有多大？

我们可以使用下面的命令查看：

```
1  docker images zero2prod
```

```
1  REPOSITORY    TAG      SIZE
2  zero2prod     latest   2.31GB
```

是大还是小呢？

最终的镜像不可能比基础镜像 **rust:1.59.0** 小。那它有多大呢？

```
1  docker images rust:1.59.0
```

```
1  REPOSITORY    TAG      SIZE
2  rust          1.59.0   1.29GB
```

最终镜像的大小几乎是基础镜像的 2 倍。

我们可以做得更好！

首先是通过排除在构建镜像时不需要的文件来减小 Docker 构建环境的大小。

Docker 会在项目中寻找一个特定的文件来决定哪些文件应该被忽略——**.dockerignore**。

我们在根目录下创建一个这样的文件，内容如下：

```
1  .env
```

```
2 target/
3 tests/
4 Dockerfile
5 scripts/
6 migrations/
```

所有符合 **.dockerignore** 中指定模式的文件，都不会被 Docker 构建到镜像中，这意味着它们不在 **COPY** 指令的范围内。

如果忽略大目录（例如 Rust 项目的 **target** 文件夹），则会极大地加快构建速度（并减小最终镜像的大小）。

接下来的优化利用了 Rust 的独特优势。

Rust 的二进制文件是静态链接的[1]——不需要为了运行二进制文件而保留源代码或中间编译产物，它们是一体的。这与多阶段构建配合得很好，这也是一个很有用的 Docker 功能。我们可以将构建分成两个阶段：

- **builder** 阶段，生成一个已编译的二进制文件；
- **runtime** 阶段，运行二进制文件。

修改后的 Dockerfile 看起来像这样：

```
1  # 构建阶段
2  FROM rust:1.59.0 AS builder
3
4  WORKDIR /app
5  RUN apt update && apt install lld clang -y
6  COPY . .
7  ENV SQLX_OFFLINE true
8  RUN cargo build --release
9
10 # 运行时阶段
11 FROM rust:1.59.0 AS runtime
12
13 WORKDIR /app
14 # 从构建环境中复制已编译的二进制文件到运行时环境中
15 COPY --from=builder /app/target/release/zero2prod zero2prod
16 # 在运行时需要配置文件
17 COPY configuration configuration
18 ENV APP_ENVIRONMENT production
19 ENTRYPOINT ["./zero2prod"]
```

runtime 是最终的镜像。

---

1 **rustc** 会静态链接所有的 Rust 代码，但如果使用 Rust 标准库，则会从底层系统动态链接 **libc**。你可以通过使用 **linux-musl** 获得完全静态链接的二进制文件。

builder 阶段并不影响镜像的大小——它只是一个中间步骤，在构建结束时被丢弃。**builder** 阶段的产物——一个已编译的二进制文件，被复制到最终的镜像中。

使用上面 Dockerfile 的镜像大小是多少？

```
1  docker images zero2prod
```

```
1  REPOSITORY     TAG        SIZE
2  zero2prod      latest     1.3GB
```

仅仅比基础镜像大 20MB，好多了！

我们可以更进一步：在 **runtime** 阶段不使用 **rust:1.59.0**，而是切换到 **rust:1.59.0-slim**，一个使用相同的操作系统但更小的镜像。

```
1  # [...]
2  # 运行时阶段
3  FROM rust:1.59.0-slim AS runtime
4  # [...]
```

```
1  docker images zero2prod
```

```
1  REPOSITORY     TAG        SIZE
2  zero2prod      latest     681MB
```

与一开始时相比，缩小至原来的 1/4——还不错！

我们可以通过减小整条 Rust 工具链和部件（**rustc**、**cargo** 等）的大小来再次减小镜像的体积——这些都不需要运行二进制文件。

我们可以使用纯净的操作系统作为 **runtime** 阶段的基础镜像（**debian:bullseye-slim**）：

```
1  # [...]
2  # 运行时阶段
3  FROM debian:bullseye-slim AS runtime
4  WORKDIR /app
5  # 安装 OpenSSL——通过一些依赖动态链接
6  # 安装 ca-certificates——在建立 HTTPS 连接时，需要验证 TLS 证书
7  RUN apt-get update -y \
       && apt-get install -y --no-install-recommends openssl ca-certificates \
8      # 清理
9      && apt-get autoremove -y \
10     && apt-get clean -y \
11     && rm -rf /var/lib/apt/lists/*
12 COPY --from=builder /app/target/release/zero2prod zero2prod
13 COPY configuration configuration
14 ENV APP_ENVIRONMENT production
15 ENTRYPOINT ["./zero2prod"]
```

```
1  docker images zero2prod
```

```
1  REPOSITORY    TAG       SIZE
2  zero2prod     latest    88.1MB
```

不到 100MB——与一开始时相比，缩小至原来的 1/25[1]。

我们也可以通过使用 **rust:1.59.0-alpine** 让镜像更小，但必须交叉编译到 **linux-musl**——这超出了本书范围。如果你对生成很小的 Docker 镜像感兴趣，则可以参考 **rust-musl-builder**。

进一步减小二进制文件大小的另一种方法是符号剥离，请参考这里[2]。

5.3.8.2 缓存 Rust 的 Docker 构建

Rust 在运行时大放异彩，性能得到很大的提高，但这是有代价的：编译时间。在 Rust 年度调查中，当提及 Rust 项目的最大挑战或问题时，编译时间排在前面。

尤其是优化构建（**--release**），可以说是惨不忍睹——在有多种依赖关系的中等规模项目中，可达到 15/20 分钟。这在像我们这样的网络开发项目中很常见，这些项目从异步生态系统（tokio、actix-web、sqlx 等）中引入了许多基础包。

遗憾的是，**--release** 是在 Dockerfile 中使用的，用于在生产环境中获得高性能。那么，如何解决这个问题呢？

我们可以利用另一个 Docker 功能：分层缓存。

Dockerfile 中的每个 **RUN**、**COPY** 和 **ADD** 命令都会创建一个分层：之前的状态（上面的分层）和执行指定的命令后当前状态之间的差异。

分层被缓存起来：如果一个操作的起始点没有改变（比如基础镜像），而且命令本身也没有改变（比如通过 **COPY** 复制的文件的校验和），Docker 就不会进行额外的计算，而是直接从本地缓存中获取结果。

Docker 分层缓存的速度很快，可以利用它来大规模地加快 Docker 的构建速度。

诀窍在于优化 Dockerfile 中的操作顺序：经常变化的文件（比如源代码）应该尽可能出现在后面，因此最大限度地提高了上一个分层不变的可能性，让 Docker 受益于缓存。

最昂贵的步骤往往是编译。

大多数编程语言都遵循相同的规则：首先复制某种锁定文件，建立依赖关系，复制源代码，然后构建项目。

只要依赖树在一次构建和下一次构建之间不发生变化，就可以确保大部分工作都会被缓存起来。

---

1 感谢 Ian Purton 和 flat_of_angles，他们指出还有进一步改进的空间。

2 参见"链接 5-2"。

例如，在 Python 项目中也有类似的机制：

```
1  FROM python:3
2  COPY requirements.txt
3  RUN pip install -r requirements.txt
4  COPY src/ /app
5  WORKDIR /app
6  ENTRYPOINT ["python", "app"]
```

遗憾的是，**cargo** 并没有提供一种机制来确保从 **Cargo.lock** 文件开始构建项目依赖关系（比如 **cargo build --only-deps**）。

但是我们可以依赖社区的一个项目来扩展 **cargo** 的默认功能：**cargo-chef**[1]。

我们可以按照 **cargo-chef** 的 **README** 中的建议来修改 Dockerfile：

```
1  FROM lukemathwalker/cargo-chef:latest-rust-1.59.0 as chef
2  WORKDIR /app
3  RUN apt update && apt install lld clang -y
4
5  FROM chef as planner
6  COPY . .
7  # 为项目计算出一个类似于锁的文件
8  RUN cargo chef prepare --recipe-path recipe.json
9
10 FROM chef as builder
11 COPY --from=planner /app/recipe.json recipe.json
12 # 构建项目的依赖关系，而不是我们的应用程序
13 RUN cargo chef cook --release --recipe-path recipe.json
14 # 至此，如果依赖树保持不变，那么所有的分层都应该被缓存起来
15 COPY . .
16 ENV SQLX_OFFLINE true
17 # 构建项目
18 RUN cargo build --release --bin zero2prod
19
20 FROM debian:bullseye-slim AS runtime
21 WORKDIR /app
22 RUN apt-get update -y \
23    && apt-get install -y --no-install-recommends openssl ca-certificates \
24    # 清理
25    && apt-get autoremove -y \
26    && apt-get clean -y \
27    && rm -rf /var/lib/apt/lists/*
28 COPY --from=builder /app/target/release/zero2prod zero2prod
29 COPY configuration configuration
30 ENV APP_ENVIRONMENT production
31 ENTRYPOINT ["./zero2prod"]
```

---

1 全面披露：我是 **cargo-chef** 的作者。

我们使用了三个阶段：第一个阶段是生成模板文件，第二个阶段是缓存依赖关系，然后构建二进制文件，第三个阶段是运行时环境。只要项目的依赖关系不改变，**recipe.json** 文件就会保持不变，因此 **cargo chef cook --release --recipe-path recipe.json** 的结果会被缓存起来，从而加快项目的构建速度。

我们利用了 Docker 分层缓存与多阶段构建的交互方式：**planner** 阶段的 **COPY . .** 语句将使 **planner** 容器的缓存失效，但只要 **cargo chef prepare** 返回的 **recipe.json** 文件的校验和没有发生变化，就不会使 **builder** 容器的缓存失效。

我们可以把每个阶段看作各自的 Docker 镜像，有其自己的缓存——它们只有在使用 **COPY --from** 语句时才会相互影响。

这在下面的环节中将为我们节省很多时间。

5.4　部署到 DigitalOcean 应用平台

我们已经为应用程序建立了一个容器化版本。现在来部署它吧！

5.4.1　安装

你必须先在 DigitalOcean 的网站上注册。

一旦有了账户，就可安装 **doctl**，即 DigitalOcean 的命令行——你可以在这里[1]找到说明。

在 DigitalOcean 的应用平台上托管不是免费的——保持应用程序及其相关数据库的运行大约需要 20 美元/月。

建议你在每个会话结束时都销毁应用程序——这应该让你的花费远低于 1.00 美元。我在写这一章时花了 0.20 美元。

5.4.2　应用规范

DigitalOcean 的应用平台使用一个声明性的配置文件，让我们指定应用程序部署应该是什么样子的——其被称为 App Spec。

通过查看参考文档以及一些例子，我们可以构建出 App Spec 的雏形。

我们把 **spec.yaml** 文件放在项目目录的根目录下：

```
1  #! spec.yaml
2  name: zero2prod
```

1　参见"链接 5-3"。

```
 3  # 在官方文档的 App Platform 部分，可以查看到所有可用选项的列表
 4  # 你可以从这里¹获取区域别名，它们必须是小写形式的
 5  # `fra`代表 Frankfurt (Germany - EU)
 6  region: fra
 7  services:
 8    - name: zero2prod
 9      # 相对于仓库根目录
10      dockerfile_path: Dockerfile
11      source_dir: .
12      github:
13        # 取决于你创建版本库的时间
14        # GitHub 上的默认分支可能已被命名为`master`
15        branch: main
16        # 每次向 `main`分支提交时都会部署一个新版本
17        # 持续部署
18        deploy_on_push: true
19        # !!! 填写细节
20        # 比如 LukeMathWalker/zero-to-production
21        repo: <YOUR USERNAME>/<YOUR REPOSITORY NAME>
22      # DigitalOcean 使用探针来确保应用程序健康
23      health_check:
24        # 健康检查端点路径
25        # 结果证明它是有用的
26        http_path: /health_check
27      # 应用程序接收请求时将监听的端口
28      # 它应该与我们在 configuration/production.yaml 文件中指定的一致
29      http_port: 8000
30      # 对于生产环境的工作负载，我们至少会选择两个
31      # 但是为了省钱选择一个
32      instance_count: 1
33      instance_size_slug: basic-xxs
34      # 所有传入的请求都会被转发到应用程序
35      routes:
36        - path: /
```

花点儿时间浏览所有的规范值，了解它们的用途。

首次创建应用程序，可以使用 **doctl** 命令行：

```
1  doctl apps create --spec spec.yaml
```

```
1  Error: Unable to initialize DigitalOcean API client: access token is required.
2  (hint: run 'doctl auth init')
```

出错了，必须先进行认证。

我们采用其中的建议：

```
1  doctl auth init
```

---

1 参见"链接 5-4"。

```
1  Pleade authenticate doctl for use with your DigitalOcean account.
2  You can generate a token in the control panel at
3  https://cloud.digitalocean.com/account/api/tokens
```

一旦获得令牌，就可以再次尝试：

```
1  doctl apps create --spec spec.yaml
```

```
1  Error: POST
2  https://api.digitalocean.com/v2/apps: 400 GitHub user not
3  authenticated
```

好的，按照其指示关联到你的 GitHub 账户。

第三次一定能成功，再试一次！

```
1  doctl apps create --spec spec.yaml
```

```
1  Notice: App created
2  ID    Spec   Name Default Ingress Active Deployment ID  In Progress Deployment ID
3  e80... zero2prod
```

成功了！

现在可以检查应用程序的状态：

```
1  doctl apps list
```

或者，查看 DigitalOcean 的仪表板。

虽然应用程序已经成功创建，但它还没有运行！

检查仪表板上的 **Deployment** 选项卡——它可能正在构建 Docker 镜像。

看看它们的 bug 跟踪器上的最近几个问题，这可能需要一些时间——有不少人报告他们遇到了构建很慢的问题。DigitalOcean 的支持工程师建议利用 Docker 分层缓存来缓解这个问题——我们已经提到过了。

如果你在 DigitalOcean 上构建 Docker 镜像时遇到内存不足的错误，则可以看看 GitHub 上的这个 issue[1]。

等待这些行在仪表板的构建日志中显示出来：

```
1  zero2prod | 00:00:20 => Uploaded the built image to the container registry
2  zero2prod | 00:00:20 => Build complete
```

部署成功！

你应该能够看到每隔 10s 左右，DigitalOcean 的应用平台就会 **ping** 一次应用程序以确保它运行

---

1 参见"链接 5-5"。

正常，然后出现健康检查日志。

通过

```
1  doctl apps list
```

你可以提取应用程序面向公网的 URI。类似于：

```
1  https://zero2prod-aaaaa.ondigitalocean.app
```

现在尝试发起一个健康检查请求，它应该返回 **200 OK**！

注意，DigitalOcean 通过提供一个证书为我们设置了 HTTPS，并将 HTTPS 流量重定向到在应用规范中指定的端口。

POST /subscriptions 端点仍然失败，就像在本地失败一样：在生产环境中没有数据库支持我们的应用程序。

现在就提供一个数据库。

在 **spec.yaml** 文件中加入下面的内容：

```
1   databases:
2     # PG = Postgres
3     - engine: PG
4       # 数据库名称
5       name: newsletter
6       # 只部署一个数据库节点，可以省点儿钱
7       num_nodes: 1
8       size: db-s-dev-database
9       # Postgres 版本——这里使用最新的版本
10      version: "12"
```

更新应用规范：

```
1  # 你可以使用`doctl apps list`获取应用程序 ID
2  doctl apps update YOUR-APP-ID --spec=spec.yaml
```

DigitalOcean 需要一些时间来创建 Postgres 实例。

在此期间，我们需要弄清楚如何将应用程序指向生产环境中的数据库。

5.4.3　如何使用环境变量注入加密信息

连接字符串中包含我们不希望提交到版本控制系统的值，例如数据库 root 用户的用户名和密码。

最好是使用环境变量，在运行时向应用程序环境注入加密信息。例如，DigitalOcean 的应用程序可以参考 **DATABASE_URL** 环境变量（或其他一些更细粒度的视图），在运行时获得数据库连接字符串。

我们需要再次升级 **get_configuration** 函数以满足新需求：

```
1  //! src/configuration.rs
2  // [...]
3
4  pub fn get_configuration() -> Result<Settings, config::ConfigError> {
5      let base_path = std::env::current_dir().expect("Failed to determine the current directory");
6      let configuration_directory = base_path.join("configuration");
7
8      // 检查运行时环境
9      // 如果没有指定，则默认是`local`
10     let environment: Environment = std::env::var("APP_ENVIRONMENT")
11         .unwrap_or_else(|_| "local".into())
12         .try_into()
13         .expect("Failed to parse APP_ENVIRONMENT.");
14     let environment_filename = format!("{}.yaml", environment.as_str());
15     let settings = config::Config::builder()
16         .add_source(config::File::from(configuration_directory.join("base.yaml")))
17         .add_source(config::File::from(configuration_directory.join(&environment_filename)))
18         // 从环境变量中添加设置（前缀为 APP，将'__'作为分隔符）
19         // 例如，通过`APP_APPLICATION__PORT=5001`可以设置`Settings.application.port`
20         .add_source(config::Environment::with_prefix("APP").prefix_separator("_").separator("__"))
21         .build()?;
22
23     settings.try_deserialize::<Settings>()
24  }
```

这允许我们使用环境变量来定制 **Settings** 结构体中的任何值，从而取代在配置文件中指定的内容。

为什么这样更方便？

这使它有可能注入那些动态值（事先不知道）或过于敏感而无法存储在版本控制系统中的值。

这也使它能够快速地改变应用程序的行为：如果我们想调整其中的一个值（例如数据库端口），则不需要重新构建。对于像 Rust 这样的语言，重新构建可能需要 10 分钟或更长的时间，而这可能造成短暂的服务中断和服务降级，从而对客户产生明显的影响。

在继续之前，我们先处理一个细节：环境变量对于 **config** 包来说是字符串，如果使用 **serde** 的标准反序列化程序，它将无法提取整数。

幸运的是，我们可以指定一个自定义的反序列化函数。

我们添加一个新的依赖，即 **serde-aux**（**serde auxiliary**）：

```
1  #! Cargo.toml
2  # [...]
3  [dependencies]
4  serde-aux = "3"
5  # [...]
```

同时修改 **ApplicationSettings** 和 **DatabaseSettings**：

```rust
//! src/configuration.rs
// [...]
use serde_aux::field_attributes::deserialize_number_from_string;
// [...]

#[derive(serde::Deserialize)]
pub struct ApplicationSettings {
    #[serde(deserialize_with = "deserialize_number_from_string")]
    pub port: u16,
    // [...]
}

#[derive(serde::Deserialize)]
pub struct DatabaseSettings {
    #[serde(deserialize_with = "deserialize_number_from_string")]
    pub port: u16,
    // [...]
}

// [...]
```

5.4.4　连接到 DigitalOcean 的 Postgres 实例

我们使用 DigitalOcean 的仪表板（从组件到数据库）来看看数据库连接字符串：

```
postgresql://newsletter:<PASSWORD>@<HOST>:<PORT>/newsletter?sslmode=require
```

目前的 **DatabaseSettings** 不处理 SSL 模式——它与本地开发无关，但在生产环境中为客户端/数据库的通信提供传输层加密是很有必要的。

在尝试添加新功能之前，我们来重构 **DatabaseSettings**。

目前的版本是这样的：

```rust
//! src/configuration.rs
// [...]

#[derive(serde::Deserialize)]
pub struct DatabaseSettings {
    pub username: String,
    pub password: Secret<String>,
    #[serde(deserialize_with = "deserialize_number_from_string")]
    pub port: u16,
    pub host: String,
    pub database_name: String,
}

impl DatabaseSettings {
```

```
15      pub fn connection_string(&self) -> Secret<String> {
16          // [...]
17      }
18
19      pub fn connection_string_without_db(&self) -> Secret<String> {
20          // [...]
21      }
22  }
```

我们会修改其中的两个方法，以返回 **PgConnectOptions** 而不是连接字符串——这样会更容易管理这些移动部件。

```
1  //! src/configuration.rs
2  use sqlx::postgres::PgConnectOptions;
3  // [...]
4
5  impl DatabaseSettings {
6      // 重命名 `connection_string_without_db`
7      pub fn without_db(&self) -> PgConnectOptions {
8          PgConnectOptions::new()
9              .host(&self.host)
10             .username(&self.username)
11             .password(&self.password.expose_secret())
12             .port(self.port)
13     }
14
15     // 重命名 `connection_string`
16     pub fn with_db(&self) -> PgConnectOptions {
17         self.without_db().database(&self.database_name)
18     }
19 }
```

我们也必须更新 **src/main.rs** 和 **tests/health_check.rs** 文件：

```
1  //! src/main.rs
2  // [...]
3
4  #[tokio::main]
5  async fn main() -> std::io::Result<()> {
6      // [...]
7
8      let connection_pool = PgPoolOptions::new()
9          .acquire_timeout(std::time::Duration::from_secs(2))
10         // 是`connect_lazy_with` 而不是 `connect_lazy`
11         .connect_lazy_with(configuration.database.with_db());
12
13     // [...]
14 }
```

```
1  //! tests/health_check.rs
2  // [...]
3
4  pub async fn configure_database(config: &DatabaseSettings) -> PgPool {
5      // 创建数据库
6      let mut connection = PgConnection::connect_with(&config.without_db())
7          .await
8          .expect("Failed to connect to Postgres");
9      connection
10         .execute(format!(r#"CREATE DATABASE "{}";"#, config.database_name).as_str())
11         .await
12         .expect("Failed to create database.");
13
14     // 迁移数据库
15     let connection_pool = PgPool::connect_with(config.with_db())
16         .await
17         .expect("Failed to connect to Postgres.");
18     sqlx::migrate!("./migrations")
19         .run(&connection_pool)
20         .await
21         .expect("Failed to migrate the database");
22
23     connection_pool
24 }
```

使用 **cargo test**，以确保一切按预期工作。

现在，在 **DatabaseSettings** 中添加 **require_ssl** 属性：

```
1  //! src/configuration.rs
2  use sqlx::postgres::PgSslMode;
3  // [...]
4
5  #[derive(serde::Deserialize)]
6  pub struct DatabaseSettings {
7      // [...]
8      // 确定是否要求加密连接
9      pub require_ssl: bool,
10 }
11
12 impl DatabaseSettings {
13     pub fn without_db(&self) -> PgConnectOptions {
14         let ssl_mode = if self.require_ssl {
15             PgSslMode::Require
16         } else {
17             // 尝试加密连接。如果失败，则回退到未加密的连接
18             PgSslMode::Prefer
19         };
20         PgConnectOptions::new()
21             .host(&self.host)
```

```
22              .username(&self.username)
23              .password(&self.password.expose_secret())
24              .port(self.port)
25              .ssl_mode(ssl_mode)
26      }
27      // [...]
28 }
```

在本地运行应用程序时，我们希望 **require_ssl** 为 **false**（包括测试套件），但在生产环境中为 **true**。

对配置文件进行相应的修改：

```
1 #! configuration/local.yaml
2 application:
3   host: 127.0.0.1
4 database:
5   # 新配置选项
6   require_ssl: false
```

```
1 #! configuration/production.yaml
2 application:
3   host: 0.0.0.0
4 database:
5   # 新配置选项
6   require_ssl: true
```

我们可以利用这个机会——通过 **PgConnectOptions** 来调整 **sqlx** 的日志级别，将日志从 **INFO** 级别降低到 **TRACE** 级别。

这将减少在第 4 章中提到的干扰。

```
1 //! src/configuration.rs
2 use sqlx::ConnectOptions;
3 // [...]
4
5 impl DatabaseSettings {
6     // [...]
7     pub fn with_db(&self) -> PgConnectOptions {
8         let mut options = self.without_db().database(&self.database_name);
9         options.log_statements(tracing::log::LevelFilter::Trace);
10        options
11    }
12 }
```

5.4.5　应用配置中的环境变量

最后一步：需要修改 **spec.yaml** 文件，以便注入所需的环境变量。

```
1 #! spec.yaml
2 name: zero2prod
3 region: fra
```

```
4  services:
5  - name: zero2prod
6    # [...]
7    envs:
8        - key: APP_DATABASE__USERNAME
9          scope: RUN_TIME
10         value: ${newsletter.USERNAME}
11       - key: APP_DATABASE__PASSWORD
12         scope: RUN_TIME
13         value: ${newsletter.PASSWORD}
14       - key: APP_DATABASE__HOST
15         scope: RUN_TIME
16         value: ${newsletter.HOSTNAME}
17       - key: APP_DATABASE__PORT
18         scope: RUN_TIME
19         value: ${newsletter.PORT}
20       - key: APP_DATABASE__DATABASE_NAME
21         scope: RUN_TIME
22         value: ${newsletter.DATABASE}
23 databases:
24   - name: newsletter
25     # [...]
```

scope 被设置为 **RUN_TIME**，以区分在 Docker 构建过程中和在 Docker 镜像启动时所需的环境变量。

我们通过插值的方式来填充环境变量的值，这些变量由 DigitalOcean 的应用平台暴露出来（例如 **${newsletter.PORT}**）。更多细节请参考官方文档。

5.4.6　最后一步，推送

我们使用新的规范：

```
1  # 使用`doctl apps list`搜索应用程序 ID
2  doctl apps update YOUR-APP-ID --spec=spec.yaml
```

并将改动推送到 GitHub 上，以触发新的部署。

现在需要迁移数据库[1]：

```
1  DATABASE_URL=YOUR-DIGITAL-OCEAN-DB-CONNECTION-STRING sqlx migrate run
```

准备完毕！

我们向 **/subscriptions** 发送一个 **POST** 请求：

```
1  curl --request POST \
2    --data 'name=le%20guin&email=ursula_le_guin%40gmail.com' \
```

---

1 必须暂时禁用可信来源，才能在本地计算机上运行迁移。

```
3    https://zero2prod-adqrw.ondigitalocean.app/subscriptions \
4    --verbose
```

服务器应该响应，返回 **200 OK**。

恭喜，你刚刚部署了第一个 Rust 应用程序！

现在有一个新用户订阅了你的邮件简报！

如果你已经进行到这一步，我很想看到你的 DigitalOcean 的仪表板截图，展示正在运行的应用程序。

请发邮件到 rust@lpalmieri.com，或者在 Twitter 上分享，并标明 Zero To Production In Rust 账号，zero2prod。

第 **6** 章
拒绝无效的订阅者（第一部分）

邮件简报 API 已经上线，现在它被托管在云服务商上。

有基本的插桩来排查可能出现的问题，有公开的端点（**POST /subscriptions**）来订阅内容。

我们已经取得了很大的进展！

但是也走了一些弯路：**POST /subscriptions** 其实相当简单。

输入验证非常有限：只验证了姓名和电子邮件地址字段，而没有其他验证。

我们可以添加一个新的集成测试，用一些"有问题"的输入来测试 API：

```
1  //! tests/health_check.rs
2  // [...]
3
4  #[tokio::test]
5  async fn subscribe_returns_a_200_when_fields_are_present_but_empty() {
6      // 准备
7      let app = spawn_app().await;
8      let client = reqwest::Client::new();
9      let test_cases = vec![
10         ("name=&email=ursula_le_guin%40gmail.com", "empty name"),
11         ("name=Ursula&email=", "empty email"),
12         ("name=Ursula&email=definitely-not-an-email", "invalid email"),
13     ];
14
15     for (body, description) in test_cases {
16         // 执行
17         let response = client
18             .post(&format!("{}/subscriptions", &app.address))
19             .header("Content-Type", "application/x-www-form-urlencoded")
20             .body(body)
21             .send()
22             .await
23             .expect("Failed to execute request.");
```

```
24
25          // 断言
26          assert_eq!(
27              200,
28              response.status().as_u16(),
29              "The API did not return a 200 OK when the payload was {}.",
30              description
31          );
32      }
33 }
```

很遗憾，新的测试通过了。

尽管这些输入明显都是无效的，但我们的 API 仍然顺利地接收了它们，并返回 **200 OK**。

这些有问题的订阅者的详细信息被直接存入数据库，当需要发送邮件简报时，它们就会产生问题。

在订阅邮件简报时，我们要求订阅者提供两个信息：姓名和电子邮件地址。

本章将重点介绍姓名验证：在进行姓名验证时应该关注什么？

6.1 需求

6.1.1 姓名约束

事实证明，姓名是很复杂的[1]。

试图确定何为有效的姓名是徒劳的。请记住，我们选择收集姓名是为了在电子邮件的开头一行中使用它——不需要它与一个人的真实身份相匹配，无论这在他们所在的地理位置上意味着什么。完全没必要将不正确或过于规范的验证带来的痛苦强加给用户。

因此，我们可以简单地要求姓名字段非空（它必须至少包含一个非空白字符）。

6.1.2 安全约束

遗憾的是，在互联网上并非所有人都是好人。

特别是，如果我们的邮件简报受到广泛关注并取得成功，则很可能会吸引一些恶意访问者的注意力。

表单和用户输入是主要的攻击目标——如果没有对它们进行适当处理，那么攻击者可能会利用它们操纵数据库（SQL 注入）、在服务器上执行代码、搞崩服务和做一些其他令人恼火的事情。

---

1 patio11 的《程序员对人名的错误想法》（Falsehoods programmers believe about names）是一个很好的起点，你可以通过它来反思自己对人名的一切想法是否真实、可靠。

感谢提醒，我们希望拒绝此类风险。

在我们的例子中，可能会发生什么情况？在可能的攻击范围内，我们应该做好哪些准备呢？[1]

我们正在构建一个邮件简报，这使我们关注以下几点：

- 拒绝服务——例如，试图关闭服务以防止其他人注册。这基本上是任何在线服务都会面临的常见威胁；

- 窃取数据——例如，窃取大量的电子邮件地址；

- 网络钓鱼——例如，通过服务向受害者发送看似合法的电子邮件，以诱骗他们点击某些链接或执行其他操作。

我们是否应该在验证逻辑中尝试解决所有这些威胁？

绝对不是！

但是，采用分层安全方法是一种很好的做法[2]：通过在技术栈的多个层面上采取应对措施来降低这些威胁的风险（例如输入验证、参数化查询以避免 SQL 注入、在电子邮件中转义参数化输入等）。当这些检查中的任何一项失效或被删除时，是不太可能出现漏洞的。

我们应该始终记住，软件是有生命的：随着时间的流逝，全面理解一个系统的能力可能会受到损害。

当你第一次编写应用程序时，你的大脑中会有整个系统，但下一个接触它的开发人员不会有——至少一开始是不会有的。因此，可能会丢失对应用程序中边角处的检查（例如 HTML 转义），从而面临某类攻击（例如网络钓鱼）。

那么，只能通过冗余来降低风险。

让我们直奔主题——鉴于所确定的威胁类别，我们应该对姓名进行哪些验证来提高安全性呢？

我建议采取以下措施：

- 限制最大长度。在 Postgres 中，我们使用 **TEXT** 作为电子邮件的类型，这几乎是无限制的——直到磁盘存储耗尽。姓名以各种形式出现，但对于大多数用户来说，256 个字符应该足够了[3]——如果不够，我们会礼貌地要求他们输入昵称。

- 拒绝包含问题字符的姓名。/ ( ) " <> \ { } 这些字符在 URL、SQL 查询和 HTML 片段中非常常见，而在姓名中则不太常见[4]。禁止使用它们会提高 SQL 注入和网络钓鱼尝试的复杂性。

---

1 在更正式的环境中，通常会进行威胁建模练习。

2 这通常被称为"深度防御"。

3 Hubert B. Wolfe + 666 Sr 将成为我们的最大长度检查的受害者。

4 在此处必须引用 xkcd 漫画。

6.2　第一次实现

我们来看看当前的请求处理器：

```
1  //! src/routes/subscriptions.rs
2  use actix_web::{web, HttpResponse};
3  use chrono::Utc;
4  use sqlx::PgPool;
5  use uuid::Uuid;
6
7  #[derive(serde::Deserialize)]
8  pub struct FormData {
9      email: String,
10     name: String,
11 }
12
13 #[tracing::instrument(
14     name = "Adding a new subscriber",
15     skip(form, pool),
16     fields(
17         subscriber_email = %form.email,
18         subscriber_name= %form.name
19     )
20 )]
21 pub async fn subscribe(
22     form: web::Form<FormData>,
23     pool: web::Data<PgPool>,
24 ) -> HttpResponse {
25     match insert_subscriber(&pool, &form).await {
26         Ok(_) => HttpResponse::Ok().finish(),
27         Err(_) => HttpResponse::InternalServerError().finish(),
28     }
29 }
30
31 // [...]
```

新的验证步骤应该在哪里？

初版可能看起来是这样的：

```
1  //! src/routes/subscriptions.rs
2
3  // 一个扩展特质，为 `String` 和 `&str` 提供 `graphemes` 方法
4  use unicode_segmentation::UnicodeSegmentation;
5  // [...]
6
7  pub async fn subscribe(
8      form: web::Form<FormData>,
9      pool: web::Data<PgPool>,
```

```
10  ) -> HttpResponse {
11      if !is_valid_name(&form.name) {
12          return HttpResponse::BadRequest().finish();
13      }
14      match insert_subscriber(&pool, &form).await {
15          Ok(_) => HttpResponse::Ok().finish(),
16          Err(_) => HttpResponse::InternalServerError().finish(),
17      }
18  }
19
20  /// 如果输入满足我们对订阅者姓名的所有验证约束，则返回 true，否则返回 false
21  pub fn is_valid_name(s: &str) -> bool {
22      // `.trim()` 返回一个 `s` 的视图，不包含尾随的类似于空格的字符
23      // `.is_empty` 检查视图是否包含任何字符
24      let is_empty_or_whitespace = s.trim().is_empty();
25
26      // Unicode 标准将一个音素定义为 "用户感知" 的字符
27      // `å` 是一个音素，但它由两个字符（`a` 和 `°`）组成
28      //
29      // `graphemes` 返回一个迭代器，用于遍历输入 `s` 中的音素
30      // `true` 指定我们要使用扩展音素定义集，这是推荐的定义集
31      let is_too_long = s.graphemes(true).count() > 256;
32
33      // 遍历输入 `s` 中的所有字符，检查它们是否与禁用数组中的任何字符匹配
34      let forbidden_characters = ['/', '(', ')', '"', '<', '>', '\\', '{', '}'];
35      let contains_forbidden_characters = s.chars().any(|g| forbidden_characters.contains(&g));
36
37      // 如果违反了任何条件，则返回 `false`
38      !(is_empty_or_whitespace || is_too_long || contains_forbidden_characters)
39  }
```

为了成功编译新函数，我们必须将 **unicode-segmentation** 包添加到依赖项中：

```
1  #! Cargo.toml
2  # [...]
3  [dependencies]
4  unicode-segmentation = "1"
5  # [...]
```

虽然它看起来是一种完美的解决方案（假设我们添加了一堆测试），但像 **is_valid_name** 这样的函数会给我们一种虚假的安全感。

6.3　漏洞百出的验证

我们把注意力转向 **insert_subscriber**。

假设 **insert_subscriber** 要求 **form.name** 不能为空，否则会发生可怕的事情（例如 panic!）。

那么，**insert_subscriber** 能否安全地假设 **form.name** 不为空？

仅凭它的类型，它无法做出这样的假设：**form.name** 是一个字符串，无法保证其内容。

如果你检查整个程序，则可能会说：我们正在验证它是否为空，因此可以安全地假设每次调用 **insert_subscriber** 时 **form.name** 都不为空。

但是，我们必须从当前方法（查看函数的参数）转向全局方法（扫描整个代码库）才能做出这样的保证。

虽然这对于像我们这样的小项目可能是可行的，但在大项目中，检查该函数（**insert_subscriber**）的所有调用点以确保事先执行了某个验证步骤，将是一个不切实际的做法。

如果我们坚持使用 **is_valid_name**，那么唯一可行的方法就是在 **insert_subscriber** 以及其他所有要求姓名为非空的函数中再次验证 **form.name**。

只有这样，才能真正地确保不变量在需要的地方出现。

如果 **insert_subscriber** 变得太大，必须将其拆分为多个子函数，会发生什么？如果它们需要不变量，那么每个函数都必须执行验证以确保其成立。

正如你所看到的，这种方法不可扩展。

问题在于 **is_valid_name** 是一个验证函数：它告诉我们，在程序执行流程的某个特定点，一组条件得到了验证。

但是，关于输入数据中附加结构的信息并未被存储在任何地方。它将会立即丢失。

程序的其他部分无法有效地重用它——它们被迫执行另一个验证，导致代码库冗余，每一步都要进行烦琐（和无意义）的输入检查。

我们需要的是一个解析函数——一个接收非结构化输入的程序。如果一组条件成立，则返回**更加结构化**的输出，这个输出在结构上保证了我们关心的不变量从这一点开始保持不变。

如何做到？

使用类型！

6.4　类型驱动开发

我们向项目中添加一个新模块 **domain**，并在其中定义一个新的结构体 **SubscriberName**：

```
1  //! src/lib.rs
2  pub mod configuration;
3  // 新模块
4  pub mod domain;
5  pub mod routes;
```

```
6   pub mod startup;
7   pub mod telemetry;

1   //! src/domain.rs
2
3   pub struct SubscriberName(String);
```

SubscriberName 是一个元组结构体——一个新类型，具有一个（未命名的）**String** 类型字段。

SubscriberName 是一个真正的新类型，而不仅仅是别名——它不继承 **String** 上可用的任何方法。如果尝试将 **String** 赋值给 **SubscriberName** 类型的变量，将引发编译错误。例如：

```
1   let name: SubscriberName = "A string".to_string();
```

```
1   error[E0308]: mismatched types
2   |       let name: SubscriberName = "A string".to_string();
3   |                 --------------   ^^^^^^^^^^^^^^^^^^^^^^^
4   |                 |                expected struct `SubscriberName`,
5   |                 |                found struct `std::string::String`
6   |                 |
7   |                 expected due to this
```

根据当前的定义，**SubscriberName** 的内部字段是私有的：根据 Rust 的可见性规则，只能在 **domain** 模块内的代码中访问它。

一如既往，信任但要验证：如果尝试在 **subscribe** 请求处理器中构建 **SubscriberName**，会发生什么？

```
1   //! src/routes/subscriptions.rs
2   /// [...]
3
4   pub async fn subscribe(
5       form: web::Form<FormData>,
6       pool: web::Data<PgPool>,
7   ) -> HttpResponse {
8       let subscriber_name = crate::domain::SubscriberName(form.name.clone());
9       /// [...]
10  }
```

编译器出现了错误：

```
1   error[E0603]: tuple struct constructor `SubscriberName` is private
2    --> src/routes/subscriptions.rs:25:42
3     |
4   25 |     let subscriber_name = crate::domain::SubscriberName(form.name.clone());
5     |                                          ^^^^^^^^^^^^^^^
6     |                                          private tuple struct constructor
7     |
8    ::: src/domain.rs:1:27
9     |
10  1 | pub struct SubscriberName(String);
```

```
11  |                              ------ a constructor is private if
12  |                                     any of the fields is private
```

因此，现在无法在 **domain** 模块之外构建 **SubscriberName** 实例。

我们向 **SubscriberName** 中添加一个新方法：

```
1  //! src/domain.rs
2  use unicode_segmentation::UnicodeSegmentation;
3
4  pub struct SubscriberName(String);
5
6  impl SubscriberName {
7      /// 如果输入满足我们对订阅者姓名的所有验证约束，则返回`SubscriberName`实例
8      /// 否则，它会抛出一个 panic
9      pub fn parse(s: String) -> SubscriberName {
10         // `.trim()` 返回一个 `s` 的视图，不包含尾随的类似于空格的字符
11         // `.is_empty` 检查视图是否包含任何字符
12         let is_empty_or_whitespace = s.trim().is_empty();
13
14         // Unicode 标准将一个音素定义为 "用户感知" 的字符
15         // `å`是一个音素，但它由两个字符（`a` 和`°`）组成
16         //
17         // `graphemes` 返回一个迭代器，用于遍历输入 `s` 中的音素
18         // `true` 指定我们要使用扩展音素定义集，这是推荐的定义集
19         let is_too_long = s.graphemes(true).count() > 256;
20
21         // 遍历输入 `s` 中的所有字符，检查它们是否与禁用数组中的任何字符匹配
22         let forbidden_characters = ['/', '(', ')', '"', '<', '>', '\\', '{', '}'];
23         let contains_forbidden_characters = s.chars().any(|g| forbidden_characters.contains(&g));
24
25         if is_empty_or_whitespace || is_too_long || contains_forbidden_characters {
26             panic!("{} is not a valid subscriber name.", s)
27         } else {
28             Self(s)
29         }
30     }
31 }
```

是的，如你所见——这里复制了之前 **is_valid_name** 的代码。

然而，这里有一个关键的区别：返回类型。

虽然 **is_valid_name** 返回一个布尔值，但如果所有检查都成功，**parse** 函数将返回一个 **SubscriberName**。

还有更多！

parse 是在 **domain** 模块之外构建 **SubscriberName** 实例的唯一方法——我们在前面的内容中检查了这一点。

因此，我们可以断言，任何 **SubscriberName** 实例都能满足验证约束。

我们已经使得 **SubscriberName** 实例不可能违反这些约束。

现在定义一个新的结构体 **NewSubscriber**：

```
//! src/domain.rs
// [...]

pub struct NewSubscriber {
    pub email: String,
    pub name: SubscriberName,
}

pub struct SubscriberName(String);

// [...]
```

如果将 **insert_subscriber** 更改为接收 **NewSubscriber** 类型的参数而不是 **FormData**，会发生什么？

```
pub async fn insert_subscriber(
    pool: &PgPool,
    new_subscriber: &NewSubscriber,
) -> Result<(), sqlx::Error> {
    // [...]
}
```

通过新的签名，可以确保 **new_subscriber.name** 不为空——不可能在成功调用 **insert_subscriber** 的同时传入一个空的订阅者姓名。

我们只需查找函数参数类型的定义，就可以得出这个结论——可以再次进行本地判断，无须检查函数的所有调用点。

花点儿时间看看刚才发生的事情：我们从一组需求开始（所有的订阅者姓名都必须符合一些约束条件），确定了一个潜在的问题（在调用 **insert_subscriber** 之前可能会忘记验证输入），并利用 Rust 的类型系统完全消除了这个问题。

我们通过构造类型使得错误的使用模式无法被表示出来——因为它无法编译。

这种技术被称为"类型驱动开发"[1]。

类型驱动开发是一种强大的方法，它将我们试图建模的领域约束条件编码到类型系统中，并依靠编译器来确保这些约束条件得到执行。编程语言的类型系统表现力越强，就越能严格地约束代码，

---

[1] Alexis King 的《解析，而不是验证》（Parse, don't validate）是关于类型驱动开发的一个很好的起点。Scott Wlaschin 的 *Domain Modeling Made Functional* 是一本更深入的书，专注于领域建模——如果一本书看起来内容太多，则可以看看 Scott 的演讲（参见"链接 6-1"）。

使其只能表示在我们工作的领域中有效的状态。

类型驱动开发不是 Rust 创造的——它已经存在一段时间了，特别是在函数式编程社区（Haskell、F#、OCaml 等）中。Rust 只是提供了一个具有足够表现力的类型系统，可以利用过去几十年中在这些语言中实现的许多设计模式。我们刚刚展示的特定模式在 Rust 社区中通常被称为"新类型模式"。随着实现过程的推进，我们将讨论类型驱动开发，但我强烈建议你查看本章脚注中提到的一些资源：它们对任何开发人员而言都很有价值。

6.5　所有权遇见不变量

我们改变了 **insert_subscriber** 的函数签名，但还没有修改方法体以满足新的需求，现在就来做。

```rust
//! src/routes/subscriptions.rs
use crate::domain::{NewSubscriber, SubscriberName};
// [...]

#[tracing::instrument([...])]
pub async fn subscribe(
    form: web::Form<FormData>,
    pool: web::Data<PgPool>
) -> HttpResponse {
    // `web::Form` 是 `FormData` 的包装器
    // `form.0` 让我们可以访问基础的 `FormData`
    let new_subscriber = NewSubscriber {
        email: form.0.email,
        name: SubscriberName::parse(form.0.name),
    };
    match insert_subscriber(&pool, &new_subscriber).await {
        Ok(_) => HttpResponse::Ok().finish(),
        Err(_) => HttpResponse::InternalServerError().finish(),
    }
}

#[tracing::instrument(
    name = "Saving new subscriber details in the database",
    skip(new_subscriber, pool)
)]
pub async fn insert_subscriber(
    pool: &PgPool,
    new_subscriber: &NewSubscriber,
) -> Result<(), sqlx::Error> {
    sqlx::query!(
        r#"
    INSERT INTO subscriptions (id, email, name, subscribed_at)
    VALUES ($1, $2, $3, $4)
```

```
34            "#,
35            Uuid::new_v4(),
36            new_subscriber.email,
37            new_subscriber.name,
38            Utc::now()
39        )
40        .execute(pool)
41        .await
42        .map_err(|e| {
43            tracing::error!("Failed to execute query: {:?}", e);
44            e
45        })?;
46        Ok(())
47    }
```

我们已经很接近目标了——但是 **cargo check** 失败了：

```
1  error[E0308]: mismatched types
2   --> src/routes/subscriptions.rs:50:9
3    |
4  50 |              new_subscriber.name,
5    |              ^^^^^^^^^^^^^^^^^^^ expected `&str`,
6    |              found struct `SubscriberName`
```

这里有一个问题：我们没有使用任何方法来访问 **SubscriberName** 中封装的 **String** 值！

我们可以将 **SubscriberName** 的定义从 **SubscriberName(String)**更改为 **SubscriberName(pub String)**，但这样会失去在最后两节中讨论的所有良好保证：

- 其他开发人员可以绕过 **parse**，并使用任意字符串构建 **SubscriberName**。

```
1  let liar = SubscriberName("".to_string());
```

- 其他开发人员可能仍然选择使用 **parse** 构建 **SubscriberName**，但随后可以将内部值修改为不满足约束条件的值：

```
1  let mut started_well = SubscriberName::parse("A valid name".to_string());
2  started_well.0 = "".to_string();
```

我们可以做得更好——这是利用 Rust 的所有权系统的完美场景！

给定结构体中的字段，我们可以选择：

- 通过值暴露它，使用结构体本身。

```
1  impl SubscriberName {
2      pub fn inner(self) -> String {
3          // 调用者获取内部字符串，但其不再拥有 SubscriberName
4          // 这是因为 `inner` 通过值获取 `self`，并根据移动语义使用了它
5          self.0
6      }
7  }
```

- 暴露可变引用。

```
1  impl SubscriberName {
2      pub fn inner_mut(&mut self) -> &mut str {
3          // 调用者获得对内部字符串的可变引用
4          // 这使他们能够对值本身进行任意更改，有可能破坏不变量
5          &mut self.0
6      }
7  }
```

- 暴露共享引用。

```
1  impl SubscriberName {
2      pub fn inner_ref(&self) -> &str {
3          // 调用者获得对内部字符串的共享引用
4          // 这为调用者提供了只读访问权限
5          // 他们无法破坏不变量
6          &self.0
7      }
8  }
```

在这里，**inner_mut** 不是我们所要寻找的——失去对不变量的控制将等同于使用 **SubscriberName(pub String)**。

inner 和 **inner_ref** 都是合适的，但 **inner_ref** 更好地传达了我们的意图：给调用者一个读取值的机会，但没有权力改变它。

我们将 **inner_ref** 添加到 **SubscriberName** 中，然后可以修改 **insert_subscriber** 来使用它。

```
1  //! src/routes/subscriptions.rs
2  // [...]
3
4  #[tracing::instrument([...])]
5  pub async fn insert_subscriber(
6      pool: &PgPool,
7      new_subscriber: &NewSubscriber,
8  ) -> Result<(), sqlx::Error> {
9      sqlx::query!(
10         r#"
11     INSERT INTO subscriptions (id, email, name, subscribed_at)
12     VALUES ($1, $2, $3, $4)
13         "#,
14         Uuid::new_v4(),
15         new_subscriber.email,
16         // 使用了 `inner_ref`
17         new_subscriber.name.inner_ref(),
18         Utc::now()
19     )
20     .execute(pool)
21     .await
```

```
22       .map_err(|e| {
23          tracing::error!("Failed to execute query: {:?}", e);
24          e
25       })?;
26    Ok(())
27 }
```

它编译成功了！

6.5.1　AsRef

虽然使用 **inner_ref** 方法可以完成任务，但必须指出的是，Rust 标准库公开了一个专门为这种类型的用法设计的特性——**AsRef**。其定义非常简洁：

```
1 pub trait AsRef<T: ?Sized> {
2    /// 执行转换
3    fn as_ref(&self) -> &T;
4 }
```

何时应该为类型实现 **AsRef<T>**？

当该类型与 **T** 足够相似，以至于我们可以使用 **&self** 来获取对 **T** 本身的引用时！

这听起来是不是太抽象了？再次检查 **inner_ref** 的签名：这基本上是 **SubscriberName** 的 **AsRef<str>**！

AsRef 很人性化——我们考虑具有以下签名的函数：

```
1 pub fn do_something_with_a_string_slice(s: &str) {
2    // [...]
3 }
```

要使用 **SubscriberName** 调用它，必须先调用 **inner_ref**，再调用 **do_something_with_a_string_slice**：

```
1 let name = SubscriberName::parse("A valid name".to_string());
2 do_something_with_a_string_slice(name.inner_ref())
```

并不复杂。但如果类型来自第三方库，则要花时间弄清楚 **SubscriberName** 是否可以为你提供一个 **&str** 和 **String**。

我们可以通过改变 **do_something_with_a_string_slice** 的函数签名来使体验更加完美：

```
1 // 通过使用特质约束—`T: AsRef<str>`
2 // 将 T 限定为实现 AsRef<str>特质的类型
3 pub fn do_something_with_a_string_slice<T:AsRef<str>>(s: T) {
4    let s = s.as_ref();
5    // [...]
6 }
```

现在可以写下：

```
1 let name = SubscriberName::parse("A valid name".to_string());
2 do_something_with_a_string_slice(name)
```

它将会直接编译通过（假设 **SubscriberName** 实现了 **AsRef\<str>**）。

这种模式在 Rust 标准库 **std::fs** 中的文件系统模块中被广泛使用。

标准库 **std::fs** 中的函数（例如 **create_dir**）接收一个类型为 **P** 的参数，该类型受到 **AsRef\<Path>** 的约束，而不是强制用户了解如何将 **String** 转换为 **Path**，或者将 **PathBuf** 转换为 **Path**，或者 **OsString** 等。你可以理解这个意思。

标准库中还有其他一些像 **AsRef** 这样的小型转换特性——它们为整个生态系统提供了共享接口，以实现标准化。为你的类型实现它们，就可以解锁一大堆在当前已经存在的泛型类型中公开的功能。

我们将在后面介绍一些其他的转换特性（例如 **From/Into**、**TryFrom/TryInto**）。

现在，删除 **inner_ref** 并为 **SubscriberName** 实现 **AsRef\<str>**：

```
1  /! src/domain.rs
2  // [...]
3
4  impl AsRef<str> for SubscriberName {
5      fn as_ref(&self) -> &str {
6          &self.0
7      }
8  }
```

同时需要改变 **insert_subscriber**：

```
1  //! src/routes/subscriptions.rs
2  // [...]
3
4  #[tracing::instrument([...])]
5  pub async fn insert_subscriber(
6      pool: &PgPool,
7      new_subscriber: &NewSubscriber,
8  ) -> Result<(), sqlx::Error> {
9      sqlx::query!(
10         r#"
11     INSERT INTO subscriptions (id, email, name, subscribed_at)
12     VALUES ($1, $2, $3, $4)
13         "#,
14         Uuid::new_v4(),
15         new_subscriber.email,
16         // 使用了 `as_ref`
17         new_subscriber.name.as_ref(),
18         Utc::now()
19     )
20     .execute(pool)
21     .await
22     .map_err(|e| {
23         tracing::error!("Failed to execute query: {:?}", e);
24         e
```

```
25    })?;
26    Ok(())
27 }
```

项目能够顺利通过编译……

6.6　panic

……但测试还是没通过：

```
1  thread 'actix-rt:worker:0' panicked at
2  ' is not a valid subscriber name.', src/domain.rs:39:13
3
4  [...]
5
6  ---- subscribe_returns_a_200_when_fields_are_present_but_empty stdout ----
7  thread 'subscribe_returns_a_200_when_fields_are_present_but_empty' panicked at
8  'Failed to execute request.:
9    reqwest::Error {
10     kind: Request,
11     url: Url {
12       scheme: "http",
13       host: Some(Ipv4(127.0.0.1)),
14       port: Some(40681),
15       path: "/subscriptions",
16       query: None,
17       fragment: None
18     },
19     source: hyper::Error(IncompleteMessage)
20   }',
21 tests/health_check.rs:164:14
22 Panic in Arbiter thread.
```

好的一面是：对于空的姓名，不再返回 **200 OK**。

不好的一面是：API 突然中止了请求处理，导致客户端观察到一个 **IncompleteMessage** 错误。这样不是很优雅。

我们更改测试以调整新的预期：当请求内容包含无效数据时，希望得到 **400 Bad Request** 响应。

```
1 //! tests/health_check.rs
2 // [...]
3
4 #[tokio::test]
5 // 重命名
6 async fn subscribe_returns_a_400_when_fields_are_present_but_invalid() {
7   // [...]
8
9   assert_eq!(
```

```
10        // 不再是 200
11        400,
12        response.status().as_u16(),
13        "The API did not return a 400 Bad Request when the payload was {}.",
14        description
15    );
16
17    // [...]
18 }
```

现在，看看根本原因——当 **SubscriberName::parse** 中的验证检查失败时，我们选择了 panic。

```
1 //! src/domain.rs
2 // [...]
3
4 impl SubscriberName {
5     pub fn parse(s: String) -> SubscriberName {
6         // [...]
7
8         if is_empty_or_whitespace || is_too_long || contains_forbidden_characters {
9             panic!("{} is not a valid subscriber name.", s)
10        } else {
11            Self(s)
12        }
13    }
14 }
```

在 Rust 中，panic 被用来处理不可恢复的错误：没有预料到或没有办法恢复的故障模式。例如，机器内存耗尽或磁盘已满。

Rust 的 panic 与 Python、C#或 Java 等语言中的异常并不一样。虽然 Rust 提供了几个工具来捕获（一些）panic，但这绝不是推荐的方法，并且应该谨慎使用。

几年前，burntsushi 在 Reddit 的一个帖子中简洁地表达了这一点：

> ……如果你的 Rust 应用程序对任何用户输入都会发生 panic，那么以下情况应该成立：
> 你的应用程序存在 bug，无论是在库中还是在应用程序代码中。

采用这种观点，我们可以了解正在发生的事情：当请求处理器发生 panic 时，**actix-web** 会认为发生了可怕的事情，并立即丢弃正在处理 panic 请求的工作进程[1]。

如果 panic 不是用来处理可恢复的错误的正确方式，我们应该使用什么来处理呢？

---

1 在请求处理器中发生 panic，并不会导致整个应用程序崩溃。**actix-web** 启动多个工作进程来处理传入的请求，它具有弹性，当其中一个或多个工作进程崩溃时，它会简单地生成新的工作进程来替换失效的进程。

6.7　Result——将错误作为值

Rust 的主要错误处理机制是建立在 **Result** 类型之上的：

```
1  pub enum Result<T, E> {
2      Ok(T),
3      Err(E),
4  }
```

Result 被用来表示可能会失败的操作的返回类型：如果操作成功，则返回 **Ok(T)**；如果操作失败，则返回 **Err(E)**。

实际上，我们已经使用过 **Result**，只是当时没有停下来讨论细节。我们再次查看 **insert_subscriber** 的函数签名：

```
1  //! src/routes/subscriptions.rs
2  // [...]
3
4  pub async fn insert_subscriber(
5      pool: &PgPool,
6      new_subscriber: &NewSubscriber,
7  ) -> Result<(), sqlx::Error> {
8      // [...]
9  }
```

由上可知，将订阅者信息插入数据库是一个可能会失败的操作——如果正常，则不会收到任何回复（()，即 **unit** 类型）；如果有问题，则会收到一个附有详细信息的 **sqlx::Error**（例如连接问题）。

通过将错误作为值与 Rust 的枚举相结合，可以实现强大的错误处理机制。

如果你之前使用过基于异常的错误处理语言，那么这很可能会改变你的认知方式[1]：几乎所有关于函数失败模式的信息，你都可以在函数签名中了解到。

你无须深入查阅依赖文档来了解某个函数可能会抛出哪些异常（前提是文档已经完善）；你不会对在运行时遇到未记录的异常类型感到惊讶；你也不需要插入 **catch-all** 语句"以防万一"。

这里我们将介绍基础知识，把更详细的细节（**Error** 特质）留到下一章讨论。

6.7.1　使解析函数返回 Result 类型

我们重构 **SubscriberName::parse**，使其在输入无效时返回 **Result**，而不是抛出 panic。

先更改函数签名，不会修改函数体：

```
1  //! src/domain.rs
2  // [...]
```

---

1 在主流语言中，Java 中的受检异常是我所知道的唯一——个使用异常的例子，其提供的编译时安全性与 **Result** 的相近。

```
3
4    impl SubscriberName {
5        pub fn parse(s: String) -> Result<SubscriberName, ???> {
6            // [...]
7        }
8    }
```

我们应该使用什么类型作为 **Result** 的 **Err** 变体呢?

最简单的选项是 **String**——在失败时只需返回错误消息即可。

```
1    //! src/domain.rs
2    // [...]
3
4    impl SubscriberName {
5        pub fn parse(s: String) -> Result<SubscriberName, String> {
6            // [...]
7        }
8    }
```

运行 **cargo check**,显示有两个编译错误:

```
1    error [E0308]: Mismatched types
2     --> src/routes/subscriptions.rs:27:15
3      |
4    27|      name: SubscriberName::parse(form.0.name),
5      |            ^^^^^^^^^^^^^^^^^^^^^^^^^^^^^^^^^^^^
6      |            expected struct `SubscriberName`,
7      |            found enum `Result`
8
9    error [E0308]: Mismatched types
10    --> src/domain.rs:41:13
11      |
12   14|  pub fn parse(s: String) -> Result<SubscriberName, String> {
13     |                             -----------------------------
14     |                             expected `Result<SubscriberName, String>`
15     |                             because of return type
16   ...
17   41|      Self(s)
18     |      ^^^^^^^
19     |       |
20     |      expected enum `Result`, found struct `SubscriberName`
21     |      help: try using a variant of the expected enum: `Ok(Self(s))`
22     = note: expected enum `Result<SubscriberName, String>`
23             found struct `SubscriberName`
```

我们关注第二个错误:**parse** 函数不能返回未经包装的 **SubscriberName** 实例——我们需要从 **Result** 的两个变体中选择一个,装载实例。

编译器理解了这个问题,并给出正确的建议:使用 **Ok(Self(s))** 代替 **Self(s)**。我们接受它的建议:

```
1  //! src/domain.rs
2  // [...]
3
4  impl SubscriberName {
5      pub fn parse(s: String) -> Result<SubscriberName, String> {
6          // [...]
7
8          if is_empty_or_whitespace || is_too_long || contains_forbidden_characters {
9              panic!("{} is not a valid subscriber name.", s)
10         } else {
11             Ok(Self(s))
12         }
13     }
14 }
```

现在，**cargo check** 应该只会返回一个错误：

```
1  error[E0308]: mismatched types
2   --> src/routes/subscriptions.rs:27:15
3    |
4  27 |         name: SubscriberName::parse(form.0.name),
5    |               ^^^^^^^^^^^^^^^^^^^^^^^^^^^^^^^^^^^^
6    |               expected struct `SubscriberName`,
7    |               found enum `Result`
```

它抱怨我们在 **subscribe** 中调用 **parse** 函数：当 **parse** 返回 **SubscriberName** 时，将其输出直接赋值给 **Subscriber.name** 是完全可以的。

现在返回一个 **Result**——Rust 的类型系统强制我们处理异常情况。我们不能假装它不会发生。

我们要避免一次涉及太多的内容。目前，如果验证失败，则只会抛出 panic，以便尽快重新编译项目：

```
1  //! src/routes/subscriptions.rs
2  // [...]
3
4  pub async fn subscribe(
5      form: web::Form<FormData>,
6      pool: web::Data<PgPool>,
7  ) -> HttpResponse {
8      let new_subscriber = NewSubscriber {
9          email: form.0.email,
10         // 注意使用`expect`来指定有意义的 panic 消息
11         name: SubscriberName::parse(form.0.name).expect("Name validation failed."),
12     };
13     // [...]
14 }
```

现在，**cargo check** 应该通过了。

又到了编写测试的时间了！

6.8 精确的断言错误：claim

大多数断言都将是类似于 **assert!(result.is_ok())** 或 **assert!(result.is_err())** 这样的形式。

当使用这些断言失败时，**cargo test** 返回的错误消息相当糟糕。

有多糟糕？我们来进行一个快速实验！

如果在这个测试中运行 **cargo test**：

```
1  #[test]
2  fn dummy_fail() {
3      let result: Result<&str, &str> = Err("The app crashed due to an IO error");
4      assert!(result.is_ok());
5  }
```

我们将会得到：

```
1  ---- dummy_fail stdout ----
2  thread 'dummy_fail' panicked at 'assertion failed: result.is_ok()'
```

我们没有得到任何关于错误本身的详细信息——这使得在调试时变得相当痛苦。

我们将使用 **claim** 包来获取具有更多信息的错误消息：

```
1  #! Cargo.toml
2  # [...]
3  [dev-dependencies]
4  claim = "0.5"
5  # [...]
```

claim 提供了一套相当全面的断言，适用于常见的 Rust 类型，尤其是 **Option** 和 **Result**。

使用 **claim** 重新编写 **dummy_fail** 测试：

```
1  #[test]
2  fn dummy_fail() {
3      let result: Result<&str, &str> = Err("The app crashed due to an IO error");
4      claim::assert_ok!(result);
5  }
```

我们将会得到：

```
1  ---- dummy_fail stdout ----
2  thread 'dummy_fail' panicked at 'assertion failed, expected Ok(..),
3    got Err("The app crashed due to an IO error")'
```

现在看起来好多了。

6.9 单元测试

我们已经准备就绪——为 **domain** 模块添加一些单元测试，以确保所有代码都能按预期工作。

```
1  //! src/domain.rs
2  // [...]
3
4  #[cfg(test)]
5  mod tests {
6      use crate::domain::SubscriberName;
7      use claim::{assert_err, assert_ok};
8
9      #[test]
10     fn a_256_grapheme_long_name_is_valid() {
11         let name = "ë".repeat(256);
12         assert_ok!(SubscriberName::parse(name));
13     }
14
15     #[test]
16     fn a_name_longer_than_256_graphemes_is_rejected() {
17         let name = "a".repeat(257);
18         assert_err!(SubscriberName::parse(name));
19     }
20
21     #[test]
22     fn whitespace_only_names_are_rejected() {
23         let name = " ".to_string();
24         assert_err!(SubscriberName::parse(name));
25     }
26
27     #[test]
28     fn empty_string_is_rejected() {
29         let name = "".to_string();
30         assert_err!(SubscriberName::parse(name));
31     }
32
33     #[test]
34     fn names_containing_an_invalid_character_are_rejected() {
35         for name in &['/', '(', ')', '"', '<', '>', '\\', '{', '}'] {
36             let name = name.to_string();
37             assert_err!(SubscriberName::parse(name));
38         }
39     }
40
41     #[test]
42     fn a_valid_name_is_parsed_successfully() {
43         let name = "Ursula Le Guin".to_string();
44         assert_ok!(SubscriberName::parse(name));
```

```
45        }
46 }
```

遗憾的是，编译失败——cargo 会突出显示所有使用 **assert_ok/assert_err** 的地方并抛出错误，错误消息如下：

```
66 |             assert_err!(SubscriberName::parse(name));
   |             ^^^^^^^^^^^^^^^^^^^^^^^^^^^^^^^^^^^^^^^^^
   |             `SubscriberName` cannot be formatted using `{:?}`
   |
= help: the trait `std::fmt::Debug` is not implemented for `SubscriberName`
= note: add `#[derive(Debug)]` or manually implement `std::fmt::Debug`
= note: required by `std::fmt::Debug::fmt`
```

claim 需要类型实现 **Debug** 特质以提供良好的错误消息。我们在 **SubscriberName** 之上添加一个 **#[derive(Debug)]** 属性：

```
//! src/domain.rs
// [...]

#[derive(Debug)]
pub struct SubscriberName(String);
```

现在编译通过了。那么测试呢？

```
cargo test
```

```
failures:
    domain::tests::a_name_longer_than_256_graphemes_is_rejected
    domain::tests::empty_string_is_rejected
    domain::tests::names_containing_an_invalid_character_are_rejected
    domain::tests::whitespace_only_names_are_rejected

test result: FAILED. 2 passed; 4 failed; 0 ignored; 0 measured; 0 filtered out
```

所有的测试都失败了，因为如果验证约束条件得不到满足，则仍然会抛出 panic。修改如下：

```
//! src/domain.rs
// [...]

impl SubscriberName {
    pub fn parse(s: String) -> Result<SubscriberName, String> {
        // [...]

        if is_empty_or_whitespace || is_too_long || contains_forbidden_characters {
            // 将 `panic!` 替换成 `Err(...)`
            Err(format!("{} is not a valid subscriber name.", s))
        } else {
            Ok(Self(s))
        }
    }
}
```

所有的领域单元测试现在都通过了。最后，我们来解决在本章开头所编写的失败的集成测试的问题。

6.10　处理 Result

SubscriberName::parse 现在返回一个 **Result**，但 **subscribe** 在其上调用 **expect**——如果返回一个 **Err** 变体，则会引发 panic。

整个应用程序的行为没有发生变化。

那么，如何更改 **subscribe**，使得在验证错误时返回 **400 Bad Request**？我们可以看一下为调用 **insert_subscriber** 所做的工作！

6.10.1　match

如何处理调用方失败的可能性？

```
1  //! src/routes/subscriptions.rs
2  // [...]
3
4  pub async fn insert_subscriber(
5      pool: &PgPool,
6      new_subscriber: &NewSubscriber,
7  ) -> Result<(), sqlx::Error> {
8      // [...]
9  }
```

```
1  //! src/routes/subscriptions.rs
2  // [...]
3
4  pub async fn subscribe(
5      form: web::Form<FormData>,
6      pool: web::Data<PgPool>,
7  ) -> HttpResponse {
8      // [...]
9      match insert_subscriber(&pool, &new_subscriber).await {
10         Ok(_) => HttpResponse::Ok().finish(),
11         Err(_) => HttpResponse::InternalServerError().finish(),
12     }
13 }
```

insert_subscriber 返回一个 **Result<(), sqlx::Error>** 类型，而 **subscribe** 使用了 REST API——它的输出必须是 **HttpResponse** 类型的。为了在错误的情况下向调用者返回 **HttpResponse**，需要把 **sqlx::Error** 转换为在 REST API 的技术领域内有意义的表示方式——在这个例子中，就是 **500 Internal Server Error**。

这就是 **match** 派上用场的地方：我们告诉编译器在 **Ok** 和 **Err** 的情况下该怎么做。

6.10.2 "?" 操作符

说到错误处理，我们再来看看 **insert_subscriber** 函数：

```
1  //! src/routes/subscriptions.rs
2  // [...]
3
4  pub async fn insert_subscriber(/* */) -> Result<(), sqlx::Error> {
5      sqlx::query!(/* */)
6          .execute(pool)
7          .await
8          .map_err(|e| {
9              tracing::error!("Failed to execute query: {:?}", e);
10             e
11         })?;
12     Ok(())
13 }
```

你是否注意到了那个问号，就在 **Ok(())** 之前？

它就是问号操算符，即**?**。

问号操算符是在 Rust 1.13 中被引入的——它是一种语法糖。

当我们使用可能会失败的函数并且想要"冒泡"失败时（类似于重新抛出捕获的异常），它可以减少视觉干扰。

这个代码块中的**?**：

```
1  insert_subscriber(&pool, &new_subscriber)
2  .await
3  .map_err(|_| HttpResponse::InternalServerError().finish())?;
```

等价于下面的代码：

```
1  if let Err(error) = insert_subscriber(&pool, &new_subscriber)
2      .await
3      .map_err(|_| HttpResponse::InternalServerError().finish())
4  {
5      return Err(error);
6  }
```

它允许在出现故障时使用一个字符而不是多行代码块提前返回。

由于 **?** 会触发使用 **Err** 变体的提前返回，因此只能在返回 **Result** 的函数中使用。**subscribe** 函数不符合要求（至少目前不符合）。

6.10.3　400 的请求错误

现在，我们来处理 **SubscriberName::parse** 返回的错误：

```
1  //! src/routes/subscriptions.rs
2  // [...]
3
4  pub async fn subscribe(
5      form: web::Form<FormData>,
6      pool: web::Data<PgPool>
7  ) -> HttpResponse {
8      let name = match SubscriberName::parse(form.0.name) {
9          Ok(name) => name,
10         // 如果姓名无效，则提前返回 400
11         Err(_) => return HttpResponse::BadRequest().finish(),
12     };
13     let new_subscriber = NewSubscriber {
14         email: form.0.email,
15         name,
16     };
17     match insert_subscriber(&pool, &new_subscriber).await {
18         Ok(_) => HttpResponse::Ok().finish(),
19         Err(_) => HttpResponse::InternalServerError().finish(),
20     }
21 }
```

cargo test 还没有通过，但得到了一个不同的错误：

```
1  --- subscribe_returns_a_400_when_fields_are_present_but_invalid stdout ----
2  thread 'subscribe_returns_a_400_when_fields_are_present_but_invalid'
3  panicked at 'assertion failed: `(left == right)`
4   left: `400`,
5   right: `200`:
6   The API did not return a 400 Bad Request when the payload was empty email.',
7  tests/health_check.rs:167:9
```

现在，使用空的姓名的测试用例已经通过了，但是当提供空的电子邮件地址时，没有返回 **400 Bad Request**。

这并不意外——我们还没有实现任何类型的电子邮件地址验证！

6.11　电子邮件地址格式

我们都很熟悉电子邮件地址的常见结构——**XXX@YYY.ZZZ**，但是如果希望严谨一些，并避免退回有效的电子邮件，则问题很快就会变得更加复杂。

那么，如何确定电子邮件地址是否"有效"呢？

因特网工程任务组（IETF）有一些请求评论（RFC）概述了电子邮件地址的预期结构——RFC 6854、RFC 5322、RFC 2822。我们需要学习并理解它们，然后提出一个与规范匹配的 **is_valid_email** 函数。

除非你对了解电子邮件地址格式间的微妙差别有浓厚的兴趣，否则建议你退一步：它非常混乱，甚至 HTML 规范也故意不与刚刚提到的 RFC 兼容。

最好的选择是寻找一个现有的库，它长期以来一直在努力解决这个问题，为我们提供了即插即用的解决方案。幸运的是，在 Rust 生态系统中至少有一个 **validator** 包[1]。

6.12　SubscriberEmail 类型

我们将采用与姓名验证相同的策略——在新的 **SubscriberEmail** 类型中编码不变量（"这个字符串代表一个有效的电子邮件地址"）。

6.12.1　拆分 domain 子模块

在开始之前，我们先腾出一些空间，将 **domain** 子模块（**domain.rs**）拆分成多个较小的文件，每个文件对应一个类型，类似于我们在第 3 章中为路由所做的操作。当前的文件夹结构（在 **src** 下）如下：

```
1  src/
2    routes/
3      [...]
4    domain.rs
5  [...]
```

但是我们想要：

```
1  src/
2    routes/
3      [...]
4    domain/
5      mod.rs
6      subscriber_name.rs
7      subscriber_email.rs
8      new_subscriber.rs
9  [...]
```

单元测试应该与它们所涉及的类型在同一个文件中。最终我们会得到：

```
1  //! src/domain/mod.rs
2
3  mod subscriber_name;
4  mod subscriber_email;
```

---

[1] **validator** 包遵循 HTML 规范来进行电子邮件地址验证。如果你对其实现方式很好奇，则可以查看其源代码。

```
5  mod new_subscriber;
6
7  pub use subscriber_name::SubscriberName;
8  pub use new_subscriber::NewSubscriber;

1  //! src/domain/subscriber_name.rs
2
3  use unicode_segmentation::UnicodeSegmentation;
4
5  #[derive(Debug)]
6  pub struct SubscriberName(String);
7
8  impl SubscriberName {
9      // [...]
10 }
11
12 impl AsRef<str> for SubscriberName {
13     // [...]
14 }
15
16 #[cfg(test)]
17 mod tests {
18     // [...]
19 }

1  //! src/domain/subscriber_email.rs
2
3  // 还是空的文件，等待我们编写

1  //! src/domain/new_subscriber.rs
2
3  use crate::domain::subscriber_name::SubscriberName;
4
5  pub struct NewSubscriber {
6      pub email: String,
7      pub name: SubscriberName,
8  }
```

　　不需要对项目的其他文件进行任何更改——由于在 **mod.rs** 中使用了 **pub use** 语句，所以模块的 API 没有发生变化。

6.12.2　新类型的框架

　　我们添加一个基本的 **SubscriberEmail** 类型：没有验证，只是一个围绕 **String** 的包装器和一个方便的 **AsRef** 实现。

```
1  //! src/domain/subscriber_email.rs
2
3  #[derive(Debug)]
```

```
4  pub struct SubscriberEmail(String);
5
6  impl SubscriberEmail {
7      pub fn parse(s: String) -> Result<SubscriberEmail, String> {
8          // TODO: 添加验证
9          Ok(Self(s))
10     }
11 }
12
13 impl AsRef<str> for SubscriberEmail {
14     fn as_ref(&self) -> &str {
15         &self.0
16     }
17 }
```

```
1  //! src/domain/mod.rs
2
3  mod new_subscriber;
4  mod subscriber_email;
5  mod subscriber_name;
6
7  pub use new_subscriber::NewSubscriber;
8  pub use subscriber_email::SubscriberEmail;
9  pub use subscriber_name::SubscriberName;
```

这次从测试开始：我们举几个应该被拒绝的无效电子邮件地址的例子。

```
1  //! src/domain/subscriber_email.rs
2
3  #[derive(Debug)]
4  pub struct SubscriberEmail(String);
5
6  // [...]
7
8  #[cfg(test)]
9  mod tests {
10     use super::SubscriberEmail;
11     use claim::assert_err;
12
13     #[test]
14     fn empty_string_is_rejected() {
15         let email = "".to_string();
16         assert_err!(SubscriberEmail::parse(email));
17     }
18
19     #[test]
20     fn email_missing_at_symbol_is_rejected() {
21         let email = "ursuladomain.com".to_string();
22         assert_err!(SubscriberEmail::parse(email));
23     }
```

```
24
25      #[test]
26      fn email_missing_subject_is_rejected() {
27          let email = "@domain.com".to_string();
28          assert_err!(SubscriberEmail::parse(email));
29      }
30 }
```

运行 **cargo test domain** 确认所有测试用例都失败了。

```
1  failures:
2      domain::subscriber_email::tests::email_missing_at_symbol_is_rejected
3      domain::subscriber_email::tests::email_missing_subject_is_rejected
4      domain::subscriber_email::tests::empty_string_is_rejected
5
6  test result: FAILED. 6 passed; 3 failed; 0 ignored; 0 measured; 0 filtered out
```

是时候引入 **validator** 依赖了：

```
1  #! Cargo.toml
2  # [...]
3  [dependencies]
4  validator = "0.14"
5  # [...]
```

parse 函数将所有复杂的工作都交给 **validator::validate_email**：

```
1  //! src/domain/subscriber_email.rs
2
3  use validator::validate_email;
4
5  #[derive(Debug)]
6  pub struct SubscriberEmail(String);
7
8  impl SubscriberEmail {
9      pub fn parse(s: String) -> Result<SubscriberEmail, String> {
10         if validate_email(&s) {
11             Ok(Self(s))
12         } else {
13             Err(format!("{} is not a valid subscriber email.", s))
14         }
15     }
16 }
17
18 // [...]
```

就这么简单——所有的测试现在都通过了！

有一个问题——所有的测试用例都是检查无效的电子邮件地址。应该至少有一个测试用例是检查有效的电子邮件地址是否通过。

我们可以在测试中硬编码一个已知的有效电子邮件地址，并检查它是否被成功解析，例如

ursula@domain.com。

这个测试用例会给我们带来什么价值呢？它只会保证一个特定的电子邮件地址被正确解析为有效的值。

6.13 属性测试

我们可以使用另一种方法来测试解析逻辑：不是验证一组特定的输入是否被正确解析，而是构建一个随机生成器来产生有效的值，并检查解析器是否会拒绝它们。

换句话说，我们要验证实现是否显示了一个特定的属性——"不会拒绝任何有效的电子邮件地址"。

这种方法通常被称为"属性测试"。例如，如果我们正在处理时间，则可以重复采样三个随机整数：

- **H**，介于 0 和 23（含）之间；
- **M**，介于 0 和 59（含）之间；
- **S**，介于 0 和 59（含）之间。

并验证 **H:M:S** 是否始终被正确解析。

属性测试明显增加了验证的输入范围，因此增强了我们对代码正确性的信心，但它并不能证明解析器是正确的——它没有详尽地探索输入空间（除了微小的空间）。

下面我们看看对于 **SubscriberEmail**，属性测试会是什么样子的。

6.13.1 使用 fake 生成随机测试数据

首先需要一个有效电子邮件地址的随机生成器。我们可以编写一个，但这是一个介绍 **fake** 包的好机会。

fake 提供了基本数据类型（整数、浮点数、字符串）和高级对象（IP 地址、国家代码等）的生成逻辑，尤其是电子邮件！我们将 **fake** 作为项目的依赖添加进来。

```
1  # Cargo.toml
2  # [...]
3
4  [dev-dependencies]
5  # [...]
6  # We are not using fake >= 2.4 because it relies on rand 0.8
7  # which has been recently released and it is not yet used by
8  # quickcheck (solved in its upcoming 1.0 release!)
9  fake = "~2.3
```

在一个新的测试中使用它：

```
//! src/domain/subscriber_email.rs

// [...]

#[cfg(test)]
mod tests {
    // 我们正在导入`SafeEmail` faker
    // 还需要`Fake` 特质来访问`SafeEmail`上的`.fake`方法
    use fake::faker::internet::en::SafeEmail;
    use fake::Fake;
    // [...]

    #[test]
    fn valid_emails_are_parsed_successfully() {
        let email = SafeEmail().fake();
        claim::assert_ok!(SubscriberEmail::parse(email));
    }
}
```

每次运行测试套件时，**SafeEmail().fake()** 都会生成一个新的随机有效电子邮件地址，然后使用它来测试解析逻辑。

与硬编码的有效电子邮件地址相比，这已经是一个重大改进，但是需要多次运行测试套件才能捕捉到边缘情况的问题。一种快速而简单的解决方案是在测试中添加 for 循环，我们可以利用这个机会深入探讨围绕属性测试设计的一个可用测试框架。

6.13.2　quickcheck 与 proptest

在 Rust 生态系统中，有两个主流的属性测试选项：**quickcheck** 和 **proptest**。

它们的功能有所重叠，尽管其在各自的领域中都表现出色——请查看它们的 README 以获取所有细节。

对于我们的项目，将选择 **quickcheck**——它相当简单、易用，并且没有使用太多的宏，这使得 IDE 体验非常愉快。

6.13.3　quickcheck 入门

我们看一个 **quickcheck** 的例子，以了解其工作原理：

```
/// 希望用于测试的函数
fn reverse<T: Clone>(xs: &[T]) -> Vec<T> {
    let mut rev = vec!();
    for x in xs.iter() {
        rev.insert(0, x.clone())
```

```
 6        }
 7        rev
 8    }
 9
10   #[cfg(test)]
11   mod tests {
12       #[quickcheck_macros::quickcheck]
13       fn prop(xs: Vec<u32>) -> bool {
14           /// 对于任何输入来说都有一个属性，无论将函数应用于哪个向量，它总是为真
15           /// 那就是：将其反转两次应该返回原始输入
16           xs == reverse(&reverse(&xs))
17       }
18   }
```

quickcheck 会以可配置的迭代次数（默认为 100 次）循环调用 **prop**：在每次迭代中，它都会生成一个新的 **Vec<u32>** 并检查 **prop** 是否返回 **true**。

如果 **prop** 返回 **false**，那么它会尝试缩小生成的输入以获得可能的最小失败用例（最短的失败向量），以帮助我们调试找出问题的原因。

在我们的例子中，我们希望有以下代码：

```
1   #[quickcheck_macros::quickcheck]
2   fn valid_emails_are_parsed_successfully(valid_email: String) -> bool {
3       SubscriberEmail::parse(valid_email).is_ok()
4   }
```

遗憾的是，如果要求输入为 **String** 类型，则会得到各种各样的垃圾数据，这些数据将无法通过验证。

那么，如何自定义生成例程呢？

6.13.4 实现 Arbitrary 特质

我们回到之前的例子中——**quickcheck** 是怎么知道如何生成 **Vec<u32>** 的呢？

这一切都建立在 **quickcheck** 的 **Arbitrary** 特质之上：

```
1   pub trait Arbitrary: Clone + Send + 'static {
2       fn arbitrary<G: Gen>(g: &mut G) -> Self;
3
4       fn shrink(&self) -> Box<dyn Iterator<Item = Self>> {
5           empty_shrinker()
6       }
7   }
```

这里有两个方法。

- **arbitrary**：给定一个随机源（**g**），它返回该类型的一个实例；

- **shrink**：它返回该类型的一个逐渐"更小"的实例序列，以帮助 **quickcheck** 找到可能的最小失败用例。

Vec <u32> 实现了 **Arbitrary**，因此 **quickcheck** 知道如何生成随机的 **u32** 向量。

我们需要创建自己的 **ValidEmailFixture** 类型，并为其实现 **Arbitrary**。

如果你查看 **Arbitrary** 的特质定义，则会注意到 **shrinking** 是可选的：有一个默认实现（使用 **empty_shrinker**），它会导致 **quickcheck** 输出遇到的第一个失败，而不会尝试使其变得更小或更好。因此，我们只需要为 **ValidEmailFixture** 提供 **Arbitrary::arbitrary** 的实现。

现在，把 **quickcheck** 和 **quickcheck-macros** 都添加到项目的依赖项中：

```
1  #! Cargo.toml
2  # [...]
3
4  [dev-dependencies]
5  # [...]
6  quickcheck = "0.9.2"
7  quickcheck_macros = "0.9.1"
```

接下来：

```
1  //! src/domain/subscriber_email.rs
2  // [...]
3
4  #[cfg(test)]
5  mod tests {
6      // 我们移除了对`assert_ok`的依赖引入
7      use claim::assert_err;
8      // [...]
9
10     // `quickcheck` 同时需要 `Clone` 和 `Debug`
11     #[derive(Debug, Clone)]
12     struct ValidEmailFixture(pub String);
13
14     impl quickcheck::Arbitrary for ValidEmailFixture {
15         fn arbitrary<G: quickcheck::Gen>(g: &mut G) -> Self {
16             let email = SafeEmail().fake_with_rng(g);
17             Self(email)
18         }
19     }
20
21     #[quickcheck_macros::quickcheck]
22     fn valid_emails_are_parsed_successfully(valid_email: ValidEmailFixture) -> bool {
23         SubscriberEmail::parse(valid_email.0).is_ok()
24     }
25 }
```

这是一个很好的例子，展示了在 Rust 生态系统中共享关键特质所获得的互操作性。

那么，如何让 **fake** 和 **quickcheck** 协同工作呢？

在 **Arbitrary::arbitrary** 中，我们得到了一个名为 **g** 的输入参数，其类型为 **G**。

G 受到特质约束的限制，即 **G: quickcheck::Gen**，因此它必须实现 **quickcheck** 中的 **Gen** 特质，其中 **Gen** 代表"生成器"。

如何定义 **Gen** 呢？请看：

```
1  pub trait Gen: RngCore {
2      fn size(&self) -> usize;
3  }
```

任何实现 **Gen** 的程序都必须同时实现 **rand-core** 中的 **RngCore** 特质。

现在，我们来看一下 **SafeEmail** faker：它实现了 **Fake** 特质。

Fake 特质提供了一个 **fake** 方法，我们已经尝试过了，但它还暴露了一个 **fake_with_rng** 方法，其中"rng"代表"随机数生成器"。

那么，**fake_with_rng** 方法接收哪些随机数生成器呢？

```
1  pub trait Fake: Sized {
2      //[...]
3
4      fn fake_with_rng<U, R>(&self, rng: &mut R) -> U where
5          R: Rng + ?Sized,
6          Self: FakeBase<U>;
7  }
```

没错——任何实现了 **rand** 中的 **Rng** 特质的类型，都会自动实现 **RngCore** 特质！

我们可以将 **Arbitrary::arbitrary** 中的 **g** 作为 **fake_with_rng** 的随机数生成器，一切都能正常运行！

也许这两个包的维护者彼此都了解，也许他们不了解，但是 **rand-core** 中经过社区认可的一组特质为我们提供了无缝的互操作性。非常棒！

现在可以运行 **cargo test domain**——这应该会让我们放心，电子邮件地址验证检查确实没有过于严格。

如果想查看正在生成的随机输入，则可以在测试中添加一条 **dbg!(&valid_email.0);** 语句，并运行 **cargo test valid_emails -- --nocapture**——数十个有效的电子邮件地址应该会出现在终端上！

6.14 请求体验证

如果运行 **cargo test**，而不将运行的测试集限制在 **domain** 中，则会看到使用无效数据的集成测试仍然是失败的。

```
1  --- subscribe_returns_a_400_when_fields_are_present_but_invalid stdout ----
2  thread 'subscribe_returns_a_400_when_fields_are_present_but_invalid'
3  panicked at 'assertion failed: `(left == right)`
4   left: `400`,
5   right: `200`:
6   The API did not return a 400 Bad Request when the payload was empty email.',
7  tests/health_check.rs:167:9
```

我们将 **SubscriberEmail** 集成到应用程序中，以便在 **/subscriptions** 端点中能够进行验证。需要从 **NewSubscriber** 开始：

```
1  //! src/domain/new_subscriber.rs
2
3  use crate::domain::SubscriberName;
4  use crate::domain::SubscriberEmail;
5
6  pub struct NewSubscriber {
7      // 不再使用 `String`
8      pub email: SubscriberEmail,
9      pub name: SubscriberName,
10 }
```

如果现在尝试编译项目，则会出现一些错误。我们先来看看 **cargo check** 报告的第一个错误：

```
1  error[E0308]: mismatched types
2  --> src/routes/subscriptions.rs:28:16
3    |
4  28 |         email: form.0.email,
5    |                ^^^^^^^^^^^^
6    |                expected struct `SubscriberEmail`,
7    |                found struct `std::string::String`
```

它指的是请求处理器 **subscribe** 中的一行代码：

```
1  //! src/routes/subscriptions.rs
2  // [...]
3
4  #[tracing::instrument([...])]
5  pub async fn subscribe(
6      form: web::Form<FormData>,
7      pool: web::Data<PgPool>
8  ) -> HttpResponse {
9      let name = match SubscriberName::parse(form.0.name) {
10         Ok(name) => name,
11         Err(_) => return HttpResponse::BadRequest().finish(),
12     };
13     let new_subscriber = NewSubscriber {
14         // 我们试图将一个字符串赋值给类型为 SubscriberEmail 的字段
15         email: form.0.email,
```

```
16          name,
17      };
18      match insert_subscriber(&pool, &new_subscriber).await {
19          Ok(_) => HttpResponse::Ok().finish(),
20          Err(_) => HttpResponse::InternalServerError().finish(),
21      }
22  }
```

我们需要参考已经为 **name** 字段所做的操作：首先解析 **form.0.email**，然后将结果（如果成功的话）赋值给 **NewSubscriber.email**。

```
1  //! src/routes/subscriptions.rs
2
3  // 我们添加了 `SubscriberEmail`
4  use crate::domain::{NewSubscriber, SubscriberEmail, SubscriberName};
5  // [...]
6
7  #[tracing::instrument([...])]
8  pub async fn subscribe(
9      form: web::Form<FormData>,
10     pool: web::Data<PgPool>
11 ) -> HttpResponse {
12     let name = match SubscriberName::parse(form.0.name) {
13         Ok(name) => name,
14         Err(_) => return HttpResponse::BadRequest().finish(),
15     };
16     let email = match SubscriberEmail::parse(form.0.email) {
17         Ok(email) => email,
18         Err(_) => return HttpResponse::BadRequest().finish(),
19     };
20     let new_subscriber = NewSubscriber { email, name };
21     // [...]
22 }
```

再来看看第二个错误：

```
1  error[E0308]: mismatched types
2    --> src/routes/subscriptions.rs:50:9
3     |
4  50 |          new_subscriber.email,
5     |          ^^^^^^^^^^^^^^^^^^^^
6     |          expected `&str`,
7     |          found struct `SubscriberEmail`
```

这行代码在 **insert_subscriber** 函数中，我们执行 **SQL INSERT** 查询来存储新的订阅者详细信息：

```
1  //! src/routes/subscriptions.rs
2
3  // [...]
4
5  #[tracing::instrument([...])]
```

```
 6  pub async fn insert_subscriber(
 7      pool: &PgPool,
 8      new_subscriber: &NewSubscriber,
 9  ) -> Result<(), sqlx::Error> {
10      sqlx::query!(
11          r#"
12      INSERT INTO subscriptions (id, email, name, subscribed_at)
13      VALUES ($1, $2, $3, $4)
14          "#,
15          Uuid::new_v4(),
16          // 它期望一个`&str`，但我们却传递了一个`SubscriberEmail`值
17          new_subscriber.email,
18          new_subscriber.name.as_ref(),
19          Utc::now()
20      )
21      .execute(pool)
22      .await
23      .map_err(|e| {
24          tracing::error!("Failed to execute query: {:?}", e);
25          e
26      })?;
27      Ok(())
28  }
```

解决方案就在下面的一行——只需要使用 **AsRef\<str>** 的实现，将 **SubscriberEmail** 的内部字段借用为字符串切片即可。

```
 1  //! src/routes/subscriptions.rs
 2
 3  // [...]
 4
 5  #[tracing::instrument([...])]
 6  pub async fn insert_subscriber(
 7      pool: &PgPool,
 8      new_subscriber: &NewSubscriber,
 9  ) -> Result<(), sqlx::Error> {
10      sqlx::query!(
11          r#"
12      INSERT INTO subscriptions (id, email, name, subscribed_at)
13      VALUES ($1, $2, $3, $4)
14          "#,
15          Uuid::new_v4(),
16          // 现在使用了 `as_ref`
17          new_subscriber.email.as_ref(),
18          new_subscriber.name.as_ref(),
19          Utc::now()
20      )
21      .execute(pool)
22      .await
```

```
23      .map_err(|e| {
24          tracing::error!("Failed to execute query: {:?}", e);
25          e
26      })?;
27      Ok(())
28 }
```

就这样——它现在可以编译了!

集成测试怎么样了?

```
1 cargo test
```

```
1 running 4 tests
2 test subscribe_returns_a_400_when_data_is_missing ... ok
3 test health_check_works ... ok
4 test subscribe_returns_a_400_when_fields_are_present_but_invalid ... ok
5 test subscribe_returns_a_200_for_valid_form_data ... ok
6
7 test result: ok. 4 passed; 0 failed; 0 ignored; 0 measured; 0 filtered out
```

都通过了!我们成功了!

6.14.1 使用 TryFrom 重构

在继续之前,我们花点儿时间重构刚刚编写的请求处理器代码。在 **subscribe** 中:

```
1 //! src/routes/subscriptions.rs
2 // [...]
3
4 #[tracing::instrument([...])]
5 pub async fn subscribe(
6     form: web::Form<FormData>,
7     pool: web::Data<PgPool>
8 ) -> HttpResponse {
9     let name = match SubscriberName::parse(form.0.name) {
10         Ok(name) => name,
11         Err(_) => return HttpResponse::BadRequest().finish(),
12     };
13     let email = match SubscriberEmail::parse(form.0.email) {
14         Ok(email) => email,
15         Err(_) => return HttpResponse::BadRequest().finish(),
16     };
17     let new_subscriber = NewSubscriber { email, name };
18     match insert_subscriber(&pool, &new_subscriber).await {
19         Ok(_) => HttpResponse::Ok().finish(),
20         Err(_) => HttpResponse::InternalServerError().finish(),
21     }
22 }
```

我们可以将前两条语句提取到一个 **parse_subscriber** 函数中:

```
1 //! src/routes/subscriptions.rs
2 // [...]
```

```
3
4  pub fn parse_subscriber(form: FormData) -> Result<NewSubscriber, String> {
5      let name = SubscriberName::parse(form.name)?;
6      let email = SubscriberEmail::parse(form.email)?;
7      Ok(NewSubscriber { email, name })
8  }
9
10 #[tracing::instrument([...])]
11 pub async fn subscribe(
12     form: web::Form<FormData>,
13     pool: web::Data<PgPool>
14 ) -> HttpResponse {
15     let new_subscriber = match parse_subscriber(form.0) {
16         Ok(subscriber) => subscriber,
17         Err(_) => return HttpResponse::BadRequest().finish(),
18     };
19     match insert_subscriber(&pool, &new_subscriber).await {
20         Ok(_) => HttpResponse::Ok().finish(),
21         Err(_) => HttpResponse::InternalServerError().finish(),
22     }
23 }
```

重构后，职责分离更加清晰：

- **parse_subscriber** 负责将线条格式（从 HTML 表单收集的 URL 解码数据）转换为领域模型
  （**NewSubscriber**）；

- **subscribe** 仍然负责生成对传入 HTTP 请求的 HTTP 响应。

Rust 标准库提供了一些特质来处理其 **std::convert** 子模块中的转换。这就是 **AsRef** 的来源！

这里是否有任何特质可以实现 **parse_subscriber** 所做的事情？

AsRef 不太适合我们在这里处理的内容：两种类型之间可能会失败的转换，同时还会消耗输入
值。

我们需要看看 **TryFrom**：

```
1  pub trait TryFrom<T>: Sized {
2      /// 在转换错误的情况下返回的类型
3      type Error;
4
5      /// 执行转换
6      fn try_from(value: T) -> Result<Self, Self::Error>;
7  }
```

将 **T** 替换为 **FormData**，将 **Self** 替换为 **NewSubscriber**，将 **Self::Error** 替换为 **String**——这就
是 **parse_subscriber** 函数的签名！我们来试试：

```
1  //! src/routes/subscriptions.rs
2  // 无须导入 TryFrom 特质，从 2021 版本开始它就已经被包含在 Rust 的预导库中
```

```
3   // [...]
4
5   impl TryFrom<FormData> for NewSubscriber {
6       type Error = String;
7
8       fn try_from(value: FormData) -> Result<Self, Self::Error> {
9           let name = SubscriberName::parse(value.name)?;
10          let email = SubscriberEmail::parse(value.email)?;
11          Ok(Self { email, name })
12      }
13  }
14
15  #[tracing::instrument([...])]
16  pub async fn subscribe(
17      form: web::Form<FormData>,
18      pool: web::Data<PgPool>
19  ) -> HttpResponse {
20      let new_subscriber = match form.0.try_into() {
21          Ok(form) => form,
22          Err(_) => return HttpResponse::BadRequest().finish(),
23      };
24      match insert_subscriber(&pool, &new_subscriber).await {
25          Ok(_) => HttpResponse::Ok().finish(),
26          Err(_) => HttpResponse::InternalServerError().finish(),
27      }
28  }
```

我们实现了 **TryFrom**，但正在调用 **.try_into**。那里发生了什么？

Rust 标准库中还有一个转换特质，叫作 **TryInto**：

```
1   pub trait TryInto<T> {
2       type Error;
3       fn try_into(self) -> Result<T, Self::Error>;
4   }
```

它的签名与 **TryFrom** 的相同——转换是在另一个方向上进行的！

如果我们提供了 **TryFrom** 实现，则类型将自动获得相应的 **TryInto** 实现，这是不需要任何代价的。

try_into 将 **self** 作为第一个参数，这样就可以使用 **form.0.try_into()**，而不使用 **NewSubscriber::try_from(form.0)**——这是个人风格问题。

一般来说，通过实现 **TryFrom/TryInto**，我们获得了什么？

没有亮点，也没有新功能——仅仅是将意图表达得更加清晰。

我们在阐述"这是一种类型转换！"。

为什么它很重要？它有助于其他人的理解！

当其他拥有 Rust 经验的开发人员进入代码库时，他们将立即发现转换模式，因为我们使用了他们熟悉的特质。

6.15　总结

验证 **POST /subscriptions** 请求体中的电子邮件地址是否符合预期格式是有用的，但这还不够。

现在，我们有了一个语法合格的电子邮件地址，但对它是否存在仍然不确定：有人真的使用该电子邮件地址吗？它可以发送成功吗？

我们不知道，只有一种方法可以确认：发送一封真实的电子邮件。

确认电子邮件地址是否有效（以及如何编写 HTTP 客户端）将是下一章的主题。

第 7 章
拒绝无效的订阅者（第二部分）

7.1　确认邮件

在第 6 章中，我们为新订阅者的电子邮件地址引入了验证——它们必须符合电子邮件地址格式。

现在，我们有了在语法上有效的电子邮件地址，但对它们是否存在仍然不确定：有人真的使用这些电子邮件地址吗？它们可以发送成功吗？

我们不知道，只有一种方法可以找到答案：发送真实的确认邮件。

7.1.1　订阅者的同意

你现在应该有所警觉——在订阅者的整个订阅周期内，是否真的需要知道他们收到了邮件？我们是否可以等到下一期的邮件简报来确认？

如果我们唯一关心的事情是进行彻底的验证，那么我会同意：应该等待下一期发布，而不是增加 **POST /subscriptions** 端点的复杂性。

然而，我们还关心另一件事情，就是订阅者的同意，而这是不能推迟的。

电子邮件地址不是密码——如果你上网的时间足够长，那么你的电子邮件地址将不难被获取到。此外，某些类型的电子邮件地址（例如专业的电子邮件地址）是公开的。

这为滥用打开了大门。

恶意用户可能会订阅互联网上各种邮件简报的电子邮件地址，用垃圾邮件淹没受害者的收件箱。

一个不择手段的邮件简报所有者，也可能会从网络上爬取电子邮件地址，并将它们添加到邮件简报的电子邮件列表中。

这就是为什么发送请求到 **POST /subscriptions**，还不足以表明"这个人想要接收我的邮件简报内容！"。

例如，如果你正在与欧洲公民打交道，那么从用户那里获得明确的同意是一个法律要求。

这就是为什么发送确认邮件已经成为常规操作：你在邮件简报 HTML 表单中输入详细信息后，你的收件箱中会收到一封邮件，询问你是否确实希望订阅该邮件简报。

这对于我们来说效果很好——保护用户不被滥用，而且在试图给他们发送邮件简报之前，可以确认他们提供的电子邮件地址真实存在。

7.1.2　确认用户的流程

我们从用户的角度来看看确认流程。

用户会收到一封带有确认链接的邮件。用户一旦点击它，就会被重定向到一个成功页面（"你现在是我们的邮件简报的订阅者！太棒了！"）。从这时起，他们的收件箱中就会收到所有的邮件简报。

后台将如何运作？

尽量保持其简单——我们的版本在确认时不会执行重定向，而是会返回 **200 OK** 给浏览器。

每次用户想订阅邮件简报时，他们都会发出一个 **POST /subscriptions** 请求。请求处理器将：

- 在 **subscriptions** 表中将他们的详细信息添加到数据库中，状态为 **pending_confirmation**；
- 生成唯一的 **subscription_token**；
- 在 **subscription_tokens** 表中的 **id** 列存储 **subscription_token**；
- 向新订阅者发送包含链接的电子邮件，链接格式为 **https://<our-api-domain>/subscriptions/confirm?token=<subscription_token>**；
- 返回 **200 OK**。

一旦他们点击链接，浏览器标签页就会被打开，并向**/subscriptions/confirm** 端点发出 **GET** 请求。请求处理器将：

- 从查询参数中检索 **subscription_token**；
- 从 **subscription_tokens** 表中检索与 **subscription_token** 关联的订阅者 id；
- 在 **subscriptions** 表中将订阅者的状态从 **pending_confirmation** 更新为 **active**；
- 返回 **200 OK**。

还有一些其他可能的设计（例如，使用 JWT 代替唯一令牌），我们有一些边缘情况要处理（例如，如果他们点击链接两次会怎样？如果他们试图订阅两次会怎样？）——当在实现过程中取得进展时，我们会在最合适的时候讨论这两个问题。

7.1.3 实现策略

这里有很多工作要做，所以我们将工作分成三个部分：

- 编写一个发送电子邮件的模块；
- 调整现有的 **POST /subscriptions** 请求处理器的逻辑，以满足新的要求；
- 从头开始编写 **GET /subscriptions/confirm** 请求处理器。

让我们开始吧！

7.2 邮件发送组件——EmailClient

7.2.1 如何发送电子邮件

我们实际上是如何发送电子邮件的？

这是如何工作的？

我们需要了解 **SMTP**（简单邮件传输协议）。它从互联网的早期开始就已经存在了——第一个 RFC 可以追溯到 1982 年。

SMTP 对于电子邮件来说就像 HTTP 对于网页一样：它是一个应用级协议，确保不同的邮件服务器和邮件客户端的实现可以相互理解并交换消息。

现在，要明确——我们不会构建自己的私有邮件服务器，那将需要太长的时间，而且从中不会得到太多的好处。我们将使用第三方服务。

现在的电子邮件发送服务有什么要求？需要使用 SMTP 吗？

不一定。

SMTP 是一种专门的协议：除非你之前与电子邮件打过交道，否则不太可能有使用它的直接经验。学习新的协议需要时间，而且你在这个过程中肯定会出错——这就是为什么大多数服务商都提供两个接口：SMTP 和 REST API。

如果你熟悉电子邮件协议，或者需要一些非常规的配置，请使用 SMTP 接口。否则，大多数开发人员会使用 REST API 以更快（也更可靠）地启动和运行。

正如你可能已经猜到的，我们也将选择这样做，编写一个 REST 客户端。

7.2.1.1 选择邮件 API

市场上有很多邮件 API 服务商，你可能知道一些主要服务商的名字，如 AWS SES、SendGrid、MailGun、Mailchimp、Postmark。

我正在寻找一个简单的 API（例如，直接发送电子邮件很容易）、一个流畅的注册流程以及一个免费计划，不需要输入信用卡的详细信息就可以测试该服务。

这就是我选择 Postmark 的原因。

为了完成下一部分，我们需要注册 Postmark，并且一旦登录到其门户网站，就可以授权一个发件人发送电子邮件（见图 7.1）。

完成后，我们可以继续前进！

免责声明：Postmark 并没有付钱给我在这里推广其服务。

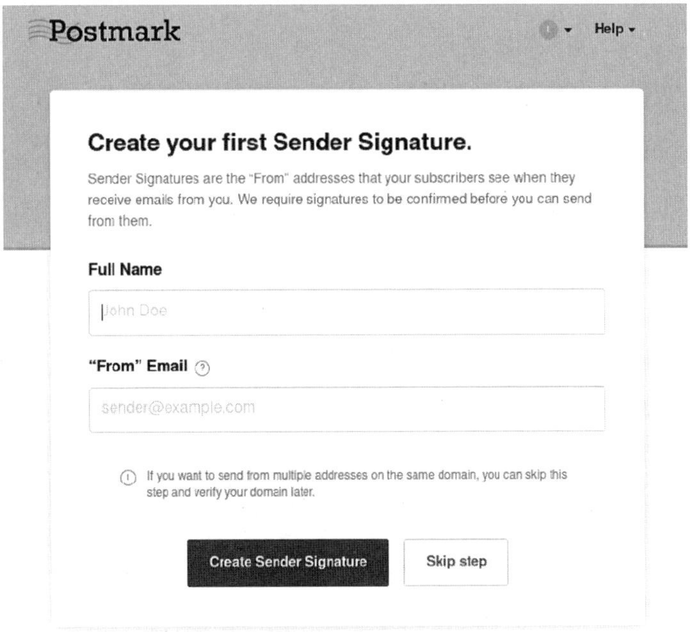

图 7.1　创建发件人签名

7.2.1.2　邮件客户端接口

当涉及新的功能时，通常有两种方法：一是自下而上，从实现细节开始，然后慢慢地向上做；二是自上而下，首先设计接口，然后弄清楚实现是如何工作的（在某种程度上）。

在这种情况下，我们将选择第二种方法。

我们希望邮件客户端是哪种接口？

我们希望有某种 **send_email** 方法。目前只需要每次发送一封电子邮件——当开始处理邮件简报时，我们将处理批量发送电子邮件的复杂性。

send_email 应该接收什么参数？

我们肯定需要收件人的电子邮件地址、邮件主题和邮件内容。我们将要求提供邮件内容的 HTML 文本和纯文本版本——有些邮件客户端无法呈现 HTML 文本，有些用户明确禁用 HTML 电子邮件。为了安全起见，我们同时发送了两个版本。

发件人的电子邮件地址呢？

假设客户端实例发送的所有电子邮件都来自同一个地址，因此不需要将它作为 **send_email** 的参数，它将是客户端本身构造函数中的参数之一。

我们还希望 **send_email** 是一个异步函数，因为要执行 I/O 与远程服务器通信。

将所有内容整合起来，实现如下：

```rust
//! src/email_client.rs

use crate::domain::SubscriberEmail;

pub struct EmailClient {
    sender: SubscriberEmail
}

impl EmailClient {
    pub async fn send_email(
        &self,
        recipient: SubscriberEmail,
        subject: &str,
        html_content: &str,
        text_content: &str
    ) -> Result<(), String> {
        todo!()
    }
}
```

```rust
//! src/lib.rs

pub mod configuration;
pub mod domain;
// 新内容
pub mod email_client;
pub mod routes;
pub mod startup;
pub mod telemetry;
```

还有一个尚未解决的问题——返回类型。我们设计了一个 **Result<(), String>**，这是一种“我会稍后考虑错误处理”的方式。

还有很多工作要做，但这是一个开始——我们说过要从接口开始，而不是一次就确定下来！

7.2.2　如何使用 reqwest 编写 REST 客户端

要与 REST API 通信，我们需要一个 HTTP 客户端。

在 Rust 生态系统中有几种不同的选项：同步与异步、纯 Rust 与和底层本地库绑定（比如和 **tokio** 或 **async-std** 绑定）、固有模式的与高度可定制的，等等。

我们将选择 crates.io 上最受欢迎的包：**reqwest**。

关于 **reqwest** 有什么要说的？

- 它久经考验（约 850 万次下载）；

- 它主要提供一个异步接口，通过 **blocking** 功能标志可以打开同步接口；

- 它依赖 **tokio** 作为其异步执行器，这一点与我们已经使用的 **actix-web** 相同；

- 如果你选择使用 **rustls** 支持 TLS 实现（使用 **rustls-tls** 功能标志而不是 **default-tls**），那么它不依赖任何系统库，这使其非常易于移植。

如果你仔细观察，就会发现我们已经在使用 **reqwest**！

它在集成测试中用来触发 API 请求的 HTTP 客户端。我们将它从开发时依赖提升为运行时依赖：

```
1  #! Cargo.toml
2  # [...]
3
4  [dependencies]
5  # [...]
6  # 我们需要使用 `json` 功能标志来序列化/反序列化 JSON 负载
7  reqwest = { version = "0.11", default-features = false, features = ["json", "rustls-tls"] }
8
9  [dev-dependencies]
10 # 从该列表中删除 `reqwest`
11 # [...]
```

7.2.2.1　reqwest::Client

当使用 **reqwest** 时，主要处理的类型是 **reqwest::Client**，它公开了我们执行 REST API 请求所需的所有方法。

我们可以通过调用 **Client::new** 来获取一个新的客户端实例。或者，如果需要调整默认配置，则可以使用 **Client::builder**。

目前，我们将坚持使用 **Client::new**。

现在向 **EmailClient** 中添加两个字段：

- **http_client**，用于存储一个 **Client** 实例；

- **base_url**，用于存储发出 API 请求的 URL。

```
1  //! src/email_client.rs
2
3  use crate::domain::SubscriberEmail;
4  use reqwest::Client;
5
6  pub struct EmailClient {
7      http_client: Client,
8      base_url: String,
9      sender: SubscriberEmail
10 }
11
12 impl EmailClient {
13     pub fn new(base_url: String, sender: SubscriberEmail) -> Self {
14         Self {
15             http_client: Client::new(),
16             base_url,
17             sender
18         }
19     }
20
21     // [...]
22 }
```

7.2.2.2　连接池

在对远程服务器上托管的 API 执行 HTTP 请求之前，我们需要建立一个连接。

事实证明，连接是一个相当昂贵的操作。如果使用 HTTPS，它甚至更加昂贵：每次需要触发请求时都创建一个全新的连接，这可能会影响应用程序的性能，并可能导致在高负载下出现套接字（socket）耗尽的问题。

为了缓解这个问题，大多数 HTTP 客户端都提供了连接池功能：在对远程服务器的第一个请求完成后，它们会保持连接打开一段时间，并在触发下一个请求时复用它，从而避免了从头开始重新建立连接。

reqwest 也不例外——每次创建 **Client** 实例时，**reqwest** 都会在后台初始化一个连接池。

为了利用这个连接池，我们需要在多个请求中复用相同的 **Client**。

同样值得指出的是，**Client::clone** 并不会创建一个新的连接池——我们只是克隆了指向底层池的指针。

7.2.2.3　如何在 actix-web 中复用相同的 reqwest::Client

如果要在 **actix-web** 中跨多个请求复用相同的 HTTP 客户端，则需要在应用程序上下文中存储一个副本。之后，便能够在请求处理器中使用提取器（例如 **actix_web::web::Data**）检索到对 **Client**

的引用。

如何做到这一点？看看构建 **HttpServer** 的代码：

```
1  //! src/startup.rs
2  // [...]
3
4  pub fn run(listener: TcpListener, db_pool: PgPool) -> Result<Server, std::io::Error> {
5      let db_pool = Data::new(db_pool);
6      let server = HttpServer::new(move || {
7          App::new()
8              .wrap(TracingLogger::default())
9              .route("/health_check", web::get().to(health_check))
10             .route("/subscriptions", web::post().to(subscribe))
11             .app_data(db_pool.clone())
12     })
13     .listen(listener)?
14     .run();
15     Ok(server)
16 }
```

我们有两种选择。

- 为 **EmailClient** 派生 **Clone** 特质，一次构建一个实例，然后每次需要构建 **App** 时，都传递一个克隆给 **app_data**：

```
1  //! src/email_client.rs
2  // [...]
3
4  #[derive(Clone)]
5  pub struct EmailClient {
6      http_client: Client,
7      base_url: String,
8      sender: SubscriberEmail
9  }
10
11 // [...]
```

```
1  //! src/startup.rs
2  use crate::email_client::EmailClient;
3  // [...]
4
5  pub fn run(
6      listener: TcpListener,
7      db_pool: PgPool,
8      email_client: EmailClient,
9  ) -> Result<Server, std::io::Error> {
10     let db_pool = Data::new(db_pool);
11     let server = HttpServer::new(move || {
12         App::new()
```

```
13              .wrap(TracingLogger::default())
14              .route("/health_check", web::get().to(health_check))
15              .route("/subscriptions", web::post().to(subscribe))
16              .app_data(db_pool.clone())
17              .app_data(email_client.clone())
18          })
19          .listen(listener)?
20          .run();
21          Ok(server)
22  }
```

- 将 **EmailClient** 包装在 **actix_web::web::Data**（一个 **Arc** 指针）中，每次需要构建 **App** 时，
  都传递一个指针给 **app_data**——就像使用 **PgPool** 时做的那样。

```
1   //! src/startup.rs
2   use crate::email_client::EmailClient;
3   // [...]
4
5   pub fn run(
6       listener: TcpListener,
7       db_pool: PgPool,
8       email_client: EmailClient,
9   ) -> Result<Server, std::io::Error> {
10      let db_pool = Data::new(db_pool);
11      let email_client = Data::new(email_client);
12      let server = HttpServer::new(move || {
13          App::new()
14              .wrap(TracingLogger::default())
15              .route("/health_check", web::get().to(health_check))
16              .route("/subscriptions", web::post().to(subscribe))
17              .app_data(db_pool.clone())
18              .app_data(email_client.clone())
19          })
20          .listen(listener)?
21          .run();
22          Ok(server)
23  }
```

哪种方法更好？

如果 **EmailClient** 只是围绕 **Client** 实例的一个包装器，那么第一种选择将是首选——避免了使用 **Arc** 包装连接池两次。

但情况并非如此：**EmailClient** 附带了两个数据字段（**base_url** 和 **sender**）。第一个实现在每次创建 **App** 实例时都会为保存数据的副本分配新的内存，而第二个实现在所有 **App** 实例之间共享它。

这就是为什么我们将使用第二种方法。

但要小心：我们为每个线程创建了一个 **App** 实例——从全局来看，字符串分配（或指针克隆）的成本可以忽略不计。

我们在此将决策过程作为一种练习，以了解其中的利弊得失——在未来，你可能不得不做出类似的选择，而这两种选择的成本相差悬殊。

7.2.2.4　配置 EmailClient

如果运行 **cargo check**，则会得到一个错误：

```
error[E0061]: this function takes 3 arguments but 2 arguments were supplied
  --> src/main.rs:24:5
   |
24 |     run(listener, connection_pool)?.await?;
   |     ^^^ -------- --------------- supplied 2 arguments
   |     |
   |     expected 3 arguments

error: aborting due to previous error
```

我们来修复它！

现在，在 **main** 函数中有些什么呢？

```
//! src/main.rs
// [...]

#[tokio::main]
async fn main() -> std::io::Result<()> {
    // [...]
    let configuration = get_configuration().expect("Failed to read configuration.");
    let connection_pool = PgPoolOptions::new()
        .acquire_timeout(std::time::Duration::from_secs(2))
        .connect_lazy_with(configuration.database.with_db());

    let address = format!(
        "{}:{}",
        configuration.application.host, configuration.application.port
    );
    let listener = TcpListener::bind(address)?;
    run(listener, connection_pool)?.await?;
    Ok(())
}
```

我们正在使用通过 **get_configuration** 获取的配置中指定的值来构建应用程序的依赖关系。

要构建一个 **EmailClient** 实例，需要发出请求的 API 的基础 URL 和发件人的电子邮件地址——把它们添加到 **Settings** 结构体中：

```rust
1  //! src/configuration.rs
2  // [...]
3  use crate::domain::SubscriberEmail;
4
5  #[derive(serde::Deserialize)]
6  pub struct Settings {
7      pub database: DatabaseSettings,
8      pub application: ApplicationSettings,
9      // 新字段
10     pub email_client: EmailClientSettings,
11 }
12
13 #[derive(serde::Deserialize)]
14 pub struct EmailClientSettings {
15     pub base_url: String,
16     pub sender_email: String,
17 }
18
19 impl EmailClientSettings {
20     pub fn sender(&self) -> Result<SubscriberEmail, String> {
21         SubscriberEmail::parse(self.sender_email.clone())
22     }
23 }
24
25 // [...]
```

然后，在配置文件中为它们设置值：

```yaml
1  #! configuration/base.yaml
2
3  application:
4    # [...]
5  database:
6    # [...]
7  email_client:
8    base_url: "localhost"
9    sender_email: "test@gmail.com"
```

```yaml
1  #! configuration/production.yaml
2  application:
3    # [...]
4  database:
5    # [...]
6  email_client:
7    # 从 Postmark 的 API 文档中获取的值
8    base_url: "https://api.postmarkapp.com"
9    # 使用在 Postmark 上授权的单个发件人发送电子邮件
10   sender_email: "something@gmail.com"
```

现在，我们可以在 **main** 中构建一个 **EmailClient** 实例，并将它传递给 **run** 函数：

```
1  //! src/main.rs
2  // [...]
3  use zero2prod::email_client::EmailClient;
4
5  #[tokio::main]
6  async fn main() -> std::io::Result<()> {
7      // [...]
8      let configuration = get_configuration().expect("Failed to read configuration.");
9      let connection_pool = PgPoolOptions::new()
10         .acquire_timeout(std::time::Duration::from_secs(2))
11         .connect_lazy_with(configuration.database.with_db());
12
13     // 使用`configuration`构建一个`EmailClient`
14     let sender_email = configuration.email_client.sender()
15         .expect("Invalid sender email address.");
16     let email_client = EmailClient::new(
17         configuration.email_client.base_url,
18         sender_email
19     );
20
21     let address = format!(
22         "{}:{}",
23         configuration.application.host, configuration.application.port
24     );
25     let listener = TcpListener::bind(address)?;
26     // 为`run`添加一个新参数`email_client`
27     run(listener, connection_pool, email_client)?.await?;
28     Ok(())
29 }
```

现在执行 **cargo check** 应该会通过，尽管会看到一些关于未使用变量的警告——我们很快就会处理这些警告。

那么测试怎么样？

执行 **cargo check --all-targets** 返回的错误与之前使用 **cargo check** 时看到的错误相似：

```
1  error[E0061]: this function takes 3 arguments but 2 arguments were supplied
2    --> tests/health_check.rs:36:18
3     |
4  36 |      let server = run(listener, connection_pool.clone())
5     |                   ^^^ -------- ---------------------- supplied 2 arguments
6     |                   |
7     |                   expected 3 arguments
8
9  error: aborting due to previous error
```

你是对的——这是代码重复的问题。我们将重构集成测试的初始化逻辑，但现在还不行。

我们来快速修复，让它可以通过编译：

```
1  //! tests/health_check.rs
2
3  // [...]
4  use zero2prod::email_client::EmailClient;
5  // [...]
6
7  async fn spawn_app() -> TestApp {
8      // [...]
9
10     let mut configuration = get_configuration()
11         .expect("Failed to read configuration.");
12     configuration.database.database_name = Uuid::new_v4().to_string();
13     let connection_pool = configure_database(&configuration.database).await;
14
15     // 构建一个新的邮件客户端
16     let sender_email = configuration.email_client.sender()
17         .expect("Invalid sender email address.");
18     let email_client = EmailClient::new(
19         configuration.email_client.base_url,
20         sender_email
21     );
22
23     // 将新的客户端传递给`run`
24     let server = run(listener, connection_pool.clone(), email_client)
25         .expect("Failed to bind address");
26     let _ = tokio::spawn(server);
27     TestApp {
28         address,
29         db_pool: connection_pool,
30     }
31 }
32
33 // [...]
```

现在，执行 **cargo test** 应该会成功。

7.2.3　如何测试 REST 客户端

我们已经完成了大部分设置步骤：为 **EmailClient** 设计了一个接口，并使用了新的配置类型 **EmailClientSettings** 将其与应用程序连接起来。

为了遵守测试驱动开发方法，现在是时候编写测试了！

我们可以从集成测试开始：修改 **POST /subscriptions** 的测试，以确保端点符合新要求。

然而，要使它们通过测试需要很长时间：除了发送电子邮件，还需要添加逻辑来生成唯一令牌并存储它。

我们从小事做起：只需要测试 **EmailClient** 组件的隔离性。

这将增强我们的信心——在进行单元测试时它将按预期运行，从而减少将其集成到较大的确认邮件流程中时可能会遇到的问题数量。

这也给我们一个机会，看看所选择的接口是否符合人性化和易于测试。

但我们究竟应该测试什么呢？

EmailClient::send_email 的主要目的是执行 **HTTP** 调用：如何知道它是否发生了？如何检查请求体和请求头是否按预期填充了？

我们需要拦截该 **HTTP** 请求——是时候启动模拟服务器了！

7.2.3.1　使用 wiremock 进行 HTTP 模拟

我们在 **src/email_client.rs** 的底部为测试添加一个新模块，其中包含一个新测试的骨架：

```
1  //! src/email_client.rs
2  // [...]
3
4  #[cfg(test)]
5  mod tests {
6      #[tokio::test]
7      async fn send_email_fires_a_request_to_base_url() {
8          todo!()
9      }
10 }
```

这段代码不能被直接编译——我们需要在 **Cargo.toml** 中为 tokio 添加两个功能标志：

```
1  #! Cargo.toml
2  # [...]
3
4  [dev-dependencies]
5  # [...]
6  tokio = { version = "1", features = ["rt", "macros"] }
```

我们对 Postmark 了解得不够，无法断言在发出的 **HTTP** 请求中应该看到什么。

尽管正如测试名称所示，可以合理地期望一个请求被发送到 **EmailClient::base_url** 的服务器！

我们将 **wiremock** 添加到开发依赖项中：

```
1  #! Cargo.toml
2  # [...]
3
4  [dev-dependencies]
5  # [...]
6  wiremock = "0.5"
```

使用 **wiremock**，可以实现 **send_email_fires_a_request_to_base_url**：

```
1  //! src/email_client.rs
2  // [...]
3
4  #[cfg(test)]
5  mod tests {
6      use crate::domain::SubscriberEmail;
7      use crate::email_client::EmailClient;
8      use fake::faker::internet::en::SafeEmail;
9      use fake::faker::lorem::en::{Paragraph, Sentence};
10     use fake::{Fake, Faker};
11     use wiremock::matchers::any;
12     use wiremock::{Mock, MockServer, ResponseTemplate};
13
14     #[tokio::test]
15     async fn send_email_fires_a_request_to_base_url() {
16         // 准备
17         let mock_server = MockServer::start().await;
18         let sender = SubscriberEmail::parse(SafeEmail().fake()).unwrap();
19         let email_client = EmailClient::new(mock_server.uri(), sender);
20
21         Mock::given(any())
22             .respond_with(ResponseTemplate::new(200))
23             .expect(1)
24             .mount(&mock_server)
25             .await;
26
27         let subscriber_email = SubscriberEmail::parse(SafeEmail().fake()).unwrap();
28         let subject: String = Sentence(1..2).fake();
29         let content: String = Paragraph(1..10).fake();
30
31         // 执行
32         let _ = email_client
33             .send_email(subscriber_email, &subject, &content, &content)
34             .await;
35
36         // 断言
37     }
38 }
```

我们来一步步分析正在发生的事情。

7.2.3.2　wiremock::MockServer

```
1  let mock_server = MockServer::start().await;
```

wiremock::MockServer 是一个完整的 HTTP 服务器。

MockServer::start 会向操作系统申请一个随机可用的端口，并在后台线程上启动服务器，准备监听传入的请求。

那么，如何将邮件客户端指向模拟服务器呢？可以使用 **MockServer::uri** 方法获取模拟服务器的地址，然后将其作为 **base_url** 传递给 **EmailClient::new**：

```
1  let email_client = EmailClient::new(mock_server.uri(), sender);
```

7.2.3.3　wiremock::Mock

在默认情况下，**wiremock::MockServer** 对所有传入的请求返回 **404 Not Found**。

我们可以通过挂载 **Mock** 来指示模拟服务器以不同的方式表现。

```
1  Mock::given(any())
2      .respond_with(ResponseTemplate::new(200))
3      .expect(1)
4      .mount(&mock_server)
5      .await;
```

当 **wiremock::MockServer** 接收到一个请求时，它会遍历所有挂载的 mock，以检查请求是否与它们的条件匹配。

mock 的匹配条件使用 **Mock::given** 来指定。

我们将 **any()** 传递给 **Mock::given**，根据 **wiremock** 的文档：

> 它匹配所有传入的请求，无论它们的请求方法、请求路径、请求头和请求体如何。你可以使用它来验证是否向服务器发送了请求，而无须对其进行任何其他断言。

基本上，无论请求是什么，它都会始终匹配——这正是我们在这里想要的！

当传入的请求与挂载的 mock 的条件匹配时，**wiremock::MockServer** 会返回响应，遵循在 **respond_with** 中指定的内容。

我们传递了 **ResponseTemplate::new(200)**——一个没有响应体的 **200 OK** 响应。

wiremock::Mock 只有被挂载到 **wiremock::MockServer** 上才会生效——这就是我们调用 **Mock::mount** 的目的。

7.2.3.4　应当明确测试的意图

接下来，我们实际调用了 **EmailClient::send_email**：

```
1  let subscriber_email = SubscriberEmail::parse(SafeEmail().fake()).unwrap();
2  let subject: String = Sentence(1..2).fake();
3  let content: String = Paragraph(1..10).fake();
4
5  // 执行
6  let _ = email_client
7      .send_email(subscriber_email, &subject, &content, &content)
8      .await;
```

你会注意到这里非常依赖 **fake**：为所有 **send_email** 的输入（以及 7.2.2 节中的 **sender**）生成随机数据。

我们本可以硬编码一些值，但为什么选择更进一步，使它们变成随机的呢？

读者在浏览测试代码时，应该能够很容易识别出我们正在尝试测试什么。

使用随机数据传达了一个明确的信息：不要关注这些输入，它们的值不会影响测试的结果，这就是为什么它们是随机的！

相反，硬编码的值应该总是让你停下来思考：将 **subscriber_email** 设置为 **marco@gmail.com** 重要吗？如果将其设置为另一个值，测试是否能够通过？

在我们的测试中，答案是显而易见的。但在更复杂的设置中，答案往往并非如此。

7.2.3.5　mock 的期望

测试的结尾看起来有点儿神秘：有一个"// 断言"的注释……但后面没有断言。

我们回到 **Mock** 设置那一行：

```
1  Mock::given(any())
2      .respond_with(ResponseTemplate::new(200))
3      .expect(1)
4      .mount(&mock_server)
5      .await;
```

.expect(1) 是什么意思？

它在 mock 中设置了一个期望：告诉 **MockServer**，在这个测试期间，它应该仅仅接收到一个与 mock 设置的条件匹配的请求。

我们还可以为期望设置范围——例如，如果希望至少看到一个请求，则可以使用 **expect(1..)**；如果希望至少有一个请求，但不超过三个，则可以使用 **expect(1..=3)**；等等。

当 **MockServer** 超出范围（即在测试函数的末尾时），期望将被验证。

在关闭之前，**MockServer** 会遍历所有已挂载的 mock，并检查它们的期望是否已经被验证。如果验证步骤失败，它将引发 panic（并使测试失败）。

我们运行 **cargo test**：

```
1  ---- email_client::tests::send_email_fires_a_request_to_base_url stdout ----
2  thread 'email_client::tests::send_email_fires_a_request_to_base_url' panicked at
3  'not yet implemented', src/email_client.rs:24:9
```

甚至还没有运行到测试的末尾，因为在 **send_email** 的函数体中有一个占位符 **todo!()**。

我们将其替换为一个虚拟的 **Ok**：

```
1  //! src/email_client.rs
2  // [...]
3
4  impl EmailClient {
5      // [...]
6
7      pub async fn send_email(
8          &self,
9          recipient: SubscriberEmail,
10         subject: &str,
11         html_content: &str,
12         text_content: &str,
13     ) -> Result<(), String> {
14         // 无论输入是什么
15         Ok(())
16     }
17 }
18
19 // [...]
```

如果再次运行 **cargo test**，则可以看到 **wiremock** 的运行情况：

```
1  ---- email_client::tests::send_email_fires_a_request_to_base_url stdout ----
2  thread 'email_client::tests::send_email_fires_a_request_to_base_url' panicked at
   'Verifications failed:
3  - Mock #0.
4      Expected range of matching incoming requests: == 1
5      Number of matched incoming requests: 0
6  '
```

服务器期望收到一个请求，但它实际上没有收到任何请求，因此测试失败。

现在，是时候完善 **EmailClient::send_email** 的具体实现了。

7.2.4　EmailClient::send_email 的初版实现

要实现 **EmailClient::send_email**，需要查看 Postmark 的 API 文档。我们从"发送单个电子邮件"用户指南开始。

电子邮件发送示例如下：

```
1  curl "https://api.postmarkapp.com/email" \
2      -X POST \
3      -H "Accept: application/json" \
4      -H "Content-Type: application/json" \
5      -H "X-Postmark-Server-Token: server token" \
6      -d '{
7      "From": "sender@example.com",
8      "To": "receiver@example.com",
9      "Subject": "Postmark test",
```

```
10      "TextBody": "Hello dear Postmark user.",
11      "HtmlBody": "<html><body><strong>Hello</strong> dear Postmark user.</body></html>"
12  }'
```

我们分析一下。发送电子邮件需要：

- 一个到 /email 端点的 POST 请求；

- 一个 JSON 请求体，其中的字段与 send_email 方法的参数一一对应。我们需要注意字段名称的格式，它们必须采用帕斯卡命名法；

- 一个授权请求头，X-Postmark-Server-Token，其值被设置为从 Postmark 门户网站中获取的密钥令牌。

如果请求成功，我们会得到类似于以下内容的响应：

```
1   HTTP/1.1 200 OK
2   Content-Type: application/json
3
4   {
5       "To": "receiver@example.com",
6       "SubmittedAt": "2021-01-12T07:25:01.4178645-05:00",
7       "MessageID": "0a129aee-e1cd-480d-b08d-4f48548ff48d",
8       "ErrorCode": 0,
9       "Message": "OK"
10  }
```

我们已经有足够的能力来实现正常流程了！

7.2.4.1　reqwest::Client::post

reqwest::Client 暴露了 post 方法——它接收我们使用 POST 请求调用的 URL 作为参数，并返回一个 RequestBuilder。

RequestBuilder 提供了一个流式 API 来逐步构建我们想要发送的请求的其余部分。

我们试一试：

```
1   //! src/email_client.rs
2   // [...]
3
4   impl EmailClient {
5       // [...]
6
7       pub async fn send_email(
8           &self,
9           recipient: SubscriberEmail,
10          subject: &str,
11          html_content: &str,
12          text_content: &str,
13      ) -> Result<(), String> {
```

```
14        // 如果将`base_url`的类型从`String`更改为`reqwest::Url`
15        // 使用`reqwest::Url::join`可以更好地完成
16        // 我把它留给读者作为练习
17        let url = format!("{}/email", self.base_url);
18        let builder = self.http_client.post(&url);
19        Ok(())
20    }
21 }
22
23 // [...]
```

7.2.4.2　JSON 请求体

我们可以将请求体转换为结构体：

```
1  //! src/email_client.rs
2  // [...]
3
4  impl EmailClient {
5      // [...]
6
7      pub async fn send_email(
8          &self,
9          recipient: SubscriberEmail,
10         subject: &str,
11         html_content: &str,
12         text_content: &str,
13     ) -> Result<(), String> {
14         let url = format!("{}/email", self.base_url);
15         let request_body = SendEmailRequest {
16             from: self.sender.as_ref().to_owned(),
17             to: recipient.as_ref().to_owned(),
18             subject: subject.to_owned(),
19             html_body: html_content.to_owned(),
20             text_body: text_content.to_owned(),
21         };
22         let builder = self.http_client.post(&url);
23         Ok(())
24     }
25 }
26
27 struct SendEmailRequest {
28     from: String,
29     to: String,
30     subject: String,
31     html_body: String,
32     text_body: String,
33 }
34
35 // [...]
```

如果启用了 **reqwest** 的 **json** 功能标志（就像我们做的那样），**builder** 将暴露一个 **json** 方法，我们可以利用它将 **request_body** 设置为请求的 **JSON** 请求体：

```
1  //! src/email_client.rs
2  // [...]
3
4  impl EmailClient {
5      // [...]
6
7      pub async fn send_email(
8          &self,
9          recipient: SubscriberEmail,
10         subject: &str,
11         html_content: &str,
12         text_content: &str,
13     ) -> Result<(), String> {
14         let url = format!("{}/email", self.base_url);
15         let request_body = SendEmailRequest {
16             from: self.sender.as_ref().to_owned(),
17             to: recipient.as_ref().to_owned(),
18             subject: subject.to_owned(),
19             html_body: html_content.to_owned(),
20             text_body: text_content.to_owned(),
21         };
22         let builder = self.http_client.post(&url).json(&request_body);
23         Ok(())
24     }
25 }
```

它几乎可以工作了：

```
1  error[E0277]: the trait bound `SendEmailRequest: Serialize` is not satisfied
2    --> src/email_client.rs:34:56
3     |
4  34 |         let builder = self.http_client.post(&url).json(&request_body);
5     |                                                        ^^^^^^^^^^^^^
6           the trait `Serialize` is not implemented for `SendEmailRequest`
```

现在，为 **SendEmailRequest** 派生 **serde::Serialize**，使其可序列化：

```
1  //! src/email_client.rs
2  // [...]
3
4  #[derive(serde::Serialize)]
5  struct SendEmailRequest {
6      from: String,
7      to: String,
8      subject: String,
9      html_body: String,
10     text_body: String,
11 }
```

太棒了，通过编译了！

json 方法比简单的序列化更进一步：它还会将 **Content-Type** 头设置为 **application/json**——与我们在示例中看到的匹配！

7.2.4.3　授权令牌

我们快要完成了——在请求中添加一个授权请求头 **X-Postmark-Server-Token**。

就像发件人的电子邮件地址一样，我们希望将令牌值存储为 **EmailClient** 中的一个字段。

修改 **EmailClient::new** 和 **EmailClientSettings**：

```
1  //! src/email_client.rs
2  use secrecy::Secret;
3  // [...]
4
5  pub struct EmailClient {
6      // [...]
7      // 我们不希望因为意外而记录这个
8      authorization_token: Secret<String>,
9  }
10
11 impl EmailClient {
12     pub fn new(
13         // [...]
14         authorization_token: Secret<String>,
15     ) -> Self {
16         Self {
17             // [...]
18             authorization_token,
19         }
20     }
21
22     // [...]
23 }
```

```
1  //! src/configuration.rs
2  // [...]
3
4  #[derive(serde::Deserialize)]
5  pub struct EmailClientSettings {
6      // [...]
7      // 新的（密钥）配置值
8      pub authorization_token: Secret<String>
9  }
10
11 // [...]
```

然后，编译器会告诉我们需要修改什么：

```rust
1  //! src/email_client.rs
2  // [...]
3
4  #[cfg(test)]
5  mod tests {
6      use secrecy::Secret;
7      // [...]
8
9      #[tokio::test]
10     async fn send_email_fires_a_request_to_base_url() {
11         let mock_server = MockServer::start().await;
12         let sender = SubscriberEmail::parse(SafeEmail().fake()).unwrap();
13         // 新参数
14         let email_client = EmailClient::new(
15             mock_server.uri(),
16             sender,
17             Secret::new(Faker.fake())
18         );
19         // [...]
20     }
21 }
```

```rust
1  //! src/main.rs
2  // [...]
3
4  #[tokio::main]
5  async fn main() -> std::io::Result<()> {
6      // [...]
7      let email_client = EmailClient::new(
8          configuration.email_client.base_url,
9          sender_email,
10         // 通过配置传递参数
11         configuration.email_client.authorization_token,
12     );
13     // [...]
14 }
```

```rust
1  //! tests/health_check.rs
2  // [...]
3
4  async fn spawn_app() -> TestApp {
5      // [...]
6      let email_client = EmailClient::new(
7          configuration.email_client.base_url,
8          sender_email,
9          // 通过配置传递参数
10         configuration.email_client.authorization_token,
11     );
12     // [...]
```

```
13 }
14 // [...]
```

```
1 #! configuration/base.yml
2 # [...]
3 email_client:
4     base_url: "localhost"
5     sender_email: "test@gmail.com"
6     # 新的值
7     # 我们只设置了开发环境的令牌
8     # 我们将在版本控制系统之外处理生产环境的令牌
9     # （考虑到这是一个敏感信息！）
10    authorization_token: "my-secret-token"
```

现在可以在 **send_email** 中使用授权令牌：

```
1 //! src/email_client.rs
2 use secrecy::{ExposeSecret, Secret};
3 // [...]
4
5 impl EmailClient {
6     // [...]
7
8     pub async fn send_email(
9         // [...]
10    ) -> Result<(), String> {
11        // [...]
12        let builder = self
13            .http_client
14            .post(&url)
15            .header(
16                "X-Postmark-Server-Token",
17                self.authorization_token.expose_secret(),
18            )
19            .json(&request_body);
20        Ok(())
21    }
22 }
```

它会立即编译通过。

7.2.4.4　执行请求

我们已经准备就绪——现在只需要发出请求！

我们可以使用 **send** 方法：

```
1 //! src/email_client.rs
2 // [...]
3
4 impl EmailClient {
```

```
5      // [...]
6
7      pub async fn send_email(
8          // [...]
9      ) -> Result<(), String> {
10         // [...]
11         self.http_client
12             .post(&url)
13             .header(
14                 "X-Postmark-Server-Token",
15                 self.authorization_token.expose_secret(),
16             )
17             .json(&request_body)
18             .send()
19             .await?;
20         Ok(())
21     }
22 }
```

send 是异步的，因此需要等待它返回的 **future**。

send 也是一个可能会失败的操作——例如，可能无法与服务器建立连接。如果 **send** 失败，我们希望返回一个错误——这就是为什么使用 **?** 操作符。

然而，编译报错了：

```
1 error[E0277]: `?` couldn't convert the error to `std::string::String`
2   --> src/email_client.rs:41:19
3    |
4 41 |          .await?;
5    |                ^
6   the trait `From<reqwest::Error>` is not implemented for `std::string::String`
```

send 返回的错误变体是 **reqwest::Error** 类型的，而 **send_email** 使用了 **String** 作为错误类型。编译器一直在查找转换（**From** 特质的实现），但没有找到——因此，它报错了。

你可以回顾一下，使用 **String** 作为错误变体，主要是作为占位符。现在改变 **send_email** 的方函数签名，使其返回 **Result<(), reqwest::Error>**。

```
1 //! src/email_client.rs
2 // [...]
3
4 impl EmailClient {
5     // [...]
6
7     pub async fn send_email(
8         // [...]
9     ) -> Result<(), reqwest::Error> {
10        // [...]
11    }
12 }
```

现在错误应该消失了！

cargo test 也应该通过了。恭喜！

7.2.5　加强正常的测试

我们再来看看"正常的"测试：

```
1  //! src/email_client.rs
2  // [...]
3
4  #[cfg(test)]
5  mod tests {
6      use crate::domain::SubscriberEmail;
7      use crate::email_client::EmailClient;
8      use fake::faker::internet::en::SafeEmail;
9      use fake::faker::lorem::en::{Paragraph, Sentence};
10     use fake::{Fake, Faker};
11     use wiremock::matchers::any;
12     use wiremock::{Mock, MockServer, ResponseTemplate};
13
14     #[tokio::test]
15     async fn send_email_fires_a_request_to_base_url() {
16         // 准备
17         let mock_server = MockServer::start().await;
18         let sender = SubscriberEmail::parse(SafeEmail().fake()).unwrap();
19         let email_client = EmailClient::new(
20             mock_server.uri(),
21             sender,
22             Secret::new(Faker.fake())
23         );
24
25         let subscriber_email = SubscriberEmail::parse(SafeEmail().fake()).unwrap();
26         let subject: String = Sentence(1..2).fake();
27         let content: String = Paragraph(1..10).fake();
28
29         Mock::given(any())
30             .respond_with(ResponseTemplate::new(200))
31             .expect(1)
32             .mount(&mock_server)
33             .await;
34
35         // 执行
36         let _ = email_client
37             .send_email(subscriber_email, &subject, &content, &content)
38             .await;z
39
40         // 断言
41         // 在销毁对象时检查 mock 的期望结果
42     }
43  }
```

为了逐渐熟悉 **WireMock** 的使用，我们从非常基本的东西开始——只是断言模拟服务器被调用了一次。现在进一步加强它，检查发出的请求确实符合我们的期望。

1. 请求头、请求路径和请求方法

any 并不是 **WireMock** 默认提供的唯一匹配器：在 **WireMock** 的 **matchers** 模块中还有一些可用的匹配器。

我们可以使用 **header_exists** 来验证向服务器发出的请求是否设置了 **X-Postmark-Server-Token**：

```rust
//! src/email_client.rs
// [...]

#[cfg(test)]
mod tests {
    // [...]
    // 从导入列表中移除了`any`
    use wiremock::matchers::header_exists;

    #[tokio::test]
    async fn send_email_fires_a_request_to_base_url() {
        // [...]

        Mock::given(header_exists("X-Postmark-Server-Token"))
            .respond_with(ResponseTemplate::new(200))
            .expect(1)
            .mount(&mock_server)
            .await;

        // [...]
    }
}
```

我们可以使用 **and** 方法将多个匹配器连在一起。

我们添加 **header** 来检查 **Content-Type** 是否被设置为正确的值，添加 **path** 来断言调用的端点，并添加 **method** 来验证 **HTTP** 方法：

```rust
//! src/email_client.rs
// [...]

#[cfg(test)]
mod tests {
    // [...]
    use wiremock::matchers::{header, header_exists, method, path};

    #[tokio::test]
    async fn send_email_fires_a_request_to_base_url() {
        // [...]
```

```
12
13        Mock::given(header_exists("X-Postmark-Server-Token"))
14            .and(header("Content-Type", "application/json"))
15            .and(path("/email"))
16            .and(method("POST"))
17            .respond_with(ResponseTemplate::new(200))
18            .expect(1)
19            .mount(&mock_server)
20            .await;
21
22        // [...]
23    }
24 }
```

2. 请求体

到目前为止，一切都很顺利：**cargo test** 仍然通过。

那么请求体呢？

我们可以使用 **body_json** 来精确匹配请求体。

但是可能不需要做得那么精确——只需要检查请求体是有效的 JSON，并且包含 Postmark 示例中显示的一组字段名称即可。

没有开箱即用的匹配器符合我们的需求——我们需要自己实现！

WireMock 暴露了一个 **Match** 特质——实现了该特质的所有东西都可以被作为匹配器在 **given** 和 **and** 中使用。

我们来实现它：

```
 1 //! src/email_client.rs
 2 // [...]
 3
 4 #[cfg(test)]
 5 mod tests {
 6    use wiremock::Request;
 7    // [...]
 8
 9    struct SendEmailBodyMatcher;
10
11    impl wiremock::Match for SendEmailBodyMatcher {
12        fn matches(&self, request: &Request) -> bool {
13            unimplemented!()
14        }
15    }
16
17    // [...]
18 }
```

我们将传入的请求作为输入 **request**，并且需要返回一个布尔值作为输出：如果 mock 匹配成功，则返回 **true**，否则返回 **false**。

我们需要将请求体反序列化为 JSON——将 **serde-json** 添加到开发依赖项中：

```toml
1  #! Cargo.toml
2  # [...]
3
4  [dev-dependencies]
5  # [...]
6  serde_json = "1"
```

现在可以实现 **matches** 方法了：

```rust
1  //! src/email_client.rs
2  // [...]
3
4  #[cfg(test)]
5  mod tests {
6      // [...]
7
8      struct SendEmailBodyMatcher;
9
10     impl wiremock::Match for SendEmailBodyMatcher {
11         fn matches(&self, request: &Request) -> bool {
12             // 尝试将请求体解析为 JSON 值
13             let result: Result<serde_json::Value, _> =
14                 serde_json::from_slice(&request.body);
15             if let Ok(body) = result {
16                 // 检查是否填充了所有必填字段，而不检查字段的具体值
17                 body.get("From").is_some()
18                     && body.get("To").is_some()
19                     && body.get("Subject").is_some()
20                     && body.get("HtmlBody").is_some()
21                     && body.get("TextBody").is_some()
22             } else {
23                 // 如果解析失败，则不匹配请求
24                 false
25             }
26         }
27     }
28
29     #[tokio::test]
30     async fn send_email_fires_a_request_to_base_url() {
31         // [...]
32
33         Mock::given(header_exists("X-Postmark-Server-Token"))
34             .and(header("Content-Type", "application/json"))
35             .and(path("/email"))
36             .and(method("POST"))
```

```
37              // 使用自定义的匹配器
38              .and(SendEmailBodyMatcher)
39              .respond_with(ResponseTemplate::new(200))
40              .expect(1)
41              .mount(&mock_server)
42              .await;
43
44          // [...]
45      }
46  }
```

编译成功!

但是测试现在失败了……

```
1  ---- email_client::tests::send_email_fires_a_request_to_base_url stdout ----
2  thread 'email_client::tests::send_email_fires_a_request_to_base_url' panicked at
   'Verifications failed:
3  - Mock #0.
4      Expected range of matching incoming requests: == 1
5      Number of matched incoming requests: 0
6  '
```

为什么会这样呢?

我们在匹配器中添加一条 **dbg!** 语句来检查传入的请求:

```
1  //! src/email_client.rs
2  // [...]
3
4  #[cfg(test)]
5  mod tests {
6      // [...]
7
8      impl wiremock::Match for SendEmailBodyMatcher {
9          fn matches(&self, request: &Request) -> bool {
10             // [...]
11             if let Ok(body) = result {
12                 dbg!(&body);
13                 // [...]
14             } else {
15                 false
16             }
17         }
18     }
19     // [...]
20 }
```

如果使用 **cargo test send_email** 再次运行测试，则会得到类似于下面的输出:

```
1  --- email_client::tests::send_email_fires_a_request_to_base_url stdout ----
2  [src/email_client.rs:71] &body = Object({
```

```
 3      "from": String("[...]"),
 4      "to": String("[...]"),
 5      "subject": String("[...]"),
 6      "html_body": String("[...]"),
 7      "text_body": String("[...]"),
 8  })
 9  thread 'email_client::tests::send_email_fires_a_request_to_base_url' panicked at
    'Verifications failed:
10  - Mock #0.
11      Expected range of matching incoming requests: == 1
12      Number of matched incoming requests: 0
13  '
```

看起来我们忘记了大小写要求——字段名称必须采用帕斯卡命名法！

通过在 **SendEmailRequest** 上添加一个注解可以轻松解决这个问题：

```
 1  //! src/email_client.rs
 2  // [...]
 3
 4  #[derive(serde::Serialize)]
 5  #[serde(rename_all = "PascalCase")]
 6  struct SendEmailRequest {
 7      from: String,
 8      to: String,
 9      subject: String,
10      html_body: String,
11      text_body: String,
12  }
```

现在测试应该通过了。

在继续之前，我们将测试重命名为 **send_email_sends_the_expected_request**——这样可以更好地显示测试的意图。

7.2.5.1 重构：避免不必要的内存分配

我们专注于让 **send_email** 能够正常工作——现在可以再次审视它，看看是否还有改进的空间。

现在聚焦于请求体：

```
 1  //! src/email_client.rs
 2  // [...]
 3
 4  impl EmailClient {
 5      // [...]
 6
 7      pub async fn send_email(
 8          // [...]
 9      ) -> Result<(), reqwest::Error> {
10          // [...]
```

```
11        let request_body = SendEmailRequest {
12            from: self.sender.as_ref().to_owned(),
13            to: recipient.as_ref().to_owned(),
14            subject: subject.to_owned(),
15            html_body: html_content.to_owned(),
16            text_body: text_content.to_owned(),
17        };
18        // [...]
19    }
20 }
21
22 #[derive(serde::Serialize)]
23 #[serde(rename_all = "PascalCase")]
24 struct SendEmailRequest {
25    from: String,
26    to: String,
27    subject: String,
28    html_body: String,
29    text_body: String,
30 }
```

对于每个字段，我们都会分配大量新的内存来存储克隆的字符串——这是一种浪费。

在不进行任何额外分配的情况下，引用现有的数据将更加高效。

我们可以通过重构 **SendEmailRequest** 来实现：不使用 **String**，而是将字符串切片（**&str**）作为所有字段的类型。

字符串切片只是指向其他对象所拥有的内存缓冲区的指针。为了在结构体中存储引用，我们需要添加一个生命周期参数：它跟踪这些引用的有效期——编译器的工作是确保引用不会比它们指向的内存缓冲区存在更长的时间！

我们来实现它：

```
1 //! src/email_client.rs
2 // [...]
3
4 impl EmailClient {
5    // [...]
6
7    pub async fn send_email(
8        // [...]
9    ) -> Result<(), reqwest::Error> {
10        // [...]
11        // 不再需要`.to_owned`了
12        let request_body = SendEmailRequest {
13            from: self.sender.as_ref(),
14            to: recipient.as_ref(),
15            subject,
```

```
16            html_body: html_content,
17            text_body: text_content,
18        };
19        // [...]
20    }
21 }
22
23 #[derive(serde::Serialize)]
24 #[serde(rename_all = "PascalCase")]
25 // 生命周期参数始终以撇号（'）开头
26 struct SendEmailRequest<'a> {
27    from: &'a str,
28    to: &'a str,
29    subject: &'a str,
30    html_body: &'a str,
31    text_body: &'a str,
32 }
```

就是这样快捷、省力——serde 为我们完成了所有繁重的工作，我们只需要编写性能更好的代码！

7.2.6　处理失败情况

我们很好地掌握了正常的测试——如果事情没有按预期进行，会发生什么呢？

我们将讨论两种情况：

- 错误状态码（例如 **4xx**、**5xx** 等）；

- 响应速度慢。

7.2.6.1　错误状态码

当前的正常测试仅对 **send_email** 执行的副作用进行断言——实际上，并没有检查它返回的值！

我们要确保，如果服务器返回 **200 OK**，则其返回值应为 **Ok(())**：

```
1 //! src/email_client.rs
2 // [...]
3
4 #[cfg(test)]
5 mod tests {
6    // [...]
7    use claim::assert_ok;
8    use wiremock::matchers::any;
9    // [...]
10
11    // 新的正常测试
12    #[tokio::test]
13    async fn send_email_succeeds_if_the_server_returns_200() {
14        // 准备
```

```
15        let mock_server = MockServer::start().await;
16        let sender = SubscriberEmail::parse(SafeEmail().fake()).unwrap();
17        let email_client = EmailClient::new(
18            mock_server.uri(),
19            sender,
20            Secret::new(Faker.fake())
21        );
22
23        let subscriber_email = SubscriberEmail::parse(SafeEmail().fake()).unwrap();
24        let subject: String = Sentence(1..2).fake();
25        let content: String = Paragraph(1..10).fake();
26
27        // 我们没有复制其他测试中的所有匹配器
28        // 这个测试的目的不是对发出去的请求进行断言
29        // 我们只添加了最少的内容来触发想要在 `send_email` 中测试的路径
30        Mock::given(any())
31            .respond_with(ResponseTemplate::new(200))
32            .expect(1)
33            .mount(&mock_server)
34            .await;
35
36        // 执行
37        let outcome = email_client
38            .send_email(subscriber_email, &subject, &content, &content)
39            .await;
40
41        // 断言
42        assert_ok!(outcome);
43    }
44 }
```

没有意外，测试通过了。

我们来看看相反的情况——如果服务器返回 **500 Internal Server Error**，则期望得到一个 **Err** 变体。

```
1 //! src/email_client.rs
2 // [...]
3
4 #[cfg(test)]
5 mod tests {
6    // [...]
7    use claim::assert_err;
8    // [...]
9
10    #[tokio::test]
11    async fn send_email_fails_if_the_server_returns_500() {
12        // 准备
13        let mock_server = MockServer::start().await;
```

```
14       let sender = SubscriberEmail::parse(SafeEmail().fake()).unwrap();
15       let email_client = EmailClient::new(
16           mock_server.uri(),
17           sender,
18           Secret::new(Faker.fake())
19       );
20
21       let subscriber_email = SubscriberEmail::parse(SafeEmail().fake()).unwrap();
22       let subject: String = Sentence(1..2).fake();
23       let content: String = Paragraph(1..10).fake();
24
25       Mock::given(any())
26           // 不再是 200 了
27           .respond_with(ResponseTemplate::new(500))
28           .expect(1)
29           .mount(&mock_server)
30           .await;
31
32       // 执行
33       let outcome = email_client
34           .send_email(subscriber_email, &subject, &content, &content)
35           .await;
36
37       // 断言
38       assert_err!(outcome);
39   }
40 }
```

我们在这里需要做一些工作：

```
1 --- email_client::tests::send_email_fails_if_the_server_returns_500 stdout ----
2 thread 'email_client::tests::send_email_fails_if_the_server_returns_500' panicked at
3 'assertion failed, expected Err(..), got Ok(())', src/email_client.rs:163:9
```

再次看一下 **send_email**：

```
1 //! src/email_client.rs
2 // [...]
3
4 impl EmailClient {
5     // [...]
6     pub async fn send_email(
7         //[...]
8     ) -> Result<(), reqwest::Error> {
9         // [...]
10        self.http_client
11            .post(&url)
12            .header(
13                "X-Postmark-Server-Token",
14                self.authorization_token.expose_secret(),
```

```
15          )
16          .json(&request_body)
17          .send()
18          .await?;
19      Ok(())
20   }
21 }
22 // [...]
```

可能会返回错误的唯一步骤是发送请求（**send**）——查看 **reqwest** 的文档！

> 如果在发送请求时出现错误、检测到重定向循环或达到重定向限制，该方法将失败。

基本上，只要从服务器获取到有效的响应，**send** 方法就会返回 **Ok**——不管状态码如何！

为了获得预期的行为，需要查看 **reqwest::Response** 上可用的方法——尤其是 **error_for_status** 方法：

> 如果服务器返回错误，则将响应转换为错误。

这似乎符合我们的需求，试一试。

```
1 //! src/email_client.rs
2 // [...]
3
4 impl EmailClient {
5    // [...]
6    pub async fn send_email(
7       // [...]
8    ) -> Result<(), reqwest::Error> {
9       // [...]
10       self.http_client
11          .post(&url)
12          .header(
13             "X-Postmark-Server-Token",
14             self.authorization_token.expose_secret(),
15          )
16          .json(&request_body)
17          .send()
18          .await?
19          .error_for_status()?;
20       Ok(())
21    }
22 }
23 // [...]
```

太棒了，测试通过了！

7.2.6.2　超时

如果服务器返回 **200 OK**，但响应的时间非常长，会发生什么？

我们可以指示模拟服务器在发送回响应之前等待一段可配置的时间。

我们尝试新的集成测试——如果服务器需要 3 分钟才能响应，会怎么样？

```rust
//! src/email_client.rs
// [...]

#[cfg(test)]
mod tests {
    // [...]

    #[tokio::test]
    async fn send_email_times_out_if_the_server_takes_too_long() {
        // 准备
        let mock_server = MockServer::start().await;
        let sender = SubscriberEmail::parse(SafeEmail().fake()).unwrap();
        let email_client = EmailClient::new(
            mock_server.uri(),
            sender,
            Secret::new(Faker.fake())
        );

        let subscriber_email = SubscriberEmail::parse(SafeEmail().fake()).unwrap();
        let subject: String = Sentence(1..2).fake();
        let content: String = Paragraph(1..10).fake();

        let response = ResponseTemplate::new(200)
            // 3分钟
            .set_delay(std::time::Duration::from_secs(180));
        Mock::given(any())
            .respond_with(response)
            .expect(1)
            .mount(&mock_server)
            .await;

        // 执行
        let outcome = email_client
            .send_email(subscriber_email, &subject, &content, &content)
            .await;

        // 断言
        assert_err!(outcome);
    }
}
```

过了一段时间，你应该会看到类似于这样的内容：

```
1  test email_client::tests::send_email_times_out_if_the_server_takes_too_long ...
2  test email_client::tests::send_email_times_out_if_the_server_takes_too_long
3  has been running for over 60 seconds
```

这远非理想的：如果服务器开始出现问题，则可能会累积多个"挂起"的请求。

因为没有断开与服务器的连接，所以连接一直处于忙碌状态：每次发送电子邮件时，都必须打开一个新的连接。如果服务器恢复得不够快，而我们又没有关闭任何打开的连接，则可能会导致套接字耗尽或性能下降。

作为一个经验法则：每当进行 I/O 操作时，都要设置超时时间！如果服务器的响应时间超过超时时间，则应该失败并返回错误。

选择合适的超时值往往更像是一门艺术而不是科学，尤其是如果涉及重试：将超时值设置得太低，有可能重试请求会压垮服务器；将其设置得太高，又有可能在客户端看到性能下降的情况。

尽管如此，与其没有超时阈值，不如设置一个保守的超时时间。

reqwest 为我们提供了两个选项：在 **Client** 上设置默认的超时时间，适用于所有发出的请求，或者为每个请求都设置一个超时时间。

我们选择在 **Client** 上设置一个全局超时时间：在 **EmailClient::new** 中设置它。

```
1  //! src/email_client.rs
2  // [...]
3
4  impl EmailClient {
5      pub fn new(
6          // [...]
7      ) -> Self {
8          let http_client = Client::builder()
9              .timeout(std::time::Duration::from_secs(10))
10             .build()
11             .unwrap();
12         Self {
13             http_client,
14             base_url,
15             sender,
16             authorization_token,
17         }
18     }
19 }
20 // [...]
```

如果再次运行测试，10s 后它应该会通过。

7.2.6.3　重构：测试辅助函数

在对 **EmailClient** 进行的四个测试中，有很多重复的代码——我们将共同的部分提取到一组测试辅助函数中。

```rust
//! src/email_client.rs
// [...]

#[cfg(test)]
mod tests {
    // [...]

    /// 生成随机的邮件主题
    fn subject() -> String {
        Sentence(1..2).fake()
    }

    /// 生成随机的邮件内容
    fn content() -> String {
        Paragraph(1..10).fake()
    }

    /// 生成随机的订阅者电子邮件地址
    fn email() -> SubscriberEmail {
        SubscriberEmail::parse(SafeEmail().fake()).unwrap()
    }

    /// 获取`EmailClient`的测试实例
    fn email_client(base_url: String) -> EmailClient {
        EmailClient::new(base_url, email(), Secret::new(Faker.fake()))
    }

    // [...]
}
```

我们在 **send_email_sends_the_expected_request** 中使用它们：

```rust
//! src/email_client.rs
// [...]

#[cfg(test)]
mod tests {
    // [...]

    #[tokio::test]
    async fn send_email_sends_the_expected_request() {
        // 准备
        let mock_server = MockServer::start().await;
        let email_client = email_client(mock_server.uri());

        Mock::given(header_exists("X-Postmark-Server-Token"))
            .and(header("Content-Type", "application/json"))
            .and(path("/email"))
```

```
17          .and(method("POST"))
18          .and(SendEmailBodyMatcher)
19          .respond_with(ResponseTemplate::new(200))
20          .expect(1)
21          .mount(&mock_server)
22          .await;
23
24      // 执行
25      let _ = email_client
26          .send_email(email(), &subject(), &content(), &content())
27          .await;
28
29      // 断言
30  }
31 }
```

看着舒服多了——这使得测试的意图变得更加明确。

继续重构其他三个测试的代码吧！

7.2.6.4　重构：快速失败

HTTP 客户端的超时时间当前被硬编码为 10s：

```
1  //! src/email_client.rs
2  // [...]
3
4  impl EmailClient {
5      pub fn new(
6          // [...]
7      ) -> Self {
8          let http_client = Client::builder()
9              .timeout(std::time::Duration::from_secs(10))
10             // [...]
11     }
12 }
```

这意味着超时测试大约需要 10s 才能失败——这是一个很长的时间，特别是在每次小改动后都要运行测试的情况下。

为了保持测试套件的执行效率，我们将超时阈值设置为可配置的。

```
1  //! src/email_client.rs
2  // [...]
3
4  impl EmailClient {
5      pub fn new(
6          // [...]
7          // 新参数
8          timeout: std::time::Duration,
9      ) -> Self {
```

```
10        let http_client = Client::builder()
11            .timeout(timeout)
12            // [...]
13        }
14    }
```

```
1  //! src/configuration.rs
2  // [...]
3
4  #[derive(serde::Deserialize)]
5  pub struct EmailClientSettings {
6      // [...]
7      // 新的配置值
8      pub timeout_milliseconds: u64,
9  }
10
11  impl EmailClientSettings {
12      // [...]
13      pub fn timeout(&self) -> std::time::Duration {
14          std::time::Duration::from_millis(self.timeout_milliseconds)
15      }
16  }
```

```
1  //! src/main.rs
2  // [...]
3
4  #[tokio::main]
5  async fn main() -> std::io::Result<()> {
6      // [...]
7      let timeout = configuration.email_client.timeout();
8      let email_client = EmailClient::new(
9          configuration.email_client.base_url,
10          sender_email,
11          configuration.email_client.authorization_token,
12          // 通过配置传递新参数
13          timeout,
14      );
15      // [...]
16  }
```

```
1  #! configuration/base.yaml
2  # [...]
3  email_client:
4    # [...]
5    timeout_milliseconds: 10000
```

项目应该可以编译。

不过，还需要修改测试：

```
1  //! src/email_client.rs
```

```
2    // [...]
3
4    #[cfg(test)]
5    mod tests {
6        // [...]
7        fn email_client(base_url: String) -> EmailClient {
8            EmailClient::new(
9                base_url,
10               email(),
11               Secret::new(Faker.fake()),
12               // 远低于 10s
13               std::time::Duration::from_millis(200),
14           )
15       }
16   }
```

```
1    //! tests/health_check.rs
2    // [...]
3
4    async fn spawn_app() -> TestApp {
5        // [...]
6        let timeout = configuration.email_client.timeout();
7        let email_client = EmailClient::new(
8            configuration.email_client.base_url,
9            sender_email,
10           configuration.email_client.authorization_token,
11           timeout
12       );
13   }
```

所有的测试都应该成功，而且整个测试套件的执行时间应该缩短至不到 1s。

7.3　可维护测试套件的骨架和原则

我们花了一些功夫，现在拥有了一个相当不错的用于 Postmark API 的 REST 客户端。

EmailClient 只是确认邮件流程的第一个要素：还需要找到一种生成唯一确认链接的方法，然后将其嵌入所发送的确认邮件的正文中。

完成这两个任务还需要等待一段时间。

在整本书中，我们采用了测试驱动方法来编写所有的新功能。

虽然这种方法对我们很有帮助，但我们并没有在重构测试代码上投入太多的时间。所以，**tests** 文件夹有点儿乱。

在继续之前，我们将重构集成测试套件，以便在应用程序的复杂性增加和测试数量增加时提供支持。

7.3.1 为什么要编写测试

编写测试是对开发人员时间的有效利用吗？

一个好的测试套件首先是一种减少风险的办法。

自动化测试减少了与现有代码库变更相关的风险——大多数回归和错误都会在持续集成流水线中被捕获，不会影响用户。因此，团队有能力更快地迭代并更频繁地发布代码。

测试也可起到文档的作用。

测试套件通常是深入研究未知代码库时的最佳起点——它展示了代码应该如何运行，以及哪些场景被认为足够重要而需要专门测试。

如果你想让项目更容易接纳新的贡献者，那么"编写一个测试套件"绝对应该在待办清单上。

好的测试还会带来积极的作用——模块化、解耦。这些很难量化，因为业内尚未对"好代码"的标准达成一致。

7.3.2 为什么不编写测试

尽管投入时间和精力编写一个好的测试套件有很多理由，但现实情况要复杂一些。

首先，开发社区并不总是相信测试的价值。

我们可以在这个学科的历史中找到测试驱动开发的例子，但直到 1999 年关于"极限编程"（XP）的书出版后，这种实践才进入主流讨论中！

范式转换不是一蹴而就的——测试驱动方法花了数年时间才成为行业内的"最佳实践"。

其次，虽然测试驱动开发已经赢得了开发者的心，但是其与管理层的斗争通常仍在进行中。

好的测试建立了技术优势，但编写测试需要时间。当截止日期迫在眉睫时，测试往往是第一个被牺牲的。

因此，你在周围找到的大部分资料要么是关于测试入门的，要么是关于如何向管理层推销测试价值的指南。

真正关于大规模测试的内容非常少——如果你一直按照教材中的方式编写测试，那么当代码库增长到数万行，包含上百个测试用例时，会发生什么？

7.3.3 测试代码也是代码

所有的测试套件都是以相似的形式开始的：一个空文件，充满了可能性。

打开文件，添加第一个测试。这很简单，一下子就完成了。

然后，添加第二个测试。完成了。

第三个测试。只需要从第一个测试中复制几行代码，就可以了。

第四个测试……

过了一段时间，测试覆盖率开始下降：对新代码的测试没有在项目开始时对所编写的代码测试那么完善。你开始怀疑测试的价值了吗？

绝对没有，测试简直太棒了！

然而，随着项目的推进，你编写的测试越来越少。

这是因为某些阻力——随着代码库的发展，编写新测试变得越来越烦琐。

测试代码也是代码

测试代码必须是模块化的、结构良好的且有足够的文档支持。它需要维护。

如果我们不积极投入时间和精力来提高测试套件的质量，那么随着时间的推移，它将逐渐腐化。

测试覆盖率下降，很快我们就会发现，应用程序代码中的关键路径从未被自动化测试过。

你需要定期检查整个测试套件。

现在，是时候看看测试套件了，不是吗？

7.3.4 测试套件

所有的集成测试都存在于一个单独的文件 **tests/health_check.rs** 中：

```rust
//! tests/health_check.rs
// [...]

// 确保使用 `once_cell` 只初始化一次 `tracing` 堆栈
static TRACING: Lazy<()> = Lazy::new(|| {
    // [...]
});

pub struct TestApp {
    pub address: String,
    pub db_pool: PgPool,
}

async fn spawn_app() -> TestApp {
    // [...]
}

pub async fn configure_database(config: &DatabaseSettings) -> PgPool {
    // [...]
}
```

```
22  #[tokio::test]
23  async fn health_check_works() {
24      // [...]
25  }
26
27  #[tokio::test]
28  async fn subscribe_returns_a_200_for_valid_form_data() {
29      // [...]
30  }
31
32  #[tokio::test]
33  async fn subscribe_returns_a_400_when_data_is_missing() {
34      // [...]
35  }
36
37  #[tokio::test]
38  async fn subscribe_returns_a_400_when_fields_are_present_but_invalid() {
39      // [...]
40  }
```

7.3.5　测试发现

我们只有一个测试与健康检查端点相关，它就是 **health_check_works**。

其他三个测试都是在验证 **POST /subscriptions** 端点，而其余的代码则处理共享的设置步骤（**spawn_app**、**TestApp**、**configure_database**、**TRACING**）。

为什么把所有的东西都放在 **tests/health_check.rs** 中？

因为这样很方便！

设置函数已经在那里了——在同一个文件中添加另一个测试用例，比弄清楚如何正确地在多个测试模块之间共享代码要容易得多。

这次重构的主要目标是可发现性：

- 给定一个应用程序端点，应该很容易在 **tests** 文件夹中找到相应的集成测试；
- 在编写测试时，应该很容易找到相关的测试辅助函数。

我们将重点关注文件夹结构，但这绝对不是在测试发现方面唯一可用的工具。

测试覆盖工具通常可以告诉你，哪些测试触发了某一行代码的执行。

你可以依赖诸如覆盖标记之类的技术，以在测试和应用程序代码之间创建明显的链接。

通常来说，当测试套件的复杂性增加时，采用多种方法可能会给你带来最好的结果。

7.3.6 每个测试文件都是一个包

在开始移动代码之前，我们先明确一下关于 Rust 中集成测试的事实。

tests 文件夹有些特殊——**cargo** 知道要在其中查找集成测试。

tests 文件夹中的每个文件都会被编译成包。

我们可以通过运行 **cargo build --tests**，然后查看 **target/debug/deps** 来验证这一点：

```
1  # 构建测试代码，但不运行测试
2  cargo build --tests
3  # 查找名字以 `health_check` 开头的所有文件
4  ls target/debug/deps | grep health_check
```

```
1  health_check-fc23645bf877da35
2  health_check-fc23645bf877da35.d
```

尾部的哈希值在不同的设备上可能会有所不同，但应该有两个以 **health_check-*** 开头的文件。

如果尝试运行它，会发生什么呢？

```
1  ./target/debug/deps/health_check-fc23645bf877da35
```

```
1  running 4 tests
2  test health_check_works ... ok
3  test subscribe_returns_a_400_when_fields_are_present_but_invalid ... ok
4  test subscribe_returns_a_400_when_data_is_missing ... ok
5  test subscribe_returns_a_200_for_valid_form_data ... ok
6  test result: ok. 4 passed; finished in 0.44s
```

没错，它会运行集成测试！

如果在 **tests** 文件夹下有 5 个 ***.rs** 文件，那么在 **target/debug/deps** 目录下会找到 5 个可执行文件。

7.3.7 共享测试辅助函数

如果每个集成测试文件都是独立的可执行文件，那么如何共享测试辅助函数呢？

第一种选择是定义一个独立的模块，例如 **tests/helpers/mod.rs**[1]。

你可以在 **mod.rs** 中添加常用函数（或在其中定义其他子模块），然后在测试文件（例如 **tests/health_check.rs**）中通过以下方式引用辅助函数：

```
1  //! tests/health_check.rs
2  // [...]
3  mod helpers;
4
5  // [...]
```

---

1 请参考《Rust 程序设计语言》(*The Rust Programming Language*)中的测试组织章节，以获取更多的详细信息。

helpers 作为子模块被捆绑在 **health_check** 测试可执行文件中，我们可以在测试用例中访问它所公开的函数。

这种方法在开始时效果还不错，但随着测试套件的增长，会出现烦人的"函数未被使用"的警告。

问题在于，**helpers** 作为子模块被捆绑在一起，而不是像第三方包一样被调用：**cargo** 会对每个测试可执行文件进行单独编译，并且在某个特定的测试文件中，如果 **helpers** 中的一个或多个公共函数从未被调用过，则会发出警告。随着测试套件的增长，这种情况是不可避免的——并不是所有的测试文件都会使用所有的辅助函数。

第二种选择充分利用了 **tests** 文件夹下的每个文件都是独立的可执行文件的优势——我们可以在 **tests** 文件夹下创建一个名为 **api** 的子文件夹，其中包含一个单独的 **main.rs** 文件：

```
1  tests/
2    api/
3      main.rs
4    health_check.rs
```

首先，代码更加清晰——我们使用了与构建二进制包相同的方式构建 **api**；其次，代码变得更加容易理解——它建立在处理应用程序代码时构建的模块系统知识的基础上。

如果运行 **cargo build --tests**，则应该能够看到：

```
1  Running target/debug/deps/api-0a1bfb817843fdcf
2
3  running 0 tests
4
5  test result: ok. 0 passed; finished in 0.00s
```

在输出中，**Cargo** 将 **api** 编译为一个寻找测试用例的可执行文件。

在 **main.rs** 中不需要定义 **main** 函数——Rust 测试框架会自动为我们添加一个[1]。

现在，在 **main.rs** 中添加子模块：

```
1  //! tests/api/main.rs
2
3  mod helpers;
4  mod health_check;
5  mod subscriptions;
```

我们可以添加三个空文件——**tests/api/helpers.rs**、**tests/api/health_check.rs** 和 **tests/api/subscriptions.rs**。

现在，是时候删除 **tests/health_check.rs** 并重新分配其中的代码了：

```
1  //! tests/api/helpers.rs
```

---

1 实际上可以覆盖默认的测试框架并使用自己的测试框架。可以参考 libtest-mimic，将其作为一个例子。

```rust
2  use sqlx::{Connection, Executor, PgConnection, PgPool};
3  use std::net::TcpListener;
4  use uuid::Uuid;
5  use zero2prod::configuration::{get_configuration, DatabaseSettings};
6  use zero2prod::email_client::EmailClient;
7  use zero2prod::startup::run;
8  use zero2prod::telemetry::{get_subscriber, init_subscriber};
9
10 // 使用 `once_cell` 确保 `tracing` 堆栈只被初始化一次
11 static TRACING: Lazy<()> = Lazy::new(|| {
12     // [...]
13 });
14
15 pub struct TestApp {
16     // [...]
17 }
18
19 // 公开的
20 pub async fn spawn_app() -> TestApp {
21     // [...]
22 }
23
24 // 不再公开了
25 async fn configure_database(config: &DatabaseSettings) -> PgPool {
26     // [...]
27 }
```

```rust
1  //! tests/api/health_check.rs
2  use crate::helpers::spawn_app;
3
4  #[tokio::test]
5  async fn health_check_works() {
6      // [...]
7  }
```

```rust
1  //! tests/api/subscriptions.rs
2  use crate::helpers::spawn_app;
3
4  #[tokio::test]
5  async fn subscribe_returns_a_200_for_valid_form_data() {
6      // [...]
7  }
8
9  #[tokio::test]
10 async fn subscribe_returns_a_400_when_data_is_missing() {
11     // [...]
12 }
13
14 #[tokio::test]
```

```
15  async fn subscribe_returns_a_400_when_fields_are_present_but_invalid() {
16      // [...]
17  }
```

运行 **cargo test** 应该成功，没有警告。

恭喜，你已经将测试套件分解为更小且更易管理的模块了!

这种新结构有一些积极的作用:它是递归的。

如果 **tests/api/subscriptions.rs** 变得过于复杂，则可以将其转换为一个模块，其中 **tests/api/subscriptions/helpers.rs** 包含订阅特定的测试辅助函数，以及一个或多个专注于特定流程或关注点的测试文件——辅助函数的实现细节被封装起来。

事实证明，测试只需要知道 **spawn_app** 和 **TestApp**，没有必要暴露 **configure_database** 或 **TRACING**。我们可以将这种复杂性隐藏在 **helpers** 模块中——我们只有一个测试二进制文件。

如果测试套件具有扁平的文件结构，那么每次运行 **cargo test** 时，都会很快构建数十个可执行文件。虽然每个可执行文件都可以被并行编译，但链接阶段完全是有序的! 将所有的测试用例捆绑在一个可执行文件中，可以减少在集成测试中编译测试套件所花费的时间[1]。

如果使用的是 Linux，则在重构后运行 **cargo test** 时，可能会看到类似于这样的错误信息:

```
1  thread 'actix-rt:worker' panicked at
2  'Can not create Runtime: Os { code: 24, kind: Other, message: "Too many open files" }',
```

这是由操作系统对每个进程的打开文件描述符(包括套接字)的最大数量所施加的限制导致的。由于现在将所有的测试作为单个二进制文件运行，因此可能超过了这个限制。这个限制通常被设置为 1024，但我们可以使用 **ulimit -n X**(例如 **ulimit -n 10000**)来提高这个值，以解决这个问题。

7.3.8 共享启动逻辑

现在，我们已经重新设计了测试套件的结构，是时候将焦点放在测试逻辑本身上了。

从 **spawn_app** 开始:

```
1  //! tests/api/helpers.rs
2  // [...]
3
4  pub struct TestApp {
5      pub address: String,
6      pub db_pool: PgPool,
7  }
8
9  pub async fn spawn_app() -> TestApp {
```

---

1 以 "Dev Time Optimization—Part 1 (1.9x speedup, 65% less disk usage)" 这篇文章(参见"链接 7-1")为例，其中包含一些数字(1.9 倍的加速)。在提交之前，你应该始终在特定的代码库上对该方法进行基准测试。

```
10      Lazy::force(&TRACING);
11      let listener = TcpListener::bind("127.0.0.1:0").expect("Failed to bind random port");
12      let port = listener.local_addr().unwrap().port();
13      let address = format!("http://127.0.0.1:{}", port);
14
15      let mut configuration = get_configuration().expect("Failed to read configuration.");
16      configuration.database.database_name = Uuid::new_v4().to_string();
17      let connection_pool = configure_database(&configuration.database).await;
18
19      let sender_email = configuration
20          .email_client
21          .sender()
22          .expect("Invalid sender email address.");
23      let email_client = EmailClient::new(
24          configuration.email_client.base_url,
25          sender_email,
26          configuration.email_client.authorization_token,
27      );
28
29      let server = run(listener, connection_pool.clone(), email_client)
30          .expect("Failed to bind address");
31      let _ = tokio::spawn(server);
32      TestApp {
33          address,
34          db_pool: connection_pool,
35      }
36  }
37
38  // [...]
```

这里的大部分代码与 **main** 函数中的代码非常相似：

```
1  //! src/main.rs
2  use sqlx::postgres::PgPoolOptions;
3  use std::net::TcpListener;
4  use zero2prod::configuration::get_configuration;
5  use zero2prod::email_client::EmailClient;
6  use zero2prod::startup::run;
7  use zero2prod::telemetry::{get_subscriber, init_subscriber};
8
9  #[tokio::main]
10 async fn main() -> std::io::Result<()> {
11     let subscriber = get_subscriber("zero2prod".into(), "info".into(), std::io::stdout);
12     init_subscriber(subscriber);
13
14     let configuration = get_configuration().expect("Failed to read configuration.");
15     let connection_pool = PgPoolOptions::new()
16         .acquire_timeout(std::time::Duration::from_secs(2))
17         .connect_lazy_with(configuration.database.with_db());
```

```
18
19      let sender_email = configuration
20          .email_client
21          .sender()
22          .expect("Invalid sender email address.");
23      let email_client = EmailClient::new(
24          configuration.email_client.base_url,
25          sender_email,
26          configuration.email_client.authorization_token,
27      );
28
29      let address = format!(
30          "{}:{}",
31          configuration.application.host, configuration.application.port
32      );
33      let listener = TcpListener::bind(address)?;
34      run(listener, connection_pool, email_client)?.await?;
35      Ok(())
36  }
```

每次添加依赖项或修改服务器构造函数时，都至少需要修改两个地方，比如前面对 **EmailClient** 就进行了这样的修改。这有点儿让人恼火。

然而，更重要的是，应用程序代码中的启动逻辑从未得到测试。

随着代码库的发展，它们可能会逐渐发生微妙的变化，导致测试环境与生产环境中的行为不同。

我们首先将逻辑从 **main** 函数中提取出来，然后找出在测试代码中需要利用相同代码路径的触发器。

7.3.8.1　提取启动代码

从结构的角度来看，启动逻辑是一个接收 **Settings** 作为输入并返回应用程序实例作为输出的函数。

我们的 **main** 函数应该如下所示：

```
1   //! src/main.rs
2   use zero2prod::configuration::get_configuration;
3   use zero2prod::startup::build;
4   use zero2prod::telemetry::{get_subscriber, init_subscriber};
5
6   #[tokio::main]
7   async fn main() -> std::io::Result<()> {
8       let subscriber = get_subscriber("zero2prod".into(), "info".into(), std::io::stdout);
9       init_subscriber(subscriber);
10
11      let configuration = get_configuration().expect("Failed to read configuration.");
12      let server = build(configuration).await?;
```

```
13    server.await?;
14    Ok(())
15 }
```

我们首先执行一些特定于二进制文件的逻辑（例如遥测初始化），然后从支持的来源（文件+
环境变量）构建一组配置值，并将其用于启动应用程序。一切按照顺序进行。

下面来定义这个 **build** 函数：

```
1 //! src/startup.rs
2 // [...]
3 // 新引入的模块
4 use crate::configuration::Settings;
5 use sqlx::postgres::PgPoolOptions;
6
7 pub async fn build(configuration: Settings) -> Result<Server, std::io::Error> {
8     let connection_pool = PgPoolOptions::new()
9         .acquire_timeout(std::time::Duration::from_secs(2))
10        .connect_lazy_with(configuration.database.with_db());
11
12    let sender_email = configuration
13        .email_client
14        .sender()
15        .expect("Invalid sender email address.");
16    let email_client = EmailClient::new(
17        configuration.email_client.base_url,
18        sender_email,
19        configuration.email_client.authorization_token,
20    );
21
22    let address = format!(
23        "{}:{}",
24        configuration.application.host, configuration.application.port
25    );
26    let listener = TcpListener::bind(address)?;
27    run(listener, connection_pool, email_client)
28 }
29
30 pub fn run(
31    listener: TcpListener,
32    db_pool: PgPool,
33    email_client: EmailClient,
34 ) -> Result<Server, std::io::Error> {
35    // [...]
36 }
```

没有太多令人惊讶的地方——只是移动了之前存在于 **main** 函数中的代码。

现在就让其适合测试！

7.3.8.2 在启动逻辑中添加测试触发器

我们再来看一下 **spawn_app** 函数：

```
1  //! tests/api/helpers.rs
2  // [...]
3  use zero2prod::startup::build;
4  // [...]
5
6  pub async fn spawn_app() -> TestApp {
7      // 当第一次调用 `initialize` 时，将执行 `TRACING` 中的代码
8      // 所有其他调用将跳过执行
9      Lazy::force(&TRACING);
10
11     let listener = TcpListener::bind("127.0.0.1:0").expect("Failed to bind random port");
12     // 获取操作系统分配给我们的端口
13     let port = listener.local_addr().unwrap().port();
14     let address = format!("http://127.0.0.1:{}", port);
15
16     let mut configuration = get_configuration().expect("Failed to read configuration.");
17     configuration.database.database_name = Uuid::new_v4().to_string();
18     let connection_pool = configure_database(&configuration.database).await;
19
20     let sender_email = configuration
21         .email_client
22         .sender()
23         .expect("Invalid sender email address.");
24     let email_client = EmailClient::new(
25         configuration.email_client.base_url,
26         sender_email,
27         configuration.email_client.authorization_token,
28     );
29
30     let server = run(listener, connection_pool.clone(), email_client)
31         .expect("Failed to bind address");
32     let _ = tokio::spawn(server);
33     TestApp {
34         address,
35         db_pool: connection_pool,
36     }
37 }
38
39 // [...]
```

从高层次来看，有以下几个阶段：

- 执行测试特定的设置（例如，初始化跟踪订阅器）；

- 随机化配置，以确保测试之间不会相互干扰（例如，每个测试用例使用不同的逻辑数据库）；

- 初始化外部资源（例如，创建和迁移数据库）；

- 构建应用程序；

- 将应用程序作为后台任务启动，并返回一组用于与应用程序交互的资源。

我们可以将 **build** 放在其中，然后结束吗？

实际上不行，我们试着看看它存在哪些不足之处：

```
1  //! tests/api/helpers.rs
2  // [...]
3  // 新引入的模块
4  use zero2prod::startup::build;
5
6  pub async fn spawn_app() -> TestApp {
7      Lazy::force(&TRACING);
8
9      // 为了确保测试的隔离性，随机化配置
10     let configuration = {
11         let mut c = get_configuration().expect("Failed to read configuration.");
12         // 为每个测试用例使用不同的数据库
13         c.database.database_name = Uuid::new_v4().to_string();
14         // 使用系统提供的随机端口
15         c.application.port = 0;
16         c
17     };
18
19     // 创建并迁移数据库
20     configure_database(&configuration.database).await;
21
22     // 启动应用程序作为后台任务
23     let server = build(configuration)
24         .await
25         .expect("Failed to build application.");
26     let _ = tokio::spawn(server);
27
28     TestApp {
29         // 如何得到这些呢
30         address: todo!(),
31         db_pool: todo!(),
32     }
33  }
34
35  // [...]
```

它几乎可以工作了——这种方法在最后一步有些不足：我们无法获取操作系统分配给应用程序的随机地址，也不知道如何构建到数据库的连接池，以便对影响持久状态的副作用进行断言。

首先处理连接池。从 **build** 函数中提取初始化逻辑，将其放入一个独立的函数中并调用两次。

```
1  //! src/startup.rs
2  // [...]
3  use crate::configuration::DatabaseSettings;
4
5  // 现在使用的是引用
6  pub async fn build(configuration: &Settings) -> Result<Server, std::io::Error> {
7      let connection_pool = get_connection_pool(&configuration.database);
8      // [...]
9  }
10
11 pub fn get_connection_pool(
12     configuration: &DatabaseSettings
13 ) -> PgPool {
14     PgPoolOptions::new()
15         .acquire_timeout(std::time::Duration::from_secs(2))
16         .connect_lazy_with(configuration.with_db())
17 }
```

```
1  //! tests/api/helpers.rs
2  // [...]
3  use zero2prod::startup::{build, get_connection_pool};
4  // [...]
5
6  pub async fn spawn_app() -> TestApp {
7      // 注意这个 .clone
8      let server = build(configuration.clone())
9          .await
10         .expect("Failed to build application.");
11     // [...]
12     TestApp {
13         address: todo!(),
14         db_pool: get_connection_pool(&configuration.database),
15     }
16 }
17
18 // [...]
```

需要在 **src/configuration.rs** 中的所有结构体上添加 **#[derive(Clone)]**，以通过编译，但是我们已经完成了数据库连接池的工作。

那么，如何获取应用程序的地址呢？

actix_web::dev::Server，即 **build** 返回的类型，不允许我们获取应用程序的端口。

在应用程序代码中需要做更多的工作——我们将用一个新的类型来包装 **actix_web::dev::Server**，以保存我们想要的信息。

```
1  //! src/startup.rs
2  // [...]
3
```

```rust
 4    // 一个新的类型，用于保存新构建的服务器及其端口
 5    pub struct Application {
 6        port: u16,
 7        server: Server,
 8    }
 9
10    impl Application {
11        // 我们已经将 `build` 函数转换为 `Application` 的构造函数
12        pub async fn build(configuration: Settings) -> Result<Self, std::io::Error> {
13            let connection_pool = get_connection_pool(&configuration.database);
14
15            let sender_email = configuration
16                .email_client
17                .sender()
18                .expect("Invalid sender email address.");
19            let email_client = EmailClient::new(
20                configuration.email_client.base_url,
21                sender_email,
22                configuration.email_client.authorization_token,
23            );
24
25            let address = format!(
26                "{}:{}",
27                configuration.application.host, configuration.application.port
28            );
29            let listener = TcpListener::bind(&address)?;
30            let port = listener.local_addr().unwrap().port();
31            let server = run(listener, connection_pool, email_client)?;
32
33            // 将绑定的端口 "保存" 在 `Application` 的一个字段中
34            Ok(Self { port, server })
35        }
36
37        pub fn port(&self) -> u16 {
38            self.port
39        }
40
41        // 一个更具表达力的名称，清楚地表明此函数仅在应用程序停止时返回
42        pub async fn run_until_stopped(self) -> Result<(), std::io::Error> {
43            self.server.await
44        }
45    }
46
47    // [...]

 1    //! tests/api/helpers.rs
 2    // [...]
 3    // 新引入的模块
 4    use zero2prod::startup::Application;
```

```
 5
 6  pub async fn spawn_app() -> TestApp {
 7      // [...]
 8
 9      let application = Application::build(configuration.clone())
10          .await
11          .expect("Failed to build application.");
12      // 在启动应用程序之前获取端口
13      let address = format!("http://127.0.0.1:{}", application.port());
14      let _ = tokio::spawn(application.run_until_stopped());
15
16      TestApp {
17          address,
18          db_pool: get_connection_pool(&configuration.database),
19      }
20  }
21
22  // [...]
```

```
 1  //! src/main.rs
 2  // [...]
 3  // 新引入的模块
 4  use zero2prod::startup::Application;
 5
 6  #[tokio::main]
 7  async fn main() -> std::io::Result<()> {
 8      // [...]
 9      let application = Application::build(configuration).await?;
10      application.run_until_stopped().await?;
11      Ok(())
12  }
```

完成了——如果想进行仔细检查，则可以运行 **cargo test**！

7.3.9　构建 API 客户端

我们所有的集成测试都是黑盒测试：在每个测试开始时启动应用程序，然后使用 HTTP 客户端（例如 **reqwest**）与其进行交互。

在编写测试的过程中，我们必然会实现一个 API 客户端。

这很棒！

这给了我们一个很好的机会来体验作为用户与 API 进行交互的感觉。

我们需要小心，不要把客户端逻辑分散在整个测试套件中——当 API 发生变化时，我们不想在数十个测试中去除某个端点路径末尾的 **s**。

我们来看看订阅测试：

```
1  //! tests/api/subscriptions.rs
2  use crate::helpers::spawn_app;
3
4  #[tokio::test]
5  async fn subscribe_returns_a_200_for_valid_form_data() {
6      // 准备
7      let app = spawn_app().await;
8      let client = reqwest::Client::new();
9      let body = "name=le%20guin&email=ursula_le_guin%40gmail.com";
10
11     // 执行
12     let response = client
13         .post(&format!("{}/subscriptions", &app.address))
14         .header("Content-Type", "application/x-www-form-urlencoded")
15         .body(body)
16         .send()
17         .await
18         .expect("Failed to execute request.");
19
20     // 断言
21     assert_eq!(200, response.status().as_u16());
22
23     let saved = sqlx::query!("SELECT email, name FROM subscriptions",)
24         .fetch_one(&app.db_pool)
25         .await
26         .expect("Failed to fetch saved subscription.");
27
28     assert_eq!(saved.email, "ursula_le_guin@gmail.com");
29     assert_eq!(saved.name, "le guin");
30 }
31
32 #[tokio::test]
33 async fn subscribe_returns_a_400_when_data_is_missing() {
34     // 准备
35     let app = spawn_app().await;
36     let client = reqwest::Client::new();
37     let test_cases = vec![
38         ("name=le%20guin", "missing the email"),
39         ("email=ursula_le_guin%40gmail.com", "missing the name"),
40         ("", "missing both name and email"),
41     ];
42
43     for (invalid_body, error_message) in test_cases {
44         // 执行
45         let response = client
46             .post(&format!("{}/subscriptions", &app.address))
47             .header("Content-Type", "application/x-www-form-urlencoded")
48             .body(invalid_body)
```

```
49              .send()
50              .await
51              .expect("Failed to execute request.");
52
53          // 断言
54          assert_eq!(
55              400,
56              response.status().as_u16(),
57              // 在测试失败时添加额外的自定义错误消息
58              "The API did not fail with 400 Bad Request when the payload was {}.",
59              error_message
60          );
61      }
62  }
63
64  #[tokio::test]
65  async fn subscribe_returns_a_400_when_fields_are_present_but_invalid() {
66      // 准备
67      let app = spawn_app().await;
68      let client = reqwest::Client::new();
69      let test_cases = vec![
70          ("name=&email=ursula_le_guin%40gmail.com", "empty name"),
71          ("name=Ursula&email=", "empty email"),
72          ("name=Ursula&email=definitely-not-an-email", "invalid email"),
73      ];
74
75      for (body, description) in test_cases {
76          // 执行
77          let response = client
78              .post(&format!("{}/subscriptions", &app.address))
79              .header("Content-Type", "application/x-www-form-urlencoded")
80              .body(body)
81              .send()
82              .await
83              .expect("Failed to execute request.");
84
85          // 断言
86          assert_eq!(
87              400,
88              response.status().as_u16(),
89              "The API did not return a 400 Bad Request when the payload was {}.",
90              description
91          );
92      }
93  }
```

每个测试中都有相同的调用代码——应该将其提取出来，并在 **TestApp** 结构体中添加一个辅助
函数：

```rust
//! tests/api/helpers.rs
// [...]

pub struct TestApp {
    // [...]
}

impl TestApp {
    pub async fn post_subscriptions(&self, body: String) -> reqwest::Response {
        reqwest::Client::new()
            .post(&format!("{}/subscriptions", &self.address))
            .header("Content-Type", "application/x-www-form-urlencoded")
            .body(body)
            .send()
            .await
            .expect("Failed to execute request.")
    }
}

// [...]
```

```rust
//! tests/api/subscriptions.rs
use crate::helpers::spawn_app;

#[tokio::test]
async fn subscribe_returns_a_200_for_valid_form_data() {
    // [...]
    // 执行
    let response = app.post_subscriptions(body.into()).await;
    // [...]
}

#[tokio::test]
async fn subscribe_returns_a_400_when_data_is_missing() {
    // [...]
    for (invalid_body, error_message) in test_cases {
        let response = app.post_subscriptions(invalid_body.into()).await;
        // [...]
    }
}

#[tokio::test]
async fn subscribe_returns_a_400_when_fields_are_present_but_invalid() {
    // [...]
    for (body, description) in test_cases {
        let response = app.post_subscriptions(body.into()).await;
        // [...]
    }
}
```

我们可以为健康检查端点添加另一个方法，但现在没什么必要，因为只会用到一次。

7.3.10 小结

我们从只有一个文件的测试套件开始，最终得到了一个模块化的测试套件和一组可靠的辅助函数。

就像应用程序代码一样，测试代码永远不会完成：随着项目的发展，我们将不得不继续努力改进它，但是为保持前进的势头已经奠定了坚实的基础。

我们现在已经准备好完成发送确认邮件所需的剩余功能了。

7.4 重新聚焦

是时候回到我们在本章开头起草的计划了：

- 编写一个发送电子邮件的模块；
- 调整现有的 **POST /subscriptions** 请求处理器的逻辑，以满足新的要求；
- 从头开始编写 **GET /subscriptions/confirm** 请求处理器。

第一个项目已经完成，下面继续处理清单上的其他两个项目。

关于两个处理器的工作概述如下：

POST /subscriptions 将：

- 将订阅者的详细信息添加到数据库的 **subscriptions** 表中，**status** 列等于 **pending_confirmation**；
- 生成一个（唯一的）subscription_token；
- 根据 **subscription_tokens** 表中的订阅者 **id**，将 subscription_token 存储在数据库中；
- 向新的订阅者发送一封电子邮件，其中包含一个链接，结构为 **https://<our-api-domain> /subscriptions/confirm?token=<subscription_token>**；
- 返回 **200 OK**。

一旦订阅者点击链接，浏览器标签页就会被打开，并向 **GET /subscriptions/confirm** 端点发出 **GET** 请求。请求处理器将：

- 从查询参数中检索 subscription_token；
- 从 **subscription_tokens** 表中检索与 **subscription_token** 相关联的订阅者 **id**；
- 在 **subscriptions** 表中将订阅者状态从 **pending_confirmation** 更新为 **active**；
- 返回 **200 OK**。

这样我们就能相当准确地了解在完成实现后应用程序将如何运行。但这对于如何达到目标却没有太大的帮助。

我们应该从哪里开始呢？

应该立即处理对 **/subscriptions** 的更改吗？

应该把 **/subscriptions/confirm** 的工作做完吗？

我们需要找到一条可以实现零停机部署的路径。

7.5　零停机部署

7.5.1　可靠性

在第 5 章中，我们已将应用程序部署到公有云服务商。

这个应用程序已经可以提供服务了：虽然我们还无法发送邮件，但在实现该功能期间，用户已经可以订阅邮件简报了。

一旦应用程序进入生产环境，我们就必须要保证它的**可靠性**。

可靠性在不同的上下文中代表不同的意思。例如，如果我们提供的是数据存储服务，那么可靠性就意味着不能丢失（或者损害）用户的数据。

在商业环境中，应用程序的可靠性定义一般会被写在服务水平协议（SLA）中。

SLA 表明了契约责任：承诺一定程度的可靠性，如果违背了，则必须补偿用户（一般以折扣或者优惠的形式）。

举个例子，假设你售卖的是 API 接入服务，其可靠性往往与 API 的可用性有关。例如，对于 99.99% 以上的合法请求，API 都会成功地回复，这通常被称为"可用性达到 4 个 9"。

换句话说，（假设传入请求的频率是均匀分布的）服务在一年时间里只能有 52 分钟的停机时间。做到"4 个 9"的可用性是很难的事情。

构建高可用性的方案，没有"银弹"：从应用层到架构层都需要做出努力。然而，有一件事是确定的：如果想运作一个高可用性的服务，则必须要掌握**零停机部署**——无论是在发布应用程序的新版本之前、之后还是过程中，用户都能使用该服务。

如果项目采用持续部署的方法，这一点就更为重要了——毕竟在持续部署的过程中，有可能一天要多次发布应用程序，如果每次发布都会导致项目下线，那么将无从做起。

7.5.2 部署策略

7.5.2.1 简单的部署策略

在深入介绍零停机部署之前，我们先来看看最"简单"的部署策略。假设在当前生产环境下运行的服务是版本 A，而我们想部署版本 B：

- 将集群中所有版本 A 的实例下线；
- 启动版本 B 的实例；
- 使用版本 B 的实例处理请求。

这其中会有一段时间，集群中没有能够处理请求的应用程序实例——这就是停机时间。

要改进这一点，必须仔细研究应用程序的基础架构是如何建立的。

7.5.2.2 负载均衡器

在负载均衡器的背后，一般会运行着多个应用程序（App）的副本[1]（见图 7.2）。

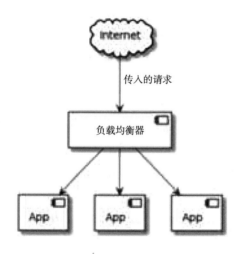

图 7.2 负载均衡器

每个副本都会被注册为负载均衡器的一个后端。每当有人向我们的 API 发送请求时，都会先请求负载均衡器，并由其选择一个后端对请求进行响应。

负载均衡器通常支持动态添加（或者删除）后端，这一特性也衍生出了很多有趣的使用模式。

---

[1] 你可能还记得，在第 5 章中，我们将副本数量设置为 1，以减少实验时的开销。即使运行的是单个副本，用户和应用程序之间也存在负载均衡器。部署仍然采用滚动更新策略。

1. 横向扩展

当数据流量激增时，我们可以立即启动新的副本（即横向扩展）。

这种策略有助于分摊负载，使得每个实例的工作量达到可控的水平。

在后文中，我们会在讨论度量与自动扩展时继续这个话题。

2. 健康检查

负载均衡器可以用于监控所有已注册的后端。简单来说，健康检查可以是：

- 被动的——负载均衡器查看各个后端的状态码与延迟的分布，以确定其是否健康；
- 主动的——负载均衡器按照时间表向各个后端发送预设的健康检查请求。如果后端长时间无法为该请求返回成功的状态码，则将其标记为不健康并移除。

对于要实现自我修复的云原生环境来说，这个功能至关重要：平台可以检测出无法正常工作的应用程序，并将其从可用后端的队列中移除，避免其对用户体验造成影响[1]。

7.5.2.3 滚动部署

利用负载均衡器的特点，我们可以实现零停机部署。

假设这一时刻生产环境是这样的：应用程序版本 A 的副本有 3 个，都被注册为负载均衡器的后端（见图 7.3）。

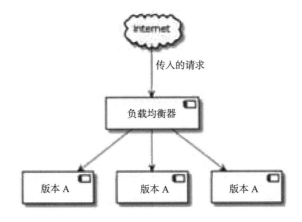

图 7.3 扩展之前的系统

现在，我们想部署版本 B。首先启动应用程序版本 B 的一个副本，当它可以处理请求时（即已经回复了若干健康检查请求），就将其注册为负载均衡器的后端（见图 7.4）。

---

1 只要平台还能够在健康实例的数量低于预定阈值时自动配置新的应用程序副本，就能做到这一点。

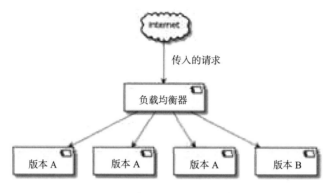

图 7.4 版本 B 的一个运行实例

现在应用程序有了 4 个副本，其中 3 个是运行版本 A，1 个是运行版本 B。这 4 个副本都能处理请求。如果一切顺利，我们将一个运行版本 A 的实例下线（见图 7.5）。

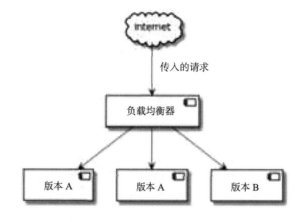

图 7.5 版本 A 的一个实例已退出运行

接下来，我们以相同的流程对所有运行版本 A 的副本进行替换，直到所有已注册的后端都运行版本 B。

这种部署策略被称为"滚动部署"：应用程序的新旧版本在过程中会一起运行，都会处理请求。在过程中的任意时刻，至少都有 3 个以上的后端正常运行，用户不会感受到任何形式的服务降级（假设版本 B 是没有问题的）。

7.5.2.4 DigitalOcean 应用平台

我们会在 DigitalOcean 应用平台上运行应用程序。

其文档中宣传说可以开箱即用地进行零停机部署，但却没有提供如何实现的细节。

一些实验证实，该应用平台也采用了滚动部署的策略。

滚动部署并不是零停机部署的唯一方法，蓝绿部署和金丝雀发布也是基于相同部署原则的很流行的变体。我们要根据平台所提供的功能和自己的具体需求，为应用程序选择最合适的方案。

7.6　数据库迁移

7.6.1　状态存在于应用程序之外

要实现负载均衡功能，依赖一个强烈的假设：无论选择使用哪个后端处理请求，结果都是相同的。

这一点在第 3 章中已有所讨论：为了保证在易出错的环境下也有很高的可用性，云原生应用程序必须是无状态的——所有要持久化的需求都被交给了外部系统（即数据库）。

这也是负载均衡有效的原因：所有的后端与相同的数据库交互，以查询和处理相同的状态。

想象一下，数据库是一个巨大的全局变量，而应用程序的所有副本都会持续地对其进行使用和修改。管理状态不是一件简单的事情。

7.6.2　部署与迁移

在滚动部署的过程中，应用程序的新旧版本会同时处理请求。从另一个角度来看，应用程序的新旧版本同时使用了相同的数据库。

为了避免停机，数据库模式必须兼容于新旧版本。对于大多数部署而言，这不是一个问题，但在需要改动数据库模式时，这就成了一个严重的阻碍。

我们回过头来看要完成的任务：确认电子邮件地址。若采用之前的实现策略，则需要对数据库模式做以下改动：

- 增加一个新的表 **subscription_tokens**；
- 在 **subscriptions** 表中增加一个必填字段 **status**。

现在再来看看所有可能出现的场景，这或许会让我们认为无法进行零停机部署。

如果先做数据库迁移再部署新版本的话，当前版本会在迁移后的数据库上工作：在当前的实现中，**POST /subscriptions** 端点并不知道 **status**，在向 **subscriptions** 表中插入新的条目时不会提供相应的字段。由于 **status** 被设置为 **NOT NULL**（即必填字段），因此所有的插入行为都会失败——用户可能无法订阅服务，直到应用程序的新版本部署完成。这很糟糕。

如果先部署新版本再做数据库迁移的话，则刚好相反：应用程序的新版本在旧的数据库模式上工作。当 **POST /subscriptions** 被调用时，它会尝试向 **subscriptions** 表中插入还不存在的 **status** 字段——插入行为也会失败，用户可能也无法订阅服务，直到数据库迁移完成。这一样很糟糕。

7.6.3 多步迁移

既然发布无法直接一步到位，那么就需要小步前进。

这种模式与测试驱动开发有些相似：在测试驱动开发中不会同时修改代码和测试用例，而是一侧保持不动，另一侧进行修改。

这种方法也可被应用在数据库迁移和部署的关系上：在修改数据库模式时，不能同时改变应用程序的行为。

我们可以把这种方法视为对数据库的重构：首先打下基础，然后才能改变应用程序的行为。

7.6.4 新的必填字段

先从 **status** 字段讲起。

7.6.4.1 第1步：以非必填的形式添加字段

在开始时，先保持应用程序代码不变。在数据库端，生成新的迁移脚本：

```
1  sqlx migrate add add_status_to_subscriptions
```

```
1  Creating migrations/20210307181858_add_status_to_subscriptions.sql
```

在迁移脚本中，将 **status** 以非必填的形式添加到 **subscriptions** 表中：

```
1  ALTER TABLE subscriptions ADD COLUMN status TEXT NULL;
```

对本地数据库执行迁移脚本（**SKIP_DOCKER=true ./scripts/init_db.sh**）：运行测试用例，确保在新的数据库模式下代码也能正常运行。

测试应该能够通过。现在进一步迁移生产数据库。

7.6.4.2 第2步：开始使用新字段

既然 **status** 字段已经存在，那么现在开始使用它。

具体来说，可以这样处理：每次插入新的订阅数据时，都将状态设置为 **confirmed**。

我们只需要将插入查询的代码从

```
1  //! src/routes/subscriptions.rs
2  // [...]
3
4  pub async fn insert_subscriber([...]) -> Result<(), sqlx::Error> {
5      sqlx::query!(
6          r#"INSERT INTO subscriptions (id, email, name, subscribed_at)
7          VALUES ($1, $2, $3, $4)"#,
8          // [...]
```

```
 9        )
10        // [...]
11 }
```

改为

```
 1 //! src/routes/subscriptions.rs
 2 // [...]
 3
 4 pub async fn insert_subscriber([...]) -> Result<(), sqlx::Error> {
 5     sqlx::query!(
 6         r#"INSERT INTO subscriptions (id, email, name, subscribed_at, status)
 7         VALUES ($1, $2, $3, $4, 'confirmed')"#,
 8         // [...]
 9     )
10     // [...]
11 }
```

测试应该能够通过。现在把应用程序的新版本部署到生产环境中。

7.6.4.3　第 3 步：回填与修改必填属性

应用程序的最新版本会确保为所有的新订阅者提供 **status** 字段。

为了将 **status** 设置为 **NOT NULL**，需要对历史记录进行回填，然后才能修改这个字段的属性。

首先生成一个新的迁移脚本：

```
 1 sqlx migrate add make_status_not_null_in_subscriptions
```

```
 1 Creating migrations/20210307184428_make_status_not_null_in_subscriptions.sql
```

SQL 脚本是这样的：

```
 1 -- 将整个迁移过程放入一个事务中，以确保原子化地成功或者失败
 2 -- 在本章的最后会继续讨论与 SQL 事务相关的细节
 3 -- 注意，`sqlx` 并不会自动帮助我们进行原子化处理
 4 BEGIN;
 5     -- 为历史记录回填`status`
 6     UPDATE subscriptions
 7         SET status = 'confirmed'
 8         WHERE status IS NULL;
 9     -- 让`status`不为空
10     ALTER TABLE subscriptions ALTER COLUMN status SET NOT NULL;
11 COMMIT;
```

现在可以先迁移本地数据库，并运行测试用例，然后部署生产数据库。成功了！我们将 **status** 以必填字段添加到了表中！

7.6.5　新表

对 **subscription_tokens** 表该如何改版呢？也需要执行 7.6.4 节的三个步骤吗？

不需要，它要简单得多：在迁移中添加一个新表，而原有的应用程序会忽视这个表。

在部署了应用程序的新版本后，就可以直接用其处理确认电子邮件地址的功能了。

现在生成一个新的迁移脚本：

```
1  sqlx migrate add create_subscription_tokens_table
```

```
1  Creating migrations/20210307185410_create_subscription_tokens_table.sql
```

这个迁移脚本与之前添加 **subscriptions** 表时编写的脚本类似：

```
1  -- 创建 subscription_tokens 表
2  CREATE TABLE subscription_tokens(
3    subscription_token TEXT NOT NULL,
4    subscriber_id uuid NOT NULL
5      REFERENCES subscriptions (id),
6    PRIMARY KEY (subscription_token)
7  );
```

注意这里的细节：**subscriber_id** 字段是 **subscriptions_tokens** 表的外键。

对于 **subscription_tokens** 表中的每一行，一定能在 **subscriptions** 表中找到一个 **id** 字段与其 **subscriber_id** 字段相同，否则插入就会失败。这确保了所有的令牌都对应着一个合法的订阅者。

再次对生产数据库进行迁移——完成了！

7.7　发送确认邮件

前面花了很长时间，将基础工作做好了：我们的生产数据库已经准备好适配新功能，即确认电子邮件地址了。现在来关注应用程序代码。

我们将以测试驱动开发的方式构建这个功能：以红色测试—绿色测试—重构的流程循环，一步步地迭代。准备好了！

7.7.1　固定的电子邮件地址

从简单的实现出发：测试 **POST /subscrptions** 端点是否发送了一封邮件。

在这个阶段，我们不会检查邮件的正文——准确地说，现在还不会检查邮件中有没有包含确认链接。

7.7.1.1　红色测试

要编写这个测试用例，必须增强 **TestApp** 这个结构体。

当前它持有应用程序的地址和一个数据库连接池的句柄：

```
1  //! tests/api/helpers.rs
2  // [...]
3
4  pub struct TestApp {
5      pub address: String,
6      pub db_pool: PgPool,
7  }
```

就像前面在构建邮件客户端时所做的那样，这里也要启动一个模拟服务器，替代 Postmark 的 API，并截取传出的请求。

相应地修改 **spawn_app**：

```
1  //! tests/api/helpers.rs
2
3  // 新引入的模块
4  use wiremock::MockServer;
5  // [...]
6
7  pub struct TestApp {
8      pub address: String,
9      pub db_pool: PgPool,
10     // 新的字段
11     pub email_server: MockServer,
12 }
13
14 pub async fn spawn_app() -> TestApp {
15     // [...]
16     // Launch a mock server to stand in for Postmark's API
17     let email_server = MockServer::start().await;
18
19     // 随机化配置，以确保测试的隔离性
20     let configuration = {
21         let mut c = get_configuration().expect("Failed to read configuration.");
22         // [...]
23         // 使用模拟服务器作为邮件 API
24         c.email_client.base_url = email_server.uri();
25         c
26     };
27
28     // [...]
29
30     TestApp {
31         // [...],
32         email_server,
33     }
34 }
```

现在可以编写新的测试用例了：

```
1  //! tests/api/subscriptions.rs
2  // 新引入的模块
3  use wiremock::matchers::{method, path};
4  use wiremock::{Mock, ResponseTemplate};
5  // [...]
6
7  #[tokio::test]
8  async fn subscribe_sends_a_confirmation_email_for_valid_data() {
9      // 准备
10     let app = spawn_app().await;
11     let body = "name=le%20guin&email=ursula_le_guin%40gmail.com";
12
13     Mock::given(path("/email"))
14         .and(method("POST"))
15         .respond_with(ResponseTemplate::new(200))
16         .expect(1)
17         .mount(&app.email_server)
18         .await;
19
20     // 执行
21     app.post_subscriptions(body.into()).await;
22
23     // 断言
24     // Mock 会在析构时检查断言
25  }
```

这个测试用例如预期的一样失败了：

```
1  failures:
2
3  ---- subscriptions::subscribe_sends_a_confirmation_email_for_valid_data stdout ----
4  thread 'subscriptions::subscribe_sends_a_confirmation_email_for_valid_data' panicked at
5  'Verifications failed:
6  - Mock #0.
7          Expected range of matching incoming requests: == 1
8          Number of matched incoming requests: 0'
```

请注意，在失败时，**wiremock** 提供了所发生错误的拆解细节：这里理应收到一个请求，但实际上没有收到。

我们来解决这个问题。

7.7.1.2　绿色测试

我们的处理器现在是这个样子的：

```
1  //! src/routes/subscriptions.rs
2  // [...]
3
4  #[tracing::instrument([...])]
```

```
5  pub async fn subscribe(form: web::Form<FormData>, pool: web::Data<PgPool>) -> HttpResponse {
6      let new_subscriber = match form.0.try_into() {
7          Ok(form) => form,
8          Err(_) => return HttpResponse::BadRequest().finish(),
9      };
10     match insert_subscriber(&pool, &new_subscriber).await {
11         Ok(_) => HttpResponse::Ok().finish(),
12         Err(_) => HttpResponse::InternalServerError().finish(),
13     }
14 }
```

要发送一封邮件，需要使用 **EmailClient** 的实例。当初在编写这部分功能的代码时，我们曾将一个实例注册到了应用程序的上下文中：

```
1  //! src/startup.rs
2  // [...]
3
4  fn run([...]) -> Result<Server, std::io::Error> {
5      // [...]
6      let email_client = Data::new(email_client);
7      let server = HttpServer::new(move || {
8          App::new()
9              .wrap(TracingLogger::default())
10             // [...]
11             // 在这里
12             .app_data(email_client.clone())
13         })
14         .listen(listener)?
15         .run();
16     Ok(server)
17 }
```

因此，我们可以在处理器中通过 **web::Data** 来使用这个 **EmailClient**，就像前面使用 **pool** 一样：

```
1  //! src/routes/subscriptions.rs
2  // 新引入的模块
3  use crate::email_client::EmailClient;
4  // [...]
5
6  #[tracing::instrument(
7      name = "Adding a new subscriber",
8      skip(form, pool, email_client),
9      fields(
10         subscriber_email = %form.email,
11         subscriber_name = %form.name
12     )
13 )]
14 pub async fn subscribe(
15     form: web::Form<FormData>,
```

```
16      pool: web::Data<PgPool>,
17      // 从应用程序的上下文中获得邮件客户端
18      email_client: web::Data<EmailClient>,
19  ) -> HttpResponse {
20      // [...]
21      if insert_subscriber(&pool, &new_subscriber).await.is_err() {
22          return HttpResponse::InternalServerError().finish();
23      }
24      // 为新的订阅者发送一封（没有实际用处的）邮件
25      // 这里暂且不处理在邮件发送过程中可能会出现的错误
26      if email_client
27          .send_email(
28              new_subscriber.email,
29              "Welcome!",
30              "Welcome to our newsletter!",
31              "Welcome to our newsletter!",
32          )
33          .await
34          .is_err()
35      {
36          return HttpResponse::InternalServerError().finish();
37      }
38      HttpResponse::Ok().finish()
39  }
```

测试用例 **subscribe_sends_a_confirmation_email_for_valid_data** 成功了，但 **subscribe_returns_a_200_for_valid_form_data** 却失败了：

```
1  thread 'subscriptions::subscribe_returns_a_200_for_valid_form_data' panicked at
2  'assertion failed: `(left == right)`
3   left: `200`,
4   right: `500`'
```

它尝试发送邮件，但失败了，因为我们还未为测试设置 mock。现在来修复它：

```
1  //! tests/api/subscriptions.rs
2  // [...]
3
4  #[tokio::test]
5  async fn subscribe_returns_a_200_for_valid_form_data() {
6      // 准备
7      let app = spawn_app().await;
8      let body = "name=le%20guin&email=ursula_le_guin%40gmail.com";
9
10     // 新的一段
11     Mock::given(path("/email"))
12         .and(method("POST"))
13         .respond_with(ResponseTemplate::new(200))
14         .mount(&app.email_server)
15         .await;
```

```
16
17     // 执行
18     let response = app.post_subscriptions(body.into()).await;
19
20     // 断言
21     assert_eq!(200, response.status().as_u16());
22
23     // [...]
24 }
```

现在所有测试都通过了。

到目前为止，并没有哪里需要重构，我们继续前进。

7.7.2 固定的确认链接

现在来提高测试的要求——查看邮件的正文，检查其中是否包含确认链接。

7.7.2.1 红色测试

我们（当前）不在乎链接是否是动态生成的并有实际意义——只要求在邮件的正文中包含一个链接就行。此外，邮件正文的纯文本格式与 HTML 文本格式应当有着相同的链接。

那么，如何从 **wiremock::MockServer** 所截取的请求中获取邮件的正文呢？

我们可以使用它的 **received_requests** 方法——该方法返回一个向量，只要启用了请求记录功能（默认开启），其中就会存有所有服务器所截取的请求。

```
1  //! tests/api/subscriptions.rs
2  // [...]
3
4  #[tokio::test]
5  async fn subscribe_sends_a_confirmation_email_with_a_link() {
6      // 准备
7      let app = spawn_app().await;
8      let body = "name=le%20guin&email=ursula_le_guin%40gmail.com";
9
10     Mock::given(path("/email"))
11         .and(method("POST"))
12         .respond_with(ResponseTemplate::new(200))
13         // 不再设置预期值
14         // 测试主要针对应用程序行为的另一个方面
15         .mount(&app.email_server)
16         .await;
17
18     // 执行
19     app.post_subscriptions(body.into()).await;
20
21     // 断言
```

```
22    // 获取第一个被截取的请求
23    let email_request = &app.email_server.received_requests().await.unwrap()[0];
24    // 将正文从二进制数据转换为 JSON 格式
25    let body: serde_json::Value = serde_json::from_slice(&email_request.body).unwrap();
26  }
```

这里需要从中提取链接。

最直接的方法似乎是使用正则表达式。但事实上，正则表达式纷繁而复杂，想正确地写出，要花费大量精力。

再一次，我们可以依赖 Rust 生态系统。现在将 **linkify** 添加到开发依赖项中：

```
1  #! Cargo.toml
2  # [...]
3  [dev-dependencies]
4  linkify = "0.8"
5  # [...]
```

使用 **linkify**，可以扫描文本并返回一个迭代器，其中包含所有检测到的链接。

```
1  //! tests/api/subscriptions.rs
2  // [...]
3
4  #[tokio::test]
5  async fn subscribe_sends_a_confirmation_email_with_a_link() {
6      // [...]
7      let body: serde_json::Value = serde_json::from_slice(&email_request.body).unwrap();
8
9      // 从指定的字段中提取链接
10     let get_link = |s: &str| {
11         let links: Vec<_> = linkify::LinkFinder::new()
12             .links(s)
13             .filter(|l| *l.kind() == linkify::LinkKind::Url)
14             .collect();
15         assert_eq!(links.len(), 1);
16         links[0].as_str().to_owned()
17     };
18
19     let html_link = get_link(&body["HtmlBody"].as_str().unwrap());
20     let text_link = get_link(&body["TextBody"].as_str().unwrap());
21     // 这两个所提取的链接应当是相同的
22     assert_eq!(html_link, text_link);
23  }
```

这个测试用例运行失败了：

```
1  failures:
2
3  thread 'subscriptions::subscribe_sends_a_confirmation_email_with_a_link'
4  panicked at 'assertion failed: `(left == right)`
```

```
5    left: `0`,
6    right: `1`', tests/api/subscriptions.rs:71:9
```

7.7.2.2　绿色测试

这里要再次修改请求处理器，使新的测试用例通过：

```
1    //! src/routes/subscriptions.rs
2    // [...]
3
4    #[tracing::instrument([...])]
5    pub async fn subscribe(/* */) -> HttpResponse {
6        // [...]
7        let confirmation_link =
8            "https://my-api.com/subscriptions/confirm";
9        if email_client
10           .send_email(
11               new_subscriber.email,
12               "Welcome!",
13               &format!(
14                   "Welcome to our newsletter!<br />\
15                   Click <a href=\"{}\">here</a> to confirm your subscription.",
16                   confirmation_link
17               ),
18               &format!(
19                   "Welcome to our newsletter!\nVisit {} to confirm your subscription.",
20                   confirmation_link
21               ),
22           )
23           .await
24           .is_err()
25       {
26           return HttpResponse::InternalServerError().finish();
27       }
28       HttpResponse::Ok().finish()
29   }
```

现在测试用例应该能通过了。

7.7.2.3　重构

当前的请求处理器变得复杂了——有大量代码被用于处理电子邮件地址确认。

我们将其提取到另一个函数中：

```
1    //! src/routes/subscriptions.rs
2    // [...]
3
4    #[tracing::instrument([...])]
5    pub async fn subscribe(/* */) -> HttpResponse {
6        let new_subscriber = match form.0.try_into() {
```

```
7          Ok(form) => form,
8          Err(_) => return HttpResponse::BadRequest().finish(),
9      };
10     if insert_subscriber(&pool, &new_subscriber).await.is_err() {
11         return HttpResponse::InternalServerError().finish();
12     }
13     if send_confirmation_email(&email_client, new_subscriber)
14         .await
15         .is_err()
16     {
17         return HttpResponse::InternalServerError().finish();
18     }
19     HttpResponse::Ok().finish()
20 }
21
22 #[tracing::instrument(
23     name = "Send a confirmation email to a new subscriber",
24     skip(email_client, new_subscriber)
25 )]
26 pub async fn send_confirmation_email(
27     email_client: &EmailClient,
28     new_subscriber: NewSubscriber,
29 ) -> Result<(), reqwest::Error> {
30     let confirmation_link = "https://my-api.com/subscriptions/confirm";
31     let plain_body = format!(
32         "Welcome to our newsletter!\nVisit {} to confirm your subscription.",
33         confirmation_link
34     );
35     let html_body = format!(
36         "Welcome to our newsletter!<br />\
37         Click <a href=\"{}\">here</a> to confirm your subscription.",
38         confirmation_link
39     );
40     email_client
41         .send_email(
42             new_subscriber.email,
43             "Welcome!",
44             &html_body,
45             &plain_body,
46         )
47         .await
48 }
```

重构后的 **subscribe** 函数再次着眼于整体流程，而非其中某个步骤的具体细节。

7.7.3 等待确认

现在来看新订阅者的状态。

在 **POST /subscriptions** 端点中，我们直接将其状态设置为 **confirmed**。而状态应当为 **pending_confirmation**，直到用户点击确认链接。

现在，是时候修正这一点了。

7.7.3.1　红色测试

再看一下之前所编写的第一个正常的测试用例：

```
1  //! tests/api/subscriptions.rs
2  // [...]
3
4  #[tokio::test]
5  async fn subscribe_returns_a_200_for_valid_form_data() {
6      // 准备
7      let app = spawn_app().await;
8      let body = "name=le%20guin&email=ursula_le_guin%40gmail.com";
9
10     Mock::given(path("/email"))
11         .and(method("POST"))
12         .respond_with(ResponseTemplate::new(200))
13         .mount(&app.email_server)
14         .await;
15
16     // 执行
17     let response = app.post_subscriptions(body.into()).await;
18
19     // 断言
20     assert_eq!(200, response.status().as_u16());
21
22     let saved = sqlx::query!("SELECT email, name FROM subscriptions",)
23         .fetch_one(&app.db_pool)
24         .await
25         .expect("Failed to fetch saved subscription.");
26
27     assert_eq!(saved.email, "ursula_le_guin@gmail.com");
28     assert_eq!(saved.name, "le guin");
29 }
```

这个测试用例的名字并不准确——它在检查状态码的同时还对数据库中存储的状态做了断言。我们将其分别放在两个测试用例中：

```
1  //! tests/api/subscriptions.rs
2  // [...]
3
4  #[tokio::test]
5  async fn subscribe_returns_a_200_for_valid_form_data() {
6      // 准备
7      let app = spawn_app().await;
```

```
 8     let body = "name=le%20guin&email=ursula_le_guin%40gmail.com";
 9
10     Mock::given(path("/email"))
11         .and(method("POST"))
12         .respond_with(ResponseTemplate::new(200))
13         .mount(&app.email_server)
14         .await;
15
16     // 执行
17     let response = app.post_subscriptions(body.into()).await;
18
19     // 断言
20     assert_eq!(200, response.status().as_u16());
21 }
22
23 #[tokio::test]
24 async fn subscribe_persists_the_new_subscriber() {
25     // 准备
26     let app = spawn_app().await;
27     let body = "name=le%20guin&email=ursula_le_guin%40gmail.com";
28
29     Mock::given(path("/email"))
30         .and(method("POST"))
31         .respond_with(ResponseTemplate::new(200))
32         .mount(&app.email_server)
33         .await;
34
35     // 执行
36     app.post_subscriptions(body.into()).await;
37
38     // 断言
39     let saved = sqlx::query!("SELECT email, name FROM subscriptions",)
40         .fetch_one(&app.db_pool)
41         .await
42         .expect("Failed to fetch saved subscription.");
43
44     assert_eq!(saved.email, "ursula_le_guin@gmail.com");
45     assert_eq!(saved.name, "le guin");
46 }
```

现在修改第二个测试用例，用于检测数据库中的状态。

```
1 //! tests/api/subscriptions.rs
2 // [...]
3
4 #[tokio::test]
5 async fn subscribe_persists_the_new_subscriber() {
6     // [...]
7
```

```
8     // 断言
9     let saved = sqlx::query!("SELECT email, name, status FROM subscriptions",)
10        .fetch_one(&app.db_pool)
11        .await
12        .expect("Failed to fetch saved subscription.");
13
14    assert_eq!(saved.email, "ursula_le_guin@gmail.com");
15    assert_eq!(saved.name, "le guin");
16    assert_eq!(saved.status, "pending_confirmation");
17 }
```

测试正如我们所预料的那样未通过：

```
1 failures:
2
3 ---- subscriptions::subscribe_persists_the_new_subscriber stdout ----
4 thread 'subscriptions::subscribe_persists_the_new_subscriber'
5 panicked at 'assertion failed: `(left == right)`
6   left: `"confirmed"`,
7  right: `"pending_confirmation"`'
```

7.7.3.2　绿色测试

通过修改如下插入查询，可以使测试通过：

```
1 //! src/routes/subscriptions.rs
2
3 #[tracing::instrument([...])]
4 pub async fn insert_subscriber([...]) -> Result<(), sqlx::Error> {
5     sqlx::query!(
6         r#"INSERT INTO subscriptions (id, email, name, subscribed_at, status)
7         VALUES ($1, $2, $3, $4, 'confirmed')"#,
8         // [...]
9     )
10    // [...]
11 }
```

只需要将其中的 **confirmed** 改为 **pending_confirmation**：

```
1 //! src/routes/subscriptions.rs
2
3 #[tracing::instrument([...])]
4 pub async fn insert_subscriber([...]) -> Result<(), sqlx::Error> {
5     sqlx::query!(
6         r#"INSERT INTO subscriptions (id, email, name, subscribed_at, status)
7         VALUES ($1, $2, $3, $4, 'pending_confirmation')"#,
8         // [...]
9     )
10    // [...]
11 }
```

测试应该能通过了。

7.7.4 GET /subscriptions/confirm 的骨架

POST /subscriptions 的大部分基础工作都做好了——现在来关注另一半功能，即 **GET /subscriptions/confirm**。

我们想要建立该端点的骨架——将处理器注册在 **src/startup.rs** 中，并过滤其中所有不包含必需查询参数 **subscription_token** 的请求。

这么做可以让我们在正常情况下小步迭代，无须一次性编写过多的代码。

7.7.4.1 红色测试

在 **tests** 文件夹中添加一个新模块，用于包含所有与电子邮件地址确认有关的测试用例。

```
1  //! tests/api/main.rs
2
3  mod health_check;
4  mod helpers;
5  mod subscriptions;
6  // 新模块
7  mod subscriptions_confirm;
```

```
1  //! tests/api/subscriptions_confirm.rs
2  use crate::helpers::spawn_app;
3
4  #[tokio::test]
5  async fn confirmations_without_token_are_rejected_with_a_400() {
6      // 准备
7      let app = spawn_app().await;
8
9      // 执行
10     let response = reqwest::get(&format!("{}/subscriptions/confirm", app.address))
11         .await
12         .unwrap();
13
14     // 断言
15     assert_eq!(response.status().as_u16(), 400);
16 }
```

测试正如我们所预料的那样失败了，毕竟还没有编写处理器：

```
1  ---- subscriptions_confirm::confirmations_without_token_are_rejected_with_a_400 stdout ----
2  thread 'subscriptions_confirm::confirmations_without_token_are_rejected_with_a_400'
3  panicked at 'assertion failed: `(left == right)`
4    left: `404`,
5   right: `400`'
```

7.7.4.2 绿色测试

现在编写一个占位处理器，对任何传入的请求都返回 **200 OK**。

```
1  //! src/routes/mod.rs
2
3  mod health_check;
4  mod subscriptions;
5  // 新模块
6  mod subscriptions_confirm;
7
8  pub use health_check::*;
9  pub use subscriptions::*;
10 pub use subscriptions_confirm::*;
```

```
1  //! src/routes/subscriptions_confirm.rs
2
3  use actix_web::HttpResponse;
4
5  #[tracing::instrument(
6      name = "Confirm a pending subscriber",
7  )]
8  pub async fn confirm() -> HttpResponse {
9      HttpResponse::Ok().finish()
10 }
```

```
1  //! src/startup.rs
2  // [...]
3  use crate::routes::confirm;
4
5  fn run([...]) -> Result<Server, std::io::Error> {
6      // [...]
7      let server = HttpServer::new(move || {
8          App::new()
9              // [...]
10             .route("/subscriptions/confirm", web::get().to(confirm))
11             // [...]
12      })
13      // [...]
14 }
```

当运行 **cargo test** 时，会返回一个与之前不同的错误：

```
1  ---- subscriptions_confirm::confirmations_without_token_are_rejected_with_a_400 stdout ----
2  thread 'subscriptions_confirm::confirmations_without_token_are_rejected_with_a_400'
3  panicked at 'assertion failed: `(left == right)`
4    left: `200`,
5   right: `400`'
```

成功了！

现在将这个 **200 OK** 变成 **400 Bad Request**。

这里要保证 **subscription_token** 查询参数是存在的：可以采用另一个 **actix-web** 的提取器 **Query**。

```
1  //! src/routes/subscriptions_confirm.rs
2  use actix_web::{HttpResponse, web};
3
4  #[derive(serde::Deserialize)]
5  pub struct Parameters {
6      subscription_token: String
7  }
8
9  #[tracing::instrument(
10     name = "Confirm a pending subscriber",
11     skip(_parameters)
12 )]
13 pub async fn confirm(_parameters: web::Query<Parameters>) -> HttpResponse {
14     HttpResponse::Ok().finish()
15 }
```

Parameters 结构体定义了在传入的请求中我们所预期的所有查询参数。它需要实现 serde::Deserialize，这样 actix-web 就能在处理传入的请求时构建它。若要使 actix-web 仅在成功提取查询参数的情况下调用处理器，则只需要在 confirm 中添加一个类型为 web::Query <Parameter>的参数。如果提取失败的话，则会自动将 400 Bad Request 返回给调用者。

现在测试应该能通过了。

7.7.5　整合

现在只要完成 GET /subscriptions/confirm，就能打通整个确认流程了!

7.7.5.1　红色测试

现在来模仿用户的行为。首先调用 POST /subscriptions，然后从所发送的电子邮件中提取确认链接（使用之前的 linkify)，最后点击链接以确认订阅——应当会收到 200 OK。

我们（暂且）不会检查数据库的状态——将这部分留到本章的最后一节。

实现如下:

```
1  //! tests/api/subscriptions_confirm.rs
2  // [...]
3  use reqwest::Url;
4  use wiremock::{ResponseTemplate, Mock};
5  use wiremock::matchers::{path, method};
6
7  #[tokio::test]
8  async fn the_link_returned_by_subscribe_returns_a_200_if_called() {
9      // 准备
10     let app = spawn_app().await;
11     let body = "name=le%20guin&email=ursula_le_guin%40gmail.com";
12
```

```
13    Mock::given(path("/email"))
14        .and(method("POST"))
15        .respond_with(ResponseTemplate::new(200))
16        .mount(&app.email_server)
17        .await;
18
19    app.post_subscriptions(body.into()).await;
20    let email_request = &app.email_server.received_requests().await.unwrap()[0];
21    let body: serde_json::Value = serde_json::from_slice(&email_request.body).unwrap();
22
23    // 从指定的字段中提取链接
24    let get_link = |s: &str| {
25        let links: Vec<_> = linkify::LinkFinder::new()
26            .links(s)
27            .filter(|l| *l.kind() == linkify::LinkKind::Url)
28            .collect();
29        assert_eq!(links.len(), 1);
30        links[0].as_str().to_owned()
31    };
32    let raw_confirmation_link = &get_link(&body["HtmlBody"].as_str().unwrap());
33    let confirmation_link = Url::parse(raw_confirmation_link).unwrap();
34    // 确保调用的 API 是本地的
35    assert_eq!(confirmation_link.host_str().unwrap(), "127.0.0.1");
36
37    // 执行
38    let response = reqwest::get(confirmation_link)
39        .await
40        .unwrap();
41
42    // 断言
43    assert_eq!(response.status().as_u16(), 200);
44 }
```

它报错了：

```
1 thread 'subscriptions_confirm::the_link_returned_by_subscribe_returns_a_200_if_called'
2 panicked at 'assertion failed: `(left == right)`
3   left: `"my-api.com"`,
4  right: `"127.0.0.1"`'
```

这里存在不少冗余的代码，稍后我们会处理它。现在的主要目的是使测试通过。

7.7.5.2 绿色测试

先从 URL 的问题着手。现在它被硬编码于：

```
1 //! src/routes/subscriptions.rs
2 // [...]
3
4 #[tracing::instrument([...])]
5 pub async fn send_confirmation_email([...]) -> Result<(), reqwest::Error> {
```

```
6      let confirmation_link = "https://my-api.com/subscriptions/confirm";
7      // [...]
8  }
```

对于域名和协议,将根据应用程序运行的环境来确定:在测试环境中应该是 **http://127.0.0.1**,在生产环境中应该是一条使用 HTTPS 的 DNS 记录。

最简单的修正方法是将域名作为配置的值传入。

在 **ApplicationSettings** 中添加一个新字段:

```
1  //! src/configuration.rs
2  // [...]
3
4  #[derive(serde::Deserialize, Clone)]
5  pub struct ApplicationSettings {
6      #[serde(deserialize_with = "deserialize_number_from_string")]
7      pub port: u16,
8      pub host: String,
9      // 新字段
10     pub base_url: String
11 }
```

```
1  # configuration/local.yaml
2  application:
3      base_url: "http://127.0.0.1"
4  # [...]
```

```
1  #! spec.yaml
2  # [...]
3  services:
4    - name: zero2prod
5      # [...]
6      envs:
7        # 这里采用 DigitalOcean 提供的 APP_URL 变量
8        # 从而动态地将其临时分配的根 URL 插入应用程序中
9        - key: APP_APPLICATION__BASE_URL
10         scope: RUN_TIME
11         value: ${APP_URL}
12         # [...]
13 # [...]
```

每次修改 **spec.yaml** 时,都要记得在 DigitalOcean 上应用改动:使用 **doctl apps list --format ID** 来获得应用程序标识符,并运行 **doctl apps update $APP_ID --spec spec.yaml**。

现在需要在应用程序上下文中注册这个值——你应该熟悉这个流程了:

```
1  //! src/startup.rs
2  // [...]
3
```

```rust
4  impl Application {
5      pub async fn build(configuration: Settings) -> Result<Self, std::io::Error> {
6          // [...]
7          let server = run(
8              listener,
9              connection_pool,
10             email_client,
11             // 新参数
12             configuration.application.base_url,
13         )?;
14
15         Ok(Self { port, server })
16     }
17
18     // [...]
19 }
20
21 // 这里需要定义一个包装类型，以便在 `subscribe` 处理器中获取 URL
22 // 在 actix-web 中，从上下文中得到数据的方式是基于类型的：
23 // 如果使用的是原始的 `String` 类型，则可能会由于类型相同而产生冲突
24 pub struct ApplicationBaseUrl(pub String);
25
26 fn run(
27     listener: TcpListener,
28     db_pool: PgPool,
29     email_client: EmailClient,
30     // 新参数
31     base_url: String,
32 ) -> Result<Server, std::io::Error> {
33     // [...]
34     let base_url = Data::new(ApplicationBaseUrl(base_url));
35     let server = HttpServer::new(move || {
36         App::new()
37             // [...]
38             .app_data(base_url.clone())
39     })
40     // [...]
41 }
```

现在就可以在请求处理器中获取 URL 了：

```rust
1  //! src/routes/subscriptions.rs
2  use crate::startup::ApplicationBaseUrl;
3  // [...]
4
5  #[tracing::instrument(
6      skip(form, pool, email_client, base_url),
7      [...]
8  )]
```

```
 9  pub async fn subscribe(
10      // [...]
11      // 新参数
12      base_url: web::Data<ApplicationBaseUrl>,
13  ) -> HttpResponse {
14      // [...]
15      // 传递应用程序 URL
16      if send_confirmation_email(
17          &email_client,
18          new_subscriber,
19          &base_url.0
20      )
21      .await
22      .is_err()
23      {
24          return HttpResponse::InternalServerError().finish();
25      }
26      // [...]
27  }
28
29  #[tracing::instrument(
30      skip(email_client, new_subscriber, base_url)
31      [...]
32  )]
33  pub async fn send_confirmation_email(
34      // [...]
35      // 新参数
36      base_url: &str,
37  ) -> Result<(), reqwest::Error> {
38      // 由动态的根 URL 构建确认链接
39      let confirmation_link = format!("{}/subscriptions/confirm", base_url);
40      // [...]
41  }
```

再运行一次测试用例：

```
 1  thread 'subscriptions_confirm::the_link_returned_by_subscribe_returns_a_200_if_called'
 2  panicked at 'called `Result::unwrap()` on an `Err` value:
 3      reqwest::Error {
 4          kind: Request,
 5          url: Url {
 6              scheme: "http",
 7              host: Some(Ipv4(127.0.0.1)),
 8              port: None,
 9              path: "/subscriptions/confirm",
10              query: None,
11              fragment: None },
12          source: hyper::Error(
13              Connect,
```

```
14              ConnectError(
15                  "tcp connect error",
16                  Os {
17                      code: 111,
18                      kind: ConnectionRefused,
19                      message: "Connection refused"
20                  }
21              )
22          )
23      }'
```

测试中地址里的主机部分是正确的，但 **reqwest::Client** 无法建立连接。哪里出错了？

如果仔细地看，则会注意到 **port:None**——我们将请求发送到 **http://127.0.0.1/subscriptions/confirm**，而没有指定测试服务器监听的端口。

此处棘手的点在于事件的顺序：在启动服务器之前，我们就将 **application_url** 配置传给了应用程序，因此无法得知服务器所监听的端口（因为端口被设为 **0**，实际上会使用随机值）。

在生产环境中，由于 DNS 域名是固定的，因此不会造成任何问题——只需要修改测试环境就好。

现在将应用程序的端口作为字段存储在 **TestApp** 中：

```
1  //! tests/api/helpers.rs
2  // [...]
3
4  pub struct TestApp {
5      // 新字段
6      pub port: u16,
7      // [...]
8  }
9
10 pub async fn spawn_app() -> TestApp {
11     // [...]
12
13     let application = Application::build(configuration.clone())
14         .await
15         .expect("Failed to build application.");
16     let application_port = application.port();
17     let _ = tokio::spawn(application.run_until_stopped());
18
19     TestApp {
20         address: format!("http://localhost:{}", application_port),
21         port: application_port,
22         db_pool: get_connection_pool(&configuration.database),
23         email_server,
24     }
25 }
```

在测试逻辑中，可以用其修改确认链接：

```
1  //! tests/api/subscriptions_confirm.rs
2  // [...]
3
4  #[tokio::test]
5  async fn the_link_returned_by_subscribe_returns_a_200_if_called() {
6      // [...]
7      let mut confirmation_link = Url::parse(raw_confirmation_link).unwrap();
8      assert_eq!(confirmation_link.host_str().unwrap(), "127.0.0.1");
9      // 设置 URL 中的端口
10     confirmation_link.set_port(Some(app.port)).unwrap();
11
12     // [...]
13 }
```

虽然不是很优雅，但还是完成了。

再次运行测试用例：

```
1  thread 'subscriptions_confirm::the_link_returned_by_subscribe_returns_a_200_if_called'
2  panicked at 'assertion failed: `(left == right)`
3   left: `400`,
4  right: `200`'
```

我们收到了一个 **400 Bad Request**，这是因为在确认链接中没有包含 **subscription_token** 查询参数。暂且通过硬编码来修复它：

```
1  //! src/routes/subscriptions.rs
2  // [...]
3
4  pub async fn send_confirmation_email([...]) -> Result<(), reqwest::Error> {
5      let confirmation_link = format!(
6          "{}/subscriptions/confirm?subscription_token=mytoken",
7          base_url
8      );
9      // [...]
10 }
```

测试通过了。

7.7.5.3　重构

将确认链接从发送的电子邮件中提取出来的代码逻辑在两个测试中是重复的——在完成这个功能的过程中，后面很可能还会用到同样的逻辑，因此将其提取到一个辅助函数中是很有必要的。

```
1  //! tests/api/helpers.rs
2  // [...]
3
4  /// 在发送给邮件 API 的请求中所包含的确认链接
5  pub struct ConfirmationLinks {
```

```
 6        pub html: reqwest::Url,
 7        pub plain_text: reqwest::Url
 8   }
 9
10   impl TestApp {
11       // [...]
12
13       /// 从发送给邮件 API 的请求中提取确认链接
14       pub fn get_confirmation_links(
15           &self,
16           email_request: &wiremock::Request
17       ) -> ConfirmationLinks {
18           let body: serde_json::Value = serde_json::from_slice(
19               &email_request.body
20           ).unwrap();
21
22           // 从指定的字段中提取链接
23           let get_link = |s: &str| {
24               let links: Vec<_> = linkify::LinkFinder::new()
25                   .links(s)
26                   .filter(|l| *l.kind() == linkify::LinkKind::Url)
27                   .collect();
28               assert_eq!(links.len(), 1);
29               let raw_link = links[0].as_str().to_owned();
30               let mut confirmation_link = reqwest::Url::parse(&raw_link).unwrap();
31               // 确保调用的 API 是本地的
32               assert_eq!(confirmation_link.host_str().unwrap(), "127.0.0.1");
33               confirmation_link.set_port(Some(self.port)).unwrap();
34               confirmation_link
35           };
36
37           let html = get_link(&body["HtmlBody"].as_str().unwrap());
38           let plain_text = get_link(&body["TextBody"].as_str().unwrap());
39           ConfirmationLinks {
40               html,
41               plain_text
42           }
43       }
44   }
```

我们将其提取出来作为 **TestApp** 上的一个关联方法，用于得到应用程序的端口，这样就可以将其插入链接中。

其实也可以将其写成一个普通的函数，接收 **wiremock::Request** 和 **TestApp**（或者 **u16**）作为参数——这取决于个人喜好。

这样就能极大地简化这两个测试用例：

```
1  //! tests/api/subscriptions.rs
2  // [...]
3
4  #[tokio::test]
5  async fn subscribe_sends_a_confirmation_email_with_a_link() {
6      // 准备
7      let app = spawn_app().await;
8      let body = "name=le%20guin&email=ursula_le_guin%40gmail.com";
9
10     Mock::given(path("/email"))
11         .and(method("POST"))
12         .respond_with(ResponseTemplate::new(200))
13         .mount(&app.email_server)
14         .await;
15
16     // 执行
17     app.post_subscriptions(body.into()).await;
18
19     // 断言
20     let email_request = &app.email_server.received_requests().await.unwrap()[0];
21     let confirmation_links = app.get_confirmation_links(&email_request);
22
23     // 两个链接应当相同
24     assert_eq!(confirmation_links.html, confirmation_links.plain_text);
25 }
```

```
1  //! tests/api/subscriptions_confirm.rs
2  // [...]
3
4  #[tokio::test]
5  async fn the_link_returned_by_subscribe_returns_a_200_if_called() {
6      // 准备
7      let app = spawn_app().await;
8      let body = "name=le%20guin&email=ursula_le_guin%40gmail.com";
9
10     Mock::given(path("/email"))
11         .and(method("POST"))
12         .respond_with(ResponseTemplate::new(200))
13         .mount(&app.email_server)
14         .await;
15
16     app.post_subscriptions(body.into()).await;
17     let email_request = &app.email_server.received_requests().await.unwrap()[0];
18     let confirmation_links = app.get_confirmation_links(&email_request);
19
20     // 执行
21     let response = reqwest::get(confirmation_links.html)
22         .await
23         .unwrap();
```

```
24
25    // 断言
26    assert_eq!(response.status().as_u16(), 200);
27  }
```

这两个测试用例一下子就清晰了许多。

7.7.6　订阅令牌

现在该处理房间里的大象了[1]——生成订阅令牌。

7.7.7.1　红色测试

这里要添加一个测试用例，与上面刚刚编写的用例类似：这次检查的是数据库中订阅者记录的 **status** 字段，而非返回的状态码。

```
1   //! tests/api/subscriptions_confirm.rs
2   // [...]
3
4   #[tokio::test]
5   async fn clicking_on_the_confirmation_link_confirms_a_subscriber() {
6       // 准备
7       let app = spawn_app().await;
8       let body = "name=le%20guin&email=ursula_le_guin%40gmail.com";
9
10      Mock::given(path("/email"))
11          .and(method("POST"))
12          .respond_with(ResponseTemplate::new(200))
13          .mount(&app.email_server)
14          .await;
15
16      app.post_subscriptions(body.into()).await;
17      let email_request = &app.email_server.received_requests().await.unwrap()[0];
18      let confirmation_links = app.get_confirmation_links(&email_request);
19
20      // 执行
21      reqwest::get(confirmation_links.html)
22          .await
23          .unwrap()
24          .error_for_status()
25          .unwrap();
26
27      // 断言
28      let saved = sqlx::query!("SELECT email, name, status FROM subscriptions",)
29          .fetch_one(&app.db_pool)
```

---

1 译者注：房间里的大象是一个英语熟语，用来隐喻某种虽然明显却被集体视而不见、不做讨论的事情或者风险，或者是一种不敢反抗和争辩某些明显的问题的集体迷思。

```
30        .await
31        .expect("Failed to fetch saved subscription.");
32
33    assert_eq!(saved.email, "ursula_le_guin@gmail.com");
34    assert_eq!(saved.name, "le guin");
35    assert_eq!(saved.status, "confirmed");
36 }
```

测试用例正如预期的那样失败了：

```
1 thread 'subscriptions_confirm::clicking_on_the_confirmation_link_confirms_a_subscriber'
2 panicked at 'assertion failed: `(left == right)`
3  left: `"pending_confirmation"`,
4  right: `"confirmed"`'
```

7.7.6.2 绿色测试

为了让上面的测试用例通过，我们先在确认链接上硬编码一个订阅令牌：

```
1 //! src/routes/subscriptions.rs
2 // [...]
3
4 pub async fn send_confirmation_email([...]) -> Result<(), reqwest::Error> {
5     let confirmation_link = format!(
6         "{}/subscriptions/confirm?subscription_token=mytoken",
7         base_url
8     );
9     // [...]
10 }
```

然后重构 **send_confirmation_email**，使其接收令牌作为参数——这样可以简化上游代码生成令牌的逻辑。

```
1 //! src/routes/subscriptions.rs
2 // [...]
3
4 #[tracing::instrument([...])]
5 pub async fn subscribe([...]) -> HttpResponse {
6     // [...]
7     if send_confirmation_email(
8         &email_client,
9         new_subscriber,
10         &base_url.0,
11         // 新参数
12         "mytoken"
13     )
14     .await
15     .is_err() {
16         return HttpResponse::InternalServerError().finish();
17     }
18     // [...]
```

```
19 }
20
21 #[tracing::instrument(
22     name = "Send a confirmation email to a new subscriber",
23     skip(email_client, new_subscriber, base_url, subscription_token)
24 )]
25 pub async fn send_confirmation_email(
26     email_client: &EmailClient,
27     new_subscriber: NewSubscriber,
28     base_url: &str,
29     // 新参数
30     subscription_token: &str
31 ) -> Result<(), reqwest::Error> {
32     let confirmation_link = format!(
33         "{}/subscriptions/confirm?subscription_token={}",
34         base_url,
35         subscription_token
36     );
37     // [...]
38 }
```

订阅令牌不是密码：它们是一次性的，且无法以此获得任何保护信息[1]。我们需要它足够难猜，但就算这里出了安全问题，能造成的最大破坏也只是某人的邮箱里多出了未曾订阅的邮件简报。

基于我们的需求，采用密码学安全伪随机数生成器（CSPRNG）就足够了。

每当需要生成一个订阅令牌时，都可以从字母数字字符的序列中截取足够长的一段。

要实现它，需要将 **rand** 添加到依赖项中：

```
1 #! Cargo.toml
2 # [...]
3
4 [dependencies]
5 # [...]
6 # 开启 `std_rng`，从而使用所需要的 PRNG
7 rand = { version = "0.8", features=["std_rng"] }
```

```
1 //! src/routes/subscriptions.rs
2 use rand::distributions::Alphanumeric;
3 use rand::{thread_rng, Rng};
4 // [...]
5
6 /// 生成随机的长度为 25 个字符且大小写敏感的订阅令牌
7 fn generate_subscription_token() -> String {
8     let mut rng = thread_rng();
9     std::iter::repeat_with(|| rng.sample(Alphanumeric))
10         .map(char::from)
```

---

1 可以说令牌是一个随机数。

```
11          .take(25)
12          .collect()
13 }
```

25 个字符已经足够安全了——这包含大约 10^{45} 种可能的令牌——对于用例来说已经绰绰有余了。

为了检查在 **GET /subscriptions/confirm** 中所收到的令牌是否有效，在 **POST /subscriptions** 中需要将新生成的令牌存储到数据库中。

subscription_tokens 就是为此目的而添加的表，它有两列：**subscription_token** 和 **subscriber_id**。

当前在 **insert_subscriber** 中存在生成订阅者标识符的逻辑，但却没有返回给调用者：

```
1  #[tracing::instrument([...])]
2  pub async fn insert_subscriber([...]) -> Result<(), sqlx::Error> {
3      sqlx::query!(
4          r#"[...]"#,
5          // 订阅者的标识符，没有将其返回或者绑定到某个变量
6          Uuid::new_v4(),
7          // [...]
8      )
9      // [...]
10 }
```

这里将重构 **insert_subscriber**，返回标识符：

```
1  #[tracing::instrument([...])]
2  pub async fn insert_subscriber([...]) -> Result<Uuid, sqlx::Error> {
3      let subscriber_id = Uuid::new_v4();
4      sqlx::query!(
5          r#"[...]"#,
6          subscriber_id,
7          // [...]
8      )
9      // [...]
10     Ok(subscriber_id)
11 }
```

现在就可以将它们整合起来：

```
1  //! src/routes/subscriptions.rs
2  // [...]
3
4  pub async fn subscribe([...]) -> HttpResponse {
5      // [...]
6      let subscriber_id = match insert_subscriber(&pool, &new_subscriber).await {
7          Ok(subscriber_id) => subscriber_id,
8          Err(_) => return HttpResponse::InternalServerError().finish(),
9      };
10     let subscription_token = generate_subscription_token();
11     if store_token(&pool, subscriber_id, &subscription_token)
12         .await
```

```
13            .is_err()
14        {
15            return HttpResponse::InternalServerError().finish();
16        }
17        if send_confirmation_email(
18            &email_client,
19            new_subscriber,
20            &base_url.0,
21            &subscription_token,
22        )
23        .await
24        .is_err()
25        {
26            return HttpResponse::InternalServerError().finish();
27        }
28        HttpResponse::Ok().finish()
29    }
30
31    #[tracing::instrument(
32        name = "Store subscription token in the database",
33        skip(subscription_token, pool)
34    )]
35    pub async fn store_token(
36        pool: &PgPool,
37        subscriber_id: Uuid,
38        subscription_token: &str,
39    ) -> Result<(), sqlx::Error> {
40        sqlx::query!(
41            r#"INSERT INTO subscription_tokens (subscription_token, subscriber_id)
42            VALUES ($1, $2)"#,
43            subscription_token,
44            subscriber_id
45        )
46        .execute(pool)
47        .await
48        .map_err(|e| {
49            tracing::error!("Failed to execute query: {:?}", e);
50            e
51        })?;
52        Ok(())
53    }
```

POST /subscriptions 这边的工作就完成了，现在来到 GET /subscription/confirm 这边：

```
1    //! src/routes/subscriptions_confirm.rs
2    use actix_web::{HttpResponse, web};
3
4    #[derive(serde::Deserialize)]
5    pub struct Parameters {
```

```
 6        subscription_token: String
 7 }
 8
 9 #[tracing::instrument(
10     name = "Confirm a pending subscriber",
11     skip(_parameters)
12 )]
13 pub async fn confirm(_parameters: web::Query<Parameters>) -> HttpResponse {
14     HttpResponse::Ok().finish()
15 }
```

这里需要：

- 获取对数据库连接池的引用；

- 根据订阅者的标识符获取令牌（如果存在的话）；

- 将订阅者的 **status** 字段设为 **confirmed**。

这些我们之前都做过——开始吧！

```
 1 use actix_web::{web, HttpResponse};
 2 use sqlx::PgPool;
 3 use uuid::Uuid;
 4
 5 #[derive(serde::Deserialize)]
 6 pub struct Parameters {
 7     subscription_token: String,
 8 }
 9
10 #[tracing::instrument(
11     name = "Confirm a pending subscriber",skip(parameters, pool)
12 )]
13 pub async fn confirm(
14     parameters: web::Query<Parameters>,
15     pool: web::Data<PgPool>,
16 ) -> HttpResponse {
17     let id = match get_subscriber_id_from_token(&pool, &parameters.subscription_token).await {
18         Ok(id) => id,
19         Err(_) => return HttpResponse::InternalServerError().finish(),
20     };
21     match id {
22         // 令牌不存在
23         None => HttpResponse::Unauthorized().finish(),
24         Some(subscriber_id) => {
25             if confirm_subscriber(&pool, subscriber_id).await.is_err() {
26                 return HttpResponse::InternalServerError().finish();
27             }
28             HttpResponse::Ok().finish()
29         }
30     }
```

```
31 }
32
33 #[tracing::instrument(
34     name = "Mark subscriber as confirmed",
35     skip(subscriber_id, pool)
36 )]
37 pub async fn confirm_subscriber(
38     pool: &PgPool,
39     subscriber_id: Uuid
40 ) -> Result<(), sqlx::Error> {
41     sqlx::query!(
42         r#"UPDATE subscriptions SET status = 'confirmed' WHERE id = $1"#,
43         subscriber_id,
44     )
45     .execute(pool)
46     .await
47     .map_err(|e| {
48         tracing::error!("Failed to execute query: {:?}", e);
49         e
50     })?;
51     Ok(())
52 }
53
54 #[tracing::instrument(
55     name = "Get subscriber_id from token",
56     skip(subscription_token, pool)
57 )]
58 pub async fn get_subscriber_id_from_token(
59     pool: &PgPool,
60     subscription_token: &str,
61 ) -> Result<Option<Uuid>, sqlx::Error> {
62     let result = sqlx::query!(
63         r#"SELECT subscriber_id FROM subscription_tokens WHERE subscription_token = $1"#,
64         subscription_token,
65     )
66     .fetch_optional(pool)
67     .await
68     .map_err(|e| {
69         tracing::error!("Failed to execute query: {:?}", e);
70         e
71     })?;
72     Ok(result.map(|r| r.subscriber_id))
73 }
```

这就足够了吗？我们有没有遗漏什么？

检查的方法只有：

```
1 cargo test
```

```
1       Running target/debug/deps/api-5a717281b98f7c41
2  running 10 tests
3  [...]
4
5  test result: ok. 10 passed; 0 failed; finished in 0.92s
```

好的！通过了！

7.8 数据库事务

7.8.1 全部成功，或者全部失败

现在宣布成功还为时过早。

POST /subscriptions 的处理器的复杂度急剧增加，其中包含了两个对 Postgres 数据库的 **INSERT** 查询：一个用于存储新订阅者的具体信息，另一个用于存储新生成的订阅令牌。

假如应用程序在这两个操作之间出现错误，会发生什么事情呢？

第一个查询或许会成功，但第二个查询也许没有机会执行。

这导致触发 **POST /subscriptions** 后，数据库可能处于三种状态：

- 新的订阅者以及相应的订阅令牌已被存储；

- 新的订阅者已被存储，但订阅令牌没有被存储；

- 没有任何数据被存储。

在应用程序中查询的种类越多，越难厘清数据库可能的状态。

关系型数据库（以及一些其他种类的数据库）提供了一种机制——**事务**来解决这个问题。

事务是一种将多个有关联的操作组合在一起的方法，使它们成为一个**基本执行单位**。

数据库保证事务中的所有操作要么全部成功，要么全部失败：数据库绝不会处于事务中只有一部分查询生效的状态。

回到前面的例子中，如果将两个 **INSERT** 查询放入一个事务中，那么在处理后数据库只可能处于两种状态：

- 新的订阅者以及相应的订阅令牌已被存储；

- 没有任何数据被存储。

这就方便了很多。

7.8.2　Postgres 中的事务

要在 **Postgres** 中使用事务，可以使用 **BEGIN** 语句。**BEGIN** 后的所有查询都会成为事务的一部分。事务以 **COMMIT** 语句结束。

其实在之前的迁移脚本中，已经用到过事务！

```
1  BEGIN;
2  UPDATE subscriptions SET status = 'confirmed' WHERE status IS NULL;
3  ALTER TABLE subscriptions ALTER COLUMN status SET NOT NULL;
4  COMMIT;
```

如果事务中的任何操作失败了，数据库都将回滚：之前操作执行的所有改动都会被撤回，这次操作被放弃。

也可以使用 **ROLLBACK** 语句显式地执行回滚。

事务是一个深奥的话题：其不仅提供了将多个操作组合成一个原子化操作的方法，还隐藏了在相同的表中其他并行的查询所未提交的改动。

随着需求的演进，你可能想要自己选择事务的隔离级别，从数据库所提供的并发保证中挑选出最合适的一个。当系统逐渐扩展变得越来越复杂时，熟练掌握各种并发相关问题（如脏读、幻读等）的解决方法就会变得越来越重要。

如果你想要学习更多相关知识，推荐阅读《数据密集型应用系统设计》(*Designing Data-Intensive Applications*)。

7.8.3　sqlx 中的事务

回到代码上来：如何在 **sqlx** 中使用事务呢？

无须手动编写 **BEGIN** 语句。由于事务是关系型数据库的重点功能，**sqlx** 为其提供了专用的 API。对 **pool** 调用 **begin** 方法，即可从连接池中取出一个连接，并开启一个事务：

```
1  //! src/routes/subscriptions.rs
2  // [...]
3
4  pub async fn subscribe([...]) -> HttpResponse {
5      let new_subscriber = // [...]
6      let mut transaction = match pool.begin().await {
7          Ok(transaction) => transaction,
8          Err(_) => return HttpResponse::InternalServerError().finish(),
9      };
10     // [...]
```

如果 **begin** 方法成功，则会返回一个 **Transaction** 结构体。

对该结构体的可变引用实现了 **sqlx** 的 **Executor** 特质，使其可用于执行查询。所有使用

Transaction 作为执行器的查询都成为事务的一部分。

现在将 **insert_subscriber** 和 **store_token** 中的 **pool** 参数改为 **transaction**：

```
1  //! src/routes/subscriptions.rs
2  use sqlx::{Postgres, Transaction};
3  // [...]
4
5  #[tracing::instrument([...])]
6  pub async fn subscribe([...]) -> HttpResponse {
7      // [...]
8      let mut transaction = match pool.begin().await {
9          Ok(transaction) => transaction,
10         Err(_) => return HttpResponse::InternalServerError().finish(),
11     };
12     let subscriber_id = match insert_subscriber(&mut transaction, &new_subscriber).await
13     {
14         Ok(subscriber_id) => subscriber_id,
15         Err(_) => return HttpResponse::InternalServerError().finish(),
16     };
17     let subscription_token = generate_subscription_token();
18     if store_token(&mut transaction, subscriber_id, &subscription_token)
19         .await
20         .is_err()
21     {
22         return HttpResponse::InternalServerError().finish();
23     }
24     // [...]
25 }
26
27 #[tracing::instrument(
28     name = "Saving new subscriber details in the database",
29     skip(new_subscriber, transaction)
30 )]
31 pub async fn insert_subscriber(
32     transaction: &mut Transaction<'_, Postgres>,
33     new_subscriber: &NewSubscriber,
34 ) -> Result<Uuid, sqlx::Error> {
35     let subscriber_id = Uuid::new_v4();
36     sqlx::query!([...])
37         .execute(transaction)
38     // [...]
39 }
40
41 #[tracing::instrument(
42     name = "Store subscription token in the database",
43     skip(subscription_token, transaction)
44 )]
45 pub async fn store_token(
```

```
46        transaction: &mut Transaction<'_, Postgres>,
47        subscriber_id: Uuid,
48        subscription_token: &str,
49   ) -> Result<(), sqlx::Error> {
50        sqlx::query!([..])
51            .execute(transaction)
52        // [...]
53   }
```

现在运行 **cargo test**，有些测试用例失败了！发生了什么事情？

之前讨论过，如果不提交事务，则必定回滚。**Transaction** 提供了两个独特的方法：**Transaction::commit**，用于提交改动；**Transaction::rollback**，用于回滚整个操作。

这两个方法都未被调用——这样会导致什么呢？

查看 **sqlx** 的源码，有助于我们更好地理解。

具体地说，要查看 **Transaction** 的 **Drop** 实现：

```
1   impl<'c, DB> Drop for Transaction<'c, DB>
2   where
3       DB: Database,
4   {
5       fn drop(&mut self) {
6           if self.open {
7               // 开始一个回滚操作
8
9               // 具体的行为取决于所使用的数据库，但总体来说，将一个回滚操作加入队列中
10              // 下次底层的连接被异步触发时，就会执行回滚（包括连接被还回连接池的情况）
11              DB::TransactionManager::start_rollback(&mut self.connection);
12          }
13      }
14  }
```

self.open 是 **sqlx** 内部使用的一个标记，对于用于启动事务以及执行事务内所有查询的连接，可以记录其状态。

当使用 **begin** 创建事务时，这个标记被设置为 **true**，直到 **rollback** 或者 **commit** 被调用：

```
1   impl<'c, DB> Transaction<'c, DB>
2   where
3       DB: Database,
4   {
5       pub(crate) fn begin(
6           conn: impl Into<MaybePoolConnection<'c, DB>>,
7       ) -> BoxFuture<'c, Result<Self, Error>> {
8           let mut conn = conn.into();
9
10          Box::pin(async move {
11              DB::TransactionManager::begin(&mut conn).await?;
```

```
12
13          Ok(Self {
14              connection: conn,
15              open: true,
16          })
17      })
18  }
19
20  pub async fn commit(mut self) -> Result<(), Error> {
21      DB::TransactionManager::commit(&mut self.connection).await?;
22      self.open = false;
23
24      Ok(())
25  }
26
27  pub async fn rollback(mut self) -> Result<(), Error> {
28      DB::TransactionManager::rollback(&mut self.connection).await?;
29      self.open = false;
30
31      Ok(())
32  }
33 }
```

换句话说：如果在 **Transaction** 退出作用域（即 **Drop** 被触发）之前，其 **commit** 或者 **rollback** 都没有被调用过，那么 **rollback** 命令会进入队列，一有机会就会被执行[1]。

这就是测试用例失败的原因：我们使用了事务，但未能显式地提交改动。当请求处理器结束，连接回到连接池中时，所有的改动都会被回滚，导致测试中的断言出现错误。

只需要在 **subscribe** 中加入一行代码就能解决问题：

```
1  //! src/routes/subscriptions.rs
2  use sqlx::{Postgres, Transaction};
3  // [...]
4
5  #[tracing::instrument([...])]
6  pub async fn subscribe([...]) -> HttpResponse {
7      // [...]
8      let mut transaction = match pool.begin().await {
9          Ok(transaction) => transaction,
10          Err(_) => return HttpResponse::InternalServerError().finish(),
11      };
12      let subscriber_id = match insert_subscriber(&mut transaction, &new_subscriber).await {
```

---

1 目前 Rust 不支持异步析构函数（又称 **AsyncDrop**）。关于这个话题已经进行了一些讨论，但尚未达成共识。这是对 **sqlx** 的一个限制：当 **Transaction** 退出作用域时，它可以启动回滚操作，但不能立即执行！这样可以吗？这是一个合理的 API 吗？对此有不同的看法，请参阅 **diesel** 对 async 问题的描述（参见"链接 7-2"）。我个人的观点是，**sqlx** 给表带来的好处抵消了风险，但你应该在应用程序和用例之间权衡后做出明智的决定。

```
13      Ok(subscriber_id) => subscriber_id,
14      Err(_) => return HttpResponse::InternalServerError().finish(),
15  };
16  let subscription_token = generate_subscription_token();
17  if store_token(&mut transaction, subscriber_id, &subscription_token)
18      .await
19      .is_err()
20  {
21      return HttpResponse::InternalServerError().finish();
22  }
23  if transaction.commit().await.is_err() {
24      return HttpResponse::InternalServerError().finish();
25  }
26  // [...]
27 }
```

测试用例再次通过了。

继续部署应用程序：看着一个新功能无须停机就进入了生产环境，是一种十足的享受。

7.9 总结

本章是一段漫长的旅程，你也一定有所收获。

随着一个个测试用例的编写，应用程序的骨架正在逐步成形。对功能的开发也有所进展：我们现在有了一个有效的订阅流程，包括合适的确认邮件。

更重要的是，我们正在进入编写 Rust 代码的节奏。

本章取得了重大进展，但从头至尾都没有引入很多新的概念，而是一段漫长的结对编程。

若要开始自行研究和探索，现在是绝佳时机：看看我们构建出的应用程序，有哪些地方是可以改进的。可以从以下这些点出发：

- 如果一个用户订阅了两次，会发生什么？确保他们收到两封确认邮件；
- 如果一个用户点击了确认链接两次，会发生什么？
- 如果订阅令牌的格式是对的，但不存在，会发生什么？
- 对收到的令牌进行验证，因为目前我们将原始的用户输入直接放入了查询中（感谢 **sqlx**，保护我们避免遭受 SQL 注入攻击少于 3 次）；
- 使用合理的模板方案来渲染邮件（比如 tera）；
- 其他你能想到的。

只有通过反复练习，才能精进技艺。

第 8 章

错误处理

要发送一封确认邮件，我们必须连续地执行一系列操作，例如验证用户输入、发送邮件、查询数据库等。这些操作都有一个共同点：它们可能会失败。

在第 6 章中，我们讨论了 Rust 中错误处理的基础：**Result** 和 **?** 操作符。但也留下了很多问题，例如，局部的错误处理应该怎样适配于整体的应用程序框架？好的错误处理应该是怎样的？错误处理是为谁设计的？我们要使用库吗？如果要的话，使用哪个库呢？

本章我们会深入分析 Rust 中的各种错误处理模式。

8.1 错误处理的目的

我们先从一个例子开始：

```
1  //! src/routes/subscriptions.rs
2  // [...]
3
4  pub async fn store_token(
5      transaction: &mut Transaction<'_, Postgres>,
6      subscriber_id: Uuid,
7      subscription_token: &str,
8  ) -> Result<(), sqlx::Error> {
9      sqlx::query!(
10         r#"
11     INSERT INTO subscription_tokens (subscription_token, subscriber_id)
12     VALUES ($1, $2)
13         "#,
14         subscription_token,
15         subscriber_id
16     )
17     .execute(transaction)
18     .await
```

```
19      .map_err(|e| {
20          tracing::error!("Failed to execute query: {:?}", e);
21          e
22      })?;
23      Ok(())
24  }
```

这里尝试在 **subscription_tokens** 表中插入一列数据，用于存储为当前 **subscriber_id** 新生成的令牌。**execute** 是一个可能会出错的操作：我们可能会在连接数据库时遭遇网络问题，插入的数据可能会违反表的约束（例如，表中已经存在相同的主键），等等。

8.1.1 系统内部错误

8.1.1.1 得到调用者的反馈

execute 的调用者很可能希望在发生错误时得到通知——他们需要做出相应的反应，例如重试查询，或者使用 **?** 操作符将错误传播到上游，就像上面例子中做的一样。

Rust 借助类型系统来传达某个操作可能会失败的信息：**execute** 的返回值是枚举类型 **Result**。

```
1  pub enum Result<Success, Error> {
2      Ok(Success),
3      Err(Error)
4  }
```

对于成功和失败这两种不同的场景，编译器会要求调用者分别给出相应的处理方案。

如果我们的目标是在发生错误时通知调用者，那么可以使用一个简化版的 **Result**：

```
1  pub enum ResultSignal<Success> {
2      Ok(Success),
3      Err
4  }
```

这样就不需要一个通用的 **Error** 类型了，只需要检查 **execute** 是否返回了 **Err** 变体。例如：

```
1  let outcome = sqlx::query!(/* ... */)
2      .execute(transaction)
3      .await;
4  if outcome == ResultSignal::Err {
5      // 处理失败的场景
6  }
```

这种方法适用于只有一种类型错误的情况。然而，操作失败的原因可能多种多样，我们也许想要根据失败的原因，以不同的方式做出处理。以下是 **sqlx::Error** 的大体框架，这个枚举被用作 **execute** 的错误类型：

```
1  //! sqlx-core/src/error.rs
2
3  pub enum Error {
```

```
4        Configuration(/* */),
5        Database(/* */),
6        Io(/* */),
7        Tls(/* */),
8        Protocol(/* */),
9        RowNotFound,
10       TypeNotFound {/* */},
11       ColumnIndexOutOfBounds {/* */},
12       ColumnNotFound(/* */),
13       ColumnDecode {/* */},
14       Decode(/* */),
15       PoolTimedOut,
16       PoolClosed,
17       WorkerCrashed,
18       Migrate(/* */),
19   }
```

这个清单很长，不是吗？

sqlx::Error 基于枚举实现，允许库的用户根据错误的值采取不同的处理方式。例如，我们可能会在错误类型为 **PoolTimedOut** 时进行重试，而在为 **ColumnNotFound** 的情况下放弃操作。

8.1.1.2　方便操作人员处理故障

如果某个操作只有可能发生一种错误，那么是否可以使用 **()** 作为错误类型？

Err(()) 或许为调用者提供了足够的信息，让调用者得以采取相应的措施，例如，返回 **500 Internal Server Error** 给用户。

但应用程序的错误处理并不仅仅在于控制流。错误类型应当携带失败场景的上下文，并为操作人员（例如开发者）提供细节足够多的报告，使其得以发现并解决问题。

这里的"报告"指的是什么呢？在后端 API 中，它往往指的是一个日志事件。在一个命令行程序中，它或许就是开启 **--verbose** 模式后在命令行上显示的一行错误信息。

实现的细节多种多样，但目的是一样的：帮助操作人员了解哪里出错了。

在先前的代码片段中，我们已经这么做了：

```
1   //! src/routes/subscriptions.rs
2   // [...]
3
4   pub async fn store_token(/* */) -> Result<(), sqlx::Error> {
5       sqlx::query!(/* */)
6           .execute(transaction)
7           .await
8           .map_err(|e| {
9               tracing::error!("Failed to execute query: {:?}", e);
10              e
```

```
11        })?;
12    // [...]
13 }
```

如果查询失败，我们将获得错误数据，并以此发布一个日志事件。接下来，我们就可以根据错误日志来排查数据库的问题。

8.1.2　系统交互错误

8.1.2.1　方便用户处理故障

到目前为止，我们关注的都是 API 的内部——函数的调用者与被调用者的错误处理，以及操作人员如何在发生错误时找到错误。那用户要怎么办呢？

与系统的操作人员一样，用户也希望在发生错误时获得 API 的提醒。

如果用户在与 API 交互时触发了 **store_token** 错误，则会得到什么反馈呢？我们可以看一下请求处理器：

```
1 //! src/routes/subscriptions.rs
2 // [...]
3
4 pub async fn subscribe(/* */) -> HttpResponse {
5     // [...]
6     if store_token(&mut transaction, subscriber_id, &subscription_token)
7         .await
8         .is_err()
9     {
10        return HttpResponse::InternalServerError().finish();
11    }
12    // [...]
13 }
```

用户会收到一个包含 **500 Internal Server Error** 状态码的 HTTP 响应。

这个状态码与 **store_token** 返回的错误类型的目的是一样的：这是一段机器能理解的信息，调用者（例如浏览器）可以以此决定要做出什么反应（例如，重新发送请求，看看错误是不是暂时的）。

那浏览器背后的用户呢？他们获得了哪些反馈？他们并没有获得什么信息，响应的消息体是空的。

这其实也是一个很好的设计：用户理应无法得知 API 的内部实现，也不应得知具体出错的内容。这是操作人员应该了解的。我们有意隐藏了这些细节。

在其他情况下，我们需要向用户传达其他信息。现在来看看在相同的端点上验证输入内容的逻辑：

```
1  //! src/routes/subscriptions.rs
2
3  #[derive(serde::Deserialize)]
4  pub struct FormData {
5      email: String,
6      name: String,
7  }
8
9  impl TryFrom<FormData> for NewSubscriber {
10     type Error = String;
11
12     fn try_from(value: FormData) -> Result<Self, Self::Error> {
13         let name = SubscriberName::parse(value.name)?;
14         let email = SubscriberEmail::parse(value.email)?;
15         Ok(Self { email, name })
16     }
17 }
```

我们在表单中获取了用户提交的姓名和电子邮件地址，这两个字段会分别在
SubscriberName::parse 和 **SubscriberEmail::parse** 中被验证。而这两个函数都是可能会出错的——它们会返回 **String** 类型的数据，给出出错的原因。

```
1  //! src/domain/subscriber_email.rs
2  // [...]
3
4  impl SubscriberEmail {
5      pub fn parse(s: String) -> Result<SubscriberEmail, String> {
6          if validate_email(&s) {
7              Ok(Self(s))
8          } else {
9              Err(format!("{} is not a valid subscriber email.", s))
10         }
11     }
12 }
```

必须承认，这里的错误信息并不是很有用：用户得知其输入的电子邮件地址是错误的，但并不知道为什么是错误的。其实这也没什么影响，因为我们并没有把这条信息带入 API 的回复中，用户只能收到没有消息体的 **400 Bad Requestr** 响应。

```
1  //! src/routes/subscription.rs
2  // [...]
3
4  pub async fn subscribe(/* */) -> HttpResponse {
5      let new_subscriber = match form.0.try_into() {
6          Ok(form) => form,
7          Err(_) => return HttpResponse::BadRequest().finish(),
8      };
9      // [...]
10 }
```

这是一个低级的错误：用户一无所知，无法做出改变。

8.1.3　小结

我们总结一下前文的内容。错误处理[1]有两个目的：

- 控制流（即确定下一步做什么）；
- 错误报告（例如，帮助调查错误背后的原因等）。

根据错误发生的位置，也可以将错误分为：

- 系统内部错误（即在应用程序内部，函数间调用发生的错误）；
- 系统交互错误（即在响应 API 请求时，返回的错误）。

控制流是有过程的：当计算机执行一个决策时，必须保证其能获得决策所需的所有信息。对于系统内部错误，我们利用类型（例如，枚举中的变体）、方法和字段提供相应的信息；对于系统交互错误，我们使用状态码。

错误报告则相反，它是提供给人类的，其内容要根据受众来进行调整。操作人员能够接触到应用程序内部，因此要为他们提供尽可能多的错误信息；用户在系统交互的外侧[2]，为他们提供足够调整预期行为的信息即可（例如，修改错误的输入）。

基于这样的思考方式，我们可以根据错误发生的位置和错误处理的目的列出下面的表格：

	系统内部错误	系统交互错误
控制流	类型、方法、字段	状态码
错误报告	日志	HTTP 响应体

在后面的章节中，我们会对以上表格中的各个部分分别加以改善，以完善应用程序的错误处理策略。

8.2　为操作人员提供错误报告

我们从为操作人员提供错误报告开始，当发生错误时，日志记录做得好吗？

我们编写一个简单的测试来看看：

---

1 我们借用了 Jane Lusby 在 RustConf 2020 上的演讲"错误处理并不是错误的全部"（Error handling Isn't All About Errors）（参见"链接 8-1"）中所提出的概念。如果你还没看过这场演讲，现在就把书合上，打开视频网站——你不会后悔的。

2 谨记，用户和操作人员之间的界限可能很模糊。例如，用户可能会查看源码，或者在其所有的硬件上运行该软件。这时候，用户也可以成为操作人员。为了应对此类场景，要保留某种形式的配置开关（例如，由命令行程序接收的 **--verbose** 参数或者环境变量），让软件得知用户的意图，从而提供合适层级的诊断信息。

```
1  //! tests/api/subscriptions.rs
2  // [...]
3
4  #[tokio::test]
5  async fn subscribe_fails_if_there_is_a_fatal_database_error() {
6      // 准备
7      let app = spawn_app().await;
8      let body = "name=le%20guin&email=ursula_le_guin%40gmail.com";
9      // Sabotage the database
10     sqlx::query!("ALTER TABLE subscription_tokens DROP COLUMN subscription_token;",)
11         .execute(&app.db_pool)
12         .await
13         .unwrap();
14
15     // 执行
16     let response = app.post_subscriptions(body.into()).await;
17
18     // 断言
19     assert_eq!(response.status().as_u16(), 500);
20 }
```

这个测试通过了，我们来看看应用程序输出的日志[1]。

如果读者也在尝试做这个测试，请先检查一下所使用的包版本是不是 **tracing-actix-web 0.4.0-beta.8**、**tracing-bunyan-formatter 0.2.4** 和 **actix-web 4.0.0-beta.8**。

```
1  # sqlx logs are a bit spammy, cutting them out to reduce noise
2  export RUST_LOG="sqlx=error,info"
3  export TEST_LOG=enabled
4  cargo t subscribe_fails_if_there_is_a_fatal_database_error | bunyan
```

以下是我们关心的输出内容：

```
1  INFO: [HTTP REQUEST - START]
2  INFO: [ADDING A NEW SUBSCRIBER - START]
3  INFO: [SAVING NEW SUBSCRIBER DETAILS IN THE DATABASE - START]
4  INFO: [SAVING NEW SUBSCRIBER DETAILS IN THE DATABASE - END]
5  INFO: [STORE SUBSCRIPTION TOKEN IN THE DATABASE - START]
6  ERROR: [STORE SUBSCRIPTION TOKEN IN THE DATABASE - EVENT] Failed to execute query:
7      Database(PgDatabaseError {
8          severity: Error,
9          code: "42703",
10         message:
11             "column 'subscription_token' of relation
12              'subscription_tokens' does not exist",
13         ...
```

---

[1] 在理想情况下，我们应当以测试的形式来验证应用程序输出的日志。但是当前这么做过于烦琐了——倘若出现合适的工具（或者等我强迫症犯了的时候），我会重新修改这一章的内容。

```
14        })
15      target=zero2prod::routes::subscriptions
16  INFO: [STORE SUBSCRIPTION TOKEN IN THE DATABASE - END]
17  INFO: [ADDING A NEW SUBSCRIBER - END]
18  ERROR: [HTTP REQUEST - EVENT] Error encountered while
19      processing the incoming HTTP request: ""
20    exception.details="",
21    exception.message="",
22    target=tracing_actix_web::middleware
23  INFO: [HTTP REQUEST - END]
24    exception.details="",
25    exception.message="",
26    target=tracing_actix_web::root_span_builder,
27    http.status_code=500
```

我们应当如何理解这段输出呢？在理想情况下，从结果出发，在处理请求结束时记录日志，其内容如下：

```
1  INFO: [HTTP REQUEST - END]
2    exception.details="",
3    exception.message="",
4    target=tracing_actix_web::root_span_builder,
5    http.status_code=500
```

从这条日志能看出什么呢？该请求返回了一个 **500** 状态码——出错了。我们无法从中获取更多信息：**exception.details** 和 **exception.message** 都是空的。

tracing_actix_web 所记录的下一条日志也并没有任何改善：

```
1  ERROR: [HTTP REQUEST - EVENT] Error encountered while
2      processing the incoming HTTP request: ""
3    exception.details="",
4    exception.message="",
5    target=tracing_actix_web::middleware
```

没有任何可以引导下一步的信息，这条日志和"糟糕，这里出错了"有着差不多的信息量。

继续找一找，直到最后一条错误日志：

```
1  ERROR: [STORE SUBSCRIPTION TOKEN IN THE DATABASE - EVENT] Failed to execute query:
2      Database(PgDatabaseError {
3          severity: Error,
4          code: "42703",
5          message:
6              "column 'subscription_token' of relation
7              'subscription_tokens' does not exist",
8          ...
9      })
10    target=zero2prod::routes::subscriptions
```

这里显示在与数据库交互时出错了：我们需要 **subscription_tokens** 表中有 **subscription_token**

这一列。但由于某些原因，这一列并不存在。这条日志是有用的！

那么，返回 **500** 的原因是什么呢？看日志的话无法得知——开发者必须克隆代码库，搜索这条日志出现的位置，才能找到出错的原因。虽然这是可行的，但费时费力。而如果**[HTTP REQUEST - END]** 这条日志可以在 **exception.details** 和 **exception.message** 中记录底层的根本原因，那么排查起来将方便很多。

8.2.1　跟踪错误的根本原因

要想明白 **tracing_actix_web** 所记录的日志为何质量堪忧，我们需要再一次检查请求处理器和 **store_token** 函数：

```
1  //! src/routes/subscriptions.rs
2  // [...]
3
4  pub async fn subscribe(/* */) -> HttpResponse {
5      // [...]
6      if store_token(&mut transaction, subscriber_id, &subscription_token)
7          .await
8          .is_err()
9      {
10         return HttpResponse::InternalServerError().finish();
11     }
12     // [...]
13 }
14
15 pub async fn store_token(/* */) -> Result<(), sqlx::Error> {
16     sqlx::query!(/* */)
17         .execute(transaction)
18         .await
19         .map_err(|e| {
20             tracing::error!("Failed to execute query: {:?}", e);
21             e
22         })?;
23     // [...]
24 }
```

之前我们找到的那条有用的日志是在这个 **tracing::error** 调用中记录的——这条日志包含了 **execute** 函数所返回的 **sqlx::Error**。这个错误通过 **?** 操作符被传播到上游，然而在 **subscribe** 函数中链被截断了——**store_token** 中记录的错误信息被丢弃，并构建了一个没有消息体的 **500** 响应。

当 **actix_web** 和 **tracing_actix_web::TracingLogger** 需要记录其对应的日志时，**HttpResponse:: InternalServerError().finish()** 是它们唯一可以访问的内容。这里的错误信息并不包含底层的根本原因，因此它们记录的日志并不怎么有用。

要怎么修复这一点呢？

我们需要改进由 **actix_web** 提供的错误处理机制，即 **actix_web::Error**。根据其文档：

> **actix_web::Error** 可以灵活、方便地携带 **std::error** 中的错误信息穿过 **actix_web** 框架。

听起来这就是我们需要的。那么要如何构建一个 **actix_web::Error** 的实例呢？文档中这么说：

> 可以通过 **into()** 方法，将错误类型转换为 **actix_web::Error**。

不是很直观，但我们之后会搞懂的[1]。在浏览了文档后，我们找到唯一能使用的 **From/Into** 实现如下：

```
1  /// 将任何实现了 `ResponseError` 的错误类型转换为 `actix_web::Error`
2  impl<T: ResponseError + 'static> From<T> for Error {
3      fn from(err: T) -> Error {
4          Error {
5              cause: Box::new(err),
6          }
7      }
8  }
```

ResponseError 是 **actix_web** 提供的一个特质：

```
1  /// 在实现该特质后，可以将错误类型转换为 `Response`
2  pub trait ResponseError: fmt::Debug + fmt::Display {
3      /// 响应的状态码
4      ///
5      /// 在方法的默认实现中，会返回 "服务器内部错误"
6      fn status_code(&self) -> StatusCode;
7
8      /// 根据错误信息生成响应
9      ///
10     /// 在方法的默认实现中，会返回 "服务器内部错误"
11     fn error_response(&self) -> Response;
12 }
```

我们需要的就是为错误实现这个！

actix_web 为以上两个方法都提供了默认实现：返回 **500 Internal Server Error**。而这正是我们需要的。因此，只需要编写：

```
1  //! src/routes/subscriptions.rs
2  use actix_web::ResponseError;
3  // [...]
4
5  impl ResponseError for sqlx::Error {}
```

然而，编译并未通过：

```
1  error[E0117]: only traits defined in the current crate
2              can be implemented for arbitrary types
```

---

1 我发誓要给 **actix-web** 提交一个 PR，以改善这部分的文档。

```
3     --> src/routes/subscriptions.rs:162:1
4      |
5   162 | impl ResponseError for sqlx::Error {}
6      | ^^^^^^^^^^^^^^^^^^^^^^^^^-----------
7      | |                        |
8      | |                        `sqlx::Error` is not defined in the current crate
9      | impl doesn't use only types from inside the current crate
10     |
11     = note: define and implement a trait or new type instead
```

在这里我们遇到了 Rust 的"孤儿规则":对于外来的类型,不允许实现一个外来的特质。这里的"外来"指的是"来自其他包"。

这个限制是为了保证实现的一致性:想象一下,如果在当前包中为 **sqlx::Error** 又实现了一个 **ResponseError**,那么编译器应该采用哪个实现呢?

此外,就算没有"孤儿规则",专门为 **sqlx::Error** 实现 **ResponseError** 也是不对的。因为我们当前的需求是,在存储订阅令牌的过程中,如果发生错误,则返回 **500 Internal Server Error**。而在其他情况下,我们可能会用完全不同的方法处理 **sqlx::Error**。

因此,这里要根据编译器的提示,定义一个新类型来包装 **sqlx::Error**。

```
1   //! src/routes/subscriptions.rs
2   // [...]
3
4   // 使用新的错误类型
5   pub async fn store_token(/* */) -> Result<(), StoreTokenError> {
6       sqlx::query!(/* */)
7           .execute(transaction)
8           .await
9           .map_err(|e| {
10              // [...]
11              // 包装底层的错误
12              StoreTokenError(e)
13          })?;
14      // [...]
15  }
16
17  // 用于包装 `sqlx::Error` 的新类型
18  pub struct StoreTokenError(sqlx::Error);
19
20  impl ResponseError for StoreTokenError {}
```

编译依然失败了,但这次的原因不一样:

```
1   error[E0277]: `StoreTokenError` doesn't implement `std::fmt::Display`
2    --> src/routes/subscriptions.rs:164:6
3      |
4   164 | impl ResponseError for StoreTokenError {}
```

```
 5    |           ^^^^^^^^^^^^^
 6    `StoreTokenError` cannot be formatted with the default formatter
 7    |
 8    |
 9  59  | pub trait ResponseError: fmt::Debug + fmt::Display {
10    |                           ------------
11    |                 required by this bound in `ResponseError`
12    |
13    = help: the trait `std::fmt::Display` is not implemented for `StoreTokenError`
14
15 error[E0277]: `StoreTokenError` doesn't implement `std::fmt::Debug`
16   --> src/routes/subscriptions.rs:164:6
17    |
18 164  | impl ResponseError for StoreTokenError {}
19    |      ^^^^^^^^^^^^^^
20    `StoreTokenError` cannot be formatted using `{:?}`
21    |
22    |
23  59  | pub trait ResponseError: fmt::Debug + fmt::Display {
24    |                          ----------
25    |                 required by this bound in `ResponseError`
26    |
27    = help: the trait `std::fmt::Debug` is not implemented for `StoreTokenError`
28    = note: add `#[derive(Debug)]` or manually implement `std::fmt::Debug`
```

StoreTokenError 少了 **Debug** 和 **Display** 的实现。这两个特质都与格式化输出有关，但要达到的目的并不相同。**Debug** 应当提供一种对开发者友好的格式，尽可能将类型结构表达出来，以便于调试（毕竟特质的名字就是 **Debug**）。几乎所有被设为公开的类型都应该实现 **Debug**。**Display** 则相反，它应当提供一种对用户友好的格式。大部分类型都不会实现 **Display**，且不能通过 **#[derive(Display)]** 宏来自动实现。

对于错误类型来说，我们对这两个特质采取以下方案：**Debug** 提供尽可能多的信息，而 **Display** 简略地描述失败的原因和基本的上下文。

下面为 **StoreTokenError** 写出这两个实现：

```
 1 //! src/routes/subscriptions.rs
 2 // [...]
 3
 4 // 通过 derive 宏来实现 `Debug`，简单易行
 5 #[derive(Debug)]
 6 pub struct StoreTokenError(sqlx::Error);
 7
 8 impl std::fmt::Display for StoreTokenError {
 9     fn fmt(&self, f: &mut std::fmt::Formatter<'_>) -> std::fmt::Result {
10         write!(
11             f,
12             "A database error was encountered while \
```

```
13              trying to store a subscription token."
14          )
15      }
16  }
```

编译通过了!

现在将其用于请求处理器中:

```
1  //! src/routes/subscriptions.rs
2  // [...]
3
4  pub async fn subscribe(/* */) -> Result<HttpResponse, actix_web::Error> {
5      // 这里如果出现提前返回, 则也要将返回值包装于 `Ok(...)`
6      // [...]
7      // `?` 操作符帮助我们自动调用了 `Into` 特质
8      // 这样就无须显式地调用 `map_err` 方法了
9      store_token(/* */).await?;
10     // [...]
11 }
```

再看一下日志:

```
1  # sqlx 的日志太杂乱了, 这里过滤一下以避免过多干扰
2  export RUST_LOG="sqlx=error,info"
3  export TEST_LOG=enabled
4  cargo t subscribe_fails_if_there_is_a_fatal_database_error | bunyan
```

```
1  ...
2  INFO: [HTTP REQUEST - END]
3     exception.details= StoreTokenError(
4         Database(
5             PgDatabaseError {
6                 severity: Error,
7                 code: "42703",
8                 message:
9                     "column 'subscription_token' of relation
10                    'subscription_tokens' does not exist",
11                 ...
12             }
13         )
14     )
15     exception.message=
16        "A database failure was encountered while
17         trying to store a subscription token.",
18     target=tracing_actix_web::root_span_builder,
19     http.status_code=500
```

好多了!

在请求处理结束时, 所记录的错误日志简洁而深入, 解释了为什么应用程序会向用户返回 **500**

Internal Server Error。操作人员根据这份记录，完全可以推断出在此次请求的处理过程中所发生的事情。

8.2.2 Error 特质

目前我们根据编译器的提示，尝试满足了 **actix-web** 在错误处理方面的限制。现在我们扩展一下视野，不再局限于 **actix-web**：在 Rust 中错误类型应该是怎样的呢？

在 Rust 的标准库中有一个特别的特质，即 **Error**。

```
1  pub trait Error: Debug + Display {
2      /// 如果存在错误，则返回底层错误
3      fn source(&self) -> Option<&(dyn Error + 'static)> {
4          None
5      }
6  }
```

实现这个特质的前提条件是已经实现了 **Debug** 和 **Display**，就像 **ResponseError** 一样。它也提供了一个 **source** 方法，如果有底层错误的话，则可以通过改写这个方法将其返回。

为什么要对所有的错误类型都实现 **Error** 特质呢？**Result** 类型并没有对其做相关的限定——任何类型都可以作为错误变体。

```
1  pub enum Result<T, E> {
2      /// 包含成功时的值
3      Ok(T),
4
5      /// 包含错误时的值
6      Err(E),
7  }
```

Error 特质最重要的一点，是在语义上将相应的类型标记为错误类型。对于代码的读者来说，这可以让其立刻明白此类型存在的目的。对于 Rust 社区来说，这也提供了错误类型的最简标准：

- 对于不同的受众，此类型应当有对应的格式（**Debug** 和 **Display**）；
- 如果存在底层错误，则应当有方法能将其取出。

这个列表仍在发展中——例如，现在有一个还未稳定的 **backtrace** 方法。错误处理是 Rust 社区中一个比较热门的研究领域，若想要时刻跟进这方面的更新，则建议关注 Rust 错误处理工作组。

若对 **Error** 中可选的方法进行精心的实现，那么应用程序的错误处理系统就能得到充分改善。这些方法都是通用的错误处理函数，在未来的章节中我们会实现其中的一些。

8.2.2.1 特质对象

在实现 **source** 方法之前，我们要先看看它的返回值：**Option<&(dyn Error + 'static)>**。**dyn Error**

是一个特质对象[1]——对于这个类型，我们只知道它实现了 **Error** 特质。特质对象，就像泛型参数一样，是 Rust 中实现多态的方式：可以在同一个接口上调用不同的实现。泛型参数在编译时被解析（静态分发），而特质对象会产生运行时开销（动态分发）。

为什么标准库要返回一个特质对象呢？因为这样开发者就可以获得当前错误的根本原因，同时擦除底层错误的类型。它不会暴露底层错误的类型，我们只能使用 **Error** 特质[2]提供的方法：不同的表示格式（**Debug** 和 **Display**），使用 **source** 方法可以在错误传播链上找到前一个环节。

8.2.2.2 Error::source

现在为 **StoreTokenError** 实现 **Error** 特质：

```
//! src/routes/subscriptions.rs
// [..]

impl std::error::Error for StoreTokenError {
    fn source(&self) -> Option<&(dyn std::error::Error + 'static)> {
        // 编译器将 `&sqlx::Error` 隐式转换为 `&dyn Error`
        Some(&self.0)
    }
}
```

当编写需要处理各种错误的代码时，**source** 方法是很实用的：它提供了一种结构化方法来浏览错误传播链，而无须知道具体的错误类型。

查看当前的日志记录，**StoreTokenError** 和 **sqlx::Error** 之间的关系是很隐晦的。但由于它们在日志中存在包含关系，我们也能意识到这两者之间存在某种联系。

```
...
INFO: [HTTP REQUEST - END]
    exception.details= StoreTokenError(
        Database(
            PgDatabaseError {
                severity: Error,
                code: "42703",
                message:
                    "column 'subscription_token' of relation
                    'subscription_tokens' does not exist",
                ...
            }
        )
    )
```

---

1 可以查阅 Rust Book 中的相关章节（参见"链接 8-2"），其中对特质对象进行了深入介绍。

2 **Error** 特质提供了一个 **downcast_ref** 方法，如果你知道错误的实际类型，则可以使用这个方法从 **dyn Error** 中获取这个类型的值。在某些时候，向下转型是合理的，但如果你发现自己频繁地使用这个方法，那么很有可能是程序的设计和错误处理策略出了问题。

```
15    exception.message=
16        "A database failure was encountered while
17         trying to store a subscription token.",
18    target=tracing_actix_web::root_span_builder,
19    http.status_code=500
```

现在明确一下两者的关系：

```
1  //! src/routes/subscriptions.rs
2
3  // 注意：这里删去了 `#[derive(Debug)]`
4  pub struct StoreTokenError(sqlx::Error);
5
6  impl std::fmt::Debug for StoreTokenError {
7      fn fmt(&self, f: &mut std::fmt::Formatter<'_>) -> std::fmt::Result {
8          write!(f, "{}\nCaused by:\n\t{}", self, self.0)
9      }
10 }
```

现在不用靠猜想就能知道两者的关系了：

```
1  ...
2  INFO: [HTTP REQUEST - END]
3      exception.details=
4          "A database failure was encountered
5          while trying to store a subscription token.
6
7          Caused by:
8              error returned from database: column 'subscription_token'
9              of relation 'subscription_tokens' does not exist"
10     exception.message=
11         "A database failure was encountered while
12          trying to store a subscription token.",
13     target=tracing_actix_web::root_span_builder,
14     http.status_code=500
```

exception.details 更加易读，且依然保留了之前的相关信息。

使用 **source** 方法，我们可以编写一个函数，为实现 **Error** 特质的任何类型提供类似的表示格式：

```
1  //! src/routes/subscriptions.rs
2  // [...]
3
4  fn error_chain_fmt(
5      e: &impl std::error::Error,
6      f: &mut std::fmt::Formatter<'_>,
7  ) -> std::fmt::Result {
8      writeln!(f, "{}\n", e)?;
9      let mut current = e.source();
10     while let Some(cause) = current {
```

```
11          writeln!(f, "Caused by:\n\t{}", cause)?;
12          current = cause.source();
13      }
14      Ok(())
15  }
```

这里遍历了错误传播链[1]，直到打印出底层错误。我们可以修改 **StoreTokenError** 对 **Debug** 的实现，并采用以上方法：

```
1  //! src/routes/subscriptions.rs
2  // [...]
3
4  impl std::fmt::Debug for StoreTokenError {
5      fn fmt(&self, f: &mut std::fmt::Formatter<'_>) -> std::fmt::Result {
6          error_chain_fmt(self, f)
7      }
8  }
```

得到的结果是一样的——在处理其他错误类型时，如果需要类似的 **Debug** 表示格式，则可以复用这个方法。

8.3 控制流与错误处理

8.3.1 控制流的分层

我们已经实现了想要的结果（有用的日志），但我对解决方法并不满意：**store_token** 理应与 REST 或 HTTP 没有任何关系，但我们却为其返回的错误类型实现了 Web 框架中的一个特质（**ResponseError**）。其实我们完全可以从不同的入口调用 **store_token** （比如从命令行调用）——在其实现中不该有任何改动。即使假设仅能在 REST API 的调用过程中触发 **store_token**，也可能会有其他的 REST API 入口依赖这个方法——不想在失败时返回 **500**。

当错误发生时，选择合适的 HTTP 状态码是请求处理器的职责，不能交给系统的其他部分。我们先删除以下代码：

```
1  //! src/routes/subscriptions.rs
2  // [...]
3
4  // 删除这一行
5  impl ResponseError for StoreTokenError {}
```

要做到合理的关注点分离，必须引入另一个错误类型 **SubscribeError**，把它作为 **subscribe** 函数返回值的错误变体，并为其实现 **ResonseError**，这样就与 HTTP 的逻辑关联起来了。

---

1 其实 **Error** 特质中有一个 **chain** 方法，可以实现相同的功能——这个方法还未进入稳定的 Rust 版本中。

```
1  //! src/routes/subscriptions.rs
2  // [...]
3
4  pub async fn subscribe(/* */) -> Result<HttpResponse, SubscribeError> {
5      // [...]
6  }
7
8  #[derive(Debug)]
9  struct SubscribeError {}
10
11  impl std::fmt::Display for SubscribeError {
12      fn fmt(&self, f: &mut std::fmt::Formatter<'_>) -> std::fmt::Result {
13          write!(
14              f,
15              "Failed to create a new subscriber."
16          )
17      }
18  }
19
20  impl std::error::Error for SubscribeError {}
21
22  impl ResponseError for SubscribeError {}
```

此时运行 **cargo check** 的话，会看到 **'?' couldn't convert the error to 'SubscribeError'** 这样的
错误——提醒我们需要实现从该函数的返回类型到 **SubscriberError** 类型的转换。

8.3.2　使用枚举对错误建模

解决上文的问题，最常见的方法是使用枚举：将所有需要处理的错误类型都设为枚举的变体。

```
1  //! src/routes/subscriptions.rs
2  // [...]
3
4  #[derive(Debug)]
5  pub enum SubscribeError {
6      ValidationError(String),
7      DatabaseError(sqlx::Error),
8      StoreTokenError(StoreTokenError),
9      SendEmailError(reqwest::Error),
10  }
```

为每个变体所包装的内部类型实现 **From** 特质后，我们就能方便地使用 **?** 操作符了。

```
1  //! src/routes/subscriptions.rs
2  // [...]
3
4  impl From<reqwest::Error> for SubscribeError {
5      fn from(e: reqwest::Error) -> Self {
6          Self::SendEmailError(e)
7      }
```

```
 8  }
 9
10  impl From<sqlx::Error> for SubscribeError {
11      fn from(e: sqlx::Error) -> Self {
12          Self::DatabaseError(e)
13      }
14  }
15
16  impl From<StoreTokenError> for SubscribeError {
17      fn from(e: StoreTokenError) -> Self {
18          Self::StoreTokenError(e)
19      }
20  }
21
22  impl From<String> for SubscribeError {
23      fn from(e: String) -> Self {
24          Self::ValidationError(e)
25      }
26  }
```

现在清理一下请求处理器，将所有的 **match** 和 **if fallible_function().is_err()** 语句通通删除：

```
 1  //! src/routes/subscriptions.rs
 2  // [...]
 3
 4  pub async fn subscribe(/* */) -> Result<HttpResponse, SubscribeError> {
 5      let new_subscriber = form.0.try_into()?;
 6      let mut transaction = pool.begin().await?;
 7      let subscriber_id = insert_subscriber(/* */).await?;
 8      let subscription_token = generate_subscription_token();
 9      store_token(/* */).await?;
10      transaction.commit().await?;
11      send_confirmation_email(/* */).await?;
12      Ok(HttpResponse::Ok().finish())
13  }
```

编译通过了，但是有一个测试用例失败了：

```
 1  thread 'subscriptions::subscribe_returns_a_400_when_fields_are_present_but_invalid'
 2  panicked at 'assertion failed: `(left == right)`
 3    left: `400`,
 4   right: `500`: The API did not return a 400 Bad Request when the payload was empty name.'
```

因为我们使用的依然是 **ResponseError** 的默认实现——它总是返回 **500**。而这也是枚举类型的特色：通过 **match** 语句掌握控制流，实现了根据错误场景进行不同的错误处理。

```
 1  //! src/routes/subscriptions.rs
 2  use actix_web::http::StatusCode;
 3  // [...]
 4
 5  impl ResponseError for SubscribeError {
```

```
 6      fn status_code(&self) -> StatusCode {
 7          match self {
 8              SubscribeError::ValidationError(_) => StatusCode::BAD_REQUEST,
 9              SubscribeError::DatabaseError(_)
10              | SubscribeError::StoreTokenError(_)
11              | SubscribeError::SendEmailError(_) => StatusCode::INTERNAL_SERVER_ERROR,
12          }
13      }
14  }
```

改动后，测试应该能通过了。

8.3.3　只有错误类型还不够

经过一系列的改动后，现在的日志记录如何了？我们再来看看：

```
1  export RUST_LOG="sqlx=error,info"
2  export TEST_LOG=enabled
3  cargo t subscribe_fails_if_there_is_a_fatal_database_error | bunyan
```

```
 1  ...
 2  INFO: [HTTP REQUEST - END]
 3      exception.details="StoreTokenError(
 4              A database failure was encountered while trying to
 5              store a subscription token.
 6
 7          Caused by:
 8              error returned from database: column 'subscription_token'
 9              of relation 'subscription_tokens' does not exist)"
10      exception.message="Failed to create a new subscriber.",
11      target=tracing_actix_web::root_span_builder,
12      http.status_code=500
```

exception.details 中依然保留了底层 **StoreTokenError** 的内容，但换用了 **SubscribeError** 的 **Debug** 表示格式。这部分没有损失任何信息。但 **exception.message** 就不一样了——无论引发错误的原因是什么，最后只会记录 **Failed to create a new subscriber**。这条信息不是很有用。

在这里改善一下 **Debug** 和 **Display** 的实现：

```
 1  //! src/routes/subscriptions.rs
 2  // [...]
 3
 4  // 记得删除 `#[derive(Debug)]`
 5  impl std::fmt::Debug for SubscribeError {
 6      fn fmt(&self, f: &mut std::fmt::Formatter<'_>) -> std::fmt::Result {
 7          error_chain_fmt(self, f)
 8      }
 9  }
10
11  impl std::error::Error for SubscribeError {
```

```
12      fn source(&self) -> Option<&(dyn std::error::Error + 'static)> {
13          match self {
14              // &str 没有实现 `Error`——这是问题的根本原因
15              SubscribeError::ValidationError(_) => None,
16              SubscribeError::DatabaseError(e) => Some(e),
17              SubscribeError::StoreTokenError(e) => Some(e),
18              SubscribeError::SendEmailError(e) => Some(e),
19          }
20      }
21  }
22
23  impl std::fmt::Display for SubscribeError {
24      fn fmt(&self, f: &mut std::fmt::Formatter<'_>) -> std::fmt::Result {
25          match self {
26              SubscribeError::ValidationError(e) => write!(f, "{}", e),
27              // 这里应该写什么呢
28              SubscribeError::DatabaseError(_) => write!(f, "???"),
29              SubscribeError::StoreTokenError(_) => write!(
30                  f,
31                  "Failed to store the confirmation token for a new subscriber."
32              ),
33              SubscribeError::SendEmailError(_) => {
34                  write!(f, "Failed to send a confirmation email.")
35              },
36          }
37      }
38  }
```

Debug 这边很好处理：已经实现了 **SubscribeError** 的 **Error** 特质，包含 **source** 方法，这样就能复用之前为 **StoreTokenError** 编写的辅助函数了。

而 **Display** 这边遇到了问题——**DatabasseError** 变体被同时应用于：

- 从连接池中获得一个新的 Postgres 连接；

- 将一个订阅者的信息插入 **subscribers** 表中；

- 提交 SQL 事务。

在实现 **Display** 时，我们没有办法分清楚 **SubscriberError** 是由哪个场景所引发的——携带的底层错误信息不够多。这里需要为每个场景额外添加相应的枚举变体：

```
1  //! src/routes/subscriptions.rs
2  // [...]
3
4  pub enum SubscribeError {
5      // [...]
6      // 不再使用 `DatabaseError`
7      PoolError(sqlx::Error),
8      InsertSubscriberError(sqlx::Error),
```

```rust
 9        TransactionCommitError(sqlx::Error),
10  }
11
12  impl std::fmt::Display for SubscribeError {
13      fn fmt(&self, f: &mut std::fmt::Formatter<'_>) -> std::fmt::Result {
14          match self {
15              // [...]
16              SubscribeError::PoolError(_) => {
17                  write!(f, "Failed to acquire a Postgres connection from the pool")
18              }
19              SubscribeError::InsertSubscriberError(_) => {
20                  write!(f, "Failed to insert new subscriber in the database.")
21              }
22              SubscribeError::TransactionCommitError(_) => {
23                  write!(
24                      f,
25                      "Failed to commit SQL transaction to store a new subscriber."
26                  )
27              }
28          }
29      }
30  }
31
32  impl std::error::Error for SubscribeError {
33      fn source(&self) -> Option<&(dyn std::error::Error + 'static)> {
34          match self {
35              // [...]
36              // 不再使用 `DatabaseError`
37              SubscribeError::PoolError(e) => Some(e),
38              SubscribeError::InsertSubscriberError(e) => Some(e),
39              SubscribeError::TransactionCommitError(e) => Some(e),
40              // [...]
41          }
42      }
43  }
44
45  impl ResponseError for SubscribeError {
46      fn status_code(&self) -> StatusCode {
47          match self {
48              SubscribeError::ValidationError(_) => StatusCode::BAD_REQUEST,
49              SubscribeError::PoolError(_)
50              | SubscribeError::TransactionCommitError(_)
51              | SubscribeError::InsertSubscriberError(_)
52              | SubscribeError::StoreTokenError(_)
53              | SubscribeError::SendEmailError(_) => StatusCode::INTERNAL_SERVER_ERROR,
54          }
55      }
56  }
```

此外，在另一处也用到了 **DatabaseError**：

```rust
//! src/routes/subscriptions.rs
// [..]

impl From<sqlx::Error> for SubscribeError {
    fn from(e: sqlx::Error) -> Self {
        Self::DatabaseError(e)
    }
}
```

只知道类型，还无法分辨使用的具体变体是什么，因此这里不应该为 **sqlx::Error** 实现 **From** 特质。我们要做的是，在各个场景下使用 **map_err** 进行相应的转换。

```rust
//! src/routes/subscriptions.rs
// [..]

pub async fn subscribe(/* */) -> Result<HttpResponse, SubscribeError> {
    // [...]
    let mut transaction = pool.begin().await.map_err(SubscribeError::PoolError)?;
    let subscriber_id = insert_subscriber(&mut transaction, &new_subscriber)
        .await
        .map_err(SubscribeError::InsertSubscriberError)?;
    // [...]
    transaction
        .commit()
        .await
        .map_err(SubscribeError::TransactionCommitError)?;
    // [...]
}
```

编译通过了，而且 **exception.message** 中也包含了有用的内容：

```
...
INFO: [HTTP REQUEST - END]
    exception.details="Failed to store the confirmation token
    for a new subscriber.

    Caused by:
        A database failure was encountered while trying to store
        a subscription token.
    Caused by:
        error returned from database: column 'subscription_token'
        of relation 'subscription_tokens' does not exist"
    exception.message="Failed to store the confirmation token for a new subscriber.",
    target=tracing_actix_web::root_span_builder,
    http.status_code=500
```

8.3.4 使用 thiserror 减少样板代码

为了使日志记录中包含有用的诊断信息，我们写了大约 90 行代码，为 **SubscribeError** 实现了各种特质，并适配于系统。对于这样的需求来说，代码很多了，其中包含大量的样板代码（例如 **source** 方法或 **From** 的实现）。这里可以加以改善吗？

能不能少写一些代码不好说，但确实有一种不同的方法：使用宏来生成样板代码！

事实上，现在 Rust 生态系统中有一个很棒的包已经实现了这一点，它就是 **thiserror**。现在将其添加到依赖项中：

```
1  #! Cargo.toml
2
3  [dependencies]
4  # [...]
5  thiserror = "1"
```

这个包提供了一个派生宏，可以生成我们刚刚手写的大部分代码。我们尝试一下：

```
1   /! src/routes/subscriptions.rs
2   // [...]
3
4   #[derive(thiserror::Error)]
5   pub enum SubscribeError {
6       #[error("{0}")]
7       ValidationError(String),
8       #[error("Failed to acquire a Postgres connection from the pool")]
9       PoolError(#[source] sqlx::Error),
10      #[error("Failed to insert new subscriber in the database.")]
11      InsertSubscriberError(#[source] sqlx::Error),
12      #[error("Failed to store the confirmation token for a new subscriber.")]
13      StoreTokenError(#[from] StoreTokenError),
14      #[error("Failed to commit SQL transaction to store a new subscriber.")]
15      TransactionCommitError(#[source] sqlx::Error),
16      #[error("Failed to send a confirmation email.")]
17      SendEmailError(#[from] reqwest::Error),
18  }
19
20  // 这里依然保留了特别定制的 `Debug` 实现
21  // 以便通过错误传递链获得格式良好的报告
22  impl std::fmt::Debug for SubscribeError {
23      fn fmt(&self, f: &mut std::fmt::Formatter<'_>) -> std::fmt::Result {
24          error_chain_fmt(self, f)
25      }
26  }
27
28  pub async fn subscribe(/* */) -> Result<HttpResponse, SubscribeError> {
29      // `ValidationError` 不再有 `#[from]` 标记，因此这里要显式映射到具体的错误
30      let new_subscriber = form.0.try_into().map_err(SubscribeError::ValidationError)?;
```

```
31    // [...]
32  }
```

将代码缩减到了 21 行——做得不错！

现在来拆解一下具体的过程。

thiserror::Error 是一个过程宏，使用了 **#[derive(/* */)]** 属性。在前文中这个属性也出现过，例如 **#[derive(Debug)]** 或者 **#[derive(serde::Serialize)]**。这个宏在编译时接收 **SubscribeError** 作为输入，并返回一组标记流作为输出——它生成了新的 Rust 代码，然后将其编译成最终的可执行文件。

在 **#[derive(thiserror::Error)]** 的上下文中，可以使用其他属性来实现一些行为：

- **#[error(/* */)]** 属性为所修饰的枚举变体定义了 **Display** 特质的表示格式。比如对于 **SubscribeError::SendEmailError** 变体，该属性为其 **Display** 特质返回了 **Failed to send a confirmation email.** 的信息；再比如在 **ValidationError** 中，**#[error("{0}")]** 中的 **{0}** 模仿的是元组的语法（即 **self.0**），指代变体所包装的 **String** 字段。
- **#[source]** 属性被用于指定 **Error::source** 方法所返回的错误根本原因。
- **#[from]** 属性自动为所处的错误类型派生了来自属性所修饰的字段类型的 **From** 特质（例如 **impl From<StoreTokenError> for SubscribeError {/* */}**）。此外，**#[from]** 属性所修饰的字段也被用于作为错误根本原因，这样就可以省略 **#[source]** 属性（不用写 **#[source] #[from] reqwest::Error** 这样的代码了）。

8.4 防止 "大泥球" 型的错误枚举

SubscribeError 类型的枚举变体被用于：

- 生成应返回给 API 调用者的响应（**ResponseError**）；
- 提供相关的诊断信息（**Error::source**、**Debug**、**Display** 等）。

当前的 **SubscribeError** 暴露了大量 **subscribe** 的实现细节：在请求处理器中，对于任何一个可能会出错的函数调用，都有错误枚举中的一个变体与之对应。这种方法并不具有良好的可扩展性。

我们要考虑抽象层次：**subscribe** 的调用者需要知道什么呢？

它们只需要知道怎样回复用户（通过 **ResponseError**）就够了。从设计上说，**subscribe** 的调用者不应该涉及相关领域的细节，例如对 **SendEmailError** 和 **TransactionCommitError** 区分处理。**subscribe** 应当返回一个合适抽象层次上的错误类型。

理想中的错误类型应该是这样的：

```
1  //! src/routes/subscriptions.rs
2
```

```
3  #[derive(thiserror::Error)]
4  pub enum SubscribeError {
5      #[error("{0}")]
6      ValidationError(String),
7      #[error(/* */)]
8      UnexpectedError(/* */),
9  }
```

ValidationError 对应于 **400 Bad Request**，**UnexpectedError** 对应于一个隐藏了细节的 **500 Internal Server Error**。

那么，在 **UnexpectedError** 中要存储什么数据呢？前文中有多个流程返回的错误类型与其对应，包括 **sqlx::Error**、**StoreTokenError**、**reqwest::Error** 等。我们不希望将这些流程中的错误类型在 **UnexpectedError** 中通过 **subscribe** 函数暴露出去，实现细节必须被隐藏起来。

在查看 Rust 标准库中的 **Error** 特质时，发现了一个类型 **Box<dyn std::error::Error>**，它正好能满足我们的要求[1]。

试试吧：

```
1  //! src/routes/subscriptions.rs
2
3  #[derive(thiserror::Error)]
4  pub enum SubscribeError {
5      #[error("{0}")]
6      ValidationError(String),
7      // 自动为 `UnexpectedError` 所包装的类型生成 `Display` 特质和 `source` 方法的实现
8      #[error(transparent)]
9      UnexpectedError(#[from] Box<dyn std::error::Error>),
10 }
```

我们依然可以为调用者生成正确的响应消息：

```
1  //! src/routes/subscriptions.rs
2  // [...]
3
4  impl ResponseError for SubscribeError {
5      fn status_code(&self) -> StatusCode {
6          match self {
7              SubscribeError::ValidationError(_) => StatusCode::BAD_REQUEST,
8              SubscribeError::UnexpectedError(_) => StatusCode::INTERNAL_SERVER_ERROR,
9          }
10     }
11 }
```

---

1 由于在编译时无法得知特质对象的大小，因此我们使用 **Box** 将 **dyn std::error::Error** 包装起来：特质对象可以用于存储不同的类型，这些类型很可能有不同的内存布局。使用 Rust 的术语来说，它们是**不确定大小的类型**——它们没有实现 **Sized** 标识特质。**Box** 可以将特质对象存储在堆上，而我们可以将其作为指向堆内存的指针，存储在 **SubscribeError::UnexpectedError** 中——在编译时指针是有确定大小的——问题解决了，我们的类型又实现了 **Sized**。

此外，还需要将 **subscribe** 函数通过 **?** 操作符来适配错误类型的转换：

```rust
//! src/routes/subscriptions.rs
// [...]

pub async fn subscribe(/* */) -> Result<HttpResponse, SubscribeError> {
    // [...]
    let mut transaction = pool
        .begin()
        .await
        .map_err(|e| SubscribeError::UnexpectedError(Box::new(e)))?;
    let subscriber_id = insert_subscriber(/* */)
        .await
        .map_err(|e| SubscribeError::UnexpectedError(Box::new(e)))?;
    // [...]
    store_token(/* */)
        .await
        .map_err(|e| SubscribeError::UnexpectedError(Box::new(e)))?;
    transaction
        .commit()
        .await
        .map_err(|e| SubscribeError::UnexpectedError(Box::new(e)))?;
    send_confirmation_email(/* */)
        .await
        .map_err(|e| SubscribeError::UnexpectedError(Box::new(e)))?;
    // [...]
}
```

上面有些代码是重复的，我们暂且不做清理。当前的代码编译通过了，测试也通过了。

现在来修改用于检查日志质量的测试用例：在 **insert_subscriber** 中触发失败，而不是在 **store_token** 中。

```rust
//! tests/api/subscriptions.rs
// [...]

#[tokio::test]
async fn subscribe_fails_if_there_is_a_fatal_database_error() {
    // [...]
    // 这里修改的表是`subscriptions`，而不是 `subscription_tokens`
    sqlx::query!("ALTER TABLE subscriptions DROP COLUMN email;",)
        .execute(&app.db_pool)
        .await
        .unwrap();

    // [..]
}
```

测试通过了，但降低了日志的质量：

```
1  INFO: [HTTP REQUEST - END]
2    exception.details:
3        "error returned from database: column 'email' of
4         relation 'subscriptions' does not exist"
5    exception.message:
6        "error returned from database: column 'email' of
7         relation 'subscriptions' does not exist"
```

这里不再显示错误传播链。这里失去了之前通过 **thiserror** 附属于 **InsertSubscriberError** 的错误消息，而这些消息方便操作人员的调查。

```
1  //! src/routes/subscriptions.rs
2  // [...]
3
4  #[derive(thiserror::Error)]
5  pub enum SubscribeError {
6      #[error("Failed to insert new subscriber in the database.")]
7      InsertSubscriberError(#[source] sqlx::Error),
8      // [...]
9  }
```

这是可以预见的：在 **subscribe** 函数中，将错误信息通过 **#[error(transparent)]** 不加修饰地转交给 **Display** 特质，并且不包含额外的上下文。现在来修复它——将一个新的 **String** 字段添加到 **UnexpectedError** 中，用于为擦除了类型的错误数据添加上下文信息。

```
1  //! src/routes/subscriptions.rs
2  // [...]
3
4  #[derive(thiserror::Error)]
5  pub enum SubscribeError {
6      #[error("{0}")]
7      ValidationError(String),
8      #[error("{1}")]
9      UnexpectedError(#[source] Box<dyn std::error::Error>, String),
10 }
11
12 impl ResponseError for SubscribeError {
13     fn status_code(&self) -> StatusCode {
14         match self {
15             // [...]
16             // 现在变体有两个字段，这里要加一个额外的 `_`
17             SubscribeError::UnexpectedError(_, _) => StatusCode::INTERNAL_SERVER_ERROR,
18         }
19     }
20 }
```

在 **subscribe** 中，对错误部分的映射代码也要做出相应的改动——之前重构 **SubscribeError** 时用于刻画错误的描述，会在这里得到复用：

```
1  //! src/routes/subscriptions.rs
2  // [...]
3
4  pub async fn subscribe(/* */) -> Result<HttpResponse, SubscribeError> {
5      // [..]
6      let mut transaction = pool.begin().await.map_err(|e| {
7          SubscribeError::UnexpectedError(
8              Box::new(e),
9              "Failed to acquire a Postgres connection from the pool".into(),
10         )
11     })?;
12     let subscriber_id = insert_subscriber(/* */)
13         .await
14         .map_err(|e| {
15             SubscribeError::UnexpectedError(
16                 Box::new(e),
17                 "Failed to insert new subscriber in the database.".into(),
18             )
19         })?;
20     // [..]
21     store_token(/* */)
22         .await
23         .map_err(|e| {
24             SubscribeError::UnexpectedError(
25                 Box::new(e),
26                 "Failed to store the confirmation token for a new subscriber.".into(),
27             )
28         })?;
29     transaction.commit().await.map_err(|e| {
30         SubscribeError::UnexpectedError(
31             Box::new(e),
32             "Failed to commit SQL transaction to store a new subscriber.".into(),
33         )
34     })?;
35     send_confirmation_email(/* */)
36         .await
37         .map_err(|e| {
38             SubscribeError::UnexpectedError(
39                 Box::new(e),
40                 "Failed to send a confirmation email.".into()
41             )
42         })?;
43     // [..]
44 }
```

代码不太优雅，但还能用：

```
1  INFO: [HTTP REQUEST - END]
2      exception.details=
3          "Failed to insert new subscriber in the database.
4
5          Caused by:
```

```
6          error returned from database: column 'email' of
7          relation 'subscriptions' does not exist"
8    exception.message="Failed to insert new subscriber in the database."
```

8.4.1　使用 anyhow 擦除错误类型

我们可以继续打磨前面所构建的机制，但这其实是不必要的。我们可以再次依靠 Rust 生态系统。**thiserror** 的作者[1]提供了另一个包：**anyhow**。

```
1   #! Cargo.toml
2
3   [dependencies]
4   # [...]
5   anyhow = "1"
```

我们需要的类型是 **anyhow::Error**。参考其文档：

> **anyhow::Error** 用于包装一个动态的错误类型。这有点儿像 **Box<dyn std::error::Error>**，但有以下区别：
>
> - **anyhow::Error** 要求错误类型受限于 **Send**、**Sync** 和**'static**；
> - **anyhow::Error** 保证错误是可以被回溯跟踪的，即使内部的错误类型并不支持；
> - **anyhow::Error** 被表示为一个窄指针——只有一个字长，而不是两个。

anyhow 为类型带来了额外的限制（**Send**、**Sync** 和 **'static**），这一点不会对代码造成任何影响。紧凑的类型和回溯跟踪的功能对我们很有帮助。

现在将 **SubscribeError** 中的 **Box<dyn std::error::Error>**替换为 **anyhow::Error**：

```
1   //! src/routes/subscriptions.rs
2   // [...]
3
4   #[derive(thiserror::Error)]
5   pub enum SubscribeError {
6       #[error("{0}")]
7       ValidationError(String),
8       #[error(transparent)]
9       UnexpectedError(#[from] anyhow::Error),
10  }
11
12  impl ResponseError for SubscribeError {
13      fn status_code(&self) -> StatusCode {
14          match self {
15              // [...]
16              // 回到单个字段
```

---

1 我们用到了同一位作者@dolnay 的很多包，包括 **serde**、**syn**、**quote**，以及 Rust 生态系统中的很多基础库。请考虑赞助这些开源项目。

```
17            SubscribeError::UnexpectedError(_) => StatusCode::INTERNAL_SERVER_ERROR,
18        }
19    }
20 }
```

我们删除了 **SubscribeError::UnexpectedError** 中的第二个 **String** 字段，因为 **anyhow::Error** 自动为错误类型提供了额外的上下文，实现了该字段原来的功能。

```
1  //! src/routes/subscriptions.rs
2  use anyhow::Context;
3  // [...]
4
5  pub async fn subscribe(/* */) -> Result<HttpResponse, SubscribeError> {
6      // [...]
7      let mut transaction = pool
8          .begin()
9          .await
10         .context("Failed to acquire a Postgres connection from the pool")?;
11     let subscriber_id = insert_subscriber(/* */)
12         .await
13         .context("Failed to insert new subscriber in the database.")?;
14     // [..]
15     store_token(/* */)
16         .await
17         .context("Failed to store the confirmation token for a new subscriber.")?;
18     transaction
19         .commit()
20         .await
21         .context("Failed to commit SQL transaction to store a new subscriber.")?;
22     send_confirmation_email(/* */)
23         .await
24         .context("Failed to send a confirmation email.")?;
25     // [...]
26 }
```

这里的 **context** 方法有两个作用：

- 将对应方法所返回的错误类型转换为 **anyhow::Error**；

- 为调用者提供错误的上下文信息。

context 是由 **Context** 特质提供的——**anyhow** 为 **Result** 实现了这个特质[1]，使得对任何可能会出错的函数都能流畅地采用 **anyhow** 的 API。

---

[1] 在 Rust 社区中，这是一种很常见的模式，被称为"扩展特质"，用于为标准库（或其他生态系统中的常见库）中的类型添加额外的方法。

8.4.2　使用 anyhow 还是 thiserror

我们已经讨论了很多，现在是时候讨论 Rust 社区中一个流传已久的说法了：

> 在应用程序中使用 **anyhow**，在库中使用 **thiserror**。

对于错误处理来说，这不是好的区分标准。

关键点在于对调用者意图的预期。

调用者是否应当根据不同的错误采用不同的处理方法？如果是的话，就使用枚举类型，对不同的错误使用不同的变体。此时使用 **thiserror** 可以减少样板代码量。

调用者是否只能在发生错误时中止流程，并将错误报告给操作人员或用户？如果是的话，就使用擦除了类型的错误，并屏蔽获取内部错误信息的接口。**anyhow** 和 **eyre** 为此提供了便捷的 API。

上面的说法基于这样的观察结果：大部分 Rust 库都在返回错误时使用枚举类型，而不是 **Box<dyn std::error::Error>**（例如 **sqlx::Error**）。

这是因为库的作者通常无法（或者是不想）预设用户的意图，他们在一定程度上保持客观——枚举类型可以在用户需要时为其带来更多的控制权。但自由是有代价的，当接口变得复杂时，用户或许需要在数十个变体中找出特定的变体（如果有的话），对其进行特别处理。

要设计出合适的错误类型，必须理智地思考该类型的使用场景和对调用者意图的预期。在写库的时候，在某些场景下，**Box<dyn std::error::Error>** 或者 **anyhow::Error** 就是最合适的选择。

8.5　错误日志由谁来记

回顾一下在处理请求时发生错误的日志：

```
1  # sqlx logs are a bit spammy, cutting them out to reduce noise
2  export RUST_LOG="sqlx=error,info"
3  export TEST_LOG=enabled
4  cargo t subscribe_fails_if_there_is_a_fatal_database_error | bunyan
```

这里有三个阶段都能记录错误：

- 在 **insert_subscriber** 中会记录错误。

```
1  //! src/routes/subscriptions.rs
2  // [...]
3
4  pub async fn insert_subscriber(/* */) -> Result<Uuid, sqlx::Error> {
5      // [...]
6      sqlx::query!(/* */)
7          .execute(transaction)
8          .await
```

```
 9          .map_err(|e| {
10              tracing::error!("Failed to execute query: {:?}", e);
11              e
12          })?;
13      // [...]
14  }
```

- **actix_web** 框架在将 **SubscribeError** 转换为 **actix_web::Error** 时，也会记录错误。

- **tracing_actix_web::TracingLogger** 作为应用程序的遥测中间件，也会记录错误。

我们不该将同一个错误记录三遍。冗余的日志记录不仅不能帮助操作人员，反而会使他们产生困惑（这些日志是由相同的错误产生的吗？错误真的发生了三次吗？）。

最重要的原则是：

> 错误只在被处理时才应该被记录。

如果当前函数只是将错误传播到上游（例如通过 **?** 操作符），那么它就不应该记录这个错误。但它可以给这个错误添加合适的上下文。倘若错误被一路传播到请求处理器，那么就交由某个中间件对其做合适的记录。在我们的应用程序中，承担这一角色的是 **tracing_actix_web::TracingLogger**。

actix_web 会在下一个版本中移除记录日志的功能，因此这里暂且对其不做处理。

现在回顾一下代码中的 **tracing::error** 语句：

```
 1  //! src/routes/subscriptions.rs
 2  // [...]
 3
 4  pub async fn insert_subscriber(/* */) -> Result<Uuid, sqlx::Error> {
 5      // [...]
 6      sqlx::query!(/* */)
 7          .execute(transaction)
 8          .await
 9          .map_err(|e| {
10              // 使用 `?`传播错误
11              tracing::error!("Failed to execute query: {:?}", e);
12              e
13          })?;
14      // [..]
15  }
16
17  pub async fn store_token(/* */) -> Result<(), StoreTokenError> {
18      sqlx::query!(/* */)
19          .execute(transaction)
20          .await
21          .map_err(|e| {
22              // 使用 `?`传播错误
23              tracing::error!("Failed to execute query: {:?}", e);
```

```
24            StoreTokenError(e)
25        })?;
26    Ok(())
27 }
```

再次检查日志，可以确认我们的改动对其没有造成影响。

8.6　总结

我们在本章中学习错误处理的方法时，选择了一条艰难的道路：首先实现了一个粗糙但可用的原型，然后使用 Rust 生态系统中流行的包对其进行完善。至此，我们学习了：

- 在应用程序中如何使用错误类型实现不同的目标；
- 采用最合适的工具来实现这些目标。

将前面所讨论的内容融入自己的思考方式中（ "错误发生的位置" 为列， "错误处理的目的" 为行）：

	系统内部错误	系统交互错误
控制流	类型、方法、字段	状态码
错误报告	日志	HTTP 响应体

实践出真知。前面实现了 **subscribe** 请求处理器，这里留一个练习：实现 **confirm** 请求处理器，以此检验在本章中所学的概念是否已经掌握。注意，在验证表单数据时，如果出错了，则要为用户提供具有指导性的响应信息。你可以参考这个 GitHub 仓库[1]中的代码。

本章所讨论的一些主题（例如分层和抽象的边界），会在后面的章节提到应用程序的整体布局和结构时再一次出现。让我们拭目以待吧！

---

1 参见 "链接 8-3"。

第 **9** 章

投递邮件简报

我们的项目还不是一个可用的邮件简报服务：它不能发送！

我们将利用这一章来实现简单的邮件简报发送。

这将会加深我们对前几章中涉及的技术的理解，同时为学习更高级的主题（例如验证/授权、容错）打下基础。

9.1　用户故事在变化

我们到底要实现什么？

可以看看在第 2 章中写下的用户故事：

> 作为博客的作者，
>
> 我想给所有订阅者发送邮件，
>
> 以便在发布新内容时通知他们。

从表面上看，它很简单，但是魔鬼藏在细节里。

比如在第 7 章中完善了用户的领域模型——我们拥有已确认和未确认的用户。

那么，谁应该收到邮件简报呢？

那个用户故事，暂时没用——它是在我们开始进行区分之前写下的。

在项目的整个过程中，要养成重新审视用户故事的习惯。

当你花时间处理一个问题时，最终会加深对其领域的理解。你通常会获得一种更精确的语言，用来尝试完善早期的功能。

在这个特定的案例中，我们只想把邮件简报发送给已确认的订阅者。相应地修改用户故事：

作为博客的作者，

我想给所有已确认的订阅者发送邮件，

以便在发布新内容时通知他们。

9.2 不要向未确认的订阅者发送

我们可以从编写一个集成测试开始，该测试指定了不应该发生的事情：未确认的订阅者不应该收到邮件简报。

在第 7 章中，我们选择了 Postmark 作为邮件发送服务。如果不调用 Postmark，那么就不会发送邮件。

我们可以在这个基础上设计一个场景，从而验证业务规则：如果所有的订阅者都是未确认的，那么当发布邮件简报时，就不会向 Postmark 发出请求。

代码如下：

```
//! tests/api/main.rs
// [...]
// 新的测试模块
mod newsletter;
```

```
//! tests/api/newsletter.rs
use crate::helpers::{spawn_app, TestApp};
use wiremock::matchers::{any, method, path};
use wiremock::{Mock, ResponseTemplate};

#[tokio::test]
async fn newsletters_are_not_delivered_to_unconfirmed_subscribers() {
    // 准备
    let app = spawn_app().await;
    create_unconfirmed_subscriber(&app).await;

    Mock::given(any())
        .respond_with(ResponseTemplate::new(200))
        // 断言 Postmark 没有发送任何请求
        .expect(0)
        .mount(&app.email_server)
        .await;

    // 执行

    // 邮件简报负载结构的骨架
    // 稍后可能会改变它
    let newsletter_request_body = serde_json::json!({
        "title": "Newsletter title",
```

```
25            "content": {
26                "text": "Newsletter body as plain text",
27                "html": "<p>Newsletter body as HTML</p>",
28            }
29        });
30        let response = reqwest::Client::new()
31            .post(&format!("{}/newsletters", &app.address))
32            .json(&newsletter_request_body)
33            .send()
34            .await
35            .expect("Failed to execute request.");
36
37        // 断言
38        assert_eq!(response.status().as_u16(), 200);
39        // Mock 在 Drop 上验证我们是否发送了邮件简报
40    }
41
42    /// 使用被测程序的公共 API 来创建一个未确认的订阅者
43    async fn create_unconfirmed_subscriber(app: &TestApp) {
44        let body = "name=le%20guin&email=ursula_le_guin%40gmail.com";
45
46        let _mock_guard = Mock::given(path("/email"))
47            .and(method("POST"))
48            .respond_with(ResponseTemplate::new(200))
49            .named("Create unconfirmed subscriber")
50            .expect(1)
51            .mount_as_scoped(&app.email_server)
52            .await;
53        app.post_subscriptions(body.into())
54            .await
55            .error_for_status()
56            .unwrap();
57    }
```

正如预期的那样，它失败了：

```
1  thread 'newsletter::newsletters_are_not_delivered_to_unconfirmed_subscribers'
2  panicked at 'assertion failed: `(left == right)`
3   left: `404`,
4  right: `200`'
```

在我们的 API 中没有 **POST /newsletters** 的处理器：**actix-web** 返回的是 **404 Not Found**，而不是期望的 **200 OK**。

9.2.1　使用公共 API 设置状态

我们花点儿时间来看看刚刚编写的测试的准备部分。

测试方案对应用程序的状态做了一些假设：我们需要有订阅者，而且他们必须是未确认的。

每个测试都启动了一个全新的应用程序，并且运行在空的数据库之上。

```
1 let app = spawn_app().await;
```

那么，如何根据测试要求完善它呢？

我们可以使用在第 3 章中描述的黑盒方法：尽可能通过调用公共 API 来改变应用程序的状态。

这就是在 **create_unconfirmed_subscriber** 中所做的：

```
1  //! tests/api/newsletter.rs
2  // [...]
3
4  async fn create_unconfirmed_subscriber(app: &TestApp) {
5  let body = "name=le%20guin&email=ursula_le_guin%40gmail.com";
6
7      let _mock_guard = Mock::given(path("/email"))
8          .and(method("POST"))
9          .respond_with(ResponseTemplate::new(200))
10         .named("Create unconfirmed subscriber")
11         .expect(1)
12         .mount_as_scoped(&app.email_server)
13         .await;
14     app.post_subscriptions(body.into())
15         .await
16         .error_for_status()
17         .unwrap();
18 }
```

我们使用作为 **TestApp** 的一部分构建的 API 客户端对 **/subscriptions** 端点进行 **POST** 调用。

9.2.2 scoped mock

POST /subscriptions 会发送一封确认邮件——我们必须确保 Postmark 测试服务器已经准备好，并通过设置适当的 **Mock** 来处理请求。

匹配逻辑与测试函数体中的内容重叠：如何确保这两个 mock 不会重叠呢？

使用 scoped mock：

```
1 let _mock_guard = Mock::given(path("/email"))
2     .and(method("POST"))
3     .respond_with(ResponseTemplate::new(200))
4     .named("Create unconfirmed subscriber")
5     .expect(1)
6     // 没有使用`mount`
7     .mount_as_scoped(&app.email_server)
8     .await;
```

通过 **mount**，只要底层的 **MockServer** 启动并运行，我们所指定的行为就会一直有效。而使用 **mount_as_scoped**，我们会得到一个守护对象——**MockGuard**。

MockGuard 有一个自定义的 **Drop** 实现：当它超出范围时，**wiremock** 会告诉底层的 **MockServer** 停止遵守指定的 mock 行为。换句话说，在 **create_unconfirmed_subscriber** 的最后，不再向 **POST /email** 返回 **200**。

测试辅助函数所使用的 mock 只在其内部有效。

当 **MockGuard** 被丢弃时，还有一件事会发生——我们会立刻检查对 scoped mock 的期望是否得到验证。

这是一种有效的反馈机制，让测试辅助函数保持简洁和最新。

我们已经见证了黑盒测试是如何推动我们为应用程序编写一个 API 客户端的，以保持测试简洁。

随着时间的推移，你会构建越来越多的辅助函数来改变应用程序的状态——就像我们刚刚对 **create_unconfirmed_subscriber** 所做的。这些辅助函数依赖 mock，但随着应用程序的发展，其中一些 mock 不再被需要，例如调用被删除或不再使用等。

我们对 scoped mock 的期望得到满足，有助于对辅助代码进行检查，并尽可能主动地进行清理。

9.2.3　绿色测试

我们可以通过提供 **POST /newsletters** 的伪实现来使测试通过：

```
1  //! src/routes/mod.rs
2  // [...]
3  // 新模块
4  mod newsletters;
5
6  pub use newsletters::*;
```

```
1  //! src/routes/newsletters.rs
2  use actix_web::HttpResponse;
3
4  // 伪实现
5  pub async fn publish_newsletter() -> HttpResponse {
6      HttpResponse::Ok().finish()
7  }
```

```
1   //! src/startup.rs
2   // [...]
3   use crate::routes::{confirm, health_check, publish_newsletter, subscribe};
4
5   fn run(/* */) -> Result<Server, std::io::Error> {
6       // [...]
7       let server = HttpServer::new(move || {
8           App::new()
9               .wrap(TracingLogger::default())
10              // 注册新的处理器
```

```
11          .route("/newsletters", web::post().to(publish_newsletter))
12          // [...]
13      })
14      // [...]
15  }
```

cargo test 通过了!

9.3　所有已确认的订阅者都会收到新内容

我们再编写一个集成测试,这次针对的是能跑通用例的一个子集:如果有已确认的订阅者,他们就会收到一封邮件,里面有新一期的邮件简报。

9.3.1　组合测试辅助函数

与前面的测试一样,在执行测试逻辑之前,我们需要让应用程序的状态达到预期——它调用了另一个辅助函数,这次是为了创建一个已确认的订阅者。对 **create_unconfirmed_subscriber** 进行稍微修改以避免重复:

```
1  //! tests/api/newsletter.rs
2  // [...]
3
4  async fn create_unconfirmed_subscriber(app: &TestApp) -> ConfirmationLinks {
5      let body = "name=le%20guin&email=ursula_le_guin%40gmail.com";
6
7      let _mock_guard = Mock::given(path("/email"))
8          .and(method("POST"))
9          .respond_with(ResponseTemplate::new(200))
10          .named("Create unconfirmed subscriber")
11          .expect(1)
12          .mount_as_scoped(&app.email_server)
13          .await;
14      app.post_subscriptions(body.into())
15          .await
16          .error_for_status()
17          .unwrap();
18
19      // 首先检查 mock 的 Postmark 服务器收到的请求,以获取确认链接并将其返回
20      let email_request = &app
21          .email_server
22          .received_requests()
23          .await
24          .unwrap()
25          .pop()
26          .unwrap();
27      app.get_confirmation_links(&email_request)
```

```
28 }
29
30 async fn create_confirmed_subscriber(app: &TestApp) {
31     // 然后复用相同的辅助函数，并添加一个额外的步骤来实际调用确认链接
32     let confirmation_link = create_unconfirmed_subscriber(app).await;
33     reqwest::get(confirmation_link.html)
34         .await
35         .unwrap()
36         .error_for_status()
37         .unwrap();
38 }
```

在现有的测试中不需要做任何改变，就可以立即在新的测试中使用 **create_confirmed_subscriber**：

```
1 //! tests/api/newsletter.rs
2 // [...]
3
4 #[tokio::test]
5 async fn newsletters_are_delivered_to_confirmed_subscribers() {
6     // 准备
7     let app = spawn_app().await;
8     create_confirmed_subscriber(&app).await;
9
10     Mock::given(path("/email"))
11         .and(method("POST"))
12         .respond_with(ResponseTemplate::new(200))
13         .expect(1)
14         .mount(&app.email_server)
15         .await;
16
17     // 执行
18     let newsletter_request_body = serde_json::json!({
19         "title": "Newsletter title",
20         "content": {
21             "text": "Newsletter body as plain text",
22             "html": "<p>Newsletter body as HTML</p>",
23         }
24     });
25     let response = reqwest::Client::new()
26         .post(&format!("{}/newsletters", &app.address))
27         .json(&newsletter_request_body)
28         .send()
29         .await
30         .expect("Failed to execute request.");
31
32     // 断言
33     assert_eq!(response.status().as_u16(), 200);
34     // Mock 在 Drop 上验证我们是否发送了邮件简报
35 }
```

不出所料，它失败了：

```
1  thread 'newsletter::newsletters_are_delivered_to_confirmed_subscribers' panicked at
2  Verifications failed:
3  - Mock #1.
4        Expected range of matching incoming requests: == 1
5        Number of matched incoming requests: 0
```

9.4　实现策略

现在已有足够多的测试来验证——我们开始吧！

先从一个简单的方法开始：

- 从 API 调用的请求体中获取邮件简报的细节；

- 从数据库中获取所有已确认的订阅者列表；

- 遍历整个列表：

  - 获取订阅者的电子邮件地址；

  - 通过 Postmark 发送邮件。

开始做吧！

9.5　请求体的内容

为了发送邮件简报，我们需要知道什么？

我们尽可能使其保持简单：

- 邮件的主题；

- 邮件的内容，HTML 文本和纯文本形式，以满足所有邮件客户端的需求。

我们可以使用 **serde::Deserialize** 来编码结构体，就像在 **POST /subscriptions** 中使用 **FormData** 所做的那样。

```
1  //! src/routes/newsletters.rs
2  // [...]
3
4  #[derive(serde::Deserialize)]
5  pub struct BodyData {
6      title: String,
7      content: Content
8  }
9
```

```
10 #[derive(serde::Deserialize)]
11 pub struct Content {
12     html: String,
13     text: String
14 }
```

BodyData 中的所有字段类型都实现了 **serde::Deserialize**，**serde** 不会因为嵌套结构而产生任何问题。之后，我们可以使用 **actix-web** 提取器来解析传入请求体的 **BodyData**。只有一个问题需要回答：我们使用的是什么序列化格式？

对于 **POST /subscriptions**，由于我们处理的是 HTML 表单，所以使用的是 **Content-Type** 的 **application/x-www-form-urlencoded**。

对于 **POST /newsletters**，由于不受嵌入网页的表单的约束，所以将使用 **JSON**，这是构建 **REST API** 时的一个常见选择。

相应的提取器是 **actix_web::web::Json**：

```
1 //! src/routes/newsletters.rs
2 // [...]
3 use actix_web::web;
4
5 // 在 `body` 前加上 `_`，避免编译器对未使用的参数发出警告
6 pub async fn publish_newsletter(_body: web::Json<BodyData>) -> HttpResponse {
7     HttpResponse::Ok().finish()
8 }
```

9.5.1 测试无效输入

相信但要验证：添加一个新的测试用例，在 **POST /newsletters** 端点返回无效的数据。

```
1  //! tests/api/newsletter.rs
2  // [...]
3
4  #[tokio::test]
5  async fn newsletters_returns_400_for_invalid_data() {
6      // 准备
7      let app = spawn_app().await;
8      let test_cases = vec![
9          (
10             serde_json::json!({
11                 "content": {
12                     "text": "Newsletter body as plain text",
13                     "html": "<p>Newsletter body as HTML</p>",
14                 }
15             }),
16             "missing title",
17         ),
18         (
```

```
19              serde_json::json!({"title": "Newsletter!"}),
20              "missing content",
21          ),
22      ];
23
24      for (invalid_body, error_message) in test_cases {
25          let response = reqwest::Client::new()
26              .post(&format!("{}/newsletters", &app.address))
27              .json(&invalid_body)
28              .send()
29              .await
30              .expect("Failed to execute request.");
31
32          // 断言
33          assert_eq!(
34              400,
35              response.status().as_u16(),
36              "The API did not fail with 400 Bad Request when the payload was {}.",
37              error_message
38          );
39      }
40  }
```

新的测试通过了——如果你愿意的话，则可以再增加一些用例。

让我们抓住这个机会进行重构，删除一些重复的代码——可以提取逻辑，将 **POST /newsletters** 的请求发送到 **TestApp** 的一个共享辅助函数中，就像在 **POST /subscriptions** 中所做的那样：

```
1  //! tests/api/helpers.rs
2  // [...]
3
4  impl TestApp {
5      // [...]
6      pub async fn post_newsletters(&self, body: serde_json::Value) -> reqwest::Response {
7          reqwest::Client::new()
8              .post(&format!("{}/newsletters", &self.address))
9              .json(&body)
10             .send()
11             .await
12             .expect("Failed to execute request.")
13     }
14 }
```

```
1  //! tests/api/newsletter.rs
2  // [...]
3
4  #[tokio::test]
5  async fn newsletters_are_not_delivered_to_unconfirmed_subscribers() {
6      // [...]
7      let response = app.post_newsletters(newsletter_request_body).await;
```

```
 8       // [...]
 9   }
10
11   #[tokio::test]
12   async fn newsletters_are_delivered_to_confirmed_subscribers() {
13       // [...]
14       let response = app.post_newsletters(newsletter_request_body).await;
15       // [...]
16   }
17
18   #[tokio::test]
19   async fn newsletters_returns_400_for_invalid_data() {
20       // [...]
21       for (invalid_body, error_message) in test_cases {
22           let response = app.post_newsletters(invalid_body).await;
23           // [...]
24       }
25   }
```

9.6 获取已确认的订阅者列表

我们需要编写一个新查询来查找所有已确认的订阅者列表。在 **WHERE** 子句中的 **status** 列上获取所需的行：

```
 1   //! src/routes/newsletters.rs
 2   // [...]
 3   use sqlx::PgPool;
 4
 5   struct ConfirmedSubscriber {
 6       email: String,
 7   }
 8
 9   #[tracing::instrument(name = "Get confirmed subscribers", skip(pool))]
10   async fn get_confirmed_subscribers(
11       pool: &PgPool,
12   ) -> Result<Vec<ConfirmedSubscriber>, anyhow::Error> {
13       let rows = sqlx::query_as!(
14           ConfirmedSubscriber,
15           r#"
16           SELECT email
17           FROM subscriptions
18           WHERE status = 'confirmed'
19           "#,
20       ).
21       fetch_all(pool)
22       .await?;
23       Ok(rows)
24   }
```

这里有一些新内容：我们使用的是 **sqlx::query_as!** 而不是 **sqlx::query!**。**sqlx::query_as!** 将检索到的行映射到其第一个参数 **ConfirmedSubscriber** 中指定的类型，为我们节省了大量样板代码。

注意 **ConfirmedSubscriber** 只有一个字段——**email**。我们尽可能减少从数据库中获取的数据量，只查询实际需要发送邮件简报的列。数据库的负载减小了，通过网络传输的数据也减少了。

在这种情况下，它不会产生明显的差异，但在处理数据量较大的应用程序时，这将是一个很好的做法。

为了在处理程序中利用 **get_confirmed_subscribers**，我们需要一个 **PgPool**——可以从应用程序状态中提取，就像在 **POST /subscriptions** 中所做的那样。

```
1  //! src/routes/newsletters.rs
2  // [...]
3
4  pub async fn publish_newsletter(
5      _body: web::Json<BodyData>,
6      pool: web::Data<PgPool>,
7  ) -> HttpResponse {
8      let _subscribers = get_confirmed_subscribers(&pool).await?;
9      HttpResponse::Ok().finish()
10 }
```

编译出错了：

```
1  21 | ) -> HttpResponse {
2     | |_____-
3  22 | |     let subscribers = get_confirmed_subscribers(&pool).await?;
4     | |                       ^^^^^^^^^^^^^^^^^^^^^^^^^^^^^^^^^^^^^^^^^
5     | |                       cannot use the `?` operator in an async function
6     | |                       that returns `actix_web::HttpResponse`
7     | |
8  23 | |     HttpResponse::Ok().finish()
9  24 | | }
10    | |__ this function should return `Result` or `Option` to accept `?`
```

SQL 查询可能会失败，**get_confirmed_subscribers** 也是如此。

我们需要改变 **publish_newsletter** 的返回类型——可以返回一个带有错误类型的 **Result**，就像在第 8 章中所做的那样：

```
1  //! src/routes/newsletters.rs
2  // [...]
3  use actix_web::ResponseError;
4  use sqlx::PgPool;
5  use crate::routes::error_chain_fmt;
6  use actix_web::http::StatusCode;
7
8  #[derive(thiserror::Error)]
```

```
 9  pub enum PublishError {
10      #[error(transparent)]
11      UnexpectedError(#[from] anyhow::Error),
12  }
13
14  // 同样的逻辑，在 `Debug` 中获得完整的错误传播链
15  impl std::fmt::Debug for PublishError {
16      fn fmt(&self, f: &mut std::fmt::Formatter<'_>) -> std::fmt::Result {
17          error_chain_fmt(self, f)
18      }
19  }
20
21  impl ResponseError for PublishError {
22      fn status_code(&self) -> StatusCode {
23          match self {
24              PublishError::UnexpectedError(_) => StatusCode::INTERNAL_SERVER_ERROR,
25          }
26      }
27  }
28
29  pub async fn publish_newsletter(
30      body: web::Json<BodyData>,
31      pool: web::Data<PgPool>,
32  ) -> Result<HttpResponse, PublishError> {
33      let subscribers = get_confirmed_subscribers(&pool).await?;
34      Ok(HttpResponse::Ok().finish())
35  }
```

利用我们在第 8 章中所学到的知识，创建一个新的错误类型并不需要花费太多的时间！

现在为代码做一些未来扩展的工作：将 **PublishError** 建模为变体，但目前只有一个变体。结构体（或 **actix_web::error::InternalError**）对于现在来说已经足够了。

现在 **cargo check** 应该成功了。

9.7　发送邮件简报

是时候把这些邮件简报发出去了！

我们可以利用在前几章中编写的 **EmailClient**——就像 **PgPool** 一样，它已经是应用程序状态的一部分，可以使用 **web::Data** 提取它。

```
1  //! src/routes/newsletters.rs
2  // [...]
3  use crate::email_client::EmailClient;
4
5  pub async fn publish_newsletter(
```

```
 6        body: web::Json<BodyData>,
 7        pool: web::Data<PgPool>,
 8        // 新参数
 9        email_client: web::Data<EmailClient>,
10    ) -> Result<HttpResponse, PublishError> {
11        let subscribers = get_confirmed_subscribers(&pool).await?;
12        for subscriber in subscribers {
13            email_client
14                .send_email(
15                    subscriber.email,
16                    &body.title,
17                    &body.content.html,
18                    &body.content.text,
19                )
20                .await?;
21        }
22        Ok(HttpResponse::Ok().finish())
23    }
```

几乎没问题：

```
 1  error[E0308]: mismatched types
 2    --> src/routes/newsletters.rs
 3      |
 4  48  |                    subscriber.email,
 5      |                    ^^^^^^^^^^^^^^^^^
 6      | expected struct `SubscriberEmail`,
 7      | found struct `std::string::String`
 8
 9  error[E0277]: `?` couldn't convert the error to `PublishError`
10    --> src/routes/newsletters.rs:53:19
11      |
12  53  |                .await?;
13      |                      ^
14      | the trait `From<reqwest::Error>`
15      | is not implemented for `PublishError`
```

9.7.1　context 与 with_context

我们可以迅速解决第二个问题：

```
 1  //! src/routes/newsletters.rs
 2  // [...]
 3  // 将 anyhow 的扩展特质带入作用域中
 4  use anyhow::Context;
 5
 6  pub async fn publish_newsletter(/* */) -> Result<HttpResponse, PublishError> {
 7      // [...]
 8      for subscriber in subscribers {
 9          email_client
```

```
10                .send_email(/* */)
11                .await
12                .with_context(|| {
13                    format!("Failed to send newsletter issue to {}", subscriber.email)
14                })?;
15        }
16        // [...]
17 }
```

我们使用了一个新方法 **with_context**。

它与 **context** 相近，我们在第 8 章中广泛使用了这个方法，将 **Result** 的错误变体转换为 **anyhow::Error**，同时用上下文信息来填充它。

这两者之间有一个关键区别：**with_context** 是惰性的。它需要一个闭包作为参数，闭包只在出错时被调用。

如果你要添加的上下文是静态的，例如 **context("Oh no!")**，那么它们是等价的。如果你要添加的上下文有运行时成本，则使用 **with_context**——当易出错的操作成功时，可以避免为错误路径付费。

我们看一下上面的例子：**format!** 在堆上分配内存来存储输出的字符串。使用 **context**，会在每次发送邮件时都分配这个字符串。

相反，使用 **with_context**，只有在发送邮件失败时才会调用 **format!**。

9.8 验证存储的数据

cargo check 应该返回一行错误：

```
1 error[E0308]: mismatched types
2   --> src/routes/newsletters.rs
3    |
4 48 |                subscriber.email,
5    |                ^^^^^^^^^^^^^^^^
6    | expected struct `SubscriberEmail`,
7    | found struct `std::string::String`
```

我们没有对从数据库中查询到的类型为 **String** 的 **ConfirmedSubscriber::email** 的数据进行任何验证。

相反，**EmailClient::send_email** 需要一个经过验证的电子邮件地址——**SubscriberEmail** 实例。

我们可以先尝试简单的解决方案——将 **ConfirmedSubscriber::email** 的类型更改为 **SubscriberEmail**。

```
1 //! src/routes/newsletters.rs
2 // [...]
3 use crate::domain::SubscriberEmail;
4
```

```
5  struct ConfirmedSubscriber {
6      email: SubscriberEmail,
7  }
8
9  #[tracing::instrument(name = "Get confirmed subscribers", skip(pool))]
10 async fn get_confirmed_subscribers(
11     pool: &PgPool,
12 ) -> Result<Vec<ConfirmedSubscriber>, anyhow::Error> {
13     let rows = sqlx::query_as!(
14         ConfirmedSubscriber,
15         r#"
16         SELECT email
17         FROM subscriptions
18         WHERE status = 'confirmed'
19         "#,
20     )
21     .fetch_all(pool)
22     .await?;
23     Ok(rows)
24 }
```

```
1  error[E0308]: mismatched types
2    --> src/routes/newsletters.rs
3     |
4  69 |        let rows = sqlx::query_as!(
5     |  _____^
6  70 | |          ConfirmedSubscriber,
7  71 | |          r#"
8  72 | |          SELECT email
9  ... |
10 75 | |          "#,
11 76 | |      )
12    | |      ^ expected struct `SubscriberEmail`,
13    |          found struct `std::string::String`
```

sqlx 有些问题——它不知道如何将 **TEXT** 列转换为 **SubscriberEmail**。我们可以看看 **sqlx** 的文档，寻找一种方法来实现对自定义类型的支持——很麻烦，却没换来多少好处。

我们可以采用类似于部署 **POST /subscriptions** 端点的方法——使用两个结构体：

- 一个对我们期望的数据布局（**FormData**）进行了编码；

- 另一个是通过解析原始数据，使用领域类型（**NewSubscriber**）建立的。

我们的查询如下：

```
1  //! src/routes/newsletters.rs
2  // [...]
3
4  struct ConfirmedSubscriber {
5      email: SubscriberEmail,
```

```
 6  }
 7
 8  #[tracing::instrument(name = "Get confirmed subscribers", skip(pool))]
 9  async fn get_confirmed_subscribers(
10      pool: &PgPool,
11  ) -> Result<Vec<ConfirmedSubscriber>, anyhow::Error> {
12      // 只需要`Row`来映射来自此查询的数据
13      // 将其定义嵌套在函数本身内部是一种简单的方法
14      // 可以清楚地表达这种耦合（并确保它不会被错误地用在其他地方）
15      struct Row {
16          email: String,
17      }
18
19      let rows = sqlx::query_as!(
20          Row,
21          r#"
22          SELECT email
23          FROM subscriptions
24          WHERE status = 'confirmed'
25          "#,
26      )
27      .fetch_all(pool)
28      .await?;
29      // 映射到领域类型
30      let confirmed_subscribers = rows
31          .into_iter()
32          .map(|r| ConfirmedSubscriber {
33              // 如果验证失败，则会发生 panic
34              email: SubscriberEmail::parse(r.email).unwrap(),
35          })
36          .collect();
37      Ok(confirmed_subscribers)
38  }
```

使用 **SubscriberEmail::parse(r.email).unwrap()** 是一个好主意吗？

所有新订阅者的邮件都要经过 **SubscriberEmail::parse** 的验证逻辑——这是第 6 章中的一个重要话题。

你可能会说，所有存储在数据库中的邮件都是有效的——这里不需要考虑验证失败的问题。它们全部调用 **unwrap** 是安全的，因为我们知道其永远不会发生 panic。

假设软件永不变化，这个推理是合理的。但是，我们正在为高频部署进行优化！

存储在 Postgres 实例中的数据，在应用程序的新旧版本之间产生了时间上的耦合。

我们从数据库中查询到的邮件被应用程序的前一个版本标记为有效，而在当前的版本中可能无效。

　　例如，我们可能会发现邮件验证逻辑太简单了——一些无效的邮件通过了验证，导致在试图发送邮件简报时出现问题。我们实现了更严格的验证程序，部署了打补丁后的版本，邮件发送功能突然就失效了。

　　get_confirmed_subscribers 在处理存储中以前被认为是有效的，但现在不再有效的邮件时，会发生 panic。

　　那么，我们应该怎么做呢？在从数据库中查询数据时，是否应该完全跳过验证？

　　这里没有标准答案。我们需要基于领域的要求，根据具体情况来评估这个问题。

　　有时，处理无效的记录是不可接受的——程序应该失败，操作人员必须介入纠正无效的记录。

　　有时，我们需要处理所有的历史记录（例如分析），并且应该对数据做出最小的假设——字符串是最安全的方式。

　　在我们的例子中，可以进行折中：在获取下一期邮件简报的收件人名单时跳过无效的邮件。针对每一个无效地址发出警告，允许操作人员发现问题，并在未来的某个时间点纠正错误的记录。

```
1   //! src/routes/newsletters.rs
2   // [...]
3
4   async fn get_confirmed_subscribers(
5       pool: &PgPool,
6   ) -> Result<Vec<ConfirmedSubscriber>, anyhow::Error> {
7       // [...]
8
9       // 映射到领域类型
10      let confirmed_subscribers = rows
11          .into_iter()
12          .filter_map(|r| match SubscriberEmail::parse(r.email) {
13              Ok(email) => Some(ConfirmedSubscriber { email }),
14              Err(error) => {
15                  tracing::warn!(
16                      "A confirmed subscriber is using an invalid email address.\n{}.",
17                      error
18                  );
19                  None
20              }
21          })
22          .collect();
23      Ok(confirmed_subscribers)
24  }
```

　　filter_map 是一个方便的组合器——它返回一个新的迭代器，其中只包含闭包函数返回 **Some** 的变体。

9.8.1 责任界限

我们可以停下来，花点儿时间思考一下谁在做什么。当遇到无效的电子邮件地址时，如果应该跳过或中止，**get_confirmed_subscriber** 是最合适的位置吗？

这感觉像是一个业务层面的决定，最好放在 **publish_newsletter** 中，这是发送工作流的示例程序。

get_confirmed_subscriber 应该只在存储层和领域层之间充当一个适配器。它处理数据库特定的部分（即查询）和映射逻辑，但在映射或查询失败时将处理的决定权交给了调用者。

重构：

```rust
//! src/routes/newsletters.rs
// [...]

async fn get_confirmed_subscribers(
    pool: &PgPool,
    // 在正常用例中返回`Result`的`Vec`
    // 这允许调用者使用`?`操作符，而编译器会强制它们处理更细微的映射错误
) -> Result<Vec<Result<ConfirmedSubscriber, anyhow::Error>>, anyhow::Error> {
    // [...]

    let confirmed_subscribers = rows
        .into_iter()
        // 不再使用`filter_map`
        .map(|r| match SubscriberEmail::parse(r.email) {
            Ok(email) => Ok(ConfirmedSubscriber { email }),
            Err(error) => Err(anyhow::anyhow!(error)),
        })
        .collect();
    Ok(confirmed_subscribers)
}
```

我们在调用点得到一个编译错误：

```
error[E0609]: no field `email` on type `Result<ConfirmedSubscriber, anyhow::Error>`
  --> src/routes/newsletters.rs
   |
50 |                 subscriber.email,
   |
```

快速解决这个问题：

```rust
//! src/routes/newsletters.rs
// [...]

pub async fn publish_newsletter(/* */) -> Result<HttpResponse, PublishError> {
    let subscribers = get_confirmed_subscribers(&pool).await?;
    for subscriber in subscribers {
        // 编译器强制我们处理正常和不正常的用例
        match subscriber {
```

```
9            Ok(subscriber) => {
10               email_client
11                   .send_email(
12                       subscriber.email,
13                       &body.title,
14                       &body.content.html,
15                       &body.content.text,
16                   ).
17                   await
18                   .with_context(|| {
19                       format!(
20                           "Failed to send newsletter issue to {}",
21                           subscriber.email
22                       )
23                   })?;
24               }
25               Err(error) => {
26                   tracing::warn!(
27                       // 将错误传播链作为一个结构化字段记录在日志中
28                       error.cause_chain = ?error,
29                       // 使用`\`将长字符串字面值分成两行，而不创建`\n`字符
30                       "Skipping a confirmed subscriber. \
31                       Their stored contact details are invalid",
32                   );
33               }
34           }
35       }
36       Ok(HttpResponse::Ok().finish())
37 }
```

9.8.2　关注编译器

编译还有些问题：

```
1 error[E0277]: `SubscriberEmail` doesn't implement `std::fmt::Display`
2  --> src/routes/newsletters.rs:59:74
3     |
4 59 |   format!("Failed to send newsletter issue to {}", subscriber.email)
5     |                                                     ^^^^^^^^^^^^^^^^
6     |   `SubscriberEmail` cannot be formatted with the default formatter
```

这是由于在 **ConfirmedSubscriber** 中修改了 **email** 的类型，即把 **String** 修改成了 **SubscriberEmail**。

我们来实现新类型的 **Display**：

```
1 //! src/domain/subscriber_email.rs
2 // [...]
3
4 impl std::fmt::Display for SubscriberEmail {
5     fn fmt(&self, f: &mut std::fmt::Formatter<'_>) -> std::fmt::Result {
```

```
6          // 只是转发到包装字符串的 Display 实现
7          self.0.fmt(f)
8      }
9 }
```

有进展! 编译错误不同了, 这次来自借用检查器!

```
1  error[E0382]: borrow of partially moved value: `subscriber`
2    --> src/routes/newsletters.rs
3     |
4  52 |     subscriber.email,
5     |     --------------- value partially moved here
6  ...
7  58 | .with_context(|| {
8     |               ^^ value borrowed here after partial move
9  59 |     format!("Failed to send newsletter issue to {}", subscriber.email)
10    |                                                      ----------
11    |                                       borrow occurs due to use in closure
```

只需要在第一次使用时加上 **.clone()** 即可。

但试着深入一下: 真的需要在 **EmailClient::send_email** 中取得 **SubscriberEmail** 的所有权吗?

```
1  //! src/email_client.rs
2  // [...]
3
4  pub async fn send_email(
5      &self,
6      recipient: SubscriberEmail,
7      /* */
8  ) -> Result<(), reqwest::Error> {
9      // [...]
10     let request_body = SendEmailRequest {
11         to: recipient.as_ref(),
12         // [...]
13     };
14     // [...]
15 }
```

只需要能够调用 **as_ref**——获得一个 **&SubscriberEmail** 的引用就够了。相应地更改方法签名:

```
1  //! src/email_client.rs
2  // [...]
3
4  pub async fn send_email(
5      &self,
6      recipient: &SubscriberEmail,
7      /* */
8  ) -> Result<(), reqwest::Error> {
9      // [...]
10 }
```

有几个调用点需要更新——编译器会指出它们。我把修复操作留给读者作为练习。

当完成测试时，测试套件应该通过了。

9.8.3 移除样板代码

在继续学习之前，我们最后看一下 **get_confirmed_subscribers**：

```
1  //! src/routes/newsletters.rs
2  // [...]
3
4  #[tracing::instrument(name = "Get confirmed subscribers", skip(pool))]
5  async fn get_confirmed_subscribers(
6      pool: &PgPool,
7  ) -> Result<Vec<Result<ConfirmedSubscriber, anyhow::Error>>, anyhow::Error> {
8      struct Row {
9          email: String,
10     }
11
12     let rows = sqlx::query_as!(
13         Row,
14         r#"
15         SELECT email
16         FROM subscriptions
17         WHERE status = 'confirmed'
18         "#,
19     )
20     .fetch_all(pool)
21     .await?;
22     let confirmed_subscribers = rows
23         .into_iter()
24         .map(|r| match SubscriberEmail::parse(r.email) {
25             Ok(email) => Ok(ConfirmedSubscriber { email }),
26             Err(error) => Err(anyhow::anyhow!(error)),
27         })
28         .collect();
29     Ok(confirmed_subscribers)
30 }
```

Row 是否增加了任何价值？

并非如此——这个查询很简单，我们无法从使用专门的类型表示返回的数据中受益。

我们可以切换回 **query!**，并彻底删除 **Row**：

```
1  //! src/routes/newsletters.rs
2  // [...]
3
4  #[tracing::instrument(name = "Get confirmed subscribers", skip(pool))]
5  async fn get_confirmed_subscribers(
```

```
6      pool: &PgPool,
7  ) -> Result<Vec<Result<ConfirmedSubscriber, anyhow::Error>>, anyhow::Error> {
8      let confirmed_subscribers = sqlx::query!(
9          r#"
10         SELECT email
11         FROM subscriptions
12         WHERE status = 'confirmed'
13         "#,
14     )
15     .fetch_all(pool)
16     .await?
17     .into_iter()
18     .map(|r| match SubscriberEmail::parse(r.email) {
19         Ok(email) => Ok(ConfirmedSubscriber { email }),
20         Err(error) => Err(anyhow::anyhow!(error)),
21     })
22     .collect();
23     Ok(confirmed_subscribers)
24 }
```

我们甚至不需要接触其余的代码——编译直接就能通过了。

9.9 简单方法的局限性

我们做到了——有了一个能通过两个集成测试的实现！

现在怎么办？我们敢让它跑在生产环境中吗？

没那么快。

我们在一开始就说过——我们采用的是最简单的方法，先让一些东西运行起来。

不过，它够好吗？

让我们认真看看它的不足之处吧！

1. 安全性

POST /newsletters 端点是不受保护的——任何人都可以向它发出请求，并发送给所有的订阅者，不受限制。

2. 只有一次机会

只要点击 **POST /newsletters**，内容就会被发送到整个邮件列表。在发送前，没有机会在草稿模式下编辑或检查内容。

3. 性能

我们一次发送一封邮件。

等待当前的邮件被成功发送后，再继续发送下一封邮件。

如果你有 10 个或 20 个订阅者，这并不是一个大问题，但不久之后，问题就会变得很明显：对于拥有相当多的订阅者的邮件简报来说，延迟将是可怕的。

4. 容错性

如果我们未能发送一封邮件，则会使用 **?** 并向调用者返回 **500 Internal Server Error**。

其余的邮件永远不会被发送，也不会重试发送失败的邮件。

5. 安全重试

当通过网络进行通信时，许多事情都可能会出错。如果 API 的使用者在调用服务时遇到超时或 **500 Internal Server Error**，他们应该怎么做？

他们不能重试——因为有可能会向整个邮件列表发送两次邮件简报。

上述 2 和 3 是很烦人的，但可以暂时忍受它们。4 和 5 是相当严重的限制，对订阅者有明显的影响。1 是根本没有商量余地的：在发布 API 之前，必须保护端点。

9.10　总结

我们建立了一个发送邮件简报的原型：它满足了功能需求，但还不能投入使用。

本章最小可行产品的缺点将成为第 10 章讨论的重点，按照优先顺序：首先解决身份验证/授权的问题，然后再讨论容错。

第 10 章
API 的安全性

在第 9 章中，我们为 API 添加了一个新的端点——**POST /newsletters**。

它接收一个邮件简报作为输入，并向所有订阅者发送电子邮件。

但有一个问题——任何人都可以访问 API 并向整个邮件列表广播任何他们想要的内容。

现在该提升 API 的安全性了。

我们将介绍身份验证和授权的概念，评估各种方法（基本身份验证、基于会话的身份验证、OAuth 2.0、OpenID 连接），并讨论最常用的令牌格式之一 JSON Web Token（JWT）的优缺点。

> 本章像本书中的其他章节一样，为了教学而故意先犯错。如果你想养成良好的安全习惯，请确保阅读到最后。

10.1 认证

我们需要验证谁在调用 **POST /newsletters** 方法。

只有少数人如编辑者才能将邮件发送到整个邮件列表。

我们需要找到一种验证 API 调用者身份的方法，从而对他们进行认证。

怎么做呢？

通过获取用户提供的特殊信息。

有各种方法，但它们可以被归为三类：

1. 用户知道的东西（例如密码、PIN 码、安全问题）；

2. 用户拥有的东西（例如智能手机，使用身份验证应用程序）；

3. 用户的身份（例如指纹、苹果的 Face ID）。

当然，每种方法都有缺点。

10.1.1　缺点

10.1.1.1　用户知道的东西

密码必须足够长——短密码容易受到暴力攻击。

密码必须是唯一的——公开信息（例如出生日期、家庭成员的姓名等）不应该给攻击者任何猜测密码的机会。

密码不应该在多个服务之间被重复使用——如果其中任何一个服务受到攻击，则有可能会授予对共享相同密码的所有其他服务的访问权限。

平均而言，一个人有 100 个或更多的在线账户，不能要求他们记住数百个很长且唯一的密码。

密码管理器可以提供帮助，但其尚未成为主流，用户体验通常不够理想。

10.1.1.2　用户拥有的东西

智能手机和通用第二因素密钥可能会丢失，用户将无法访问他们的账户。

它们也可能被盗或受到损害，让攻击者有机会冒充用户。

10.1.1.3　用户的身份

与密码不同的是，生物识别技术不能被改变——你无法修改指纹或视网膜血管的图案。

研究发现，伪造指纹要比大多数人想象的更容易——这也是政府机构经常获取并可能会滥用或泄露的信息。

10.1.2　多因素身份验证

每种方法都有不足，我们该怎么办？

我们可以将它们结合起来！

这几乎就是**多因素身份验证**（MFA）的内涵——它需要用户提供至少两种不同类型的认证因素才可获得访问权限。

10.2　基于密码的身份验证

我们从理论来到实践：应该如何实现身份验证？

密码看起来是三类方法中最简单的方式。

我们应该如何将用户名和密码传递给 API 呢？

10.2.1 基本身份验证

我们可以使用基本身份验证方案，一个由互联网工程任务组（IETF）在 RFC 2617 中定义的标准，然后由 RFC 7617 更新。

API 必须在请求头中传入 **Authorization** 字段，结构如下：

```
1  Authorization: Basic <编码后的凭据>
```

<编码后的凭据>是 **{username}:{password}** 的 base64 编码格式[1]。

根据规范，我们需要将 API 分成保护空间或领域——对同一个领域内的资源使用相同的身份验证方案和凭据集。

我们只有一个需要保护的端点——**POST /newsletters**。因此有一个名为 **publish** 的领域。

API 必须拒绝所有缺少该请求头或使用无效凭据的请求——响应必须使用 **401 Unauthorized** 状态码并包含一个特殊的请求头，即 **WWW-Authenticate**，其包含一个质询（challenge）。

质询是一个字符串，用于告诉 API 调用者，我们希望在相关领域内看到哪种类型的身份验证方案。

在我们的场景中使用基本身份验证，它应该是

```
1  HTTP/1.1 401 Unauthorized
2  WWW-Authenticate: Basic realm="publish"
```

让我们来实现吧！

10.2.1.1 提取凭据

我们的首要目标是从请求中提取用户名和密码。

从一个失败的例子开始——请求头中不含 **Authorization** 会被拒绝。

```
1  //! tests/api/newsletter.rs
2  // [...]
3
4  #[tokio::test]
5  async fn requests_missing_authorization_are_rejected() {
6      // 准备
7      let app = spawn_app().await;
8
9      let response = reqwest::Client::new()
10         .post(&format!("{}/newsletters", &app.address))
11         .json(&serde_json::json!({
```

---

1 base64 编码确保输出中的所有字符都是 ASCII，但它不提供任何类型的保护：解码不需要密钥。换句话说，编码不是加密。

```
12             "title": "Newsletter title",
13             "content": {
14                 "text": "Newsletter body as plain text",
15                 "html": "<p>Newsletter body as HTML</p>",
16             }
17         }))
18         .send()
19         .await
20         .expect("Failed to execute request.");
21
22     // 断言
23     assert_eq!(401, response.status().as_u16());
24     assert_eq!(
25         r#"Basic realm="publish""#,
26         response.headers()["WWW-Authenticate"]
27     );
28 }
```

在第一个断言处就出现了错误：

```
1 thread 'newsletter::requests_missing_authorization_are_rejected' panicked at
2 'assertion failed: `(left == right)`
3   left: `401`,
4  right: `400`'
```

我们必须更新处理器以满足新的要求。

使用 **HttpRequest** 提取器来访问与传入请求相关联的请求头：

```
1 //! src/routes/newsletters.rs
2 // [...]
3 use secrecy::Secret;
4 use actix_web::HttpRequest;
5 use actix_web::http::header::{HeaderMap, HeaderValue};
6
7 pub async fn publish_newsletter(
8     // [...]
9     // 新的提取器
10    request: HttpRequest,
11 ) -> Result<HttpResponse, PublishError> {
12    let _credentials = basic_authentication(request.headers());
13    // [...]
14 }
15
16 struct Credentials {
17    username: String,
18    password: Secret<String>,
19 }
20
21 fn basic_authentication(headers: &HeaderMap) -> Result<Credentials, anyhow::Error> {
22    todo!()
23 }
```

为了提取凭据，我们需要处理 base64 编码。

将 **base64** 库加入依赖项中：

```
1 [dependencies]
2 # [...]
3 base64 = "0.13"
```

现在，我们可以实现 **basic_authentication** 的方法体：

```
1  //! src/routes/newsletters.rs
2  // [...]
3
4  fn basic_authentication(headers: &HeaderMap) -> Result<Credentials, anyhow::Error> {
5      // 如果存在请求头值，则其必须是一个有效的 UTF8 字符串
6      let header_value = headers
7          .get("Authorization")
8          .context("The 'Authorization' header was missing")?
9          .to_str()
10         .context("The 'Authorization' header was not a valid UTF8 string.")?;
11     let base64encoded_segment = header_value
12         .strip_prefix("Basic ")
13         .context("The authorization scheme was not 'Basic'.")?;
14     let decoded_bytes = base64::decode_config(base64encoded_segment, base64::STANDARD)
15         .context("Failed to base64-decode 'Basic' credentials.")?;
16     let decoded_credentials = String::from_utf8(decoded_bytes)
17         .context("The decoded credential string is not valid UTF8.")?;
18
19     // 使用冒号 ":" 作为分隔符将其分为两个部分
20     let mut credentials = decoded_credentials.splitn(2, ':');
21     let username = credentials
22         .next()
23         .ok_or_else(|| anyhow::anyhow!("A username must be provided in 'Basic' auth."))?
24         .to_string();
25     let password = credentials
26         .next()
27         .ok_or_else(|| anyhow::anyhow!("A password must be provided in 'Basic' auth."))?
28         .to_string();
29
30     Ok(Credentials {
31         username,
32         password: Secret::new(password),
33     })
34 }
```

请花些时间逐行查看代码，全面理解其功能。其中有很多可能会出错的操作！

将 RFC 7617 与本书一并打开，对比着看，可以更好地理解代码。

我们还没有完成——测试仍然失败。

我们需要处理 **basic_authentication** 返回的错误：

```
1  //! src/routes/newsletters.rs
2  // [...]
3
4  #[derive(thiserror::Error)]
5  pub enum PublishError {
6      // 新的错误变量
7      #[error("Authentication failed.")]
8      AuthError(#[source] anyhow::Error),
9      #[error(transparent)]
10     UnexpectedError(#[from] anyhow::Error),
11 }
12
13 impl ResponseError for PublishError {
14     fn status_code(&self) -> StatusCode {
15         match self {
16             PublishError::UnexpectedError(_) => StatusCode::INTERNAL_SERVER_ERROR,
17             // 身份验证失败，返回 401
18             PublishError::AuthError(_) => StatusCode::UNAUTHORIZED,
19         }
20     }
21 }
22
23 pub async fn publish_newsletter(/* */) -> Result<HttpResponse, PublishError> {
24     let _credentials = basic_authentication(request.headers())
25         // 将错误传递上去，执行必要的转换
26         .map_err(PublishError::AuthError)?;
27     // [...]
28 }
```

状态码断言已经可以了，但是请求头还不行：

```
1  thread 'newsletter::requests_missing_authorization_are_rejected' panicked at
2  'no entry found for key "WWW-Authenticate"'
```

到目前为止，为每个错误指定返回的状态码已经足够了，现在还需要在请求头中加上 **WWW-Authenticate**。

我们需要将焦点从 **ResponseError::status_code** 转移到 **ResponseError::error_response**：

```
1  //! src/routes/newsletters.rs
2  // [...]
3  use actix_web::http::header::{HeaderMap, HeaderValue};
4  use actix_web::http::{header, StatusCode};
5
6  impl ResponseError for PublishError {
7      fn error_response(&self) -> HttpResponse {
8          match self {
9              PublishError::UnexpectedError(_) => {
10                 HttpResponse::new(StatusCode::INTERNAL_SERVER_ERROR)
```

```
11              }
12          PublishError::AuthError(_) => {
13              let mut response = HttpResponse::new(StatusCode::UNAUTHORIZED);
14              let header_value = HeaderValue::from_str(r#"Basic realm="publish""#)
15                  .unwrap();
16              response
17                  .headers_mut()
18                  // actix_web::http::header 提供了一组常量
19                  // 用于表示一些众所周知的/标准 HTTP 头的名称
20                  .insert(header::WWW_AUTHENTICATE, header_value);
21              response
22          }
23      }
24  }
25
26  // `status_code`被默认的`error_response`实现所调用
27  // 我们提供了一个定制的`error_response`实现
28  // 因此不再需要维护一个`status_code`实现
29 }
```

身份验证测试通过了！

不过，之前的几个测试失败了：

```
1  test newsletter::newsletters_are_not_delivered_to_unconfirmed_subscribers ... FAILED
2  test newsletter::newsletters_are_delivered_to_confirmed_subscribers ... FAILED
3
4  thread 'newsletter::newsletters_are_not_delivered_to_unconfirmed_subscribers'
5  panicked at 'assertion failed: `(left == right)`
6   left: `401`,
7  right: `200`'
8
9  thread 'newsletter::newsletters_are_delivered_to_confirmed_subscribers'
10 panicked at 'assertion failed: `(left == right)`
11  left: `401`,
12 right: `200`'
```

现在，**POST /newsletters** 拒绝所有未经身份验证的请求，包括在黑盒测试中使用的请求。

我们可以提供一个随机的用户名和密码来解决这个问题：

```
1  //! tests/api/helpers.rs
2  // [...]
3
4  impl TestApp {
5      pub async fn post_newsletters(&self, body: serde_json::Value) -> reqwest::Response {
6          reqwest::Client::new()
7              .post(&format!("{}/newsletters", &self.address))
8              // 随机凭据
9              // `reqwest`会为我们完成所有的编码/格式化工作
10             .basic_auth(Uuid::new_v4().to_string(), Some(Uuid::new_v4().to_string()))
```

```
11              .json(&body)
12              .send()
13              .await
14              .expect("Failed to execute request.")
15      }
16
17      // [...]
18  }
```

测试通过了。

10.2.2　密码验证——简单的方法

接受随机凭据的认证层并不理想。

我们需要开始验证从 **Authorization** 请求头中提取的凭据，然后与已知的用户列表进行比较。

创建一个新的 **users** Postgres 表来存储用户列表：

```
1  sqlx migrate add create_users_table
```

初版的表结构如下所示：

```
1  -- migrations/20210815112026_create_users_table.sql
2  CREATE TABLE users(
3      user_id uuid PRIMARY KEY,
4      username TEXT NOT NULL UNIQUE,
5      password TEXT NOT NULL
6  );
```

更新处理器，每次进行身份验证时都查询 **users** 表：

```
1  //! src/routes/newsletters.rs
2  use secrecy::ExposeSecret;
3  // [...]
4
5  async fn validate_credentials(
6      credentials: Credentials,
7      pool: &PgPool,
8  ) -> Result<uuid::Uuid, PublishError> {
9      let user_id: Option<_> = sqlx::query!(
10         r#"
11         SELECT user_id
12         FROM users
13         WHERE username = $1 AND password = $2
14         "#,
15         credentials.username,
16         credentials.password.expose_secret()
17     )
18     .fetch_optional(pool)
19     .await
```

```
20      .context("Failed to perform a query to validate auth credentials.")
21      .map_err(PublishError::UnexpectedError)?;
22
23  user_id
24      .map(|row| row.user_id)
25      .ok_or_else(|| anyhow::anyhow!("Invalid username or password."))
26      .map_err(PublishError::AuthError)
27  }
28
29  pub async fn publish_newsletter(/* */) -> Result<HttpResponse, PublishError> {
30      let credentials = basic_authentication(request.headers())
31          .map_err(PublishError::AuthError)?;
32      let user_id = validate_credentials(credentials, &pool).await?;
33      // [...]
34  }
```

记录调用 **POST /newsletters** 的用户是一个好想法——在处理器周围添加一个 **tracing** 跨度：

```
1  //! src/routes/newsletters.rs
2  // [...]
3
4  #[tracing::instrument(
5      name = "Publish a newsletter issue",
6      skip(body, pool, email_client, request),
7      fields(username=tracing::field::Empty, user_id=tracing::field::Empty)
8  )]
9  pub async fn publish_newsletter(/* */) -> Result<HttpResponse, PublishError> {
10      let credentials = basic_authentication(request.headers())
11          .map_err(PublishError::AuthError)?;
12      tracing::Span::current().record(
13          "username",
14          &tracing::field::display(&credentials.username)
15      );
16      let user_id = validate_credentials(credentials, &pool).await?;
17      tracing::Span::current().record("user_id", &tracing::field::display(&user_id));
18      // [...]
19  }
```

现在需要更新正常情况下的测试，让 **validate_credentials** 方法接收用户名和密码对。

我们将为测试程序的每个实例生成一个测试用户。我们还没有为邮件简报的编辑者实现注册流程，因此不能采用完全黑盒的方法。目前，我们直接将测试用户的详细信息导入数据库中：

```
1  //! tests/api/helpers.rs
2  // [...]
3
4  pub async fn spawn_app() -> TestApp {
5      // [...]
6
7      let test_app = TestApp {};
```

```
 8      add_test_user(&test_app.db_pool).await;
 9      test_app
10  }
11
12  async fn add_test_user(pool: &PgPool) {
13      sqlx::query!(
14          "INSERT INTO users (user_id, username, password)
15          VALUES ($1, $2, $3)",
16          Uuid::new_v4(),
17          Uuid::new_v4().to_string(),
18          Uuid::new_v4().to_string(),
19      )
20      .execute(pool)
21      .await
22      .expect("Failed to create test users.");
23  }
```

TestApp 将提供一个辅助函数来获取其用户名和密码:

```
 1  //! tests/api/helpers.rs
 2  // [...]
 3
 4  impl TestApp {
 5      // [...]
 6
 7      pub async fn test_user(&self) -> (String, String) {
 8          let row = sqlx::query!("SELECT username, password FROM users LIMIT 1",)
 9              .fetch_one(&self.db_pool)
10              .await
11              .expect("Failed to create test users.");
12          (row.username, row.password)
13      }
14  }
```

在 **post_newsletters** 方法中调用辅助函数, 而不是使用随机凭据:

```
 1  //! tests/api/helpers.rs
 2  // [...]
 3
 4  impl TestApp {
 5      // [...]
 6
 7      pub async fn post_newsletters(&self, body: serde_json::Value) -> reqwest::Response {
 8          let (username, password) = self.test_user().await;
 9          reqwest::Client::new()
10              .post(&format!("{}/newsletters", &self.address))
11              // 不在此处进行随机生成了
12              .basic_auth(username, Some(password))
13              .json(&body)
14              .send()
```

```
15          .await
16          .expect("Failed to execute request.")
17      }
18  }
```

现在，所有的测试都通过了。

10.2.3 密码存储

在数据库中存储原始用户密码并不是一个好主意。

拥有数据访问权限的攻击者可以冒充用户，因为用户名和密码都可见。

他们甚至不必攻破线上数据库——未加密的备份库就足够了。

10.2.3.1 不需要存储原始密码

为什么要存储密码呢？

我们需要进行相等性检查——每次用户尝试进行身份验证时，都要验证用户的密码是否与预期的密码相等。

如果只关心相等性，则可以设计一个更复杂的策略。例如，在比较密码之前通过应用函数来转换密码。

所有确定性函数在给定相同的输入时都返回相同的输出。

假设 **f** 是确定性函数：**psw_candidate == expected_psw** 意味着 **f(psw_candidate) == f(expected_psw)**。

然而，这还不够——如果 **f** 对于任何可能的输入字符串都返回 **hello**，那么会怎么样呢？无论提供的输入是什么，密码验证都会成功。

我们反其道而行之：如果 **f(psw_candidate) == f(expected_psw)**，那么 **psw_candidate == expected_psw**。

假设函数 **f** 在一个附加属性下，这是可能的：它必须是单射的——如果 **x != y**，则 **f(x) != f(y)**。

如果有这样一个函数 **f**，就可以完全避免存储原始密码：当一个用户注册时，**f(password)** 的计算结果被存储到数据库中。**password** 被丢弃。

当同一个用户尝试登录时，计算 **f(psw_candidate)** 并检查其是否和注册时存储的 **f(password)** 值相匹配。原始密码从未被持久化。

这样做是否真的提高了安全性呢？

这取决于 **f**。

定义一个单射函数并不难——反转函数 **f("hello") = "olleh"** 满足我们的标准。同样容易猜测如何反转转换来恢复原始密码——这不会阻碍攻击者。

我们可以使转换变得足够复杂，使攻击者难以找到反转函数。

即使这样可能也不够。攻击者通常可以从输出中恢复输入的某些属性（例如长度），以发起有针对性的暴力破解攻击。

我们需要更强的保护——两个输入 **x** 和 **y** 之间的相似程度应该与相应的输出 **f(x)** 和 **f(y)** 之间的相似程度不存在任何关系。

我们需要一个加密哈希函数。哈希函数将输入空间中的字符串映射到**固定长度**的输出。

"加密"这个词是指刚才讨论的附加属性，也被称为"雪崩效应"——输入的微小差异会导致输出的巨大差异，以至于看起来不相关。

但是有一个注意事项：哈希函数不是单射的[1]，存在微小的碰撞风险——如果 **f(x) == f(y)**，则 **x == y** 的可能性很高（但不是 100%）。

10.2.3.2　使用加密哈希值

我们了解的理论已经足够了，现在更新实现，在存储密码之前对其进行哈希值计算。

这里有几个加密哈希函数可用——MD5、SHA-1、SHA-2、SHA-3、KangarooTwelve 等。

我们不会深入探讨每个算法的优缺点——对于密码来说，这是毫无意义的。关于原因稍后会给出解释。

考虑到本节的目的，我们继续使用 SHA-3，它是安全哈希算法家族的最新成员。

除算法之外，我们还需要选择**输出大小**——例如，SHA3-224 使用 SHA-3 算法生成一个固定大小的 224 位输出。

可选的长度有 224、256、384 和 512。输出越长，遇到碰撞的可能性就越小。反过来讲，使用更长长度的哈希值将需要更多的存储空间和更大的带宽。

SHA3-256 足以满足我们的用例。

Rust Crypto 组织提供了 SHA-3 的实现，即 **sha3** 包。我们把它添加到依赖项中：

```
1  #! Cargo.toml
2  #! [...]
3
4  [dependencies]
5  # [...]
6  sha3 = "0.9"
```

---

1 假设输入空间是有限的（即密码长度受到限制），理论上可以找到一个完美的哈希函数——f(x) == f(y) 意味着 x == y。

为了清晰起见，将 **password** 列重命名为 **password_hash**：

```
1  sqlx migrate add rename_password_column
```

```
1  -- migrations/20210815112028_rename_password_column.sql
2  ALTER TABLE users RENAME password TO password_hash;
```

但是这样项目就无法编译了：

```
1  error: error returned from database: column "password" does not exist
2   --> src/routes/newsletters.rs
3    |
4  90 |      let user_id: Option<_> = sqlx::query!(
5    |  _____^
6  91 | |       r#"
7  92 | |         SELECT user_id
8  93 | |         FROM users
9  ... |
10 97 | |          credentials.password
11 98 | |      )
12    | |_____^
```

sqlx::query! 查询到表结构中不存在的列。

SQL 查询在编译时验证很好用，不是吗？

validate_credentials 函数看起来像这样：

```
1  //! src/routes/newsletters.rs
2  //! [...]
3
4  async fn validate_credentials(
5      credentials: Credentials,
6      pool: &PgPool,
7  ) -> Result<uuid::Uuid, PublishError> {
8      let user_id: Option<_> = sqlx::query!(
9          r#"
10         SELECT user_id
11         FROM users
12         WHERE username = $1 AND password = $2
13         "#,
14         credentials.username,
15         credentials.password.expose_secret()
16     );
17     // [...]
18 }
```

我们来更新它，以便使用哈希值密码：

```
1  //! src/routes/newsletters.rs
2  //! [...]
3  use sha3::Digest;
4
```

```
5  async fn validate_credentials(/* */) -> Result<uuid::Uuid, PublishError> {
6      let password_hash = sha3::Sha3_256::digest(
7          credentials.password.expose_secret().as_bytes()
8      );
9      let user_id: Option<_> = sqlx::query!(
10         r#"
11         SELECT user_id
12         FROM users
13         WHERE username = $1 AND password_hash = $2
14         "#,
15         credentials.username,
16         password_hash
17     );
18     // [...]
19 }
```

不太幸运，编译还是没有通过：

```
1  error[E0308]: mismatched types
2    --> src/routes/newsletters.rs:99:9
3     |
4  99 |          password_hash
5     |          ^^^^^^^^^^^^^ expected `&str`, found struct `GenericArray`
6     |
7     = note: expected reference `&str`
8                found struct `GenericArray<u8, UInt<..>>`
```

Digest::digest 返回一个固定长度的字节数组，而 **password_hash** 列是 **TEXT** 类型，即字符串。

我们可以修改 **users** 表的结构，将 **password_hash** 列存储为二进制类型。或者使用十六进制格式，将 **Digest::digest** 返回的字节编码成字符串。

为了避免再一次迁移，我们选择第二种方法：

```
1  //! [...]
2
3  async fn validate_credentials(/* */) -> Result<uuid::Uuid, PublishError> {
4      let password_hash = sha3::Sha3_256::digest(
5          credentials.password.expose_secret().as_bytes()
6      );
7
8      // 小写字母十六进制编码
9      let password_hash = format!("{:x}", password_hash);
10     // [...]
11 }
```

现在代码应该可以编译了，但是测试套件需要做更多的工作。

test_user 辅助函数是通过查询 **users** 表来恢复一组有效凭据的，但现在存储的是哈希值密码，而不是明文密码，因此这种方法不再可行！

```
1  //! tests/api/helpers.rs
2  //! [...]
3
4  impl TestApp {
5      // [...]
6
7      pub async fn test_user(&self) -> (String, String) {
8          let row = sqlx::query!("SELECT username, password FROM users LIMIT 1",)
9              .fetch_one(&self.db_pool)
10             .await
11             .expect("Failed to create test users.");
12         (row.username, row.password)
13     }
14 }
15
16 pub async fn spawn_app() -> TestApp {
17     // [...]
18     let test_app = TestApp {};
19     add_test_user(&test_app.db_pool).await;
20     test_app
21 }
22
23 async fn add_test_user(pool: &PgPool) {
24     sqlx::query!(
25         "INSERT INTO users (user_id, username, password
26         VALUES ($1, $2, $3)",
27         Uuid::new_v4(),
28         Uuid::new_v4().to_string(),
29         Uuid::new_v4().to_string(),
30     )
31     .execute(pool)
32     .await
33     .expect("Failed to create test users.");
34 }
```

我们需要使用 **TestApp** 来存储随机生成的密码，以便在辅助函数中访问它。

首先，创建一个新的辅助结构体 **TestUser**：

```
1  //! tests/api/helpers.rs
2  //! [...]
3  use sha3::Digest;
4
5  pub struct TestUser {
6      pub user_id: Uuid,
7      pub username: String,
8      pub password: String,
9  }
10
11 impl TestUser {
```

```
12    pub fn generate() -> Self {
13        Self {
14            user_id: Uuid::new_v4(),
15            username: Uuid::new_v4().to_string(),
16            password: Uuid::new_v4().to_string(),
17        }
18    }
19
20    async fn store(&self, pool: &PgPool) {
21        let password_hash = sha3::Sha3_256::digest(credentials.password.expose_secret().as_bytes());
22        let password_hash = format!("{:x}", password_hash);
23        sqlx::query!(
24            "INSERT INTO users (user_id, username, password_hash)
25            VALUES ($1, $2, $3)",
26            self.user_id,
27            self.username,
28            password_hash,
29        )
30        .execute(pool)
31        .await
32        .expect("Failed to store test user.");
33    }
34 }
```

然后，将 **TestUser** 的实例作为新字段添加到 **TestApp** 中：

```
1  //! tests/api/helpers.rs
2  //! [...]
3
4  pub struct TestApp {
5      // [...]
6      test_user: TestUser,
7  }
8
9  pub async fn spawn_app() -> TestApp {
10     // [...]
11     let test_app = TestApp {
12         // [...]
13         test_user: TestUser::generate(),
14     };
15     test_app.test_user.store(&test_app.db_pool).await;
16     test_app
17 }
```

为了完成任务，删除了 **add_test_user**、**TestApp::test_user** 以及更新了 **TestApp::post_newsletters** 函数：

```
1  //! tests/api/helpers.rs
2  //! [...]
3
```

```
4  impl TestApp {
5     // [..]
6     pub async fn post_newsletters(&self, body: serde_json::Value) -> reqwest::Response {
7        reqwest::Client::new()
8            .post(&format!("{}/newsletters", &self.address))
9            .basic_auth(&self.test_user.username, Some(&self.test_user.password))
10           // [...]
11    }
12 }
```

现在测试套件应该已经能够成功编译和运行了。

10.2.3.3　原像攻击

如果攻击者获取到 **users** 表，SHA3-256 是否足以保护用户密码？

假设攻击者想要破解数据库中的一个特定密码哈希值。攻击者甚至不需要检索原始密码。为了成功认证，他们只需要找到一个输入字符串 **s**，使其 SHA3-256 哈希值与他们试图破解的密码匹配——换句话说，找到一个碰撞。这被称为"原像攻击"。

那它有多难呢？

数学计算有点儿麻烦，但暴力破解具有指数级的时间复杂度——2^n，其中 **n** 是哈希值长度（以比特为单位）。

如果 **$n > 128$**，则被认为是不可能的。

除非在 SHA-3 中发现漏洞，否则不需要担心针对 SHA3-256 的原像攻击。

10.2.3.4　简单字典攻击

我们不是对任意输入都进行哈希值计算的——我们可以通过对原始密码进行一些假设来减小搜索空间：密码长度是多少？使用了哪些符号？

假设我们正在寻找一个长度短于 17 个字符的字母数字密码[1]。可以计算出密码总数量：

```
1  // (26 个字母 + 10 个数字符号) ^ 密码长度
2  // 对于所有允许的密码长度
3  36^1 +
4  36^2 +
5  ... +
6  36^16
```

这大概有 **8×10^{24}** 种可能性。

我没有找到 SHA3-256 的具体数据，但研究人员使用图形处理器（GPU）每秒能够计算出约 900 万个 SHA3-512 哈希值。

---

[1] 在研究暴力攻击时，你会经常听人提到彩虹表——这是一种高效的数据结构，用于预先计算和查找哈希值。

假设哈希值率为大约 10^9 次/秒，那么需要大约 10^{15} 秒来计算所有密码数量的哈希值。宇宙的大约年龄是 4×10^{17} 秒。

即使使用 100 万个 GPU 并行搜索，也需要大约 10^9 秒——大约 30 年的时间[1]。

10.2.3.5　字典攻击

回到本章开始所讨论的问题—— 一个人不可能记住数百个在线服务的唯一密码。

他们要么使用密码管理器，要么在多个账户中重复使用一个或多个密码。

此外，即使重复使用，大多数密码也远非随机的，如常用词、全名、日期、热门运动队名称等。

攻击者可以轻而易举地设计出一个简单的算法，生成成千上万个似是而非的密码——但他们不必这样做。他们可以从过去十年的众多安全漏洞中找到一个密码数据集，从而找到最常用的密码。

只需几分钟，他们就能预先计算出最常用的 1000 万个密码的 SHA3-256 哈希值。然后，开始扫描我们的数据库，寻找匹配的密码。

这就是所谓的"字典攻击"，而且非常有效。

到目前为止，我们提到的所有加密哈希函数都被设计得非常快，快到足以让任何人在不使用专用硬件的情况下完成字典攻击。

我们需要一种速度更慢，但与加密哈希函数具有相同数学特性的函数。

10.2.3.6　Argon2

开放式 Web 应用程序安全项目（OWASP）[2]提供了有关安全密码存储的有用指导——有一整节介绍了如何选择正确的哈希算法，其中涉及 Argon2。

- 使用 Argon2id，配置至少 15MB 的内存，迭代次数为 2，并行度为 1。
- 如果无法使用 Argon2id，则使用 bcrypt，将工作因子设置为 10 或更高，并将密码限制为 72 字节。
- 对于使用 scrypt 的旧系统，请将 CPU/内存成本参数设置为 2^{16}，最小块大小为 8（1024 字节），并将并行化参数设置为 1。
- 如果需要 FIPS-140 合规性，则使用 PBKDF2，将工作因子设置为 310000 或更高，并设置内部哈希函数为 HMAC-SHA-256。
- 考虑使用 pepper 提供额外的深度防御（虽然单独使用 pepper 不能提供额外的安全特性）。

1　这个简单的计算可以清楚地说明，即使服务器使用快速哈希算法来存储密码，使用随机生成的密码也会为用户提供重要的保护。始终使用密码管理器确实是提高安全性的最简单方法之一。

2　OWASP 通常是一个关于网络应用安全的宝库，提供了大量优质的教育资料。如果你的团队/组织没有应用安全专家来支持你，那么你应该尽可能熟悉 OWASP 的资料。除了我们提供的备忘单，请确保浏览其应用安全验证标准。

所有这些选项——Argon2、bcrypt、scrypt、PBKDF2，都被设计成**计算密集型**的。

它们还公开了配置参数（例如 bcrypt 的工作因子），以进一步减慢哈希值计算的速度：应用程序开发人员可以调整一些参数以跟上硬件加速，而无须每隔几年就迁移到新的算法。

我们采用 OWASP 的建议将 SHA-3 替换为 Argon2id。

Rust Crypto 组织再次为我们提供了一个纯 Rust 实现的 **argon2**。

将它添加到依赖项中：

```
1  #! Cargo.toml
2  #! [...]
3
4  [dependencies]
5  # [...]
6  argon2 = { version = "0.4", features = ["std"] }
```

为了生成哈希值密码，需要创建一个 **Argon2** 结构体的实例。

new 方法签名如下所示：

```
1  //! argon2/lib.rs
2  /// [...]
3
4  impl<'key> Argon2<'key> {
5      /// Create a new Argon2 context.
6      pub fn new(algorithm: Algorithm, version: Version, params: Params) -> Self {
7          // [...]
8      }
9      // [...]
10 }
```

Algorithm 是一个枚举类型，它允许我们选择要使用的 Argon2 变体——Argon2d、Argon2i、Argon2id。我们遵循 OWASP 的建议，选择了 **Algorithm::Argon2id**。

Version 具有类似的目的——选择最新的版本，即 **Version::V0x13**。

那 **Params** 呢？

Params::new 指定了构建一个参数需要提供的所有必需参数：

```
1  //! argon2/params.rs
2  // [...]
3
4  /// 创建新的参数
5  pub fn new(
6      m_cost: u32,
7      t_cost: u32,
8      p_cost: u32,
9      output_len: Option<usize>,
10 ) -> Result<Self> {
```

```
11      // [...]
12  }
```

m_cost、**t_cost** 和 **p_cost** 与 OWASP 的要求相对应：

- **m_cost** 是内存大小，以千字节为单位表示；

- **t_cost** 是迭代次数；

- **p_cost** 是并行度。

而 **output_len** 确定返回的哈希值长度——如果省略，则默认为 32 字节。这相当于 256 位，与我们之前通过 SHA3-256 获取的哈希值长度相同。

目前，我们所知道的足够构建一个算法了：

```
1  //! src/routes/newsletters.rs
2  use argon2::{Algorithm, Argon2, Params, Version};
3  // [...]
4
5  async fn validate_credentials(
6      credentials: Credentials,
7      pool: &PgPool,
8  ) -> Result<uuid::Uuid, PublishError> {
9      let hasher = Argon2::new(
10         Algorithm::Argon2id,
11         Version::V0x13,
12         Params::new(15000, 2, 1, None)
13             .context("Failed to build Argon2 parameters")
14             .map_err(PublishError::UnexpectedError)?,
15     );
16     let password_hash = sha3::Sha3_256::digest(
17         credentials.password.expose_secret().as_bytes()
18     );
19     // [...]
20  }
```

Argon2 实现了 **PasswordHasher** 特质：

```
1  //! password_hash/traits.rs
2
3  pub trait PasswordHasher {
4      // [...]
5      fn hash_password<'a, S>(
6          &self,
7          password: &[u8],
8          salt: &'a S
9      ) -> Result<PasswordHash<'a>>
10     where
11         S: AsRef<str> + ?Sized;
12  }
```

这是从 **password-hash** 包重新导出的，它是一个统一的接口，用于支持处理各种算法的密码哈希值。目前支持的算法包括 Argon2、PBKDF2 和 scrypt。

PasswordHasher::hash_password 与 **Sha3_256::digest** 有些不同——它要求在原始密码之上提供一个额外的参数，即 **salt** 值（盐值）。

10.2.3.7　盐值

Argon2 比 SHA-3 慢得多，但这还不足以使字典攻击成为不可能。对最常见的 1000 万个密码进行哈希值计算所需的时间更长，但时间并不是不可接受的。

但是，如果攻击者必须对数据库中的每个用户重新计算全部字典的哈希值，那么就变得困难得多！

这就是盐值的作用。对于每个用户，生成一个唯一的随机字符串——盐值。在生成哈希值之前，将盐值添加到用户密码的前面。**PasswordHasher::hash_password** 处理了添加盐值的业务。

盐值与密码哈希值一起被存储在数据库中。

如果攻击者获取到数据库备份，他们将能够访问所有的盐值[1]。但是他们需要计算"字典大小乘以用户数量"的哈希值，而不仅仅是字典大小。此外，预先计算哈希值不再是一个选项——这为我们争取到了时间来发现违规行为并采取行动（例如，强制要求所有用户重置密码）。

在 **users** 表中添加一个 **password_salt** 列：

```
1  sqlx migrate add add_salt_to_users
```

```
1  -- migrations/20210815112111_add_salt_to_users.sql
2  ALTER TABLE users ADD COLUMN salt TEXT NOT NULL;
```

我们不能再在查询 **users** 表之前计算哈希值了——需要先获取盐值。

重新调整操作：

```
1  //! src/routes/newsletters.rs
2  // [...]
3  use argon2::PasswordHasher;
4
5  async fn validate_credentials(
6      credentials: Credentials,
7      pool: &PgPool,
8  ) -> Result<uuid::Uuid, PublishError> {
9      let hasher = argon2::Argon2::new();
```

---

[1] 这就是为什么 OWASP 建议使用额外的防御层——撒盐（peppering）。被存储在数据库中的所有哈希值都使用一个只有应用程序知道的共享密钥进行加密。然而，加密也带来了一系列挑战：将密钥存储在哪里？如何进行密钥轮换？答案通常涉及硬件安全模块（HSM）或密钥保管库，例如 AWS CloudHSM、AWS KMS 或 Hashicorp Vault。关于密钥管理的全面概述超出了本书的范围。

```
10      let row: Option<_> = sqlx::query!(
11          r#"
12          SELECT user_id, password_hash, salt
13          FROM users
14          WHERE username = $1
15          "#,
16          credentials.username,
17      )
18      .fetch_optional(pool)
19      .await
20      .context("Failed to perform a query to retrieve stored credentials.")
21      .map_err(PublishError::UnexpectedError)?;
22
23      let (expected_password_hash, user_id, salt) = match row {
24          Some(row) => (row.password_hash, row.user_id, row.salt),
25          None => {
26              return Err(PublishError::AuthError(anyhow::anyhow!(
27                  "Unknown username."
28              )));
29          }
30      };
31
32      let password_hash = hasher
33          .hash_password(
34              credentials.password.expose_secret().as_bytes(),
35              &salt
36          )
37          .context("Failed to hash password")
38          .map_err(PublishError::UnexpectedError)?;
39
40      let password_hash = format!("{:x}", password_hash.hash.unwrap());
41
42      if password_hash != expected_password_hash {
43          Err(PublishError::AuthError(anyhow::anyhow!(
44              "Invalid password."
45          )))
46      } else {
47          Ok(user_id)
48      }
49  }
```

很遗憾，这段代码无法编译通过：

```
1  error[E0277]: the trait bound
2  `argon2::password_hash::Output: LowerHex` is not satisfied
3    --> src/routes/newsletters.rs
4      |
5  125 |     let password_hash = format!("{:x}", password_hash.hash.unwrap());
6      |                                         ^^^^^^^^^^^^^^^^^^^^^^^^^^^^
```

```
7     the trait `LowerHex` is not implemented for `argon2::password_hash::Output`
```

Output 提供了其他方法来获取字符串表示，例如 **Output::b64_encode**。只要修改数据库中存储的哈希值的编码方式，它就可以工作。

考虑到需要进行更改，我们可以寻找比 base64 编码更好的方案。

10.2.3.8　PHC 字符串格式

为了对用户进行身份验证，我们需要**可重复性**：每次都必须运行完全相同的哈希算法。

盐值和密码只是 Argon2id 的输入的一部分。所有其他的负载参数（**t_cost**、**m_cost**、**p_cost**），对于在给定相同的盐值和密码的情况下获得相同的哈希值同样重要。

如果我们存储了哈希值的 base64 编码表示，那么就做出了一个强烈的隐含假设：在 **password_hash** 列中存储的所有值都是使用相同的负载参数计算得出的。

正如我们在前面几节中所讨论的，硬件能力随着时间的推移而发展：应用程序开发人员应该通过使用更高的负载参数增加哈希值的计算成本来跟上。

当你必须将所存储的密码迁移到较新的哈希值配置中时，会发生什么？

为了继续对老用户进行身份验证，我们必须在每个哈希值旁边存储用于计算它的负载参数。

这样就可以在两个不同的负载配置之间实现无缝迁移：当对老用户进行身份验证时，我们使用所存储的负载参数验证密码的有效性；然后使用新的负载参数重新计算密码哈希值，并相应地更新所存储的信息。

我们可以采用简单粗暴的方法——在 **users** 表中添加三个新列，即 **t_cost**、**m_cost** 和 **p_cost**。

只要算法仍然是 Argon2id，它就能正常工作。

但是，如果 Argon2id 存在漏洞，我们被迫迁移到其他算法，则会发生什么？我们可能希望添加一个 **algorithm** 列，以及用于存储 Argon2id 替代方案的负载参数的新列。

这是可行的，但是很烦琐。

幸运的是，有一种更好的解决方案：PHC 字符串格式。PHC 字符串格式提供了密码哈希值的标准表示方式，其包括哈希值本身、盐值、算法及其所有关联的参数。

使用 PHC 字符串格式，Argon2id 密码哈希值的样子如下所示：

```
1  # ${algorithm}${algorithm version}${$-separated algorithm parameters}${hash}${salt}
2  $argon2id$v=19$m=65536,t=2,p=1$gZiV/M1gPc22ElAH/Jh1Hw$CWOrkoo7oJBQ/iyh7uJ0LO2aLEfrHwT
   WllSAxT0zRno
```

argon2 包暴露了 **PasswordHash**，它是 PHC 字符串格式的 Rust 实现：

```
1  //! argon2/lib.rs
2  // [...]
```

```
3
4  pub struct PasswordHash<'a> {
5      pub algorithm: Ident<'a>,
6      pub version: Option<Decimal>,
7      pub params: ParamsString,
8      pub salt: Option<Salt<'a>>,
9      pub hash: Option<Output>,
10 }
```

将密码哈希值以 PHC 字符串格式存储，可以避免使用显式参数初始化 **Argon2** 结构[1]。

我们可以依赖 **Argon2** 对 **PasswordVerifier** 特质的实现：

```
1  pub trait PasswordVerifier {
2      fn verify_password(
3          &self,
4          password: &[u8],
5          hash: &PasswordHash<'_>
6      ) -> Result<()>;
7  }
```

通过使用 **PasswordHash** 传递预期的哈希值，**Argon2** 可以自动推断应该使用哪些负载参数和盐值来验证密码是否匹配[2]。

我们来更新实现：

```
1  //! src/routes/newsletters.rs
2  use argon2::{Argon2, PasswordHash, PasswordVerifier};
3  // [...]
4
5  async fn validate_credentials(
6      credentials: Credentials,
7      pool: &PgPool,
8  ) -> Result<uuid::Uuid, PublishError> {
9      let row: Option<_> = sqlx::query!(
10         r#"
11         SELECT user_id, password_hash
12         FROM users
13         WHERE username = $1
14         "#,
15         credentials.username,
```

---

1 我没有深入研究实现 **PasswordVerifier** 的不同哈希算法的源代码，但我确实想知道为什么 **verify_password** 需要将**&self** 作为参数。**Argon2** 对其没有任何用处，但它强制我们通过 **Argon2::default** 来调用 **verify_password**。

2 **PasswordVerifier::verify_password** 还有一个功能——它依赖 **Output** 来比较两个哈希值，而不是使用原始字节。**Output** 的 **PartialEq** 和 **Eq** 的实现被设计为在常量时间内进行评估——无论输入有多么不同或相似，函数执行所需的时间都将相同。假设攻击者对服务器使用的哈希算法配置有很好的了解，那么他们可以通过分析每次身份验证尝试的响应时间来推断密码哈希值的前几个字节——结合字典，这可以帮助他们破解密码。这种攻击的可行性是有争议的，尤其是加盐时。尽管如此，它也不会增加我们的成本，所以有备无患。

```
16      )
17      .fetch_optional(pool)
18      .await
19      .context("Failed to perform a query to retrieve stored credentials.")
20      .map_err(PublishError::UnexpectedError)?;
21
22      let (expected_password_hash, user_id) = match row {
23          Some(row) => (row.password_hash, row.user_id),
24          None => {
25              return Err(PublishError::AuthError(anyhow::anyhow!(
26                  "Unknown username."
27              )))
28          }
29      };
30
31      let expected_password_hash = PasswordHash::new(&expected_password_hash)
32          .context("Failed to parse hash in PHC string format.")
33          .map_err(PublishError::UnexpectedError)?;
34
35      Argon2::default()
36          .verify_password(
37              credentials.password.expose_secret().as_bytes(),
38              &expected_password_hash,
39          )
40          .context("Invalid password.")
41          .map_err(PublishError::AuthError)?;
42
43      Ok(user_id)
44  }
```

编译成功。

你可能也注意到，我们不再直接处理盐值了——PHC 字符串格式会隐式地为我们处理它。

此时完全摆脱了 **salt** 列：

```
1  sqlx migrate add remove_salt_from_users
```

```
1  -- migrations/20210815112222_remove_salt_from_users.sql
2  ALTER TABLE users DROP COLUMN salt;
```

测试怎么样了？

其中两个测试失败了：

```
1  ---- newsletter::newsletters_are_not_delivered_to_unconfirmed_subscribers stdout ----
2  'newsletter::newsletters_are_not_delivered_to_unconfirmed_subscribers' panicked at
3  'assertion failed: `(left == right)`
4   left: `500`,
5   right: `200`',
6
7  ---- newsletter::newsletters_are_delivered_to_confirmed_subscribers stdout ----
```

```
8  'newsletter::newsletters_are_delivered_to_confirmed_subscribers' panicked at
9  'assertion failed: `(left == right)`
10   left: `500`,
```

我们可以查看日志找出问题所在：

```
1  TEST_LOG=true cargo t newsletters_are_not_delivered | bunyan
2  [2021-08-29T20:14:50.367Z] ERROR: [HTTP REQUEST - EVENT]
3   Error encountered while processing the incoming HTTP request:
4   Failed to parse hash in PHC string format.
5
6   Caused by:
7     password hash string invalid
```

现在来看看用于测试用户密码生成的代码：

```
1  //! tests/api/helpers.rs
2  // [...]
3
4  impl TestUser {
5      // [...]
6      async fn store(&self, pool: &PgPool) {
7          let password_hash = sha3::Sha3_256::digest(
8              credentials.password.expose_secret().as_bytes()
9          );
10         let password_hash = format!("{:x}", password_hash);
11         // [...]
12     }
13 }
```

我们仍然在使用 SHA-3！

立即更新：

```
1  //! tests/api/helpers.rs
2  use argon2::password_hash::SaltString;
3  use argon2::{Argon2, PasswordHasher};
4  // [...]
5
6  impl TestUser {
7      // [...]
8      async fn store(&self, pool: &PgPool) {
9          let salt = SaltString::generate(&mut rand::thread_rng());
10         // 这里我们并不关心具体的 Argon2 参数，因为只是为了测试
11         let password_hash = Argon2::default()
12             .hash_password(self.password.as_bytes(), &salt)
13             .unwrap()
14             .to_string();
15         // [...]
16     }
17 }
```

现在测试套件应该通过了。

我们已经从项目中删除了所有涉及 **sha3** 的地方——现在可以从 **Cargo.toml** 的依赖列表中删除它了。

10.2.4 不要阻塞异步执行器

在运行集成测试时，验证用户的凭据需要多长时间？

目前，我们没有围绕密码哈希值的跨度——修复它：

```
1  //! src/routes/newsletters.rs
2  // [...]
3  #[tracing::instrument(name = "Validate credentials", skip(credentials, pool))]
4  async fn validate_credentials(
5      credentials: Credentials,
6      pool: &PgPool,
7  ) -> Result<uuid::Uuid, PublishError> {
8      let (user_id, expected_password_hash) = get_stored_credentials(
9              &credentials.username,
10             &pool
11         )
12     .await
13     .map_err(PublishError::UnexpectedError)?
14     .ok_or_else(|| PublishError::AuthError(anyhow::anyhow!("Unknown username.")))?;
15
16     let expected_password_hash = PasswordHash::new(
17             &expected_password_hash.expose_secret()
18         )
19     .map_err(PublishError::UnexpectedError)?;
20
21     tracing::info_span!("Verify password hash")
22         .in_scope(|| {
23             Argon2::default()
24                 .verify_password(
25                     credentials.password.expose_secret().as_bytes(),
26                     &expected_password_hash,
27                 )
28         })
29         .context("Invalid password.")
30         .map_err(PublishError::AuthError)?;
31
32     Ok(user_id)
33  }
34
35  // 我们将数据库查询逻辑提取到自己的函数中，并记录自己的时间跨度
36  #[tracing::instrument(name = "Get stored credentials", skip(username, pool))]
37  async fn get_stored_credentials(
```

```
38        username: &str,
39        pool: &PgPool,
40    ) -> Result<Option<(uuid::Uuid, Secret<String>)>, anyhow::Error> {
41        let row = sqlx::query!(
42            r#"
43            SELECT user_id, password_hash
44            FROM users
45            WHERE username = $1
46            "#,
47            username,
48        )
49        .fetch_optional(pool)
50        .await
51        .context("Failed to perform a query to retrieve stored credentials.")?
52        .map(|row| (row.user_id, Secret::new(row.password_hash)));
53        Ok(row)
54    }
```

现在查看其中一个集成测试的日志：

```
1  TEST_LOG=true cargo test --quiet --release \
2  newsletters_are_delivered | grep "VERIFY PASSWORD" | bunyan
3
4  [...] [VERIFY PASSWORD HASH - END] (elapsed_milliseconds=11, ...)
```

大约 10ms。

这在负载下很可能会引起问题——那个臭名昭著的**阻塞**问题。

在 Rust 中，**async/await** 是基于一种被称为"协作式调度"的概念构建的。

它是如何工作的呢？

我们来看一个例子：

```
1  async fn my_fn() {
2      a().await;
3      b().await;
4      c().await;
5  }
```

my_fn 返回一个 **Future**。

当等待这个 future 时，异步运行时（**tokio**）开始对其进行轮询。

my_fn 返回的 **Future** 的 **poll** 方法是如何实现的呢？

你可以将其想象成一个状态机：

```
1  enum MyFnFuture {
2      Initialized,
3      CallingA,
4      CallingB,
```

```
5      CallingC,
6      Complete
7  }
```

每次调用 **poll** 方法时,它都试图通过达到下一个状态来取得进展。例如,如果 **a.await()** 已返回,我们就开始等待 **b()**[1]。

在异步函数体中,对于每个 **.await**,**MyFnFuture** 都有一个不同的状态。

这就是为什么 **.await** 调用通常被称为"交还点"——future 从前一个 **.await** 进展到下一个 **.await**,然后将控制权交还给执行器。

执行器可以选择重新对同一个 future 进行轮询,或者优先处理其他任务以取得进展。这就是像 **tokio** 这样的异步运行时在多个任务上同时取得进展的原理——通过不断地将它们挂起和恢复。

在某种程度上,你可以把异步运行时看作伟大的魔术师。

其基本假设是,大多数异步任务都在执行某种输入/输出(I/O)工作——它们的大部分执行时间都会花在等待其他事件的发生上(例如,操作系统通知我们,套接字上有数据可以读取)。因此,我们可以有效地并发执行很多任务,而不是为每个任务都分配一个并行执行单元(例如,每个操作系统核心一个线程)。

假设任务通过频繁地将控制权交还给执行器来进行协作,那么这种模型将非常有效。

换句话说,**poll** 应该是快速的——它应该在 10~100μs 内返回[2]。

如果调用 **poll** 的时间较长(或者更糟糕的是,永远不返回),那么异步执行器将无法在任何其他任务上取得进展——这就是人们所说的"任务阻塞了执行器/异步线程"的情况。

你应该始终注意那些可能需要超过 1ms 的 CPU 密集型工作负载——密码哈希值是一个完美的例子。

为了与 **tokio** 友好地协作,我们必须使用 **tokio::task::spawn_blocking** 将 CPU 密集型任务转移到一个单独的线程池中。这些线程专门用于阻塞操作,并不干扰异步任务的调度。

让我们开始工作吧!

```
1  //! src/routes/newsletters.rs
2  // [...]
3
4  #[tracing::instrument(name = "Validate credentials", skip(credentials, pool))]
5  async fn validate_credentials(
6      credentials: Credentials,
7      pool: &PgPool,
```

---

1 我们的例子故意过于简化。实际上,每个状态都会被进一步分解为子状态——对应我们调用的函数体中的每个 **.await**。一个 future 可能会被变成一个深度嵌套的状态机。

2 这个启发式方法是由 Alice Ryhl,**tokio** 的维护者之一,在《异步:什么是阻塞?》(Async: What is blocking?)一文中提到的。强烈建议你阅读这篇文章,以更好地理解 **tokio** 和 **async/await** 的底层机制。

```
 8  ) -> Result<uuid::Uuid, PublishError> {
 9      // [...]
10      tokio::task::spawn_blocking(move || {
11          tracing::info_span!("Verify password hash").in_scope(|| {
12              Argon2::default()
13                  .verify_password(
14                      credentials.password.expose_secret().as_bytes(),
15                      expected_password_hash,
16                  )
17          })
18      })
19      .await
20      // spawn_blocking 是可失败的——这里有一个嵌套的 Result
21      .context("Failed to spawn blocking task.")
22      .map_err(PublishError::UnexpectedError)?
23      .context("Invalid password.")
24      .map_err(PublishError::AuthError)?;
25      // [...]
26  }
```

借用检查器并没有成功：

```
 1  error[E0597]: `expected_password_hash` does not live long enough
 2    --> src/routes/newsletters.rs
 3       |
 4  117  |      PasswordHash::new(&expected_password_hash)
 5       |      -----------------^^^^^^^^^^^^^^^^^^^^^^^-
 6       |      |                |
 7       |      |                borrowed value does not live long enough
 8       |      argument requires that `expected_password_hash` is borrowed for `'static`
 9  ...
10  134  | }
11       | - `expected_password_hash` dropped here while still borrowed
```

我们在一个单独的线程上启动了计算——这个线程本身可能会比从中派生它的异步任务存活更久。为了避免这个问题，**spawn_blocking** 要求它的参数具有 **'static** 生命周期——这样就无法将对当前函数上下文的引用传递给闭包了。

你可能会说——"我们使用了 **move || {}**，闭包应该拥有 **expected_password_hash** 的所有权！"。

你是对的！但这还不够。

再来看一下 **PasswordHash** 的定义：

```
 1  pub struct PasswordHash<'a> {
 2      pub algorithm: Ident<'a>,
 3      pub salt: Option<Salt<'a>>,
 4      // [...]
 5  }
```

它包含一个指向解析出的字符串的引用。

我们需要将原始字符串的所有权移动到闭包中，并将解析逻辑也移动到其中。

为了清晰起见，创建一个单独的函数 **verify_password_hash**：

```rust
1  //! src/routes/newsletters.rs
2  // [...]
3
4  #[tracing::instrument(name = "Validate credentials", skip(credentials, pool))]
5  async fn validate_credentials(
6      credentials: Credentials,
7      pool: &PgPool,
8  ) -> Result<uuid::Uuid, PublishError> {
9      // [...]
10     tokio::task::spawn_blocking(move || {
11         verify_password_hash(
12             expected_password_hash,
13             credentials.password
14         )
15     })
16     .await
17     .context("Failed to spawn blocking task.")
18     .map_err(PublishError::UnexpectedError)??;
19     Ok(user_id)
20 }
21
22 #[tracing::instrument(
23     name = "Verify password hash",
24     skip(expected_password_hash, password_candidate)
25 )]
26 fn verify_password_hash(
27     expected_password_hash: Secret<String>,
28     password_candidate: Secret<String>,
29 ) -> Result<(), PublishError> {
30     let expected_password_hash = PasswordHash::new(
31             expected_password_hash.expose_secret()
32         )
33         .context("Failed to parse hash in PHC string format.")
34         .map_err(PublishError::UnexpectedError)?;
35
36     Argon2::default()
37         .verify_password(
38             password_candidate.expose_secret().as_bytes(),
39             &expected_password_hash,
40         )
41         .context("Invalid password.")
42         .map_err(PublishError::AuthError)
43 }
```

现在完成了！

10.2.4.1 追踪上下文是线程私有的

再次查看验证密码哈希值跨度的日志：

```
1  TEST_LOG=true cargo test --quiet --release \
2    newsletters_are_delivered | grep "VERIFY PASSWORD" | bunyan
```

```
1  [2021-08-30T10:03:07.613Z] [VERIFY PASSWORD HASH - START]
2    (file="...", line="...", target="...")
3  [2021-08-30T10:03:07.624Z] [VERIFY PASSWORD HASH - END]
4    (file="...", line="...", target="...")
```

我们缺少从相应请求的根跨度继承的所有属性，例如 **request_id**、**http.method**、**http.route** 等。为什么会这样？

我们看一下 **tracing** 的文档：

> 跨度形成一个树状结构——除非它是根跨度，否则所有的跨度都有一个父跨度，并且可能有一个或多个子跨度。当创建一个新的跨度时，新的跨度将成为当前跨度的子跨度。

tracing::Span::current() 返回的就是当前跨度——查看它的文档：

> 返回一个句柄，用于表示收集器认为是当前跨度的跨度。
>
> 如果收集器指示它不追踪当前跨度，或者调用此函数的线程当前不在跨度内，那么返回的跨度将被禁用。

"当前跨度"实际上指的是"当前线程的活跃跨度"。

这就是为什么没有继承任何属性：在一个单独的线程上启动了计算，而 **tracing::info_span!** 在执行时并没有发现任何与之相关的活跃跨度。

我们可以通过显式地将当前跨度添加到新创建的线程来解决这个问题：

```rust
1  //! src/routes/newsletters.rs
2  // [...]
3
4  #[tracing::instrument(name = "Validate credentials", skip(credentials, pool))]
5  async fn validate_credentials(
6      credentials: Credentials,
7      pool: &PgPool,
8  ) -> Result<uuid::Uuid, PublishError> {
9      // [...]
10     // 在启动新线程之前执行此处的代码
11     let current_span = tracing::Span::current();
12     tokio::task::spawn_blocking(move || {
13         // 然后将所有权传递给闭包，并在其范围内显式执行所有的计算
14         current_span.in_scope(|| {
15             verify_password_hash()
16         })
```

```
17      })
18      // [...]
19 }
```

你可以验证它是否有效——现在我们得到了所关心的所有属性。

不过这有点儿烦琐——现在实现一个辅助函数：

```
1 //! src/telemetry.rs
2 use tokio::task::JoinHandle;
3 // [...]
4
5 // 只是从 `spawn_blocking` 中复制了 trait 约束和签名
6 pub fn spawn_blocking_with_tracing<F, R>(f: F) -> JoinHandle<R>
7 where
8     F: FnOnce() -> R + Send + 'static,
9     R: Send + 'static,
10 {
11     let current_span = tracing::Span::current();
12     tokio::task::spawn_blocking(move || current_span.in_scope(f))
13 }
```

```
1 //! src/routes/newsletters.rs
2 use crate::telemetry::spawn_blocking_with_tracing;
3 // [...]
4
5 #[tracing::instrument(name = "Validate credentials", skip(credentials, pool))]
6 async fn validate_credentials(
7     credentials: Credentials,
8     pool: &PgPool,
9 ) -> Result<uuid::Uuid, PublishError> {
10     // [...]
11     spawn_blocking_with_tracing(move || {
12         verify_password_hash()
13     })
14     // [...]
15 }
```

现在，每当需要将一些 CPU 密集型计算转移到专用线程池中时，就可以方便地使用它了。

10.2.5　用户枚举

添加一个新的测试用例：

```
1 //! tests/api/newsletter.rs
2 use uuid::Uuid;
3 // [...]
4
5 #[tokio::test]
6 async fn non_existing_user_is_rejected() {
7     // 准备
```

```
8    let app = spawn_app().await;
9    // 随机凭据
10   let username = Uuid::new_v4().to_string();
11   let password = Uuid::new_v4().to_string();
12
13   let response = reqwest::Client::new()
14       .post(&format!("{}/newsletters", &app.address))
15       .basic_auth(username, Some(password))
16       .json(&serde_json::json!({
17           "title": "Newsletter title",
18           "content": {
19               "text": "Newsletter body as plain text",
20               "html": "<p>Newsletter body as HTML</p>",
21           }
22       }))
23       .send()
24       .await
25       .expect("Failed to execute request.");
26
27   // 断言
28   assert_eq!(401, response.status().as_u16());
29   assert_eq!(
30       r#"Basic realm="publish""#,
31       response.headers()["WWW-Authenticate"]
32   );
33 }
```

测试应该立即通过。

不过需要多长时间呢?

我们查看一下日志:

```
1  TEST_LOG=true cargo test --quiet --release \
2    non_existing_user_is_rejected | grep "HTTP REQUEST" | bunyan
```

```
1  # [...] Omitting setup requests
2  [...] [HTTP REQUEST - END]
3    (http.route = "/newsletters", elapsed_milliseconds=1, ...)
```

大约 1ms。

添加另一个测试用例:这次使用一个有效的用户名,但密码不正确。

```
1  //! tests/api/newsletter.rs
2  // [...]
3
4  #[tokio::test]
5  async fn invalid_password_is_rejected() {
6      // 准备
7      let app = spawn_app().await;
8      let username = &app.test_user.username;
```

```
9      // 随机密码
10     let password = Uuid::new_v4().to_string();
11     assert_ne!(app.test_user.password, password);
12
13     let response = reqwest::Client::new()
14         .post(&format!("{}/newsletters", &app.address))
15         .basic_auth(username, Some(password))
16         .json(&serde_json::json!({
17             "title": "Newsletter title",
18             "content": {
19                 "text": "Newsletter body as plain text",
20                 "html": "<p>Newsletter body as HTML</p>",
21             }
22         }))
23         .send()
24         .await
25         .expect("Failed to execute request.");
26
27     // 断言
28     assert_eq!(401, response.status().as_u16());
29     assert_eq!(
30         r#"Basic realm="publish""#,
31         response.headers()["WWW-Authenticate"]
32     );
33 }
```

这个测试也应该通过。请求失败需要多长时间呢？

```
1  TEST_LOG=true cargo test --quiet --release \
2    invalid_password_is_rejected | grep "HTTP REQUEST" | bunyan
```

```
1  # [...] Omitting setup requests
2  [...] [HTTP REQUEST - END]
3    (http.route = "/newsletters", elapsed_milliseconds=11, ...)
```

大约 10ms——比原来小一个数量级！

攻击者可以利用这个差异来进行时序攻击，它属于侧信道攻击的一大类。

如果攻击者至少知道一个有效的用户名，那么他们可以通过检查服务器的响应时间[1]来确认是否存在另一个用户名——我们正在考虑潜在的用户枚举漏洞。

这是一个问题吗？

这要分情况。

如果你正在运行 Gmail，那么有很多其他方法可以确定一个 **@gmail.com** 电子邮件地址是否存

---

1 在现实场景中，攻击者和服务器之间存在一个网络。负载和网络变化可能会掩盖有限的尝试集上的速度差异，但如果收集了足够的数据点，那么应该能够注意到延迟上的统计显著差异。

在。电子邮件地址的有效性并不是一个秘密！

如果你正在运行 SaaS 产品，那么情况可能更加微妙。

我们来看一个虚构的场景：你的 SaaS 产品提供了工资支付服务，并使用电子邮件地址作为用户名。它有单独的员工和管理员登录页面。

我们的目标是获取对工资数据的访问权限——入侵一个具有管理员权限的员工。

我们可以通过 LinkedIn 爬取财务部门所有员工的名字和姓氏。企业电子邮件遵循可预测的结构（name.surname@payrollaces.com），因此得到一个候选人名单。

现在，我们可以对管理员登录页面进行时序攻击，以缩小访问权限范围。

即使在虚构的场景中，用户枚举本身也不足以提升访问权限。

但是，它可以作为缩小目标范围的基石，以便进行更精确的攻击。

那么，如何防止这种情况发生呢？

有两种策略：

（1）消除因为无效密码导致的身份验证失败和因为不存在的用户名导致的身份验证失败之间的时间差异。

（2）限制给定 IP 地址/用户名的身份验证失败尝试次数。

第二种策略通常对抵御暴力破解攻击很有价值，但需要保存一些状态——稍后再处理。

我们先专注于第一种策略。

为了消除时间差异，我们需要在两种情况下执行相同的工作量。

现在，按照以下步骤操作：

- 获取给定用户名的存储凭据；

- 如果它们不存在，则返回 401；

- 如果它们存在，则对密码候选集进行哈希值处理，并与所存储的哈希值进行比较。

我们需要阻止其过早退出——应该有一个预期的回退密码（带有盐值和加载参数），可以与密码候选集的哈希值进行比较。

```
//! src/routes/newsletters.rs
// [...]

#[tracing::instrument(name = "Validate credentials", skip(credentials, pool))]
async fn validate_credentials(
    credentials: Credentials,
    pool: &PgPool,
) -> Result<uuid::Uuid, PublishError> {
```

```
 9        let mut user_id = None;
10        let mut expected_password_hash = Secret::new(
11            "$argon2id$v=19$m=15000,t=2,p=1$\
12            gZiV/M1gPc22ElAH/Jh1Hw$\
13            CWOrkoo7oJBQ/iyh7uJ0LO2aLEfrHwTWllSAxT0zRno"
14                .to_string(),
15        );
16
17        if let Some((stored_user_id, stored_password_hash)) =
18            get_stored_credentials(&credentials.username, &pool)
19                .await
20                .map_err(PublishError::UnexpectedError)?
21        {
22            user_id = Some(stored_user_id);
23            expected_password_hash = stored_password_hash;
24        }
25
26        spawn_blocking_with_tracing(move || {
27            verify_password_hash(expected_password_hash, credentials.password)
28        })
29        .await
30        .context("Failed to spawn blocking task.")
31        .map_err(PublishError::UnexpectedError)??;
32
33        // 只有在存储中找到凭据，才会将其设置为`Some`
34        // 因此，即使默认密码与所提供的密码匹配（以某种方式）
35        // 也永远不会对不存在的用户进行身份验证
36        // 你可以轻松地为这种特定情况添加一个单元测试。
37
38        user_id.ok_or_else(||
39            PublishError::AuthError(anyhow::anyhow!("Unknown username."))
40        )
41 }
```

```
 1 //! tests/api/helpers.rs
 2 use argon2::{Algorithm, Argon2, Params, PasswordHasher, Version};
 3 // [...]
 4
 5 impl TestUser {
 6     async fn store(&self, pool: &PgPool) {
 7         let salt = SaltString::generate(&mut rand::thread_rng());
 8         // 匹配默认密码的参数
 9         let password_hash = Argon2::new(
10             Algorithm::Argon2id,
11             Version::V0x13,
12             Params::new(15000, 2, 1, None).unwrap(),
13         )
14         .hash_password(self.password.as_bytes(), &salt)
15         .unwrap()
```

```
16          .to_string();
17          // [...]
18      }
19      // [...]
20  }
```

现在不应该有任何统计上显著的时间差异。

10.3　这安全吗

在构建基于密码的身份验证流程时,我们费尽心思遵循了所有最常见的最佳实践。

现在是时候问问自己了:这是否安全?

10.3.1　传输层安全性

我们使用基本身份验证方案在客户端和服务器之间传递凭据——用户名和密码被编码,但没有被加密。

我们必须使用传输层安全性(TLS)来确保没有人可以窃听到客户端和服务器之间的流量,从而破坏用户凭据,如中间人攻击(MITM)[1]。

我们的 API 运行在 HTTPS 上,所以这里没有什么要做的。

10.3.2　密码重置

如果攻击者成功窃取了一组有效的用户凭据,会发生什么?

密码不会过期——它们长期有效。

目前,用户没有办法重置密码。这绝对是要修复的一个漏洞。

10.3.3　交互类型

到目前为止,我们对谁在调用 API 还相当模糊。

我们需要支持的交互类型是身份验证的关键决定因素。

我们将研究三种调用者的类别:

- 其他 API(机器对机器);
- 使用浏览器的用户;
- 代表人的另一个 API。

---

1 这就是为什么绝对不应该在没有使用 HTTPS(HTTP + TLS)的网站上输入密码。

10.3.4　机器对机器

你的 API 的使用者可能是一台机器（例如，另一个 API）。

在微服务架构中，这种情况会经常发生——功能是通过网络上的各种服务交互实现的。

为了显著提高安全性，需要添加一些它们拥有的东西（如请求签名）或者它们的身份（如 IP 地址范围限制）。

当所有服务都由同一组织拥有时，一种常见的选择是使用双向 TLS（mTLS）。

签名和 mTLS 都依赖公钥加密——必须对密钥进行配置、轮换和管理。只有在系统达到一定的规模后，才能合理地进行这些操作。

10.3.4.1　使用 OAuth 2 的客户端凭据

另一种选择是使用 OAuth 2 的客户端凭据流程。

API 不再需要管理密码（在 OAuth 2 的术语中被称为"客户端密钥"）——这个问题被委托给了集中式的授权服务器。现在已经有多个即插即用的授权服务器实现，包括开源的和商业版的。你可以依靠它们而不是自己开发。

调用者通过授权服务器进行身份验证——如果成功，授权服务器会授予他们一组临时凭据（JWT 访问令牌），用于调用 API。

我们的 API 可以使用公钥加密验证访问令牌的有效性，而无须保留任何状态。API 永远不会看到实际的密码，即客户端密钥。

JWT 验证并非没有风险——规范中存在许多危险的边缘情况。

10.3.5　使用浏览器的用户

如果处理的是使用网页浏览器的用户，该怎么办呢？

基本身份验证要求客户端在每个请求中都提供凭据。

现在我们有了一个受保护的端点，但你可以很容易地想象到有 5 个或 10 个需要权限的页面。按照现有情况，基本身份验证将强制用户在每个页面上提交他们的凭据。这并不好。

我们需要一种记住用户几分钟前已经通过身份验证的方式——将某种状态添加到来自同一浏览器的请求序列中。这可以通过会话实现。

用户被要求通过登录页面进行一次身份验证[1]。如果成功，服务器会生成一个一次性密钥，即经过身份验证的会话令牌。该令牌被以安全的 Cookie 的形式存储在浏览器中。与密码不同，会话是

---

1 在登录步骤中，你实际上可以使用基本身份验证，而在后续交互中则依赖基于会话的身份验证。

可过期的——这减少了有效会话令牌泄露的可能性（尤其是如果非活跃用户自动注销的话）。它还可以防止用户在怀疑其会话已被劫持时不得不重置密码——强制注销比自动重置密码更容易被接受。

这种方法通常被称为"基于会话的身份验证"。

10.3.5.1　联合身份

使用基于会话的身份验证，仍然有一个身份验证步骤需要处理——登录表单。

我们可以继续开发——即使放弃了使用基本身份验证方案，我们所了解的有关密码的一切也仍然适用。

很多网站都选择为用户提供另一个选项：通过社交资料登录，例如"使用 Google 登录"。这样可以减少注册流程的阻碍（无须创建另一个密码），提高转化率——这是一个理想的结果。

社交登录依赖联合身份认证——将身份验证步骤委托给第三方，后者与我们共享所必需的信息（例如电子邮件地址、全名和出生日期）。

联合身份认证的常见实现依赖 OpenID 连接，这是基于 OAuth 2 标准的身份层。

10.3.6　机器对机器（机器代表人）

还有一种场景：人授权机器（例如第三方服务）执行对 API 的操作。例如，一个提供 Twitter 备选用户界面的移动应用程序。

重要的是强调这与我们之前所讲的第一种场景有何不同，即纯粹的机器对机器身份验证。

在这种情况下，第三方服务不能被单独授权执行任何针对 API 的操作。只有用户授予第三方服务访问权限，**限定在其权限集合范围内**，第三方服务才能对 API 执行操作。

我可以安装一个移动应用程序来代表我发布推文，但无法授权它代表 David Guetta 发布推文。

基本身份验证在这里非常不合适：我们不想与第三方应用程序共享密码。密码被越多的人看到，就越容易被泄露。

此外，使用共享凭据进行审计是一场噩梦。当出现问题时，无法确定是谁做了什么：是我本人吗？是我与之共享凭据的 20 个应用程序之一吗？谁负责？

这是 OAuth 2 的典型场景——第三方永远不会看到我们的用户名和密码。他们从认证服务器接收到一个不透明的访问令牌，我们的 API 知道如何检查该令牌以授予（或拒绝）访问权限。

10.4　插曲：下一步计划

浏览器是我们的主要目标——这已经决定了。我们的身份验证策略需要相应地更新。

首先将基本身份验证流程转换为基于会话的身份验证的登录表单。

我们将从头开始构建一个管理员面板。它将包括一个登录表单、一个注销链接和一个修改密码表单。这将给我们一个机会来讨论一些安全挑战（例如 XSS），介绍新的概念（例如 Cookie、HMAC 标签）并尝试新的工具（例如消息闪现、**actix-session**）。

让我们开始工作吧！

10.5　登录表单

10.5.1　提供 HTML 页面

到目前为止，我们一直避开了浏览器和网页的复杂性——这有助于减少在学习初期所必须掌握的新概念的数量。

现在，我们已经有了足够的专业知识，可以跨越这一难关——处理登录表单的 HTML 页面和请求体提交。

让我们从基础开始：如何从 API 返回一个 HTML 页面？

首先，添加一个虚拟的首页端点：

```
//! src/routes/mod.rs

// [...]
// 新模块
mod home;
pub use home::*;
```

```
//! src/routes/home/mod.rs
use actix_web::HttpResponse;

pub async fn home() -> HttpResponse {
    HttpResponse::Ok().finish()
}
```

```
//! src/startup.rs
use crate::routes::home;
// [...]

fn run(/* */) -> Result</* */> {
    // [...]
    let server = HttpServer::new(move || {
        App::new()
            // [...]
            .route("/", web::get().to(home))
            // [...]
```

```
12      })
13      // [...]
14  }
```

这里没有什么可看的——只是返回了一个没有响应体的 **200 OK**。

然后，添加一个非常简单的 HTML 登录页面[1]：

```
1   <!-- src/routes/home/home.html -->
2   <!DOCTYPE html>
3   <html lang="en">
4       <head>
5           <title>Home</title>
6       </head>
7       <body>
8           <p>Welcome to our newsletter!</p>
9       </body>
10  </html>
```

想要读取这个文件，需要将其作为 **GET /** 端点的响应体返回。

我们可以使用 Rust 标准库中的宏 **include_str!**：它读取提供了路径的文件，并将其内容作为 **&'static str** 返回。

这是可能的，因为 **include_str!** 在编译时运行——文件内容被作为应用程序二进制文件的一部分存储起来，因此要确保指向其内容的指针（**&str**）永远有效（**'static**）[2]。

```
1   //! src/routes/home/mod.rs
2   // [...]
3
4   pub async fn home() -> HttpResponse {
5       HttpResponse::Ok().body(include_str!("home.html"))
6   }
```

如果使用 **cargo run** 启动应用程序，并在浏览器中访问 **http://localhost:8000**，那么应该会看到 **Welcome to our newsletter!** 的消息。

但是，浏览器并不完全令人满意——如果打开浏览器的控制台[3]，则应该会看到一个警告。

在 Firefox 93.0 中：

1　对 HTML 和 CSS 的深入介绍超出了本书的范围。在介绍构建邮件简报应用程序所需的页面元素时，我们将完全避免使用 CSS，同时解释 HTML 的基础知识。如果你想详细了解这些主题，请查看 "Interneting is hard (but it doesn't have to be)"，这是关于这些主题的优秀介绍。

2　关于 **'static** 存在一些混淆，因为它根据不同的上下文而有不同的含义。如果你想更多地了解这个主题，请参阅《Rust 生命周期常见误解》（Common Rust Lifetime Misconceptions）这篇优秀文章。

3　在本章中，我们使用浏览器提供的开发者工具。对于 Firefox，请按照此指南（见 "链接 10-1"）进行操作。对于 Google Chrome，请按照此指南（见 "链接 10-2"）进行操作。

HTML 文档的字符编码未被声明。

如果文档中包含超出 US-ASCII 范围的字符，那么在某些浏览器配置下，文档将被渲染为乱码。

页面的字符编码必须在文档或传输协议中声明。

换句话说，浏览器已经推断出返回的是 HTML 内容，但它更希望被明确告知。

我们有两种选择：

- 在文档中添加一个特殊的 HTML **meta** 标签；
- 设置 HTTP 请求头的 **Content-Type**（"传输协议"）。

最好两者都使用。

将信息嵌入文档中对于浏览器和机器人爬虫（例如 Googlebot）非常有效，而 **Content-Type** 的 HTTP 请求头会被所有的 HTTP 客户端理解，而不仅仅是浏览器。

当返回一个 HTML 页面时，内容类型应该被设置为 **text/html; charset=utf-8**。

将其添加进去：

```
<!-- src/routes/home/home.html -->
<!DOCTYPE html>
<html lang="en">
    <head>
        <!-- This is equivalent to a HTTP header -->
        <meta http-equiv="content-type" content="text/html; charset=utf-8">
        <title>Home</title>
    </head>
    <!-- [...] -->
</html>
```

```
//! src/routes/home/mod.rs
// [...]
use actix_web::http::header::ContentType;

pub async fn home() -> HttpResponse {
    HttpResponse::Ok()
        .content_type(ContentType::html())
        .body(include_str!("home.html"))
}
```

警告应该已经从浏览器控制台中消失了。

恭喜！你刚刚成功完成了第一个格式规范的网页！

10.6　登录

现在着手登录表单的工作。

我们需要像处理 **GET** / 一样设置一个端点占位符。在 **GET /login** 上提供登录表单。

```
1  //! src/routes/mod.rs
2
3  // [...]
4  // 新模块
5  mod login;
6  pub use login::*;
```

```
1  //! src/routes/login/mod.rs
2  mod get;
3  pub use get::login_form;
```

```
1  //! src/routes/login/get.rs
2  use actix_web::HttpResponse;
3
4  pub async fn login_form() -> HttpResponse {
5      HttpResponse::Ok().finish()
6  }
```

```
1  //! src/startup.rs
2  use crate::routes::{/* */, login_form};
3  // [...]
4
5  fn run(/* */) -> Result<Server, std::io::Error> {
6      // [...]
7      let server = HttpServer::new(move || {
8          App::new()
9              // [...]
10             .route("/login", web::get().to(login_form))
11             // [...]
12     })
13     // [...]
14 }
```

10.6.1　HTML 表单

这次的 HTML 页面会更加复杂：

```
1  <!-- src/routes/login/login.html -->
2  <!DOCTYPE html>
3  <html lang="en">
4      <head>
5          <meta http-equiv="content-type" content="text/html; charset=utf-8">
6          <title>Login</title>
```

```
 7          </head>
 8      <body>
 9          <form>
10              <label>Username
11                  <input
12                      type="text"
13                      placeholder="Enter Username"
14                      name="username"
15                  >
16              </label>
17
18              <label>Password
19                  <input
20                      type="password"
21                      placeholder="Enter Password"
22                      name="password"
23                  >
24              </label>
25
26              <button type="submit">Login</button>
27          </form>
28      </body>
29 </html>
```

```
1 //! src/routes/login/get.rs
2 use actix_web::HttpResponse;
3 use actix_web::http::header::ContentType;
4
5 pub async fn login_form() -> HttpResponse {
6     HttpResponse::Ok()
7         .content_type(ContentType::html())
8         .body(include_str!("login.html"))
9 }
```

form 元素在这里承担了重要的工作。它的任务是收集一组数据字段并将其发送到后端服务器进行处理。

字段是使用 **input** 元素定义的——这里有两个：用户名和密码。

input 元素使用 **type** 属性进行定义——它告诉浏览器如何显示它们。

text 和 **password** 都将被呈现为单行的自由文本字段，但有一个关键区别：输入 **password** 字段的字符会被隐藏起来。

每个 **input** 都被包裹在 **label** 元素中：

- 点击标签名称切换输入字段；
- 它提高了屏幕阅读器用户的可访问性（当用户关注该元素时，它会被大声读出来）。

在每个 **input** 上，我们设置了另外两个属性：

- **placeholder**，建议的内容，它的值在用户开始填写表单之前被显示在文本字段内部；

- **name**，必须在后端使用该键来标识所提交的表单数据中的字段值。

在表单的末尾，有一个按钮——它将触发向后端提交所提供的输入数据。

如果输入一个随机的用户名和密码并尝试提交，会发生什么？

页面会刷新，输入字段会被重置——但 URL 已经改变了！

现在应该是 **localhost:8000/login?username=myusername&password=mysecretpassword**。

这是表单的默认行为[1]——表单使用 **HTTP GET** 方法将数据提交到其提供服务的同一个页面（即 **/login**）。这远非理想的——正如你刚刚所见，通过 **GET** 提交的表单将所有输入数据以明文形式编码为查询参数。作为 URL 的一部分，它们最终被存储为浏览器导航历史的一部分。查询参数也会被日志记录（例如，后端的 **http.route** 属性）。

我们真的不希望密码或任何类型的敏感数据出现在这里。

可以通过在 **form** 上设置 **action** 和 **method** 的值来更改此行为：

```
1  <!-- src/routes/login/login.html -->
2  <!-- [...] -->
3  <form action="/login" method="post">
4  <!-- [...] -->
```

从技术上讲，可以省略 **action**，但文档对其默认行为的说明不是特别清楚，因此明确定义它会更加清晰明了。

通过 **method="post"**，使用请求体将输入数据传递到后端，这是一个更安全的选项。

如果尝试再次提交表单，则应该在 API 日志中看到 **POST /login** 的 404 错误。下面定义这个端点：

```
1  //! src/routes/login/mod.rs
2  // [...]
3  mod post;
4  pub use post::login;
```

```
1  //! src/routes/login/post.rs
2  use actix_web::HttpResponse;
3
4  pub async fn login() -> HttpResponse {
5      HttpResponse::Ok().finish()
```

---

1 这引出了一个问题：考虑到 **GET** 在安全性方面明显较差，为什么还选择使用它作为默认的请求方法？尽管我们明显是通过查询参数（使用 **GET** 作为请求方法的密码字段和表单）以明文形式传输敏感数据的，但在浏览器的控制台中并没有看到任何警告提示。

```
6  }
1  //! src/startup.rs
2  use crate::routes::login;
3  // [...]
4
5  fn run(/* */) -> Result</* */> {
6      // [...]
7      let server = HttpServer::new(move || {
8          App::new()
9              // [...]
10             .route("/login", web::post().to(login))
11             // [...]
12      })
13      // [...]
14 }
```

10.6.2　登录成功后的重定向

再次尝试登录：表单将消失，你将会看到一个空白页面。这不是最好的反馈方式，最理想的情况是显示一条确认用户已成功登录的消息。此外，如果用户尝试刷新页面，那么浏览器会提示他们确认是否要重新提交表单。

我们可以通过使用重定向来改善这种情况——如果身份验证成功，则指示浏览器导航回我们的主页。

重定向响应需要两个元素：

- 一个重定向状态码；
- 一个 **Location** 头，设置为要重定向到的 URL。

所有的重定向状态码都在 **3xx** 范围内——我们需要根据 HTTP 请求方法和语义选择最合适的一个（例如，是临时重定向还是永久重定向）。

你可以在 MDN Web 文档上找到一份全面的指南。**303 See Other** 对于我们的用例（表单提交后的确认页面）最合适。

```
1  //! src/routes/login/post.rs
2  use actix_web::http::header::LOCATION;
3  use actix_web::HttpResponse;
4
5  pub async fn login() -> HttpResponse {
6      HttpResponse::SeeOther()
7          .insert_header((LOCATION, "/"))
8          .finish()
9  }
```

在表单提交后，你现在应该看到 "Welcome to our newsletter!" 的提示。

10.6.3　处理表单数据

说实话，我们不是在登录成功后才需要进行重定向，而是总是需要重定向。

我们需要增强 **login** 函数，以验证真实传入的凭据。

正如我们在第 3 章中所看到的，表单数据是使用 **application/x-www-form-urlencoded** 内容类型被提交到后端的。

我们可以使用 **actix-web** 的 **Form** 提取器和一个实现 **serde::Deserialize** 的结构来解析传入请求中的数据：

```
1  //! src/routes/login/post.rs
2  // [...]
3  use actix_web::web;
4  use secrecy::Secret;
5
6  #[derive(serde::Deserialize)]
7  pub struct FormData {
8      username: String,
9      password: Secret<String>,
10 }
11
12 pub async fn login(_form: web::Form<FormData>) -> HttpResponse {
13     // [...]
14 }
```

在本章的前半部分，我们构建了基于密码的身份验证——现在再次看一下 **POST /newsletters** 处理器中的身份验证代码：

```
1  //! src/routes/newsletters.rs
2  // [...]
3
4  #[tracing::instrument(
5      name = "Publish a newsletter issue",
6      skip(body, pool, email_client, request),
7      fields(username=tracing::field::Empty, user_id=tracing::field::Empty)
8  )]
9  pub async fn publish_newsletter(
10     body: web::Json<BodyData>,
11     pool: web::Data<PgPool>,
12     email_client: web::Data<EmailClient>,
13     request: HttpRequest,
14 ) -> Result<HttpResponse, PublishError> {
15     let credentials = basic_authentication(request.headers())
16         .map_err(PublishError::AuthError)?;
17     tracing::Span::current()
18         .record("username", &tracing::field::display(&credentials.username));
19     let user_id = validate_credentials(credentials, &pool).await?;
```

```
20      tracing::Span::current()
21          .record("user_id", &tracing::field::display(&user_id));
22      // [...]
```

当使用基本身份验证方案时，**basic_authentication** 处理了从 **Authorization** 请求头中提取凭据的操作——这不是我们有兴趣在 **login** 中重用的内容。

相反，**validate_credentials** 才是我们需要的：它接收用户名和密码作为输入，如果身份验证成功，则返回相应的 **user_id**；如果凭据无效，则返回错误。

当前 **validate_credentials** 的定义受到 **publish_newsletters** 相关问题的影响：

```
1   //! src/routes/newsletters.rs
2   // [...]
3
4   async fn validate_credentials(
5       credentials: Credentials,
6       pool: &PgPool,
7       // 返回一个`PublishError`，这是一个特定的错误类型
8       // 详细说明了`POST /newsletters`的相关故障模式（不仅仅是身份验证）
9   ) -> Result<uuid::Uuid, PublishError> {
10      let mut user_id = None;
11      let mut expected_password_hash = Secret::new(
12          "$argon2id$v=19$m=15000,t=2,p=1$\
13          gZiV/M1gPc22ElAH/Jh1Hw$\
14          CWOrkoo7oJBQ/iyh7uJ0LO2aLEfrHwTWllSAxT0zRno"
15              .to_string()
16      );
17
18      if let Some((stored_user_id, stored_password_hash)) =
19          get_stored_credentials(&credentials.username, pool)
20              .await
21              .map_err(PublishError::UnexpectedError)?
22      {
23          user_id = Some(stored_user_id);
24          expected_password_hash = stored_password_hash;
25      }
26
27      spawn_blocking_with_tracing(move || {
28          verify_password_hash(expected_password_hash, credentials.password)
29      })
30      .await
31      .context("Failed to spawn blocking task.")
32      .map_err(PublishError::UnexpectedError)??;
33
34      user_id.ok_or_else(|| PublishError::AuthError(anyhow::anyhow!("Unknown username.")))
35  }
```

10.6.3.1　构建一个 authentication 模块

我们来重构 **validate_credentials**，为提取做准备——希望构建一个共享的 **authentication** 模块，同时在 **POST /login** 和 **POST /newsletters** 中使用。

定义一个新的错误枚举 **AuthError**：

```
1  //! src/lib.rs
2  pub mod authentication;
3  // [...]
```

```
1  //! src/authentication.rs
2
3  #[derive(thiserror::Error, Debug)]
4  pub enum AuthError {
5      #[error("Invalid credentials.")]
6      InvalidCredentials(#[source] anyhow::Error),
7      #[error(transparent)]
8      UnexpectedError(#[from] anyhow::Error),
9  }
```

使用枚举是因为，就像我们在 **POST /newsletters** 中所做的那样，希望调用者能够根据错误类型做出不同的响应——例如，对于 **UnexpectedError** 返回 **500**，而对于 **AuthErrors** 应该返回 **401**。

现在改变 **validate_credentials** 的方法签名，使其返回 **Result<uuid::Uuid, AuthError>**：

```
1  //! src/routes/newsletters.rs
2  use crate::authentication::AuthError;
3  // [...]
4
5  async fn validate_credentials(
6      // [...]
7  ) -> Result<uuid::Uuid, AuthError> {
8      // [...]
9
10     if let Some(/* */) = get_stored_credentials(/* */).await?
11     {/* */}
12
13     spawn_blocking_with_tracing(/* */)
14         .await
15         .context("Failed to spawn blocking task.")??;
16
17     user_id
18         .ok_or_else(|| anyhow::anyhow!("Unknown username."))
19         .map_err(AuthError::InvalidCredentials)
20 }
```

cargo check 返回了两个错误：

```
1  error[E0277]: `?` couldn't convert the error to `AuthError`
2    --> src/routes/newsletters.rs
```

```
3    |
4    |        .context("Failed to spawn blocking task.")??;
5    |                                        ^
6      the trait `From<PublishError>` is not implemented for `AuthError`
7
8  error[E0277]: `?` couldn't convert the error to `PublishError`
9    --> src/routes/newsletters.rs
10   |
11   |     let user_id = validate_credentials(credentials, &pool).await?;
12   |                   ^
13     the trait `From<AuthError>` is not implemented for `PublishError`
14   |
```

第一个错误来自 **validate_credentials** 本身——我们正在调用 **verify_password_hash**，它仍然返回一个 **PublishError**。

```
1  //! src/routes/newsletters.rs
2  // [...]
3
4  #[tracing::instrument(/* */)]
5  fn verify_password_hash(
6      expected_password_hash: Secret<String>,
7      password_candidate: Secret<String>,
8  ) -> Result<(), PublishError> {
9      let expected_password_hash = PasswordHash::new(
10             expected_password_hash.expose_secret()
11         )
12         .context("Failed to parse hash in PHC string format.")
13         .map_err(PublishError::UnexpectedError)?;
14
15     Argon2::default()
16         .verify_password(
17             password_candidate.expose_secret().as_bytes(),
18             &expected_password_hash,
19         )
20         .context("Invalid password.")
21         .map_err(PublishError::AuthError)
22 }
```

先修正第一个错误：

```
1  //! src/routes/newsletters.rs
2  // [...]
3
4  #[tracing::instrument(/* */)]
5  fn verify_password_hash(/* */) -> Result<(), AuthError> {
6      let expected_password_hash = PasswordHash::new(/* */)
7          .context("Failed to parse hash in PHC string format.")?;
8
9      Argon2::default()
```

```
10          .verify_password(/* */)
11          .context("Invalid password.")
12          .map_err(AuthError::InvalidCredentials)
13  }
```

再修正第二个错误：

```
1  error[E0277]: `?` couldn't convert the error to `PublishError`
2    --> src/routes/newsletters.rs
3     |
4     |          let user_id = validate_credentials(credentials, &pool).await?;
5     |
6      the trait `From<AuthError>` is not implemented for `PublishError`
7     |
```

这个错误来自在 **publish_newsletters** 请求处理器内部调用 **verify_credentials**。

AuthError 没有实现到 **PublishError** 的转换，因此无法使用 **?** 操作符。

我们将调用 **map_err** 在内联中执行映射操作：

```
1  //! src/routes/newsletters.rs
2  // [...]
3
4  pub async fn publish_newsletter(/* */) -> Result<HttpResponse, PublishError> {
5      // [...]
6      let user_id = validate_credentials(credentials, &pool)
7          .await
8          // 匹配 `AuthError` 的变体
9          // 但将整个错误传递给 `PublishError` 变体的构造函数
10         // 这确保了当错误被中间件记录时，顶层包装的上下文得以保留
11         .map_err(|e| match e {
12             AuthError::InvalidCredentials(_) => PublishError::AuthError(e.into()),
13             AuthError::UnexpectedError(_) => PublishError::UnexpectedError(e.into()),
14         })?;
15     // [...]
16  }
```

现在代码应该可以编译了。

通过将 **validate_credentials**、**Credentials**、**get_stored_credentials** 和 **verify_password_hash** 移动到 **authentication** 模块中来完成提取：

```
1  //! src/authentication.rs
2  use crate::telemetry::spawn_blocking_with_tracing;
3  use anyhow::Context;
4  use argon2::{Argon2, PasswordHash, PasswordVerifier};
5  use secrecy::{ExposeSecret, Secret};
6  use sqlx::PgPool;
7  // [...]
8
9  pub struct Credentials {
```

```
10        // These two fields were not marked as `pub` before!
11        pub username: String,
12        pub password: Secret<String>,
13    }
14
15    #[tracing::instrument(/* */)]
16    pub async fn validate_credentials(/* */) -> Result {
17        // [...]
18    }
19
20    #[tracing::instrument(/* */)]
21    fn verify_password_hash(/* */) -> Result {
22        // [...]
23    }
24
25    #[tracing::instrument(/* */)]
26    async fn get_stored_credentials(/* */) -> Result {
27        // [...]
28    }
```

```
1    //! src/routes/newsletters.rs
2    // [...]
3    use crate::authentication::{validate_credentials, AuthError, Credentials};
4    // 会有关于未使用导入的警告，请按照编译器的指示进行修复
5    // [...]
```

10.6.3.2　拒绝无效的凭据

现在已经准备好在 **login** 函数中使用所提取出来的 **authentication** 模块了。

现在就来使用它：

```
1    //! src/routes/login/post.rs
2    use crate::authentication::{validate_credentials, Credentials};
3    use actix_web::http::header::LOCATION;
4    use actix_web::web;
5    use actix_web::HttpResponse;
6    use secrecy::Secret;
7    use sqlx::PgPool;
8
9    #[derive(serde::Deserialize)]
10   pub struct FormData {
11       username: String,
12       password: Secret<String>,
13   }
14
15   #[tracing::instrument(
16       skip(form, pool),
17       fields(username=tracing::field::Empty, user_id=tracing::field::Empty)
18   )]
```

```
19  // 现在正在注入 `PgPool` 以从数据库中检索所存储的凭据
20  pub async fn login(form: web::Form<FormData>, pool: web::Data<PgPool>) -> HttpResponse {
21      let credentials = Credentials {
22          username: form.0.username,
23          password: form.0.password,
24      };
25      tracing::Span::current()
26          .record("username", &tracing::field::display(&credentials.username));
27      match validate_credentials(credentials, &pool).await {
28          Ok(user_id) => {
29              tracing::Span::current()
30                  .record("user_id", &tracing::field::display(&user_id));
31              HttpResponse::SeeOther()
32                  .insert_header((LOCATION, "/"))
33                  .finish()
34          }
35          Err(_) => {
36              todo!()
37          }
38      }
39  }
```

现在，使用随机凭据进行登录尝试应该会失败：请求处理器会由于 **validate_credentials** 返回错误而发生 panic，从而导致 **actix-web** 断开连接。这不是一个优雅的失败——浏览器可能会显示类似于 "连接被重置" 的信息。

我们应该尽可能避免在请求处理器中发生 panic——所有的错误都应该被优雅地处理。

这里引入一个 **LoginError**：

```
1   //! src/routes/login/post.rs
2   // [...]
3   use crate::authentication::AuthError;
4   use crate::routes::error_chain_fmt;
5   use actix_web::http::StatusCode;
6   use actix_web::{web, ResponseError};
7
8   #[tracing::instrument(/* */)]
9   pub async fn login(/* */) -> Result<HttpResponse, LoginError> {
10      // [...]
11      let user_id = validate_credentials(credentials, &pool)
12          .await
13          .map_err(|e| match e {
14              AuthError::InvalidCredentials(_) => LoginError::AuthError(e.into()),
15              AuthError::UnexpectedError(_) => LoginError::UnexpectedError(e.into()),
16          })?;
17      tracing::Span::current().record("user_id", &tracing::field::display(&user_id));
18      Ok(HttpResponse::SeeOther()
19          .insert_header((LOCATION, "/"))
```

```
20          .finish())
21  }
22
23  #[derive(thiserror::Error)]
24  pub enum LoginError {
25      #[error("Authentication failed")]
26      AuthError(#[source] anyhow::Error),
27      #[error("Something went wrong")]
28      UnexpectedError(#[from] anyhow::Error),
29  }
30
31  impl std::fmt::Debug for LoginError {
32      fn fmt(&self, f: &mut std::fmt::Formatter<'_>) -> std::fmt::Result {
33          error_chain_fmt(self, f)
34      }
35  }
36
37  impl ResponseError for LoginError {
38      fn status_code(&self) -> StatusCode {
39          match self {
40              LoginError::UnexpectedError(_) => StatusCode::INTERNAL_SERVER_ERROR,
41              LoginError::AuthError(_) => StatusCode::UNAUTHORIZED,
42          }
43      }
44  }
```

代码与之前重构 **POST /newsletters** 时的代码非常相似。

对浏览器有什么影响呢？

提交表单会触发页面加载，导致屏幕上显示 **Authentication failed**[1]。

这比以前好多了，我们在进步！

10.6.4　上下文错误

错误消息已经足够清晰了，但用户接下来该怎么做呢？

假设他们想要尝试重新输入凭据，因为可能写错了用户名或密码。

我们需要让错误消息出现在登录表单的顶部——在为用户提供信息的同时允许他们快速重试。

10.6.4.1　简单的方法

最简单的方法是什么？

可以在从 **ResponseError** 返回登录的 HTML 页面中，插入一个额外的段落（**<p>** HTML 元素）

---

[1] **actix_web** 的 **ResponseError** 特质提供的 **error_response** 的默认实现使用请求处理器返回的错误的 **Display** 来填充响应体。

向用户报告错误。

　　它看起来像这样：

```rust
//! src/routes/login/post.rs
// [...]

impl ResponseError for LoginError {
    fn error_response(&self) -> HttpResponse {
        HttpResponse::build(self.status_code())
            .content_type(ContentType::html())
            .body(format!(
                r#"<!DOCTYPE html>
<html lang="en">
<head>
    <meta http-equiv="content-type" content="text/html; charset=utf-8">
    <title>Login</title>
</head>
<body>
    <p><i>{}</i></p>
    <form action="/login" method="post">
        <label>Username
            <input
                type="text"
                placeholder="Enter Username"
                name="username"
            >
        </label>
        <label>Password
            <input
                type="password"
                placeholder="Enter Password"
                name="password"
            >
        </label>
        <button type="submit">Login</button>
    </form>
</body>
</html>"#,
                self
            ))
    }

    fn status_code(&self) -> StatusCode {
        match self {
            LoginError::UnexpectedError(_) => StatusCode::INTERNAL_SERVER_ERROR,
            LoginError::AuthError(_) => StatusCode::UNAUTHORIZED,
        }
    }
}
```

这种方法有一些缺点：

- 如果对登录表单进行修改，则要同时修改两个地方，因为有两个几乎相同的登录页面，是在两个不同的地方定义的；

- 如果用户尝试在登录失败后刷新页面，则会提示用户确认重新提交表单。

为了解决第二个问题，需要让用户登录一个 **GET** 端点。

为了解决第一个问题，需要找到一种方法来复用在 **GET /login** 中编写的 HTML 代码，而不是重复编写。

我们可以通过另一种重定向来实现这两个目标：如果身份验证失败，则将用户送回 **GET /login**。

```
1  //! src/routes/login/post.rs
2  // [...]
3
4  impl ResponseError for LoginError {
5      fn error_response(&self) -> HttpResponse {
6          HttpResponse::build(self.status_code())
7              .insert_header((LOCATION, "/login"))
8              .finish()
9      }
10
11     fn status_code(&self) -> StatusCode {
12         StatusCode::SEE_OTHER
13     }
14 }
```

很遗憾，仅仅进行重定向是不够的——浏览器会再次向用户显示登录表单，而没有任何反馈来解释登录失败了。

我们需要找到一种方法让 **GET /login** 显示一条错误消息。

我们来探索一些方法。

10.6.4.2 查询参数

Location 请求头的值确定了用户被重定向到的 URL。

然而，它并不仅限于此——还可以指定查询参数！

我们将身份验证错误消息编码为 **error** 查询参数。

查询参数是 URL 的一部分——因此，需要对 **LoginError** 的内容展示进行 URL 编码。

```
1  #! Cargo.toml
2  # [...]
3  [dependencies]
4  urlencoding = "2"
5  # [...]
```

```rust
//! src/routes/login/post.rs
// [...]

impl ResponseError for LoginError {
    fn error_response(&self) -> HttpResponse {
        let encoded_error = urlencoding::Encoded::new(self.to_string());
        HttpResponse::build(self.status_code())
            .insert_header((LOCATION, format!("/login?error={}", encoded_error)))
            .finish()
    }
    // [...]
}
```

然后，可以在 **GET /login** 的请求处理器中提取 **error** 查询参数。

```rust
//! src/routes/login/get.rs
use actix_web::{web, HttpResponse, http::header::ContentType};

#[derive(serde::Deserialize)]
pub struct QueryParams {
    error: Option<String>,
}

pub async fn login_form(query: web::Query<QueryParams>) -> HttpResponse {
    let _error = query.0.error;
    HttpResponse::Ok()
        .content_type(ContentType::html())
        .body(include_str!("login.html"))
}
```

最后，可以根据 **error** 查询参数的值自定义返回的 HTML 页面：

```rust
//! src/routes/login/get.rs
// [...]

pub async fn login_form(query: web::Query<QueryParams>) -> HttpResponse {
    let error_html = match query.0.error {
        None => "".into(),
        Some(error_message) => format!("<p><i>{error_message}</i></p>"),
    };
    HttpResponse::Ok()
        .content_type(ContentType::html())
        .body(format!(
            r#"<!DOCTYPE html>
<html lang="en">
<head>
    <meta http-equiv="content-type" content="text/html; charset=utf-8">
    <title>Login</title>
</head>
<body>
```

```
19      {error_html}
20      <form action="/login" method="post">
21        <label>Username
22          <input
23            type="text"
24            placeholder="Enter Username"
25            name="username"
26          >
27        </label>
28        <label>Password
29          <input
30            type="password"
31            placeholder="Enter Password"
32            name="password"
33          >
34        </label>
35        <button type="submit">Login</button>
36      </form>
37  </body>
38  </html>"#,
39        ))
40  }
```

现在可以正常工作了[1]！

10.6.4.3　跨站脚本攻击

查询参数不是私密的——后端服务无法阻止用户调整 URL。

特别是，它无法阻止攻击者对其进行篡改。

尝试导航到以下 URL：

http://localhost:8000/login?error=Your%20account%20has%20been%20locked%2C%20please%20submit%20your%20details%20%3Ca%20href%3D%22https%3A%2F%2Fzero2prod.com%22%3Ehere%3C%2Fa%3E%20to%20resolve%20the%20issue

在登录表单的顶部，你将看到：

你的账户已被锁定，请在此处提交你的详细信息以解决此问题。

"此处"是另一个网站（这里是 zero2prod***）的链接。

在更真实的情况下，"此处"会链接到一个由攻击者控制的网站，诱导受害者透露自己的登录

---

1 我们的网页并不是特别动态的——我们只是注入了一些元素，格式化工作轻松完成。但是，在处理更复杂的用户界面时，相同的方法并不适用于大规模应用——你需要构建可重用的组件，以在多个页面之间共享，并在许多不同的动态数据上执行循环和条件判断。模板引擎是处理这种新的复杂性的常见方法——tera 和 askama 是 Rust 生态系统中流行的选项。

凭据。

这被称为"跨站脚本攻击（XSS）"。

攻击者通过利用由不受信任的来源构建的动态内容（例如用户输入、查询参数等），将 HTML 片段或 JavaScript 代码片段注入可信任的网站中。

从用户的角度来看，XSS 攻击非常隐蔽——URL 与你想访问的 URL 匹配，因此你很可能会信任所显示的内容。

OWASP 提供了一份详尽的防止 XSS 攻击的指南——如果你正在开发 Web 应用程序，则强烈建议熟悉它。

我们来看看这里的指导意见：想要在 HTML 元素（**<p><i>**不受信任的数据在这里**</i></p>**）中显示不受信任的数据（查询参数的值）。

根据 OWASP 的指南，必须对不受信任的输入进行 HTML 实体编码：

- 将 **&** 转换成 **&**

- 将 **<** 转换成 **<**

- 将 **>** 转换成 **>**

- 将 **"** 转换成 **"**

- 将 **'** 转换成 **'**

- 将 **/** 转换成 **/**

HTML 实体编码通过转义 HTML 元素的字符，来防止插入其他 HTML 元素。

我们修改一下 **login_form** 处理器：

```
1  #! Cargo.toml
2  # [...]
3  [dependencies]
4  htmlescape = "0.3"
5  # [...]
```

```
1  //! src/routes/login/get.rs
2  // [...]
3
4  pub async fn login_form(/* */) -> HttpResponse {
5      let error_html = match query.0.error {
6          None => "".into(),
7          Some(error_message) => format!(
8              "<p><i>{}</i></p>",
9              htmlescape::encode_minimal(&error_message)
10         ),
11     };
```

```
12    // [...]
13  }
```

重新加载被入侵的 URL——你将看到不同的消息：

> 你的账户已被锁定，请在 <a href="https://zero2prod***">here</a> 提交你的详细信息以解决问题。

HTML **a** 元素不再由浏览器呈现——用户现在有理由怀疑发生了可疑的事情。

这足够了吗？

至少，与仅仅点击"此处"相比，用户不太可能复制粘贴并访问该链接。尽管如此，攻击者很聪明——一旦注意到我们的网站正在使用 HTML 实体编码，他们就会修改注入的消息。可能只会简单地变成：

> 你的账户已被锁定，请致电+CC3332288777 以解决问题。

这可能足以吸引几个受害者。我们需要有比字符转义更强大的防护措施。

10.6.4.4　消息认证码

我们需要一种机制来验证查询参数是否由应用程序接口设置，以及是否被第三方修改过。

这就是所谓的消息认证——它能保证消息在传输过程中未被修改（完整性），还能验证发送者的身份（数据来源验证）。

消息认证码（MAC）是一种提供消息认证的常用技术——在消息中添加一个标签，让验证者可以检查消息的完整性和来源。

HMAC 是一种著名的 MAC——基于哈希的消息认证码。

在消息中加入密钥，并将所得到的字符串输入哈希函数中。然后，将哈希结果与密钥连接，并再次进行哈希处理——输出结果就是消息标签：

```
1  let hmac_tag = hash(
2      concat(
3          key,
4          hash(concat(key, message))
5      )
6  );
```

我们故意忽略了关于密钥填充的一些细微差别——你可以在 RFC 2104 中找到所有的细节。

10.6.4.5　添加 HMAC 标签以保护查询参数

现在，我们尝试使用 HMAC 来验证查询参数的完整性和来源。

Rust Crypto 组织提供了 HMAC 的实现，即 **hmac** 包。还需要一个哈希函数——选择 SHA-256。

```
1  #! Cargo.toml
2  # [...]
3  [dependencies]
4  hmac = { version = "0.12", features = ["std"] }
5  sha2 = "0.10"
6  # [...]
```

在 **Location** 请求头中添加另一个查询参数——**tag**，用来存储错误消息的 HMAC 值。

```
1   //! src/routes/login/post.rs
2   use hmac::{Hmac, Mac};
3   // [...]
4
5   impl ResponseError for LoginError {
6       fn error_response(&self) -> HttpResponse {
7           let query_string = format!(
8               "error={}",
9               urlencoding::Encoded::new(self.to_string())
10          );
11          // 这里需要密钥——如何获取它呢
12          let secret: &[u8] = todo!();
13          let hmac_tag = {
14              let mut mac = Hmac::<sha2::Sha256>::new_from_slice(secret).unwrap();
15              mac.update(query_string.as_bytes());
16              mac.finalize().into_bytes()
17          };
18          HttpResponse::build(self.status_code())
19              // 将 HMAC 标签的十六进制表示添加到查询字符串中作为额外的查询参数
20              .insert_header((
21                  LOCATION,
22                  format!("/login?{query_string}&tag={hmac_tag:x}")
23              ))
24              .finish()
25      }
26      // [...]
27  }
```

这个代码片段几乎是完美的——我们只需要一种获取密钥的方法！

遗憾的是，从 **ResponseError** 中获取是不可能的——只能访问试图转换为 HTTP 响应的错误类型（如 **LoginError**）。而 **ResponseError** 只是一个特殊的 **Into** 特质。

特别是，我们无法访问应用程序状态（即无法使用 **web::Data** 提取器），而这正是存储密钥的地方。

把代码移动到请求处理器中：

```
1  //! src/routes/login/post.rs
2  use secret::ExposeSecret;
```

```rust
 3  // [...]
 4
 5  #[tracing::instrument(
 6      skip(form, pool, secret),
 7      fields(username=tracing::field::Empty, user_id=tracing::field::Empty)
 8  )]
 9  pub async fn login(
10      form: web::Form<FormData>,
11      pool: web::Data<PgPool>,
12      // 暂时将密钥作为一个 Secret 字符串注入
13      secret: web::Data<Secret<String>>,
14      // 不再返回`Result<HttpResponse, LoginError>`
15  ) -> HttpResponse {
16      // [...]
17      match validate_credentials(credentials, &pool).await {
18          Ok(user_id) => {
19              tracing::Span::current()
20                  .record("user_id", &tracing::field::display(&user_id));
21              HttpResponse::SeeOther()
22                  .insert_header((LOCATION, "/"))
23                  .finish()
24          }
25          Err(e) => {
26              let e = match e {
27                  AuthError::InvalidCredentials(_) => LoginError::AuthError(e.into()),
28                  AuthError::UnexpectedError(_) => LoginError::UnexpectedError(e.into()),
29              };
30              let query_string = format!(
31                  "error={}",
32                  urlencoding::Encoded::new(e.to_string())
33              );
34              let hmac_tag = {
35                  let mut mac = Hmac::<sha2::Sha256>::new_from_slice(
36                      secret.expose_secret().as_bytes()
37                  ).unwrap();
38                  mac.update(query_string.as_bytes());
39                  mac.finalize().into_bytes()
40              };
41              HttpResponse::SeeOther()
42                  .insert_header((
43                      LOCATION,
44                      format!("/login?{}&tag={:x}", query_string, hmac_tag),
45                  ))
46                  .finish()
47          }
48      }
49  }
50
51  // `LoginError` 的 `ResponseError` 实现已被删除
```

这是一种可行的方法，而且它可以编译通过。

但它有一个缺点——不再向中间件链的上游传播错误上下文。在处理 **LoginError::UnexpectedError** 时，这是令人担忧的——日志应该真正捕获到出了什么问题。

幸运的是，有一种方法既可以实现功能，又可以避免上面提到的缺点——**actix_web::error::InternalError**。

InternalError 可以由 **HttpResponse** 和错误构建。它可以作为请求处理器的错误返回（它实现了 **ResponseError**），并向调用者返回传递给构造函数的 **HttpResponse**——这正是我们所需要的！

再次修改 **login** 来使用它：

```rust
//! src/routes/login/post.rs
// [...]
use actix_web::error::InternalError;

#[tracing::instrument(/* */)]
// 再次返回 `Result`
pub async fn login(/* */) -> Result<HttpResponse, InternalError<LoginError>> {
    // [...]
    match validate_credentials(credentials, &pool).await {
        Ok(user_id) => {
            // [...]
            // 需要返回 Ok 枚举体
            Ok()
        }
        Err(e) => {
            // [...]
            let response = HttpResponse::SeeOther()
                .insert_header((
                    LOCATION,
                    format!("/login?{}&tag={:x}", query_string, hmac_tag),
                ))
                .finish();
            Err(InternalError::from_response(e, response))
        }
    }
}
```

错误报告已保存。

还剩下最后一个任务：将 HMAC 所使用的密钥注入应用程序状态中。

```rust
//! src/configuration.rs
// [...]
#[derive(serde::Deserialize, Clone)]
pub struct ApplicationSettings {
    // [...]
```

```
 6      pub hmac_secret: Secret<String>
 7 }
```

```
 1 //! src/startup.rs
 2 use secrecy::Secret;
 3 // [...]
 4
 5 impl Application {
 6     pub async fn build(configuration: Settings) -> Result<Self, std::io::Error> {
 7         // [...]
 8         let server = run(
 9             // [...]
10             configuration.application.hmac_secret,
11         )?;
12         // [...]
13     }
14 }
15
16 fn run(
17     // [...]
18     hmac_secret: Secret<String>,
19 ) -> Result<Server, std::io::Error> {
20     let server = HttpServer::new(move || {
21         // [...]
22         .app_data(Data::new(hmac_secret.clone()))
23     })
24     // [...]
25 }
```

```
 1 #! configuration/base.yml
 2 application:
 3     # [...]
 4     # 在生产环境中, 还需要在 DigitalOcean 上设置`APP_APPLICATION__HMAC_SECRET`环境变量
 5     hmac_secret: "super-long-and-secret-random-key-needed-to-verify-message-integrity"
 6 # [...]
```

在应用程序状态中使用 **Secret<String>** 作为注入类型远非理想的。**String** 是一个原始类型, 存在重复的风险。也就是说, 另一个中间件或服务可能会针对应用程序状态注册另一个 **Secret<String>**, 从而覆盖 HMAC 密钥 (或反之亦然)。

现在创建一个包装类型来绕开这个问题:

```
 1 //! src/startup.rs
 2 // [...]
 3
 4 fn run(
 5     // [...]
 6     hmac_secret: HmacSecret,
 7 ) -> Result<Server, std::io::Error> {
 8     let server = HttpServer::new(move || {
```

```
 9        // [...]
10        .app_data(Data::new(HmacSecret(hmac_secret.clone())))
11    })
12    // [...]
13 }
14
15 #[derive(Clone)]
16 pub struct HmacSecret(pub Secret<String>);
```

```
 1 //! src/routes/login/post.rs
 2 use crate::startup::HmacSecret;
 3 // [...]
 4
 5 #[tracing::instrument(/* */)]
 6 pub async fn login(
 7    // [...]
 8    // 注入包装类型
 9    secret: web::Data<HmacSecret>,
10 ) -> Result<HttpResponse, InternalError<LoginError>> {
11    // [...]
12    match validate_credentials().await {
13        Ok() => { /* */ }
14        Err() => {
15            // [...]
16            let hmac_tag = {
17                let mut mac = Hmac::<sha2::Sha256>::new_from_slice(
18                    secret.0.expose_secret().as_bytes()
19                ).unwrap();
20                // [...]
21            };
22            // [...]
23        }
24    }
25 }
```

10.6.4.6　验证 HMAC 标签

现在，是时候验证 **GET /login** 中的 HMAC 标签了！

首先提取 **tag** 查询参数。

目前，我们正在使用 **Query** 提取器将传入的查询参数解析为一个 **QueryParams** 结构体，该结构体包含一个可选的 **error** 字段。

未来，预计会出现两种情况：

- 没有错误（例如，你刚刚进入登录页面），因此不期望有任何查询参数；
- 有错误，期望同时看到 **error** 和 **tag** 查询参数。

将 **QueryParams** 从

```
#[derive(serde::Deserialize)]
pub struct QueryParams {
    error: Option<String>,
}
```

变更为如下形式:

```
#[derive(serde::Deserialize)]
pub struct QueryParams {
    error: Option<String>,
    tag: Option<String>,
}
```

使用 **QueryParams**,无法准确实现新要求,它将允许调用者在传递 **tag** 参数的同时忽略 **error** 参数,反之亦然。我们需要在请求处理器中进行额外的验证,以确保这种情况不会发生。

为了完全避免这个问题,可以将 **QueryParams** 的所有字段都设置为必需的,同时使 **QueryParams** 本身变为可选的:

```
//! src/routes/login/get.rs
// [...]

#[derive(serde::Deserialize)]
pub struct QueryParams {
    error: String,
    tag: String,
}

pub async fn login_form(query: Option<web::Query<QueryParams>>) -> HttpResponse {
    let error_html = match query {
        None => "".into(),
        Some(query) => {
            format!("<p><i>{}</i></p>", htmlescape::encode_minimal(&query.0.error))
        }
    };
    // [...]
}
```

一个很好的小提醒:让非法状态无法用类型来表示!

为了验证标签,我们需要访问 HMAC 共享密钥——注入它:

```
//! src/routes/login/get.rs
use crate::startup::HmacSecret;
// [...]

pub async fn login_form(
    query: Option<web::Query<QueryParams>>,
    secret: web::Data<HmacSecret>,
```

```
8  ) -> HttpResponse {
9      // [...]
10 }
```

tag 是一个以十六进制字符串编码的字节切片。在 **GET /login** 中，需要使用 **hex** 包将其解码成字节。将 **hex** 添加到依赖项中：

```
1  #! Cargo.toml
2  # [...]
3  [dependencies]
4  # [...]
5  hex = "0.4"
```

现在可以在 **QueryParams** 上定义一个 **verify** 方法：如果消息认证码与期望的匹配，它将返回错误字符串，否则返回一个错误。

```
1  //! src/routes/login/get.rs
2  use hmac::{Hmac, Mac};
3  use secrecy::ExposeSecret;
4  // [...]
5
6  impl QueryParams {
7      fn verify(self, secret: &HmacSecret) -> Result<String, anyhow::Error> {
8          let tag = hex::decode(self.tag)?;
9          let query_string = format!("error={}", urlencoding::Encoded::new(&self.error));
10
11         let mut mac = Hmac::<sha2::Sha256>::new_from_slice(
12             secret.0.expose_secret().as_bytes()
13         ).unwrap();
14         mac.update(query_string.as_bytes());
15         mac.verify_slice(&tag)?;
16
17         Ok(self.error)
18     }
19 }
```

现在需要修改请求处理器来调用它，这引发了一个问题：如果验证失败，该怎么办呢？

一种方法是通过返回 **400** 来使整个请求失败。另一种方法是将验证失败记录为警告，并在渲染 HTML 页面时跳过错误消息。

我们选择后者——使用不可靠的查询参数重定向的用户将会看到登录页面，这种情况可以接受。

```
1  //! src/routes/login/get.rs
2  // [...]
3
4  pub async fn login_form(/* */) -> HttpResponse {
5      let error_html = match query {
6          None => "".into(),
7          Some(query) => match query.0.verify(&secret) {
8              Ok(error) => {
```

```
 9              format!("<p><i>{}</i></p>", htmlescape::encode_minimal(&error))
10          }
11          Err(e) => {
12              tracing::warn!(
13                  error.message = %e,
14                  error.cause_chain = ?e,
15                  "Failed to verify query parameters using the HMAC tag"
16              );
17              "".into()
18          }
19      },
20  };
21  // [...]
22 }
```

你可以再次尝试加载可疑的 URL：

http://localhost:8000/login?error=Your%20account%20has%20been%20locked%2C%20please%20submit%20your%20details%20%3Ca%20href%3D%22https%3A%2F%2Fzero2prod.com%22%3Ehere%3C%2Fa%3E%20to%20resolve%20the%20issue

浏览器不应该显示任何错误消息！

10.6.4.7　错误消息必须是临时的

我们对实现很满意：错误消息按预期呈现，而且由于 HMAC 标签的存在，没有人可以篡改消息。那么，我们应该部署了吗？

我们选择了使用查询参数传递错误消息，因为查询参数是 URL 的一部分——在重定向回登录页面时，在 **Location** 请求头中传递它们很容易。这既是优点也是缺点：URL 被存储在浏览器的历史记录中，而浏览器的历史记录又用于在地址栏中输入 URL 时提供自动补全建议。你可以自己尝试一下：在地址栏中输入 **localhost:8000**——有什么建议？

由于到目前为止我们所做的所有实验，大部分是包含 **error** 查询参数的 URL。如果你选择一个带有有效 **tag** 的 URL，那么登录表单将显示"身份验证失败"的错误消息……即使你最后一次尝试登录已经过了一段时间。这是不希望发生的。

我们希望错误消息是**临时的**。

它会在尝试登录失败后显示，但不会被存储在浏览器的历史记录中。再次触发错误消息的唯一方式应该是……再次登录失败。

我们已经确定查询参数不符合要求。有其他选择吗？

有，**Cookie**！

可以休息一下了，这一章很长！如果你想检查自己的实现，请在 GitHub 上查看项目快照[1]。

10.6.4.8　什么是 Cookie

MDN Web 文档将 HTTP Cookie 定义为

　　……服务器发送给用户的网页浏览器的小型数据。浏览器可能会存储这个 Cookie，并在以后的请求中将其发送回服务器。

我们可以使用 Cookie 来实现之前使用查询参数的相同策略：

- 用户输入无效的凭据并提交表单；
- **POST /login** 设置一个包含错误消息的 Cookie，并将用户重定向回 **GET /login**；
- 浏览器调用 **GET /login**，包括当前为用户设置的 Cookie 的值；
- **GET /login** 的请求处理器检查 Cookie，以查看是否有错误消息需要呈现；
- **GET /login** 将 HTML 表单返回给调用者，并从 Cookie 中删除错误消息。

URL 永远不会被接触到——所有与错误相关的信息都通过一个辅助渠道（Cookie）进行交换，其对浏览器历史记录是不可见的。策略的最后一步确保错误消息确实是临时的——当错误消息呈现时，Cookie 被消耗掉。如果页面重新加载，错误消息将不会再次显示。

上面描述的一次性通知技术被称为"消息闪现"。

10.6.4.9　登录失败的集成测试

到目前为止，我们一直在进行自由的实验——编写了一些代码，启动了应用程序，并对其进行了一些操作。

我们马上来完成设计的最终迭代，使用一些黑盒测试来验证行为，就像对所有用户流程所做的那样。

编写测试还要熟悉 Cookie 及其行为。

我们想要验证登录失败时会发生什么，这是之前一直在关注的主题。

首先，将一个新的 **login** 模块添加到测试套件中：

```rust
//! tests/main.rs
// [...]
mod login;
```

---

1 参见"链接 10-3"。

```
1  //! tests/api/login.rs
2  // 暂时是空的
```

然后，发送一个 **POST /login** 请求——为 **TestApp** 添加一个辅助函数，用于在测试过程中模拟 HTTP 客户端：

```
1  //! tests/api/helpers.rs
2  // [...]
3
4  impl TestApp {
5      pub async fn post_login<Body>(&self, body: &Body) -> reqwest::Response
6      where
7          Body: serde::Serialize,
8      {
9          reqwest::Client::new()
10             .post(&format!("{}/login", &self.address))
11             // 这个 `reqwest` 方法确保请求体为 URL 编码，并相应地设置 `Content-Type` 请求头
12             .form(body)
13             .send()
14             .await
15             .expect("Failed to execute request.")
16     }
17     // [...]
18 }
```

现在开始构建测试用例。在涉及 Cookie 之前，先从一个简单的断言开始——它返回一个重定向响应，状态码为 **303**。

```
1  //! tests/api/login.rs
2  use crate::helpers::spawn_app;
3
4  #[tokio::test]
5  async fn an_error_flash_message_is_set_on_failure() {
6      // 准备
7      let app = spawn_app().await;
8
9      // 执行
10     let login_body = serde_json::json!({
11         "username": "random-username",
12         "password": "random-password"
13     });
14     let response = app.post_login(&login_body).await;
15
16     // 断言
17     assert_eq!(response.status().as_u16(), 303);
18 }
```

测试失败了。

```
1  ---- login::an_error_flash_message_is_set_on_failure stdout ----
```

```
2  thread 'login::an_error_flash_message_is_set_on_failure' panicked at
3  'assertion failed: `(left == right)`
4    left: `200`,
5   right: `303`'
```

端点已经返回了 **303**——无论是失败还是成功！在 **reqwest** 文档中可以找到答案：

在默认情况下，客户端会自动处理 HTTP 重定向，最大重定向次数是 10 次。要自定义
此行为，可以使用带有 **ClientBuilder** 的 **redirect::Policy**。

reqwest::Client 看到 **303** 状态码并自动调用 **GET /login**，即在 Location 请求头中指定的路径，
这将返回一个 **200**——这是我们在断言 panic 消息中看到的状态码。

为了测试，我们不希望 **reqwest::Client** 发生重定向——根据文档自定义 HTTP 客户端的行为：

```
1  //! tests/api/helpers.rs
2  // [...]
3
4  impl TestApp {
5      pub async fn post_login<Body>(&self, body: &Body) -> reqwest::Response
6          where
7              Body: serde::Serialize,
8      {
9          reqwest::Client::builder()
10             .redirect(reqwest::redirect::Policy::none())
11             .build()
12             .unwrap()
13             // [...]
14     }
15     // [...]
16 }
```

现在测试应该通过了。

我们可以再进一步——检查 **Location** 请求头的值。

```
1  //! tests/api/helpers.rs
2  // [...]
3
4  // 辅助函数——在本章和下一章中，将多次进行此检查
5  pub fn assert_is_redirect_to(response: &reqwest::Response, location: &str) {
6      assert_eq!(response.status().as_u16(), 303);
7      assert_eq!(response.headers().get("Location").unwrap(), location);
8  }
```

```
1  //! tests/api/login.rs
2  use crate::helpers::assert_is_redirect_to;
3  // [...]
4
5  #[tokio::test]
```

```
6  async fn an_error_flash_message_is_set_on_failure() {
7      // [...]
8
9      // 断言
10     assert_is_redirect_to(&response, "/login");
11 }
```

你应该会看到另一个错误：

```
1  ---- login::an_error_flash_message_is_set_on_failure stdout ----
2  thread 'login::an_error_flash_message_is_set_on_failure' panicked at
3  'assertion failed: `(left == right`
4   left: `"/login?error=Authentication%20failed.&tag=2f8fff5[...]"`,
5   right: `"/login"`'
```

该端点仍然使用查询参数来传递错误消息。现在从请求处理器中删除这个功能：

```
1  //! src/routes/login/post.rs
2  // 现在有几个导入未使用，可以删除
3  // [...]
4
5  #[tracing::instrument(/* */)]
6  pub async fn login(
7      form: web::Form<FormData>,
8      pool: web::Data<PgPool>,
9      // 不再需要`HmacSecret`
10 ) -> Result<HttpResponse, InternalError<LoginError>> {
11     // [...]
12     match validate_credentials().await {
13         Ok() => { /* */ }
14         Err(e) => {
15             let e = match e {
16                 AuthError::InvalidCredentials(_) => LoginError::AuthError(e.into()),
17                 AuthError::UnexpectedError(_) => LoginError::UnexpectedError(e.into()),
18             };
19             let response = HttpResponse::SeeOther()
20                 .insert_header((LOCATION, "/login"))
21                 .finish();
22             Err(InternalError::from_response(e, response))
23         }
24     }
25 }
```

感觉好像我们在退步——你需要有点儿耐心！

测试应该会通过。现在开始了解 Cookie，这引出了一个问题——"设置 Cookie"实际上是什么意思？

通过在响应中添加一个特殊的 HTTP 请求头 **Set-Cookie** 来设置 Cookie。

它的最简形式如下所示：

```
1 Set-Cookie: <cookie-name>=<cookie-value>
```

Set-Cookie 可以被多次指定——每个 Cookie 都可以设置一次。

reqwest 提供了 **get_all** 方法来处理多值请求头：

```
1  //! tests/api/login.rs
2  // [...]
3  use reqwest::header::HeaderValue;
4  use std::collections::HashSet;
5
6  #[tokio::test]
7  async fn an_error_flash_message_is_set_on_failure() {
8      // [...]
9      let cookies: HashSet<_> = response
10         .headers()
11         .get_all("Set-Cookie")
12         .into_iter()
13         .collect();
14     assert!(cookies
15         .contains(&HeaderValue::from_str("_flash=Authentication failed").unwrap())
16     );
17 }
```

说实话，Cookie 是如此普遍，值得拥有一个专门的 API，让我们免去使用原始请求头的痛苦。

reqwest 将此功能锁定在 **cookies** 功能标志的后面——现在启用它：

```
1  #! Cargo.toml
2  # [...]
3  # 使用多行格式，简化表达
4  [dependencies.reqwest]
5  version = "0.11"
6  default-features = false
7  features = ["json", "rustls-tls", "cookies"]
```

```
1  //! tests/api/login.rs
2  // [...]
3  use reqwest::header::HeaderValue;
4  use std::collections::HashSet;
5
6  #[tokio::test]
7  async fn an_error_flash_message_is_set_on_failure() {
8      // [...]
9      let flash_cookie = response.cookies().find(|c| c.name() == "_flash").unwrap();
10     assert_eq!(flash_cookie.value(), "Authentication failed");
11 }
```

如你所见，Cookie API 更加人性化。尽管如此，直接利用它所抽象出的东西还是有价值的，至少一次。

按照预期，测试应该会失败。

10.6.4.10　如何在 actix-web 中设置 Cookie

如何在 **actix-web** 中返回的响应上设置 Cookie？

我们可以直接操作请求头：

```
1  //! src/routes/login/post.rs
2  // [...]
3
4  #[tracing::instrument(/* */)]
5  pub async fn login(/* */) -> Result<HttpResponse, InternalError<LoginError>> {
6      match validate_credentials().await {
7          Ok() => { /* */ }
8          Err(e) => {
9              // [...]
10             let response = HttpResponse::SeeOther()
11                 .insert_header((LOCATION, "/login"))
12                 .insert_header(("Set-Cookie", format!("_flash={e}")))
13                 .finish();
14             Err(InternalError::from_response(e, response))
15         }
16     }
17 }
```

这个改变应该足以使测试通过。

就像 **reqwest** 一样，**actix-web** 提供了一个专门的 Cookie API。**Cookie::new** 接受两个参数——Cookie 的名称和值。我们来使用它：

```
1  //! src/routes/login/post.rs
2  use actix_web::cookie::Cookie;
3  // [...]
4
5  #[tracing::instrument(/* */)]
6  pub async fn login(/* */) -> Result<HttpResponse, InternalError<LoginError>> {
7      match validate_credentials().await {
8          Ok() => { /* */ }
9          Err(e) => {
10             // [...]
11             let response = HttpResponse::SeeOther()
12                 .insert_header((LOCATION, "/login"))
13                 .cookie(Cookie::new("_flash", e.to_string()))
14                 .finish();
15             Err(InternalError::from_response(e, response))
16         }
17     }
18 }
```

测试应该会通过。

10.6.4.11　登录失败的集成测试——第二部分

现在让我们关注故事的另一面——**GET /login**。这里要验证 **_flash** Cookie 中的错误信息，在重定向后是否会被展现在用户登录表单的上方。

首先，在 **TestApp** 中添加一个名为 **get_login_html** 的辅助函数：

```
1  //! tests/api/helpers.rs
2  // [...]
3
4  impl TestApp {
5      // 我们的测试只需要观察 HTML 页面
6      // 因此不需要暴露底层的 reqwest::Response
7      pub async fn get_login_html(&self) -> String {
8          reqwest::Client::new()
9              .get(&format!("{}/login", &self.address))
10             .send()
11             .await
12             .expect("Failed to execute request.")
13             .text()
14             .await
15             .unwrap()
16     }
17     // [...]
18 }
```

然后，扩展现有的测试，将无效凭据提交到 **POST /login** 后调用 **get_login_html**：

```
1  //! tests/api/login.rs
2  // [...]
3
4  #[tokio::test]
5  async fn an_error_flash_message_is_set_on_failure() {
6      // [...]
7      // 执行——第一部分
8      let login_body = serde_json::json!({
9          "username": "random-username",
10         "password": "random-password"
11     });
12     let response = app.post_login(&login_body).await;
13
14     // 断言
15     // [...]
16
17     // 执行——第二部分
18     let html_page = app.get_login_html().await;
19     assert!(html_page.contains(r#"<p><i>Authentication failed</i></p>"#));
20 }
```

测试应该失败了。

目前来看，测试没办法通过：在发送 **GET /login** 请求时，没有带上通过 **POST /login** 设置的 Cookie——在正常情况下，浏览器完成这个任务。**reqwest** 能实现吗？

在默认情况下，它不能实现——但是可以进行配置！只需要将 **true** 传递给 **reqwest::ClientBuilder:: cookie_store**。

然而，有一个注意事项——如果希望 Cookie 传递正常，则必须对所有的 API 请求使用相同的 **reqwest::Client** 实例。这就需要在 **TestApp** 中进行一些重构——目前在每个辅助函数中都创建一个新的 **reqwest::Client** 实例。修改 **TestApp::spawn_app**，创建并存储一个 **reqwest::Client** 实例，然后在所有的辅助函数中使用它。

```rust
1  //! tests/api/helpers.rs
2  // [...]
3
4  pub struct TestApp {
5      // [...]
6      // 新的内容
7      pub api_client: reqwest::Client,
8  }
9
10 pub async fn spawn_app() -> TestApp {
11     // [...]
12     let client = reqwest::Client::builder()
13         .redirect(reqwest::redirect::Policy::none())
14         .cookie_store(true)
15         .build()
16         .unwrap();
17
18     let test_app = TestApp {
19         // [...]
20         api_client: client,
21     };
22     // [...]
23 }
24
25 impl TestApp {
26     pub async fn post_subscriptions(/* */) -> reqwest::Response {
27         self.api_client
28             .post()
29             // [...]
30     }
31
32     pub async fn post_newsletters(/* */) -> reqwest::Response {
33         self.api_client
34             .post()
35             // [...]
36     }
```

```
37
38    pub async fn post_login<Body>(/* */) -> reqwest::Response
39       where
40          Body: serde::Serialize,
41    {
42       self.api_client
43          .post()
44       // [...]
45    }
46
47    pub async fn get_login_html(/* */) -> String {
48       self.api_client
49          .get()
50       // [...]
51    }
52    // [...]
53 }
```

现在 Cookie 传递应该按预期工作了。

10.6.4.12　如何在 actix-web 中读取 Cookie

现在，是时候再次查看 **GET /login** 的请求处理器了。

```
1  //! src/routes/login/get.rs
2  use crate::startup::HmacSecret;
3  use actix_web::http::header::ContentType;
4  use actix_web::{web, HttpResponse};
5  use hmac::{Hmac, Mac, NewMac};
6
7  #[derive(serde::Deserialize)]
8  pub struct QueryParams {
9     error: String,
10    tag: String,
11 }
12
13 impl QueryParams {
14    fn verify(self, secret: &HmacSecret) -> Result<String, anyhow::Error> {
15       /* */
16    }
17 }
18
19 pub async fn login_form(
20    query: Option<web::Query<QueryParams>>,
21    secret: web::Data<HmacSecret>,
22 ) -> HttpResponse {
23    let error_html = match query {
24       None => "".into(),
25       Some(query) => match query.0.verify(&secret) {
26          Ok(error) => {
```

```
27                format!("<p><i>{}</i></p>", htmlescape::encode_minimal(&error))
28            }
29            Err(e) => {
30                tracing::warn!(/* */);
31                "".into()
32            }
33        },
34    };
35    HttpResponse::Ok()
36        .content_type(ContentType::html())
37        .body(format!(/* HTML */,))
38 }
```

首先删除与查询参数及其（加密）验证相关的所有代码：

```
1 //! src/routes/login/get.rs
2 use actix_web::http::header::ContentType;
3 use actix_web::HttpResponse;
4
5 pub async fn login_form() -> HttpResponse {
6    let error_html: String = todo!();
7    HttpResponse::Ok()
8        .content_type(ContentType::html())
9        .body(format!(/* HTML */))
10 }
```

回到起点。抓住这个机会，删除在 HMAC 实现过程中添加的依赖——**sha2**、**hmac** 和 **hex**。

为了访问传入请求的 Cookie，我们需要获取 **HttpRequest** 本身，将其作为 **login_form** 的参数传入：

```
1 //! src/routes/login/get.rs
2 // [...]
3 use actix_web::HttpRequest;
4
5 pub async fn login_form(request: HttpRequest) -> HttpResponse {
6    // [...]
7 }
```

然后可以使用 **HttpRequest::cookie** 根据名称检索 Cookie：

```
1 //! src/routes/login/get.rs
2 // [...]
3
4 pub async fn login_form(request: HttpRequest) -> HttpResponse {
5    let error_html = match request.cookie("_flash") {
6        None => "".into(),
7        Some(cookie) => {
8            format!("<p><i>{}</i></p>", cookie.value())
9        }
10    };
```

```
11    // [...]
12 }
```

现在集成测试应该通过了！

10.6.4.13　如何在 actix-web 中删除 Cookie

如果在登录失败后刷新页面会发生什么？错误消息仍然存在！

如果你打开一个新的标签页并直接导航到 **localhost:8000/login**——**Authentication failed** 将会被显示在登录表单的顶部。

错误消息应该是临时的，所以这不是我们想要的结果。如何解决这个问题？没有 **Unset-cookie** 请求头——如何从用户的浏览器中删除 **_flash** Cookie？

让我们聚焦于 Cookie 的生命周期。

在持久化方面，有两种类型的 Cookie：会话 Cookie 和持久 Cookie。会话 Cookie 被存储在内存中——当会话结束时（即浏览器被关闭了），它们被删除。相反，持久 Cookie 被保存到磁盘上，当重新打开浏览器时它们仍然存在。

一个普通的 **Set-Cookie** 请求头创建一个会话 Cookie。要设置一个持久 Cookie，必须使用 Cookie 属性——可以是 **Max-Age** 或 **Expires**，指定一个过期策略。

Max-Age 是 Cookie 过期前剩余的秒数——例如，**Set-Cookie: _flash=omg; Max-Age=5** 会创建一个持久的 **_flash** Cookie，它将在接下来的 5s 内有效。

Expires 则需要一个日期——例如，**Set-Cookie: _flash=omg; Expires=Thu, 31 Dec 2022 23:59:59 GMT；** 会创建一个在 2022 年年底之前有效的持久 Cookie。

将 **Max-Age** 设置为 0 会指示浏览器立即使 Cookie 过期——这正是我们想要的取消效果。有点儿巧妙？是的，但这就是实际情况。

现在来实现。首先修改集成测试来处理这种情况——如果在第一次重定向后重新加载登录页面，那么错误消息不应该被显示出来：

```
1 //! tests/api/login.rs
2 // [...]
3
4 #[tokio::test]
5 async fn an_error_flash_message_is_set_on_failure() {
6     // 准备
7     // [...]
8     // 执行——第一部分，尝试登录
9     // [...]
10    // 执行——第二部分，跟随重定向
11    // [...]
12    // 执行——第三部分，重新加载登录页面
```

```
13      let html_page = app.get_login_html().await;
14      assert!(!html_page.contains(r#"<p><i>Authentication failed</i></p>"#));
15  }
```

cargo test 应该会报告失败。需要修改请求处理器——必须在响应中使用 **Max-Age=0** 来设置 **_flash** Cookie，以删除在用户浏览器中存储的闪现消息。

```
1  //! src/routes/login/get.rs
2  use actix_web::cookie::{Cookie, time::Duration};
3  //! [...]
4
5  pub async fn login_form(request: HttpRequest) -> HttpResponse {
6      // [...]
7      HttpResponse::Ok()
8          .content_type(ContentType::html())
9          .cookie(
10             Cookie::build("_flash", "")
11                 .max_age(Duration::ZERO)
12                 .finish(),
13         )
14         .body(/* */)
15  }
```

现在测试应该通过了！

通过重构处理器并使用 **add_removal_cookie** 方法来让意图更清晰：

```
1  //! src/routes/login/get.rs
2  use actix_web::cookie::{Cookie, time::Duration};
3  //! [...]
4
5  pub async fn login_form(request: HttpRequest) -> HttpResponse {
6      // [...]
7      let mut response = HttpResponse::Ok()
8          .content_type(ContentType::html())
9          .body(/* */);
10     response
11         .add_removal_cookie(&Cookie::new("_flash", ""))
12         .unwrap();
13     response
14  }
```

在底层，它执行的操作完全相同，但不需要读者去猜想设置 **Max-Age** 为 0 的含义。

10.6.4.14 Cookie 安全性

在处理 Cookie 时，我们会面临哪些安全挑战？

使用 Cookie 仍然可以进行 XSS 攻击，但与查询参数相比，它需要更多的努力——你不能构造一个链接来设置或操纵网站的 Cookie。

尽管如此，简单地使用 Cookie 仍然会让我们暴露在攻击者面前。

那么，可以对 Cookie 发起哪种类型的攻击呢？

从广义上说，我们希望防止攻击者篡改 Cookie（即完整性）或窃取其内容（即机密性）。

首先，通过不安全的连接（使用的是 HTTP，而不是 HTTPS）传输 Cookie 导致我们容易受到中间人攻击——浏览器向服务器发送的请求可能会被拦截、读取并被任意修改内容。

第一道防线是 API——它应该拒绝在未加密的通道上传输的请求。通过将新创建的 Cookie 标记为 **Secure**，我们可以获得额外的防御层：告诉浏览器只能在通过安全连接传输的请求中添加 Cookie。

对 Cookie 的机密性和完整性的第二个主要威胁是 JavaScript：在客户端运行的脚本可以与 Cookie 存储进行交互，读取/修改现有的 Cookie 或设置新的 Cookie。作为一个经验法则，最低权限策略是一个很好的默认选择：除非有充分的理由，否则 Cookie 对脚本应该是不可见的。我们可以将新创建的 Cookie 标记为 **Http-Only**，把它们隐藏起来，不让客户端代码看到——浏览器将像往常一样存储它们并将其添加到所发出的请求中，但脚本将无法看到它们。

Http-Only 是一个很好的默认选择，但并非万能的解决方案——JavaScript 代码可能无法访问 **Http-Only** Cookie，但有办法覆盖它们[1]并欺骗后端执行一些意外的或不希望的操作。

最后一点也很重要，用户也可能构成威胁！他们可以利用浏览器提供的开发者工具自由地操纵 Cookie 的内容。当涉及其他类型的 Cookie 时（例如身份验证会话，稍后会讨论），这可能不是一个问题。

我们应该有多级防御。

我们已经知道了一种方法来确保完整性，而无论前端发生了什么，对吧？

消息认证码（MAC）被用来保护查询参数！带有 HMAC 标签的 Cookie 值通常被称为"签名 Cookie"。通过在后端验证标签，可以确保签名 Cookie 的值没有被篡改，就像我们为查询参数所做的那样。

10.6.4.15　actix-web-flash-messages

我们可以使用 **actix-web** 提供的 Cookie API 来加强基于 Cookie 的闪现消息实现——有些事情很直观（**Secure**、**Http-Only**），其他则需要做更多的工作（**HMAC**），但只要付出一些努力，就可以实现。

在讨论查询参数时，我们已经深入介绍了 HMAC 标签，因此，如果从头开始实现签名 Cookie，

1　一种被称为"cookie jar 溢出"的攻击可以删除预先存在的 **Http-Only** Cookie。然后，这些 Cookie 可以被覆盖为由恶意脚本设置的值。

则收益不大。相反，我们将引入 actix-web 社区生态系统中的一个包：**actix-web-flash-messages**[1]。

actix-web-flash-messages 提供了一个框架，用于在 **actix-web** 中处理闪现消息，其在很大程度上借鉴了 **Django** 的消息框架。

将它添加到依赖项中：

```
1  #! Cargo.toml
2  # [...]
3  [dependencies]
4  actix-web-flash-messages = { version = "0.4", features = ["cookies"] }
5  # [...]
```

要使用闪现消息进行实验，需要在 actix_web 的应用程序上将 **FlashMessagesFramework** 注册为中间件：

```
1  //! src/startup.rs
2  // [...]
3  use actix_web_flash_messages::FlashMessagesFramework;
4
5  fn run(/* */) -> Result<Server, std::io::Error> {
6      // [...]
7      let message_framework = FlashMessagesFramework::builder(todo!()).build();
8      let server = HttpServer::new(move || {
9          App::new()
10             .wrap(message_framework.clone())
11             .wrap(TracingLogger::default())
12         // [...]
13     })
14     // [...]
15 }
```

FlashMessagesFramework::builder 需要一个存储后端作为参数——应该将闪现消息存储在哪里，以及从哪里检索闪现消息？

actix-web-flash-messages 提供了一个基于 Cookie 的实现，即 **CookieMessageStore**。

```
1  //! src/startup.rs
2  // [...]
3  use actix_web_flash_messages::storage::CookieMessageStore;
4
5  fn run(/* */) -> Result<Server, std::io::Error> {
6      // [...]
7      let message_store = CookieMessageStore::builder(todo!()).build();
8      let message_framework = FlashMessagesFramework::builder(message_store).build();
9      // [...]
10 }
```

---

1 全面披露：我是 **actix-web-flash-messages** 的作者。

CookieMessageStore 要求被用作存储的 Cookie 必须是签名的，因此必须为它的构建提供一个密钥。我们可以重用在处理查询参数的 HMAC 标签时引入的 **hmac_secret**：

```
1  //! src/startup.rs
2  // [...]
3  use secrecy::ExposeSecret;
4  use actix_web::cookie::Key;
5
6  fn run(/* */) -> Result<Server, std::io::Error> {
7      // [...]
8      let message_store = CookieMessageStore::builder(
9          Key::from(hmac_secret.expose_secret().as_bytes())
10     ).build();
11     // [...]
12 }
```

现在可以开始发送 **FlashMessage** 了。

每个 **FlashMessage** 都有一个消息级别和内容字符串。其中，消息级别可被用于过滤和渲染。例如：

- 在生产环境中，只显示 **info** 及以上级别的闪现消息，同时在本地开发中保留 **debug** 级别的消息；

- 在用户界面中使用不同的颜色来显示消息（例如，用红色表示错误，用橙色表示警告等）。

我们可以重新设计 **POST /login** 来发送一个 **FlashMessage**：

```
1  //! src/routes/login/post.rs
2  // [...]
3  use actix_web_flash_messages::FlashMessage;
4
5  #[tracing::instrument(/* */)]
6  pub async fn login(/* */) -> Result</* */> {
7      // [...]
8      match validate_credentials(/* */).await {
9          Ok(/* */) => { /* */ }
10         Err(e) => {
11             let e = /* */;
12             FlashMessage::error(e.to_string()).send();
13             let response = HttpResponse::SeeOther()
14                 // 现在这里没有 Cookie 了
15                 .insert_header((LOCATION, "/login"))
16                 .finish();
17             // [...]
18         }
19     }
20 }
```

FlashMessagesFramework 中间件在幕后处理所有繁重的工作——创建 Cookie，对其进行签名，设置正确的属性等。

还可以将多条闪现消息添加到单个响应中——框架会处理它们在存储层中的组合和展现方式。

那么，接收端如何工作？我们如何在 **GET /login** 中读取所传入的闪现消息？

可以使用 **IncomingFlashMessages** 提取器：

```rust
//! src/routes/login/get.rs
// [...]
use actix_web_flash_messages::{IncomingFlashMessages, Level};
use std::fmt::Write;

// 不再需要访问原始的请求了
pub async fn login_form(flash_messages: IncomingFlashMessages) -> HttpResponse {
    let mut error_html = String::new();
    for m in flash_messages.iter().filter(|m| m.level() == Level::Error) {
        writeln!(error_html, "<p><i>{}</i></p>", m.content()).unwrap();
    }
    HttpResponse::Ok()
        // 没有可以删除的 Cookie 了
        .content_type(ContentType::html())
        .body(format!(/* */))
}
```

需要对代码做一些改动，以适应可能收到多条闪现消息的情况，但总体上几乎是相同的。特别是不再需要处理 Cookie API，无论是检索所传入的闪现消息，还是确保在读取后将其清除——**actix-web-flash-messages** 会处理这些事情。在调用请求处理器之前，还会在后台验证 Cookie 签名的有效性。

那么测试呢？

测试失败了。

```
---- login::an_error_flash_message_is_set_on_failure stdout ----
thread 'login::an_error_flash_message_is_set_on_failure' panicked at
'assertion failed: `(left == right)`
  left: `"Ik4JlkXTiTlc507ERzy2Ob4Xc4qXAPzJ7MiX6EB04c4%3D%5B%7B%2[...]"`,
 right: `"Authentication failed"`
```

我们的断言和实现细节有点儿绑定了——应该只验证所渲染的 HTML 页面是否包含（或不包含）预期的错误消息。修改测试代码：

```rust
//! tests/api/login.rs
// [...]

#[tokio::test]
async fn an_error_flash_message_is_set_on_failure() {
    // 准备
    // [...]
```

```
8      // 执行——第一部分，尝试登录
9      // [...]
10     // 断言
11     // 不再断言有关 Cookie 的内容
12     assert_is_redirect_to(&response, "/login");
13
14     // 执行——第二部分，跟随重定向
15     let html_page = app.get_login_html().await;
16     assert!(html_page.contains("<p><i>Authentication failed</i></p>"));
17
18     // 执行——第三部分，重新加载登录页面
19     let html_page = app.get_login_html().await;
20     assert!(!html_page.contains("<p><i>Authentication failed</i></p>"));
21 }
```

现在，测试应该通过了。

10.7　会话

前面我们专注于在登录失败后，应该发生什么。现在是时候改变了：在成功登录后，我们希望看到什么？

认证的目的是限制访问功能的权限——在我们的案例中，就是向整个邮件列表发送新一期邮件简报的能力。我们想建立一个管理面板——**/admin/dashboard** 页面，仅限于登录的用户，可以访问所有的管理功能。

我们将分阶段实现这一目标。作为第一个里程碑，我们希望：

- 在登录成功后重定向到 **/admin/dashboard**，显示 **Welcome <username>!** 欢迎信息；
- 如果用户试图直接访问 **/admin/dashboard**，但没有登录，他们将被重定向到登录页面。

这个就需要会话了。

10.7.1　基于会话的身份验证

基于会话的身份验证是一种避免要求用户在每个页面上都提供密码的策略。通过登录表单对用户进行一次认证：如果成功，服务器将会生成一个一次性的密钥——一个认证的会话令牌[1]。

后台应用程序接口将接收会话令牌，而不是用户名/密码组合，并允许访问权限内的功能。在每次请求时都必须提供会话令牌，这就是把会话令牌存储为 Cookie 的原因。浏览器会确保将 Cookie 添加到 API 的所有发出的请求中。

---

[1] 后端 API 将接收会话令牌，而不是用户名和密码，并允许访问受限的功能。会话令牌必须在每次请求时提供，这就是会话令牌被存储为 Cookies 的原因。浏览器将确保把 Cookie 添加到所有对外发出的 API 请求中。

从安全的角度来看，一个有效的会话令牌和相应的认证密钥一样强大，例如，用户名/密码组合、生物识别或通用第二因素。我们必须非常小心，避免将会话令牌暴露给攻击者。

OWASP 提供了关于如何保护会话的全面指导[1]——在接下来的章节中，将对其中的大部分建议进行实践。

10.7.2 会话存储

本节我们开始考虑实现的问题。

基于目前所讨论的内容，我们需要 API 在成功登录后生成一个会话令牌。会话令牌的值必须是不可预测的——我们不希望攻击者能够生成或猜测出一个有效的会话令牌[2]。OWASP 建议使用密码学安全伪随机数生成器（CSPRNG）。

光有随机性是不够的，还需要唯一性。如果两个用户的会话令牌一样的话，就会很麻烦：

- 我们可能会授予这两个人中的一个人更高的权限，而不是他们应得的权限；
- 我们可能会暴露个人信息或机密信息，如姓名、电子邮件地址、过去的活动等。

我们需要会话存储——服务器必须记住它所生成的令牌，以便为已登录用户的未来请求授权。我们还希望将信息与每个活跃会话相关联——这被称为"会话状态"。

10.7.3 选择会话存储

在一个会话的生命周期中，我们需要执行以下操作：

- 创建，当用户登录时创建会话；
- 查询，从传入请求的 Cookie 中查询会话令牌；
- 更新，当登录的用户执行一些导致其会话状态发生改变的操作时更新会话；
- 删除，当用户注销时删除会话。

这些操作通常被称为 CRUD（创建、查询、更新、删除）。

我们还需要某种形式的过期策略——会话是短暂的。如果没有一种清理机制，那么最终将导致过期/陈旧的会话比活跃会话占用更多的空间。

10.7.3.1 Postgres

Postgres 会是一种可行的会话存储方案吗？

---

1 参见"链接 10-4"。

2 一个常见的实现不好的会话例子是使用单调递增的整数作为会话令牌，例如 6、7、8 等。通过修改浏览器中存储的 Cookie 来"探索"附近的数字是非常容易的，这样会找到另一个已登录的用户——恭喜，登录成功！但这并不好。

我们可以创建一个新的会话表，将令牌作为主键——这是一种确保令牌唯一性的简单方法。对于会话状态，则有如下选择：

- 经典的关系模型，使用范式化的模式（也就是处理应用程序状态存储的方式）；
- 一个 **state** 列，内容是键值对的列表，使用 **jsonb** 数据类型。

遗憾的是，Postgres 中没有内置的行过期机制。我们必须添加一个 **expires_at** 列，并定期触发一个清理作业来清除陈旧的会话——这有点儿麻烦。

10.7.3.2　Redis

在谈到会话存储时，Redis 是另一种流行的选择。

Redis 是一个内存数据库——它使用内存而不是磁盘进行存储，牺牲持久性换取速度。它适用于可以被建模为键值对的数据。它还提供了对过期的原生支持——我们可以给所有的键添加一个存活时间，Redis 会负责处理。

那么，如何在会话中使用 Redis 呢？

我们的应用程序不需要批量操作会话——总是一次只处理一个会话，可以用会话令牌来识别。因此可以将会话令牌作为键，而值是会话状态，用 JSON 表示——应用程序负责序列化/反序列化。会话是短暂的——使用内存而不是磁盘进行持久化，没有必要担心，速度也能得到提升。

你可能已经猜到了，我们将使用 Redis 作为会话存储的实现。

10.7.4　actix-session

actix-session 为 **actix-web** 应用程序提供会话管理。把 **actix-session** 添加到依赖项中：

```
1  #! Cargo.toml
2  # [...]
3  [dependencies]
4  # [...]
5  actix-session = "0.6"
```

actix-session 中的关键类型是 **SessionMiddleware**——它负责加载会话数据，跟踪状态的变化，并在请求/响应生命周期结束时将其持久化。为了构建 **SessionMiddleware** 的实例，我们需要提供一个存储后端和一个密钥对会话 Cookie 进行签名（或加密）。这种方法与 **actix-web-flash-messages** 中的 **FlashMessagesFramework** 使用的方法非常相似。

```
1  //! src/startup.rs
2  // [...]
3  use actix_session::SessionMiddleware;
4
5  fn run(
6     // [...]
```

```
7    ) -> Result<Server, std::io::Error> {
8        // [...]
9        let secret_key = Key::from(hmac_secret.expose_secret().as_bytes());
10       let message_store = CookieMessageStore::builder(secret_key.clone()).build();
11       // [...]
12       let server = HttpServer::new(move || {
13           App::new()
14               .wrap(message_framework.clone())
15               .wrap(SessionMiddleware::new(todo!(), secret_key.clone()))
16               .wrap(TracingLogger::default())
17           // [...]
18       })
19       // [...]
20   }
```

　　actix-session 在存储方面是相当灵活的——你可以通过实现 **SessionStore** 特质进行定制化。它还提供了一些开箱即用的特性，其中很多特性拥有开关，包括 Redis 后端。下面来开启它：

```
1    #! Cargo.toml
2    # [...]
3    [dependencies]
4    # [...]
5    actix-session = { version = "0.6", features = ["redis-rs-tls-session"] }
```

　　现在可以访问 **RedisSessionStore** 了。要新建一个 **RedisSessionStore**，必须传递一个 Redis 连接字符串作为输入——将 **redis_uri** 添加到配置结构体中：

```
1    //! src/configuration.rs
2    // [...]
3
4    #[derive(serde::Deserialize, Clone)]
5    pub struct Settings {
6        // [...]
7        // 还没有为 Redis 创建一个单独的 Settings 结构体
8        // 先看看是否需要比 URI 更多的东西
9        // URI 被标记为加密，因为它可能嵌入了一个 password
10       pub redis_uri: Secret<String>,
11   }
```

```
1    # configuration/base.yaml
2    # 6379 is Redis' default port
3    redis_uri: "redis://127.0.0.1:6379"
4    # [...]
```

　　使用 **redis_uri** 来构建一个 **RedisSessionStore** 的实例：

```
1    //! src/startup.rs
2    // [...]
3    use actix_session::storage::RedisSessionStore;
4
5    impl Application {
```

```
6      // 现在是异步的！返回 anyhow::Error 而不是 std::io::Error
7      pub async fn build(configuration: Settings) -> Result<Self, anyhow::Error> {
8          // [...]
9          let server = run(
10             // [...]
11             configuration.redis_uri
12         ).await?;
13         // [...]
14     }
15 }
16
17 // 现在是异步的
18 async fn run(
19     // [...]
20     redis_uri: Secret<String>,
21 // 返回 anyhow::Error 而不是 std::io::Error
22 ) -> Result<Server, anyhow::Error> {
23     // [...]
24     let redis_store = RedisSessionStore::new(redis_uri.expose_secret()).await?;
25     let server = HttpServer::new(move || {
26         App::new()
27             .wrap(message_framework.clone())
28             .wrap(SessionMiddleware::new(redis_store.clone(), secret_key.clone()))
29             .wrap(TracingLogger::default())
30             // [...]
31     })
32     // [...]
33 }
```

```
1 //! src/main.rs
2 // [...]
3
4 #[tokio::main]
5 // 现在是 anyhow::Result 而不是 std::io::Error
6 async fn main() -> anyhow::Result<()> {
7     // [...]
8 }
```

是时候添加一个正在运行的 Redis 实例了。

10.7.4.1　在开发环境中配置 Redis

我们需要在持续集成流水线中与 Postgres 容器一起运行一个 Redis 容器——查看更新后的 YAML 文件[1]。

还需要在开发机器上运行一个 Redis 容器来执行测试套件和启动应用程序。下面添加一个脚本

---

1 参见"链接 10-3"。

来启动它：

```
1  # scripts/init_redis.sh
2  #!/usr/bin/env bash
3  set -x
4  set -eo pipefail
5
6  # 如果 Redis 容器正处于运行中，则打印指令，杀死进程后退出
7  RUNNING_CONTAINER=$(docker ps --filter 'name=redis' --format '{{.ID}}')
8  if [[ -n $RUNNING_CONTAINER ]]; then
9    echo >&2 "there is a redis container already running, kill it with"
10   echo >&2 " docker kill ${RUNNING_CONTAINER}"
11   exit 1
12 Fi
13
14 # 通过 Docker 启动 Redis
15 docker run \
16    -p "6379:6379" \
17    -d \
18    --name "redis_$(date '+%s')" \
19    redis:6
20
21 echo >&2 "Redis is ready to go!"
```

调整脚本为可执行的，然后启动：

```
1  chmod +x ./scripts/init_redis.sh
2  ./script/init_redis.sh
```

10.7.4.2　在 DigitalOcean 上配置 Redis

DigitalOcean 不支持通过 **spec.yaml** 文件创建开发 Redis 集群，但可以通过它们的仪表板创建一个新的 Redis 集群，确保选择部署应用程序的数据中心。一旦创建了集群，你就必须通过一个快速的"Get started"流程来配置一些内容（如信任源、淘汰策略等）。

在"Get started"流程的最后，你能够将一个字符串连接复制到新的 Redis 实例。字符串连接中包含了用户名和密码，因此必须要保密。我们将使用一个环境值将它的值注入应用程序中——在应用程序控制台的设置面板中设置 **APP_REDIS_URI**。

10.7.5　管理仪表板

会话存储现在已经启动并运行，是时候对它进行实际操作了。

为新的页面创建一个管理仪表板：

```
1  //! src/routes/admin/mod.rs
2  mod dashboard;
3
4  pub use dashboard::admin_dashboard;
```

```
1  //! src/routes/admin/dashboard.rs
2  use actix_web::HttpResponse;
3
4  pub async fn admin_dashboard() -> HttpResponse {
5      HttpResponse::Ok().finish()
6  }
```

```
1  //! src/routes/mod.rs
2  // [...]
3  mod admin;
4  pub use admin::*;
```

```
1   //! src/startup.rs
2   use crate::routes::admin_dashboard;
3   // [...]
4   async fn run(/* */) -> Result<Server, anyhow::Error> {
5       // [...]
6       let server = HttpServer::new(move || {
7           App::new()
8               // [...]
9               .route("/admin/dashboard", web::get().to(admin_dashboard))
10              // [...]
11      })
12      // [...]
13  }
```

10.7.5.1　登录成功后重定向

我们开始实现第一个里程碑：

> 在登录成功后重定向到**/admin/dashboard**，显示 **Welcome <username>!** 欢迎信息。

我们可以在集成测试中驱动需求：

```
1   //! tests/api/login.rs
2   // [...]
3
4   #[tokio::test]
5   async fn redirect_to_admin_dashboard_after_login_success() {
6       // 准备
7       let app = spawn_app().await;
8
9       // 执行——第一部分，登录
10      let login_body = serde_json::json!({
11          "username": &app.test_user.username,
12          "password": &app.test_user.password
13      });
14      let response = app.post_login(&login_body).await;
15      assert_is_redirect_to(&response, "/admin/dashboard");
```

```
16
17      // 执行——第二部分，跟随重定向
18      let html_page = app.get_admin_dashboard().await;
19      assert!(html_page.contains(&format!("Welcome {}", app.test_user.username)));
20  }
```

```
1  //! tests/api/helpers.rs
2  // [...]
3
4  impl TestApp {
5      // [...]
6      pub async fn get_admin_dashboard(&self) -> String {
7          self.api_client
8              .get(&format!("{}/admin/dashboard", &self.address))
9              .send()
10             .await
11             .expect("Failed to execute request.")
12             .text()
13             .await
14             .unwrap()
15     }
16 }
```

测试应该会失败：

```
1  ---- login::redirect_to_admin_dashboard_after_login_success stdout ----
2  thread 'login::redirect_to_admin_dashboard_after_login_success' panicked at
3  'assertion failed: `(left == right)`
4    left: `"/"`,
5   right: `"/admin/dashboard"`'
```

通过第一个断言是很容易的——只需要修改 **POST /login** 返回的响应中的 **Location** 请求头：

```
1  //! src/routes/login/post.rs
2  // [...]
3
4  #[tracing::instrument(/* */)]
5  pub async fn login(/* */) -> Result</* */> {
6      // [...]
7      match validate_credentials(/* */).await {
8          Ok(/* */) => {
9              // [...]
10             Ok(HttpResponse::SeeOther()
11                 .insert_header((LOCATION, "/admin/dashboard"))
12                 .finish())
13         }
14         // [...]
15     }
16 }
```

现在测试将在第二个断言中失败：

```
1  ---- login::redirect_to_admin_dashboard_after_login_success stdout ----
2  thread 'login::redirect_to_admin_dashboard_after_login_success' panicked at
3  'assertion failed: html_page.contains(...)',
```

是时候使用会话了。

10.7.5.2　会话

用户在 **POST /login** 返回后将会被重定向到 **GET /admin/dashboard**，我们就在此时对用户进行识别——这是一个完美的会话用例。

我们将在 **login** 中把用户标识符存储到会话状态中，然后从 **admin_dashboard** 的会话状态中获取它。

我们需要熟悉 **Session**，这是 **actix_session** 的第二种关键类型。

SessionMiddleware 完成了检查传入请求中的会话 Cookie 的所有繁重工作——如果有的话，就从存储后端加载相应的会话状态，否则新建一个空的会话状态。

然后，我们可以使用 **Session** 作为提取器，在请求处理器中与该状态进行交互。

下面看看它在 **POST /login** 中是如何使用的：

```rust
1  //! src/routes/login/post.rs
2  use actix_session::Session;
3  // [...]
4
5  #[tracing::instrument(
6      skip(form, pool, session),
7      // [...]
8  )]
9  pub async fn login(
10     // [...]
11     session: Session,
12 ) -> Result</* */> {
13     // [...]
14     match validate_credentials(/* */).await {
15         Ok(user_id) => {
16             // [...]
17             session.insert("user_id", user_id);
18             Ok(HttpResponse::SeeOther()
19                 .insert_header((LOCATION, "/admin/dashboard"))
20                 .finish())
21         }
22         // [...]
23     }
24 }
```

```toml
1  #! Cargo.toml
2  # [...]
```

```
3  [dependencies]
4  # We need to add the `serde` feature
5  uuid = { version = "1", features = ["v4", "serde"] }
```

你可以把 **Session** 看作是 **HashMap** 的近似——根据 **String** 键插入和查询值。

传入的值必须是可序列化的——**actix-session** 在背后将它们转换为 JSON。这就是为什么必须将 **serde** 特性添加到 **uuid** 依赖中。

序列化可能会失败——如果运行 **cargo check**，你将会看到编译器的警告，因为没有处理 **session.insert** 返回的结果。现在来处理它吧：

```
1  //! src/routes/login/post.rs
2  // [...]
3  #[tracing::instrument(/* */)]
4  pub async fn login(/* */) -> Result<HttpResponse, InternalError<LoginError>> {
5      // [...]
6      match validate_credentials(/* */).await {
7          Ok(user_id) => {
8              // [...]
9              session
10                 .insert("user_id", user_id)
11                 .map_err(|e| login_redirect(LoginError::UnexpectedError(e.into())))?;
12             // [...]
13         }
14         Err(e) => {
15             let e = match e {
16                 AuthError::InvalidCredentials(_) => LoginError::AuthError(e.into()),
17                 AuthError::UnexpectedError(_) => LoginError::UnexpectedError(e.into()),
18             };
19             Err(login_redirect(e))
20         }
21     }
22 }
23
24 // 重定向到带有错误信息的登录页面
25 fn login_redirect(e: LoginError) -> InternalError<LoginError> {
26     FlashMessage::error(e.to_string()).send();
27     let response = HttpResponse::SeeOther()
28         .insert_header((LOCATION, "/login"))
29         .finish();
30     InternalError::from_response(e, response)
31 }
```

如果出了问题，用户将被重定向到 **/login** 页面，并给出适当的错误信息。

不过，**Session::insert** 实际上是做什么的？

对 **Session** 进行的所有操作都是在内存中执行的——它们不影响存储后端所看到的会话状态。在处理器返回响应后，**SessionMiddleware** 会检查 **Session** 的内存状态——如果有变化，它将调用 Redis 更新（或创建）该状态。如果没有会话 Cookie，它还将负责在客户端设置一个会话 Cookie。

但它能起作用吗？我们尝试在 **Session** 中获得 **user_id**：

```
1   //! src/routes/admin/dashboard.rs
2   use actix_session::Session;
3   use actix_web::{web, HttpResponse};
4   use uuid::Uuid;
5
6   // 返回一个不透明的 500，同时保留错误的根本原因，以便记录
7   fn e500<T>(e: T) -> actix_web::Error
8       where
9           T: std::fmt::Debug + std::fmt::Display + 'static
10  {
11      actix_web::error::ErrorInternalServerError(e)
12  }
13
14  pub async fn admin_dashboard(
15      session: Session
16  ) -> Result<HttpResponse, actix_web::Error> {
17      let _username = if let Some(user_id) = session
18          .get::<Uuid>("user_id")
19          .map_err(e500)?
20      {
21          todo!()
22      } else {
23          todo!()
24      };
25      Ok(HttpResponse::Ok().finish())
26  }
```

当使用 **Session::get** 时，必须指定会话状态反序列化的类型——在上面的例子中是 **Uuid**。反序列化可能会失败，所以必须处理失败的场景。

现在有了 **user_id**，可以用它来获取用户名并返回"Welcome{username}!"消息。

```
1   //! src/routes/admin/dashboard.rs
2   // [...]
3   use actix_web::http::header::ContentType;
4   use actix_web::web;
5   use anyhow::Context;
6   use sqlx::PgPool;
7
8   pub async fn admin_dashboard(
9       session: Session,
10      pool: web::Data<PgPool>,
11  ) -> Result<HttpResponse, actix_web::Error> {
12      let username = if let Some(user_id) = session
```

```
13          .get::<Uuid>("user_id")
14          .map_err(e500)?
15      {
16          get_username(user_id, &pool).await.map_err(e500)?
17      } else {
18          todo!()
19      };
20      Ok(HttpResponse::Ok()
21          .content_type(ContentType::html())
22          .body(format!(
23              r#"<!DOCTYPE html>
24  <html lang="en">
25  <head>
26      <meta http-equiv="content-type" content="text/html; charset=utf-8">
27      <title>Admin dashboard</title>
28  </head>
29  <body>
30      <p>Welcome {username}!</p>
31  </body>
32  </html>"#
33          )))
34  }
35
36  #[tracing::instrument(name = "Get username", skip(pool))]
37  async fn get_username(
38      user_id: Uuid,
39      pool: &PgPool,
40  ) -> Result<String, anyhow::Error> {
41      let row = sqlx::query!(
42          r#"
43          SELECT username
44          FROM users
45          WHERE user_id = $1
46          "#,
47          user_id,
48      )
49      .fetch_one(pool)
50      .await
51      .context("Failed to perform a query to retrieve a username.")?;
52      Ok(row.username)
53  }
```

集成测试通过了！

不过，还没有完成——目前而言，登录流程有可能会受到会话固定攻击的影响。

会话可用于认证以外的其他用途——例如，在访客模式下购物时，跟踪哪些物品已被添加到购物车中。这意味着用户可能与匿名会话相关联，而在他们通过认证后，又与特权会话相关联。这一点可以被攻击者所利用。

网站全力地防止攻击者盗取会话令牌，这导致了另一种攻击策略——在用户登录之前，在他们的浏览器中植入一个已知的会话令牌，等待认证发生，然后成功了！这就是所谓的攻击！

我们可以采取一种简单的策略来破坏这种攻击——在用户登录时轮换会话令牌。

这是一种非常普遍的做法，你会发现所有主流 Web 框架的会话管理 API 都支持它，包括 **actix-session**，通过 **Session::renew**。下面把它添加进来：

```
//! src/routes/login/post.rs
// [...]
#[tracing::instrument(/* */)]
pub async fn login(/* */) -> Result<HttpResponse, InternalError<LoginError>> {
    // [...]
    match validate_credentials(/* */).await {
        Ok(user_id) => {
            // [...]
            session.renew();
            session
                .insert("user_id", user_id)
                .map_err(|e| login_redirect(LoginError::UnexpectedError(e.into())))?;
            // [...]
        }
        // [...]
    }
}
```

现在放心多了！

10.7.5.3　Session 的类型接口

Session 是强大的，但仅将其作为基础来构建应用程序状态处理时，它是脆弱的。我们使用基于字符串的 API 访问数据，小心地在插入与查询中使用相同的键和类型。当状态非常简单时，它可以工作，但是如果有几条访问相同数据的路由，那么它很快会变得一团糟。那么，当系统演进时，如何确保更新了所有的路由？如何防止因打字错误而引起生产故障？

测试很有用，但我们可以使用类型系统彻底解决问题。我们将在 **Session** 之上构建一个强类型的 API 来访问和修改状态——在请求处理器中不再有字符串键和类型转换。

Session 是一个外部类型（在 **actix-session** 中定义），因此必须使用扩展特质模式：

```
//! src/lib.rs
// [...]
pub mod session_state;
```

```
//! src/session_state.rs
use actix_session::Session;
use uuid::Uuid;
```

```
4
5   pub struct TypedSession(Session);
6
7   impl TypedSession {
8       const USER_ID_KEY: &'static str = "user_id";
9
10      pub fn renew(&self) {
11          self.0.renew();
12      }
13
14      pub fn insert_user_id(&self, user_id: Uuid) -> Result<(), serde_json::Error> {
15          self.0.insert(Self::USER_ID_KEY, user_id)
16      }
17
18      pub fn get_user_id(&self) -> Result<Option<Uuid>, serde_json::Error> {
19          self.0.get(Self::USER_ID_KEY)
20      }
21  }
```

```
1   #! Cargo.toml
2   # [...]
3   [dependencies]
4   serde_json = "1"
5   # [...]
```

请求处理器会如何建立 **TypedSession** 的实例？

我们可以提供一个以 **Session** 为参数的构造函数。另一种选择是让 **TypedSession** 本身成为一个 **actix-web** 提取器——试试吧！

```
1   //! src/session_state.rs
2   // [...]
3   use actix_session::SessionExt;
4   use actix_web::dev::Payload;
5   use actix_web::{FromRequest, HttpRequest};
6   use std::future::{Ready, ready};
7
8   impl FromRequest for TypedSession {
9       // 这是一种复杂的方式：我们返回的错误与`Session`的`FromRequest`实现返回的错误相同
10      type Error = <Session as FromRequest>::Error;
11      // Rust 还不支持特质中的`async`语法
12      // 从请求中期望一个`Future`作为返回类型，以允许使用需要执行异步操作的提取器（如 HTTP 调用）
13      // 我们还没有`Future`，因为不执行任何 I/O，所以把`TypedSession`包装成`Ready`
14      // 然后把它转换成一个`Future`，在执行器第一次轮询时解析为包装的值
15      type Future = Ready<Result<TypedSession, Self::Error>>;
16
17      fn from_request(req: &HttpRequest, _payload: &mut Payload) -> Self::Future {
18          ready(Ok(TypedSession(req.get_session())))
19      }
20  }
```

　　它只有 3 行，但会让你接触到一些新的 Rust 概念/结构。花点儿时间逐行理解代码——如果你愿意，可以先理解要点，以后再回来进行深入研究！

　　现在可以在请求处理器中将 **Session** 转换成 **TypedSession**：

```
1  //! src/routes/login/post.rs
2  // 现在可以删除导入的`Session`了
3  use crate::session_state::TypedSession;
4  // [...]
5
6  #[tracing::instrument(/* */)]
7  pub async fn login(
8      // [...]
9      // 将`Session`转换成`TypedSession`
10     session: TypedSession,
11 ) -> Result</* */> {
12     // [...]
13     match validate_credentials(/* */).await {
14         Ok(user_id) => {
15             // [...]
16             session.renew();
17             session
18                 .insert_user_id(user_id)
19                 .map_err(|e| login_redirect(LoginError::UnexpectedError(e.into())))?;
20             // [...]
21         }
22         // [...]
23     }
24 }
```

```
1  //! src/routes/admin/dashboard.rs
2  // 现在可以删除导入的`Session`了
3  use crate::session_state::TypedSession;
4  // [...]
5
6  pub async fn admin_dashboard(
7      // 将`Session`转换成`TypedSession`
8      session: TypedSession,
9      // [...]
10 ) -> Result</* */> {
11     let username = if let Some(user_id) = session.get_user_id().map_err(e500)? {
12         // [...]
13     } else {
14         todo!()
15     };
16     // [...]
17 }
```

　　测试套件通过了！

10.7.5.4 拒绝未认证的用户

我们现在可以实现第二个里程碑：

> 如果用户试图直接访问 **/admin/dashboard**，但没有登录，他们将被重定向到登录页面。

与往常一样，在集成测试中驱动需求：

```
1  //! tests/api/admin_dashboard.rs
2  use crate::helpers::{spawn_app, assert_is_redirect_to};
3
4  #[tokio::test]
5  async fn you_must_be_logged_in_to_access_the_admin_dashboard() {
6      // 准备
7      let app = spawn_app().await;
8
9      // 执行
10     let response = app.get_admin_dashboard_html().await;
11
12     // 断言
13     assert_is_redirect_to(&response, "/login");
14  }
```

```
1   //! tests/api/helpers.rs
2   //!
3   impl TestApp {
4       // [...]
5       pub async fn get_admin_dashboard(&self) -> reqwest::Response {
6           self.api_client
7               .get(&format!("{}/admin/dashboard", &self.address))
8               .send()
9               .await
10              .expect("Failed to execute request.")
11      }
12
13      pub async fn get_admin_dashboard_html(&self) -> String {
14          self.get_admin_dashboard().await.text().await.unwrap()
15      }
16  }
```

测试应该失败了——处理器报错。

我们可以通过完成 todo!() 来解决问题：

```
1  //! src/routes/admin/dashboard.rs
2  use actix_web::http::header::LOCATION;
3  // [...]
4
5  pub async fn admin_dashboard(
6      session: TypedSession,
```

```
7      pool: web::Data<PgPool>,
8  ) -> Result<HttpResponse, actix_web::Error> {
9      let username = if let Some(user_id) = session.get_user_id().map_err(e500)? {
10         // [...]
11     } else {
12         return Ok(HttpResponse::SeeOther()
13             .insert_header((LOCATION, "/login"))
14             .finish());
15     };
16     // [...]
17 }
```

现在，测试应该通过了。

10.8　种子用户

现在，在测试套件中，一切看起来都很好。

我们没有对最新的功能做任何探索性测试——在开始研究正常流程的同时，我们或多或少停止了在浏览器中的操作。这并不是巧合——目前，我们无法执行正常流程。

数据库中没有用户，也没有管理员的注册流程。也就是说，应用程序的拥有者会以某种方式成为邮件简报的第一个管理员[1]。

现在，是时候实现这个目标了！

我们将创建一个种子用户——通过迁移，在首次部署应用程序时，在数据库中创建一个用户。种子用户将有一个预先确定的用户名和密码[2]；在第一次登录后，他们能够修改密码。

10.8.1　数据库迁移

使用 **sqlx** 创建一个新的迁移：

```
1 sqlx migrate add seed_user
```

向 **users** 表中插入一行。需要：

- 用户 ID（UUID）；
- 用户名；
- PHC 字符串。

---

[1] 种子管理员有能力邀请更多的人。你可以把这种有登录保护的功能作为练习来实现，看一下订阅流程以获得灵感。

[2] 在一个更高级的场景中，种子用户的用户名和密码可以由应用程序操作人员在触发邮件简报的第一次部署时进行配置——比如可以通过一个用于提供简化安装过程的命令行的程序来提示他们提供这两个信息。

选择你喜欢的 UUID 生成器来生成一个有效的用户 ID。我们可以使用 **admin** 作为用户名。

获取 PHC 字符串就比较麻烦了——使用 **everythinghastostartsomewhere** 作为密码，但是如何生成相应的 PHC 字符串呢？

在测试套件中编写代码来试试：

```rust
//! tests/api/helpers.rs
// [...]

impl TestUser {
    pub fn generate() -> Self {
        Self {
            // [...]
            // 密码: Uuid::new_v4().to_string()
            password: "everythinghastostartsomewhere".into(),
        }
    }

    async fn store(&self, pool: &PgPool) {
        // [...]
        let password_hash = /* */;
        // `dbg!`是一个宏，用于打印和返回表达式的值，以便快速地进行调试
        dbg!(&password_hash);
        // [...]
    }
}
```

这只是一个临时性的操作——然后运行 **cargo test --nocapture**，就可以为迁移脚本获取一个 PHC 字符串。一旦获取到了，就把代码还原。

迁移脚本看起来是这样的：

```sql
--- 20211217223217_seed_user.sql
INSERT INTO users (user_id, username, password_hash)
VALUES (
    'ddf8994f-d522-4659-8d02-c1d479057be6',
    'admin',
    '$argon2id$v=19$m=15000,t=2,p=1$OEx/rcq+3ts//WUDzGNl2g$Am8UFBA4w5NJEmAtquGvBmAlu92q/VQcaoL5AyJPfc8'
);
```

```
sqlx migrate run
```

运行迁移脚本，然后使用 **cargo run** 启动应用程序——最终应该能够成功登录。

如果一切按预期进行，那么 "Welcome admin!" 信息应该在 **/admin/dashboard** 上。恭喜！

10.8.2　密码重置

我们从另一个角度来看看目前的情况——刚刚使用一个已知的用户名/密码组合配置了一个特权

用户。这比较危险。

我们需要让种子用户能够修改自己的密码。这是托管在管理仪表板上的第一个功能。

构建这个功能不需要新的概念——本节就来进行修改，并确保你对到目前为止所涉及的一切内容都掌握得扎实。

10.8.2.1　表单骨架

我们先把所需的脚手架准备好。这是一个基于表单的流程，与登录流程一样，需要一个 **GET** 端点来返回 HTML 表单，一个 **POST** 端点来处理提交的信息：

```
1  //! src/routes/admin/mod.rs
2  // [...]
3  mod password;
4  pub use password::*;
```

```
1  //! src/routes/admin/password/mod.rs
2  mod get;
3  pub use get::change_password_form;
4  mod post;
5  pub use post::change_password;
```

```
1   //! src/routes/admin/password/get.rs
2   use actix_web::http::header::ContentType;
3   use actix_web::HttpResponse;
4
5   pub async fn change_password_form() -> Result<HttpResponse, actix_web::Error> {
6       Ok(HttpResponse::Ok().content_type(ContentType::html()).body(
7           r#"<!DOCTYPE html>
8   <html lang="en">
9   <head>
10      <meta http-equiv="content-type" content="text/html; charset=utf-8">
11      <title>Change Password</title>
12  </head>
13  <body>
14      <form action="/admin/password" method="post">
15          <label>Current password
16              <input
17                  type="password"
18                  placeholder="Enter current password"
19                  name="current_password"
20              >
21          </label>
22          <br>
23          <label>New password
24              <input
25                  type="password"
26                  placeholder="Enter new password"
```

```
27                name="new_password"
28            >
29        </label>
30        <br>
31        <label>Confirm new password
32            <input
33                type="password"
34                placeholder="Type the new password again"
35                name="new_password_check"
36            >
37        </label>
38        <br>
39        <button type="submit">Change password</button>
40    </form>
41    <p><a href="/admin/dashboard"><- Back</a></p>
42 </body>
43 </html>"#,
44    ))
45 }
```

```
1  //! src/routes/admin/password/post.rs
2  use actix_web::{HttpResponse, web};
3  use secrecy::Secret;
4
5  #[derive(serde::Deserialize)]
6  pub struct FormData {
7      current_password: Secret<String>,
8      new_password: Secret<String>,
9      new_password_check: Secret<String>,
10 }
11
12 pub async fn change_password(
13     form: web::Form<FormData>,
14 ) -> Result<HttpResponse, actix_web::Error> {
15     todo!()
16 }
```

```
1  //! src/startup.rs
2  use crate::routes::{change_password, change_password_form};
3  // [...]
4
5  async fn run(/* */) -> Result<Server, anyhow::Error> {
6      // [...]
7      let server = HttpServer::new(move || {
8          App::new()
9              // [...]
10             .route("/admin/password", web::get().to(change_password_form))
11             .route("/admin/password", web::post().to(change_password))
12             // [...]
```

```
13        })
14      // [...]
15  }
```

就像管理仪表板本身一样，我们不希望向没有登录的用户显示修改密码表单。添加两个集成测
试：

```
1  //! tests/api/main.rs
2  mod change_password;
3  // [...]
```

```
1   //! tests/api/helpers.rs
2   // [...]
3
4   impl TestApp {
5       // [...]
6       pub async fn get_change_password(&self) -> reqwest::Response {
7           self.api_client
8               .get(&format!("{}/admin/password", &self.address))
9               .send()
10              .await
11              .expect("Failed to execute request.")
12      }
13
14      pub async fn post_change_password<Body>(&self, body: &Body) -> reqwest::Response
15          where
16              Body: serde::Serialize,
17      {
18          self.api_client
19              .post(&format!("{}/admin/password", &self.address))
20              .form(body)
21              .send()
22              .await
23              .expect("Failed to execute request.")
24      }
25  }
```

```
1   //! tests/api/change_password.rs
2   use crate::helpers::{spawn_app, assert_is_redirect_to};
3   use uuid::Uuid;
4
5   #[tokio::test]
6   async fn you_must_be_logged_in_to_see_the_change_password_form() {
7       // 准备
8       let app = spawn_app().await;
9
10      // 执行
11      let response = app.get_change_password().await;
12
13      // 断言
```

```
14      assert_is_redirect_to(&response, "/login");
15 }
16
17 #[tokio::test]
18 async fn you_must_be_logged_in_to_change_your_password() {
19     // 准备
20     let app = spawn_app().await;
21     let new_password = Uuid::new_v4().to_string();
22
23     // 执行
24     let response = app
25         .post_change_password(&serde_json::json!({
26             "current_password": Uuid::new_v4().to_string(),
27             "new_password": &new_password,
28             "new_password_check": &new_password,
29         }))
30         .await;
31
32     // 断言
33     assert_is_redirect_to(&response, "/login");
34 }
```

然后，通过在请求处理器中添加一个校验来满足需求[1]：

```
1 //! src/routes/admin/password/get.rs
2 use crate::session_state::TypedSession;
3 use crate::utils::{e500, see_other};
4 // [...]
5
6 pub async fn change_password_form(
7     session: TypedSession
8 ) -> Result</* */> {
9     if session.get_user_id().map_err(e500)?.is_none() {
10         return Ok(see_other("/login"));
11     };
12     // [...]
13 }
```

```
1 //! src/routes/admin/password/post.rs
2 use crate::session_state::TypedSession;
3 use crate::utils::{e500, see_other};
4 // [...]
5
6 pub async fn change_password(
7     // [...]
```

---

1 为了避免重复，另一种方法是创建一个中间件，将嵌套在 /**admin**/ 前缀下的所有端点包装起来。中间件会检查会话状态，如果访问者没有登录，则将其重定向到 /**login**。如果你喜欢挑战，那么就试一试吧！不过要注意：由于特质中缺乏异步语法，所以 **actix-web** 的中间件实现起来可能很麻烦。

```rust
 8      session: TypedSession,
 9  ) -> Result<HttpResponse, actix_web::Error> {
10      if session.get_user_id().map_err(e500)?.is_none() {
11          return Ok(see_other("/login"));
12      };
13      todo!()
14  }
```

```rust
 1  //! src/utils.rs
 2  use actix_web::HttpResponse;
 3  use actix_web::http::header::LOCATION;
 4
 5  // 返回一个不透明的 500，同时保留错误的根本原因，以便记录
 6  pub fn e500<T>(e: T) -> actix_web::Error
 7      where
 8          T: std::fmt::Debug + std::fmt::Display + 'static,
 9  {
10      actix_web::error::ErrorInternalServerError(e)
11  }
12
13  pub fn see_other(location: &str) -> HttpResponse {
14      HttpResponse::SeeOther()
15          .insert_header((LOCATION, location))
16          .finish()
17  }
```

```rust
 1  //! src/lib.rs
 2  // [...]
 3  pub mod utils;
```

```rust
 1  //! src/routes/admin/dashboard.rs
 2  // e500 的定义已被移动到 src/utils.rs 中
 3  use crate::utils::e500;
 4  // [...]
```

我们也不希望修改密码表单成为一个孤立的页面——在管理仪表板上添加一个可用的操作列表，并链接到新页面：

```rust
 1  //! src/routes/admin/dashboard.rs
 2  // [...]
 3
 4  pub async fn admin_dashboard(/* */) -> Result</* */> {
 5      // [...]
 6      Ok(HttpResponse::Ok()
 7          .content_type(ContentType::html())
 8          .body(format!(
 9              r#"<!DOCTYPE html>
10  <html lang="en">
11  <head>
12      <meta http-equiv="content-type" content="text/html; charset=utf-8">
```

```
13       <title>Admin dashboard</title>
14   </head>
15   <body>
16       <p>Welcome {username}!</p>
17       <p>Available actions:</p>
18       <ol>
19           <li><a href="/admin/password">Change password</a></li>
20       </ol>
21   </body>
22   </html>"#,
23           )))
24   }
```

10.8.2.2　异常流程：新密码不匹配

我们已经处理了所有的初始步骤，是时候开始研究核心功能了。

现在从一个异常流程开始——系统要求用户输入两次新的密码，但这两次输入不一样。此时希望将用户重定向到带有错误信息的表单。

```
1   //! tests/api/change_password.rs
2   // [...]
3
4   #[tokio::test]
5   async fn new_password_fields_must_match() {
6       // 准备
7       let app = spawn_app().await;
8       let new_password = Uuid::new_v4().to_string();
9       let another_new_password = Uuid::new_v4().to_string();
10
11      // 执行——第一部分，登录
12      app.post_login(&serde_json::json!({
13          "username": &app.test_user.username,
14          "password": &app.test_user.password
15      }))
16      .await;
17
18      // 执行——第二部分，尝试修改密码
19      let response = app
20          .post_change_password(&serde_json::json!({
21              "current_password": &app.test_user.password,
22              "new_password": &new_password,
23              "new_password_check": &another_new_password,
24          }))
25          .await;
26      assert_is_redirect_to(&response, "/admin/password");
27
28      // 执行——第三部分，跟随重定向
29      let html_page = app.get_change_password_html().await;
```

```
30      assert!(html_page.contains(
31          "<p><i>You entered two different new passwords - \
32          the field values must match.</i></p>"
33      ));
34  }
```

```
1   //! tests/api/helpers.rs
2   // [...]
3
4   impl TestApp {
5       // [...]
6
7       pub async fn get_change_password_html(&self) -> String {
8           self.get_change_password().await.text().await.unwrap()
9       }
10  }
```

测试失败，因为请求处理器发生 panic 了。下面来解决这个问题：

```
1   //! src/routes/admin/password/post.rs
2   use secrecy::ExposeSecret;
3   // [...]
4
5   pub async fn change_password(/* */) -> Result</* */> {
6       // [...]
7       // `Secret<String>`没有实现`Eq`
8       // 因此需要比较底层的`String`
9       if form.new_password.expose_secret() != form.new_password_check.expose_secret() {
10          return Ok(see_other("/admin/password"));
11      }
12      todo!()
13  }
```

这就解决了重定向问题，即测试的第一部分，但它没有处理错误信息：

```
1   ---- change_password::new_password_fields_must_match stdout ----
2   thread 'change_password::new_password_fields_must_match' panicked at
3   'assertion failed: html_page.contains(...)',
```

之前在介绍登录表单时，我们已经经历了这个过程——可以再次使用 **FlashMessage**。

```
1   //! src/routes/admin/password/post.rs
2   // [...]
3   use actix_web_flash_messages::FlashMessage;
4
5   pub async fn change_password(/* */) -> Result</* */> {
6       // [...]
7       if form.new_password.expose_secret() != form.new_password_check.expose_secret() {
8           FlashMessage::error(
9               "You entered two different new passwords - the field values must match.",
10          )
11          .send();
```

```
12          // [...]
13      }
14      todo!()
15  }
```

```
1  //! src/routes/admin/password/get.rs
2  // [...]
3  use actix_web_flash_messages::IncomingFlashMessages;
4  use std::fmt::Write;
5
6  pub async fn change_password_form(
7      session: TypedSession,
8      flash_messages: IncomingFlashMessages,
9  ) -> Result<HttpResponse, actix_web::Error> {
10      // [...]
11
12      let mut msg_html = String::new();
13      for m in flash_messages.iter() {
14          writeln!(msg_html, "<p><i>{}</i></p>", m.content()).unwrap();
15      }
16
17      Ok(HttpResponse::Ok()
18          .content_type(ContentType::html())
19          .body(format!(
20              r#"<!-- [...] -->
21  <body>
22      {msg_html}
23      <!-- [...] -->
24  </body>
25  </html>"#,
26          )))
27  }
```

测试应该通过了。

10.8.2.3 异常流程：当前密码失效

你可能已经注意到，我们要求用户在表单中提供当前密码。这是为了防止攻击者设法获得有效的会话令牌，从而把合法用户锁定在其账户之外。

添加一个集成测试，指定当当前密码无效时我们期望看到的情况：

```
1  //! tests/api/change_password.rs
2  // [...]
3
4  #[tokio::test]
5  async fn current_password_must_be_valid() {
6      // 准备
7      let app = spawn_app().await;
8      let new_password = Uuid::new_v4().to_string();
```

```
9     let wrong_password = Uuid::new_v4().to_string();
10
11    // 执行——第一部分, 登录
12    app.post_login(&serde_json::json!({
13       "username": &app.test_user.username,
14       "password": &app.test_user.password
15    }))
16    .await;
17
18    // 执行——第二部分, 尝试修改密码
19    let response = app
20       .post_change_password(&serde_json::json!({
21          "current_password": &wrong_password,
22          "new_password": &new_password,
23          "new_password_check": &new_password,
24       }))
25       .await;
26
27    // 断言
28    assert_is_redirect_to(&response, "/admin/password");
29
30    // 执行——第三部分, 跟随重定向
31    let html_page = app.get_change_password_html().await;
32    assert!(html_page.contains(
33       "<p><i>The current password is incorrect.</i></p>"
34    ));
35 }
```

为了验证作为 **current_password** 传递的值, 我们需要查询用户名, 然后调用 **validate_credentials**
例程, 也就是为登录表单提供的例程。

从用户名开始:

```
1  //! src/routes/admin/password/post.rs
2  use crate::routes::admin::dashboard::get_username;
3  use sqlx::PgPool;
4  // [...]
5
6  pub async fn change_password(
7     // [...]
8     pool: web::Data<PgPool>,
9  ) -> Result<HttpResponse, actix_web::Error> {
10    let user_id = session.get_user_id().map_err(e500)?;
11    if user_id.is_none() {
12       return Ok(see_other("/login"));
13    };
14    let user_id = user_id.unwrap();
15
16    if form.new_password.expose_secret() != form.new_password_check.expose_secret() {
```

```
17          // [...]
18      }
19      let username = get_username(user_id, &pool).await.map_err(e500)?;
20      // [...]
21      todo!()
22  }
```

```
1   //! src/routes/admin/dashboard.rs
2   // [...]
3
4   #[tracing::instrument(/* */)]
5   // 标记为`pub`
6   pub async fn get_username(/* */) -> Result</* */> {
7       // [...]
8   }
```

现在把用户名和密码一起传递给 **validate_credentials**——如果验证失败，则需要根据返回的错误进行不同的处理：

```
1   //! src/routes/admin/password/post.rs
2   // [...]
3   use crate::authentication::{validate_credentials, AuthError, Credentials};
4
5   pub async fn change_password(/* */) -> Result</* */> {
6       // [...]
7       let credentials = Credentials {
8           username,
9           password: form.0.current_password,
10      };
11      if let Err(e) = validate_credentials(credentials, &pool).await {
12          return match e {
13              AuthError::InvalidCredentials(_) => {
14                  FlashMessage::error("The current password is incorrect.").send();
15                  Ok(see_other("/admin/password"))
16              }
17              AuthError::UnexpectedError(_) => Err(e500(e).into()),
18          };
19      }
20      todo!()
21  }
```

测试应该通过了。

10.8.2.4 异常流程：新密码太短

我们不希望用户选择一个弱密码——这会把他们的账户暴露给攻击者。

OWASP 提供了一套关于密码强度的最低要求[1]——密码的长度应该大于 12 个字符，但小于 128

---

1 参见"链接 10-6"。

个字符。

将这些验证检查添加到 **POST /admin/password** 端点作为练习。

10.8.2.5　退出登录

现在终于看到正常流程了——用户成功地修改了密码。我们将使用下面的场景来检查一切是否符合预期：

- 登录；

- 通过提交修改密码表单来修改密码；

- 退出登录；

- 使用新的密码再次登录。

现在只剩下一个问题了——还没有退出登录的端点。

在继续之前，我们先来完善这个功能。

首先在测试中驱动需求：

```rust
//! tests/api/admin_dashboard.rs
// [...]

#[tokio::test]
async fn logout_clears_session_state() {
    // 准备
    let app = spawn_app().await;

    // 执行——第一部分，登录
    let login_body = serde_json::json!({
        "username": &app.test_user.username,
        "password": &app.test_user.password
    });
    let response = app.post_login(&login_body).await;
    assert_is_redirect_to(&response, "/admin/dashboard");

    // 执行——第二部分，跟随重定向
    let html_page = app.get_admin_dashboard_html().await;
    assert!(html_page.contains(&format!("Welcome {}", app.test_user.username)));

    // 执行——第三部分，退出登录
    let response = app.post_logout().await;
    assert_is_redirect_to(&response, "/login");

    // 执行——第四部分，跟随重定向
    let html_page = app.get_login_html().await;
    assert!(html_page.contains(r#"<p><i>You have successfully logged out.</i></p>"#));
```

```
28
29        // 执行——第五部分，尝试加载管理面板
30        let response = app.get_admin_dashboard().await;
31        assert_is_redirect_to(&response, "/login");
32 }
```

```
1  //! tests/api/helpers.rs
2  // [...]
3
4  impl TestApp {
5      // [...]
6
7      pub async fn post_logout(&self) -> reqwest::Response {
8          self.api_client
9              .post(&format!("{}/admin/logout", &self.address))
10             .send()
11             .await
12             .expect("Failed to execute request.")
13     }
14 }
```

退出登录是一个改变状态的操作：需要通过 HTML 按钮使用 **POST** 方法：

```
1  //! src/routes/admin/dashboard.rs
2  // [...]
3
4  pub async fn admin_dashboard(/* */) -> Result</* */> {
5      // [...]
6      Ok(HttpResponse::Ok()
7          .content_type(ContentType::html())
8          .body(format!(
9              r#"<!-- [...] -->
10 <p>Available actions:</p>
11 <ol>
12     <li><a href="/admin/password">Change password</a></li>
13     <li>
14         <form name="logoutForm" action="/admin/logout" method="post">
15             <input type="submit" value="Logout">
16         </form>
17     </li>
18 </ol>
19 <!-- [...] -->"#,
20         )))
21 }
```

现在需要添加相应的 **POST /admin/logout** 请求处理器。

退出登录实际上意味着什么？

我们使用的是基于会话的身份验证——如果有一个与会话状态中的 **user_id** 键相关联的有效的

用户 ID，那么用户就是"登录"了。要退出登录，只需要删除会话——从存储后端删除状态，并取消客户端 Cookie 的设置。

actix-session 有一个专门的方法来实现这个功能——**Session::purge**。我们需要把它暴露在 **TypedSession** 的抽象中，然后在 **POST /logout** 的请求处理器中调用它：

```rust
//! src/session_state.rs
// [...]
impl TypedSession {
    // [...]
    pub fn log_out(self) {
        self.0.purge()
    }
}
```

```rust
//! src/routes/admin/logout.rs
use crate::session_state::TypedSession;
use crate::utils::{e500, see_other};
use actix_web::HttpResponse;
use actix_web_flash_messages::FlashMessage;

pub async fn log_out(session: TypedSession) -> Result<HttpResponse, actix_web::Error> {
    if session.get_user_id().map_err(e500)?.is_none() {
        Ok(see_other("/login"))
    } else {
        session.log_out();
        FlashMessage::info("You have successfully logged out.").send();
        Ok(see_other("/login"))
    }
}
```

```rust
//! src/routes/login/get.rs
// [...]
pub async fn login_form(/* */) -> HttpResponse {
    // [...]
    // 展示所有的消息层级，而不仅仅是错误
    for m in flash_messages.iter() {
        // [...]
    }
    // [...]
}
```

```rust
//! src/routes/admin/mod.rs
// [...]
mod logout;
pub use logout::log_out;
```

```rust
//! src/startup.rs
use crate::routes::log_out;
// [...]
```

```
4
5  async fn run(/* */) -> Result<Server, anyhow::Error> {
6      // [...]
7      let server = HttpServer::new(move || {
8          App::new()
9              // [...]
10             .route("/admin/logout", web::post().to(log_out))
11         // [...]
12     })
13     // [...]
14 }
```

10.8.2.6 正常流程：密码修改成功

现在，我们可以回到修改密码正常流程的场景中：

- 登录；

- 通过提交修改密码表单来修改密码；

- 退出登录；

- 再次登录，成功地使用新密码。

添加一个集成测试：

```
1  //! tests/api/change_password.rs
2  // [...]
3
4  #[tokio::test]
5  async fn changing_password_works() {
6      // 准备
7      let app = spawn_app().await;
8      let new_password = Uuid::new_v4().to_string();
9
10     // 执行——第一部分，登录
11     let login_body = serde_json::json!({
12         "username": &app.test_user.username,
13         "password": &app.test_user.password
14     });
15     let response = app.post_login(&login_body).await;
16     assert_is_redirect_to(&response, "/admin/dashboard");
17
18     // 执行——第二部分，修改密码
19     let response = app
20         .post_change_password(&serde_json::json!({
21             "current_password": &app.test_user.password,
22             "new_password": &new_password,
23             "new_password_check": &new_password,
24         }))
25         .await;
```

```
26      assert_is_redirect_to(&response, "/admin/password");
27
28      // 执行——第三部分，跟随重定向
29      let html_page = app.get_change_password_html().await;
30      assert!(html_page.contains("<p><i>Your password has been changed.</i></p>"));
31
32      // 执行——第四部分，退出登录
33      let response = app.post_logout().await;
34      assert_is_redirect_to(&response, "/login");
35
36      // 执行——第五部分，跟随重定向
37      let html_page = app.get_login_html().await;
38      assert!(html_page.contains("<p><i>You have successfully logged out.</i></p>"));
39
40      // 执行——第六部分，使用新密码登录
41      let login_body = serde_json::json!({
42          "username": &app.test_user.username,
43          "password": &new_password
44      });
45      let response = app.post_login(&login_body).await;
46      assert_is_redirect_to(&response, "/admin/dashboard");
47  }
```

　　这是到目前为止实现的最复杂的用户场景——总共有六个步骤。这远远不够——企业应用程序通常需要几十个步骤来执行真实的业务流程。在这些场景中，要保持测试套件的可读性和可维护性需要做大量的工作。

　　目前的测试在第三步失败了——**POST /admin/password** 发生了 panic，因为在输入验证步骤后留下了一个 **todo!()** 调用。为了实现所需功能，需要计算新密码的哈希值，然后将其存储在数据库中——所以，可以在 **authentication** 模块中添加一个新的例程：

```
1   //! src/authentication.rs
2   use argon2::password_hash::SaltString;
3   use argon2::{
4       Algorithm, Argon2, Params, PasswordHash,
5       PasswordHasher, PasswordVerifier, Version,
6   };
7   // [...]
8
9   #[tracing::instrument(name = "Change password", skip(password, pool))]
10  pub async fn change_password(
11      user_id: uuid::Uuid,
12      password: Secret<String>,
13      pool: &PgPool,
14  ) -> Result<(), anyhow::Error> {
15      let password_hash = spawn_blocking_with_tracing(
16          move || compute_password_hash(password)
17      )
```

```
18      .await?
19      .context("Failed to hash password")?;
20    sqlx::query!(
21        r#"
22        UPDATE users
23        SET password_hash = $1
24        WHERE user_id = $2
25        "#,
26        password_hash.expose_secret(),
27        user_id
28    )
29    .execute(pool)
30    .await
31    .context("Failed to change user's password in the database.")?;
32    Ok(())
33 }
34
35 fn compute_password_hash(
36    password: Secret<String>
37 ) -> Result<Secret<String>, anyhow::Error> {
38    let salt = SaltString::generate(&mut rand::thread_rng());
39    let password_hash = Argon2::new(
40        Algorithm::Argon2id,
41        Version::V0x13,
42        Params::new(15000, 2, 1, None).unwrap(),
43    )
44    .hash_password(password.expose_secret().as_bytes(), &salt)?
45    .to_string();
46    Ok(Secret::new(password_hash))
47 }
```

对于 **Argon2**，我们使用了 OWASP 推荐的参数，与在测试套件中使用的参数相同。

现在可以把这个函数插入请求处理器中：

```
1 //! src/routes/admin/password/post.rs
2 // [...]
3 pub async fn change_password(/* */) -> Result</* */> {
4    // [...]
5    crate::authentication::change_password(user_id, form.0.new_password, &pool)
6        .await
7        .map_err(e500)?;
8    FlashMessage::error("Your password has been changed.").send();
9    Ok(see_other("/admin/password"))
10 }
```

测试应该通过了。

10.9　重构

我们添加了许多新的端点，这些端点被限制在认证用户的范围内。出于对速度的考虑，我们在多个请求处理器中复制了相同的认证逻辑——看看是否有更好的解决方案。

以 **POST /admin/passwords** 为例。目前有：

```
1  //! src/routes/admin/password/post.rs
2  // [...]
3
4  pub async fn change_password(/* */) -> Result<HttpResponse, actix_web::Error> {
5      let user_id = session.get_user_id().map_err(e500)?;
6      if user_id.is_none() {
7          return Ok(see_other("/login"));
8      };
9      let user_id = user_id.unwrap();
10     // [...]
11 }
```

可以把它重构成一个新的 **reject_anonymous_users** 函数：

```
1  //! src/routes/admin/password/post.rs
2  use actix_web::error::InternalError;
3  use uuid::Uuid;
4  // [...]
5
6  async fn reject_anonymous_users(
7      session: TypedSession
8  ) -> Result<Uuid, actix_web::Error> {
9      match session.get_user_id().map_err(e500)? {
10         Some(user_id) => Ok(user_id),
11         None => {
12             let response = see_other("/login");
13             let e = anyhow::anyhow!("The user has not logged in");
14             Err(InternalError::from_response(e, response).into())
15         }
16     }
17 }
18
19 pub async fn change_password(/* */) -> Result<HttpResponse, actix_web::Error> {
20     let user_id = reject_anonymous_users(session).await?;
21     // [...]
22 }
```

注意是如何将重定向响应移动到错误路径上的，以便在请求处理器中使用 **?** 操作符。

我们可以利用 **reject_anonymous_users** 来重构所有其他的 **/admin/** 路由。如果你觉得有风险，则可以尝试实现一个中间件来处理这个问题——开始吧！

10.9.1 如何实现一个 actix-web 中间件

在 **actix-web** 中实现一个完整的中间件是很有挑战性的——它要求我们理解 **Transform** 特质和 **Service** 特质。

这些抽象很强大，但代价是复杂。

我们的需求很简单，可以用更简单的方法来解决：**actix_web_lab::from_fn**。

actix_web_lab 是一个包，用于测试 **actix_web** 框架的实验特性，采用更快的发布策略。现在把它添加到依赖项中：

```
1  #! Cargo.toml
2  # [...]
3  [dependencies]
4  actix-web-lab = "0.16"
5  # [...]
```

from_fn 接受一个异步函数作为参数，并返回一个 **actix-web** 中间件作为输出。该异步函数必须具有以下函数签名和结构：

```
1  use actix_web_lab::middleware::Next;
2  use actix_web::body::MessageBody;
3  use actix_web::dev::{ServiceRequest, ServiceResponse};
4
5  async fn my_middleware(
6      req: ServiceRequest,
7      next: Next<impl MessageBody>,
8  ) -> Result<ServiceResponse<impl MessageBody>, Error> {
9      // 处理器被调用前
10
11     // 调用处理器
12     let response = next.call(req).await;
13
14     // 处理器被调用后
15  }
```

现在对 **reject_anonymous_users** 进行调整，以满足这些要求——它将存在于我们的 **authentication** 模块中。

```
1  //! src/authentication/mod.rs
2  mod middleware;
3  mod password;
4  pub use password::{
5      change_password, validate_credentials,
6      AuthError, Credentials
7  };
8  pub use middleware::reject_anonymous_users;
```

```
1  //! src/authentication/password.rs
2  // Copy over **everything** from the old src/authentication.rs
```

这是初始代码：

```
1   //! src/authentication/middleware.rs
2   use actix_web_lab::middleware::Next;
3   use actix_web::body::MessageBody;
4   use actix_web::dev::{ServiceRequest, ServiceResponse};
5
6   pub async fn reject_anonymous_users(
7       mut req: ServiceRequest,
8       next: Next<impl MessageBody>,
9   ) -> Result<ServiceResponse<impl MessageBody>, actix_web::Error> {
10      todo!()
11  }
```

首先，我们需要得到一个 **TypedSession** 实例。**ServiceRequest** 只不过是 **HttpRequest** 和 **Payload** 的一个包装器，因此可以利用现有的 **FromRequest** 实现：

```
1   //! src/authentication/middleware.rs
2   use actix_web_lab::middleware::Next;
3   use actix_web::body::MessageBody;
4   use actix_web::dev::{ServiceRequest, ServiceResponse};
5   use actix_web::FromRequest;
6   use crate::session_state::TypedSession;
7
8   pub async fn reject_anonymous_users(
9       mut req: ServiceRequest,
10      next: Next<impl MessageBody>,
11  ) -> Result<ServiceResponse<impl MessageBody>, actix_web::Error> {
12      let session = {
13          let (http_request, payload) = req.parts_mut();
14          TypedSession::from_request(http_request, payload).await
15      }?;
16      todo!()
17  }
```

现在有了会话处理器，我们可以检查会话状态是否包含用户 ID：

```
1   //! src/authentication/middleware.rs
2   use actix_web::error::InternalError;
3   use crate::utils::{e500, see_other};
4   // [...]
5
6   pub async fn reject_anonymous_users(
7       mut req: ServiceRequest,
8       next: Next<impl MessageBody>,
9   ) -> Result<ServiceResponse<impl MessageBody>, actix_web::Error> {
10      let session = {
11          let (http_request, payload) = req.parts_mut();
```

```
12        TypedSession::from_request(http_request, payload).await
13    }?;
14
15    match session.get_user_id().map_err(e500)? {
16        Some(_) => next.call(req).await,
17        None => {
18            let response = see_other("/login");
19            let e = anyhow::anyhow!("The user has not logged in");
20            Err(InternalError::from_response(e, response).into())
21        }
22    }
23 }
```

就目前而言，这已经很有用了——可以利用它来保护那些需要认证的端点。

同时，它与我们之前讨论的情况不同——如何在端点中查询用户 ID 呢？

当使用中间件并从传入请求中提取信息时，这是一个常见的问题——可以通过扩展请求来解决这个问题。

中间件将它想传递给下游请求处理器的信息，添加到传入请求的类型映射中（**request.extensions_mut()**）。然后，请求处理器可以使用 **ReqData** 提取器访问它。

下面我们从执行插入开始。

定义一个新类型的包装器 **UserId**，以防止类型映射中的冲突：

```
1 //! src/authentication/mod.rs
2 // [...]
3 pub use middleware::UserId;
```

```
1 //! src/authentication/middleware.rs
2 use uuid::Uuid;
3 use std::ops::Deref;
4 use actix_web::HttpMessage;
5 // [...]
6
7 #[derive(Copy, Clone, Debug)]
8 pub struct UserId(Uuid);
9
10 impl std::fmt::Display for UserId {
11     fn fmt(&self, f: &mut std::fmt::Formatter<'_>) -> std::fmt::Result {
12         self.0.fmt(f)
13     }
14 }
15
16 impl Deref for UserId {
17     type Target = Uuid;
18
19     fn deref(&self) -> &Self::Target {
```

```
20          &self.0
21      }
22  }
23
24  pub async fn reject_anonymous_users(/* */) -> Result</* */> {
25      // [...]
26      match session.get_user_id().map_err(e500)? {
27          Some(user_id) => {
28              req.extensions_mut().insert(UserId(user_id));
29              next.call(req).await
30          }
31          None => // [...]
32      }
33  }
```

现在可以在 **change_password** 中访问它了：

```
1  //! src/routes/admin/password/post.rs
2  use crate::authentication::UserId;
3  // [...]
4
5  pub async fn change_password(
6      form: web::Form<FormData>,
7      pool: web::Data<PgPool>,
8      // 不再需要注入 TypedSession
9      user_id: web::ReqData<UserId>,
10 ) -> Result<HttpResponse, actix_web::Error> {
11     let user_id = user_id.into_inner();
12     // [...]
13     let username = get_username(*user_id, &pool).await.map_err(e500)?;
14     // [...]
15     crate::authentication::change_password(*user_id, form.0.new_password, &pool)
16         .await
17         .map_err(e500)?;
18     // [...]
19 }
```

如果运行这个测试套件，将会遇到几个失败。如果检查其中一个失败的日志，则会发现以下错误：

```
1  Error encountered while processing the incoming HTTP request:
2  "Missing expected request extension data"
```

这没问题——我们还没有在 **App** 实例中注册中间件，因此将 **UserId** 插入请求扩展中的过程从未发生过。

我们来修复这个问题。

路由表目前是这样的：

```
1  //! src/startup.rs
2  // [...]
3
4  async fn run(/* */) -> Result<Server, anyhow::Error> {
5      // [...]
6      let server = HttpServer::new(move || {
7          App::new()
8              .wrap(message_framework.clone())
9              .wrap(SessionMiddleware::new(
10                 redis_store.clone(),
11                 secret_key.clone(),
12             ))
13             .wrap(TracingLogger::default())
14             .route("/", web::get().to(home))
15             .route("/login", web::get().to(login_form))
16             .route("/login", web::post().to(login))
17             .route("/health_check", web::get().to(health_check))
18             .route("/newsletters", web::post().to(publish_newsletter))
19             .route("/subscriptions", web::post().to(subscribe))
20             .route("/subscriptions/confirm", web::get().to(confirm))
21             .route("/admin/dashboard", web::get().to(admin_dashboard))
22             .route("/admin/password", web::get().to(change_password_form))
23             .route("/admin/password", web::post().to(change_password))
24             .route("/admin/logout", web::post().to(log_out))
25             .app_data(db_pool.clone())
26             .app_data(email_client.clone())
27             .app_data(base_url.clone())
28     })
29     .listen(listener)?
30     .run();
31     Ok(server)
32 }
```

我们希望只将中间件逻辑应用于 **/admin/** 端点，但在 **App** 上调用 **wrap** 会把中间件应用于所有的路由。

考虑到目标端点共享相同的基础路径，所以可以通过引入一个 **scope** 来达到目的：

```
1  //! src/startup.rs
2  // [...]
3
4  async fn run(/* */) -> Result<Server, anyhow::Error> {
5      // [...]
6      let server = HttpServer::new(move || {
7          App::new()
8              .wrap(message_framework.clone())
9              .wrap(SessionMiddleware::new(
10                 redis_store.clone(),
11                 secret_key.clone(),
```

```
12              ))
13              .wrap(TracingLogger::default())
14              .route("/", web::get().to(home))
15              .route("/login", web::get().to(login_form))
16              .route("/login", web::post().to(login))
17              .route("/health_check", web::get().to(health_check))
18              .route("/newsletters", web::post().to(publish_newsletter))
19              .route("/subscriptions", web::post().to(subscribe))
20              .route("/subscriptions/confirm", web::get().to(confirm))
21              .service(
22                  web::scope("/admin")
23                      .route("/dashboard", web::get().to(admin_dashboard))
24                      .route("/password", web::get().to(change_password_form))
25                      .route("/password", web::post().to(change_password))
26                      .route("/logout", web::post().to(log_out)),
27              )
28              .app_data(db_pool.clone())
29              .app_data(email_client.clone())
30              .app_data(base_url.clone())
31      })
32      .listen(listener)?
33      .run();
34      Ok(server)
35  }
```

可以通过在 **web::scope("admin")** 而不是 **App** 上调用 **wrap**，将中间件仅限于 **/admin/***：

```
1   //! src/startup.rs
2   use crate:: authentication::reject_anonymous_users;
3   use actix_web_lab::middleware::from_fn;
4   //[... ]
5
6   async fn run(/* */) → Result<Server,anyhow::Error>{
7       //[ ...]
8       let server = HttpServer::new(move || {
9           App::new( )
10              .wrap(message_framework.clone( ))
11              .wrap(SessionMiddleware::new(
12                  redis_store.clone(),
13                  secret_key.clone( ),
14              ))
15              .wrap(TracingLogger::default())
16              //[... ]
17              .service(
18                  web::scope("/admin")
19                      .wrap(from_fn(reject_anonymous_users))
20                      .route("/dashboard",web::get().to(admin_dashboard))
21                      .route("/password", web::get().to(change_password_form))
22                      .route("/password", web::post().to(change_password))
```

```
23                    .route("/logout",web::post().to(log_out)),
24            )
25        //[...]
26    })
27    //[... ]
28 }
```

如果运行测试套件，它应该会通过（除了幂等性测试）。现在可以遍历其他 **/admin/*** 端点并删除重复的"检查是否登录或者重定向"的代码。

10.10 总结

深呼吸——这一章中涵盖了很多内容。

我们从零开始构建了很多机制，这些机制为日常使用的大多数软件提供了认证。

API 安全是一个非常广泛的话题——我们一起探讨了一些关键技术，但这个介绍不够详细。还有一些只是提到但没有深入介绍的领域（例如 OAuth 2/OpenID 连接）。看看好的一面——你已经学到了足够的知识，可以自己去解决这些问题了。

当你过于关注局部细节时，很容易忽视整体的重要性——为什么我们要开始讨论 API 安全？

这就对了！我们刚刚建立了一个新的端点来发送邮件简报。因为不想让互联网上的每个人都有机会向订阅者广播内容，所以在本章前期为 **POST /newsletters** 添加了基本身份验证，但还没有将其改造成基于会话的身份验证。

作为练习，在接触新章节之前，完成以下工作：

- 在管理面板上增加一个发送邮件简报的链接；

- 在 **GET /admin/newsletters** 中添加一个 HTML 表单来提交新问题；

- 调整 **POST /newsletters** 来处理表单数据：

    ○ 改变路由为 **POST /admin/newsletters**；

    ○ 将基本身份验证改造成基于会话的身份验证；

    ○ 使用表单提取器（**application/x-www-form-urlencoded**）而不是 Json 提取器（**application/json**）来处理请求体；

    ○ 调整测试套件。

这需要做一些工作——你知道如何做所有这些事情。我们以前一起做过这些事情——当你在练习中取得进展时，请随时回顾相关章节。

在 GitHub 上，你可以找到练习前[1]和练习后[2]的项目快照。下一章假设练习已经完成——在继续学习之前，请仔细检查你的方案。

在下一章中，将重点关注 **POST /admin/newsletters** 端点——我们会仔细回顾初始的实现，以了解当出现故障时它的表现。我们将有机会更广泛地讨论容错、可扩展性和异步处理。

1　参见"链接 10-7"。

2　参见"链接 10-8"。

第 11 章

容错的工作流

邮件简报端点的第一次迭代非常简单：通过 Postmark 向所有订阅者发送电子邮件，每次只调用一次 API。

如果订阅者较少，那么这样做已经足够好了，但如果要处理数百个订阅者，则会出现各种问题。

我们希望应用程序具有容错性。

对邮件简报的发送不应因为应用程序崩溃、Postmark API 错误或网络超时等短暂故障而中断。为了在出现故障时提供可靠的服务，我们必须学习新的概念：幂等、加锁、队列和后台任务。

11.1 重温 POST /admin/newsletters

在直接进入任务之前，我们先重温一下 **POST /admin/newsletters** 是什么样的[1]？

当已登录的邮件简报作者通过 **GET /admin/newsletters** 提交 HTML 表单时，端点就会被调用。

我们从 HTTP 请求体中解析表单数据，如果没有出错，就开始处理：

```rust
//! src/routes/admin/newsletter/post.rs
// [...]

#[derive(serde::Deserialize)]
pub struct FormData {
    title: String,
    text_content: String,
    html_content: String,
}
```

---

1 在第 10 章的最后，我们要求你将 **POST /newsletters**（JSON +基本身份验证）改为 **POST /admin/newsletters**（HTML 表单数据 + 基于会话的身份验证）作为练习，你的实现方式可能与我的略有不同，因此代码可能与你在集成开发环境中看到的不完全一致。参考本书的 GitHub 代码库（参见"链接 11-1"），比较解决方案。

```
10
11  #[tracing::instrument(/* */)]
12  pub async fn publish_newsletter(
13      form: web::Form<FormData>,
14      pool: web::Data<PgPool>,
15      email_client: web::Data<EmailClient>,
16  ) -> Result<HttpResponse, actix_web::Error> {
17      // [...]
18  }
```

首先，从 Postgres 数据库中获取所有已确认的订阅者：

```
1   //! src/routes/admin/newsletter/post.rs
2   // [...]
3
4   #[tracing::instrument(/* */)]
5   pub async fn publish_newsletter(/* */) -> Result<HttpResponse, actix_web::Error> {
6       // [...]
7       let subscribers = get_confirmed_subscribers(&pool).await.map_err(e500)?;
8       // [...]
9   }
10
11  struct ConfirmedSubscriber {
12      email: SubscriberEmail,
13  }
14
15  #[tracing::instrument(/* */)]
16  async fn get_confirmed_subscribers(
17      pool: &PgPool,
18  ) -> Result<Vec<Result<ConfirmedSubscriber, anyhow::Error>>, anyhow::Error> {
19      /* */
20  }
```

然后，按照顺序遍历所获取到的订阅者。

对于每个用户，我们都会尝试发送包含新一期邮件简报的电子邮件。

```
1   //! src/routes/admin/newsletter/post.rs
2   // [...]
3
4   #[tracing::instrument(/* */)]
5   pub async fn publish_newsletter(/* */) -> Result<HttpResponse, actix_web::Error> {
6       // [...]
7       let subscribers = get_confirmed_subscribers(&pool).await.map_err(e500)?;
8       for subscriber in subscribers {
9           match subscriber {
10              Ok(subscriber) => {
11                  email_client
12                      .send_email(/* */)
13                      .await
14                      .with_context(/* */)
```

```
15                    .map_err(e500)?;
16            }
17        Err(error) => {
18            tracing::warn!(/* */);
19        }
20    }
21  }
22  FlashMessage::info("The newsletter issue has been published!").send();
23  Ok(see_other("/admin/newsletters"))
24 }
```

一旦所有订阅者都得到处理，就会将作者重定向到邮件简报表单——他们将收到一条确认本期已成功发送的闪现消息。

11.2 我们的目标

我们希望确保尽**最大努力送达**：向所有订阅者发送新一期邮件简报。

但不能保证所有邮件都能送达：有些账号可能刚刚被删除。

同时，我们应尽量减少重复发送，避免订阅者重复收到同一封邮件。虽然不能完全排除重复发送的可能性（稍后会讨论原因），但是我们的实现应尽量减少重复发送的次数。

11.3 失败模式

我们来看看 **POST /admin/newsletters** 端点可能出现的失败模式。

当出现意外时，还能实现尽最大努力送达吗？

11.3.1 无效输入

传入的请求可能存在问题：请求体不规范或用户未通过身份验证。

这两种情况都已得到妥善处理：

- 如果输入的表单数据无效，那么 **web::Form** 提取器会返回 **400 Bad Request**[1]；
- 未通过身份验证的用户会被重定向回登录表单。

---

1 这是否是处理无效请求体的最佳方法，还有待讨论。假设我们没有犯错，那么在 **GET /admin/newsletters** 上提交 HTML 表单时，请求体应该总是能通过 **Json** 提取器的基本验证。也就是说，我们能得到所有预期的字段。但是，不能排除在 **FormData** 中作为字段使用的某些类型将来可能会进行更高级的验证，因此在请求体验证失败时将用户重定向回表单页面，并给出适当的错误信息会更安全。你可以将此作为练习试一试。

11.3.2 网络 I/O

通过网络与其他机器交互时，可能会出现问题。

11.3.2.1 Postgres

当我们尝试检索当前的订阅者列表时，数据库可能会出现问题。除重试之外，没有其他选择。我们可以：

- 在进程内重试。在 **get_confirmed_subscribers** 调用的周围添加一些逻辑；
- 放弃重试。向用户返回错误信息。然后，用户可以决定是否重试。

第一种方法使应用程序更能抵御临时故障。然而，重试的次数是有限的，最终还是要放弃。

我们从一开始就选择了第二种方法。这可能会导致 **500** 报错，但与总体目标并不冲突。

11.3.2.2 Postmark——API 错误

电子邮件发送有问题怎么办？

从最简单的情况开始：当尝试向某个订阅者发送电子邮件时，Postmark 返回错误信息。

当前的实现方式是：当出现错误时，中止处理并向调用者返回 **500 Internal Server Error**。我们按照顺序依次发送邮件，如果一遇到 API 错误就中止，将永远没有机会向其他的订阅者发送新的邮件简报。这远不是尽最大努力送达。

问题还没有结束——邮件简报的作者能否重试提交表单？

这取决于错误发生在哪里。

是通过数据库查询返回列表中的第一个订阅者吗？

这没问题，什么都没发生。

如果是列表中的第三个订阅者呢？或是第五个？或是第一百个？

我们遇到了一个问题：有些订阅者已经收到了新的邮件简报，有些则没有收到。

如果作者重试，有些订阅者将收到两次；如果不重试，有些订阅者可能永远收不到。

重试和不重试都有问题。

你可能会意识到这种矛盾：我们正在处理一个由多个子任务组成的工作流。

在第 7 章中，我们也遇到过类似的情况，当时需要执行 SQL 查询来创建一个新的订阅者，所以选择了使用事务的全有或全无的特性：除非所有操作都成功，否则什么都不会发生。Postmark 的应用程序接口不提供任何[1]事务语义——每个应用程序接口调用都是独立的工作单元，没有办法将它们连接在一起。

11.3.3 应用程序崩溃

应用程序随时可能崩溃。比如它可能会耗尽内存，或者运行的服务器可能会突然宕机（欢迎使用云计算）。

特别是，崩溃可能发生在开始处理订阅者列表之后、处理完成之前。作者会在浏览器中收到一条错误信息。

重新提交表单很可能会导致大量多余的投递，就像我们在讨论 Postmark API 错误的后果时所看到的一样。

11.3.4 作者的操作

最后但也很重要的是，我们可能会遇到作者与 API 之间的交互问题。

如果面对的是大量用户，那么处理整个订阅者列表可能需要几分钟。作者可能会不耐烦，选择重新提交表单。浏览器可能会决定放弃（客户端超时）。或者，作者可能会错误地多次点击"提交"按钮[2]。

我们再次陷入困境，因为当前的实现并不保证重试安全。

11.4 幂等简介

POST /admin/newsletters 是一个非常简单的端点。尽管如此，但是调查发现，当前的实现无法达到我们的期望。

大多数问题都可以被归结为一个限制：重试不安全。

重试安全对应用程序接口的人性化有着巨大的影响。如果在出错时可以安全地重试，那么编写可靠的 API 客户端就会容易得多。

但重试安全实际上意味着什么呢？

在当前领域中，我们对重试的含义有了直观的理解，那就是给每个订阅者发送邮件简报的次数

---

1 Postmark 提供了一个批量邮件 API，但从文档中还看不出是否会批量重试发送邮件，以确保尽最大努力送达。无论如何，批量大小是有上限的（500）。如果订阅者足够多，就必须考虑如何批量发送：又回到了起点。从学习的角度来看，可以完全忽略批量邮件 API。

2 客户端 JavaScript 可用于在按钮被点击后禁用按钮，从而降低出现这种情况的可能性。

不得超过一次。如果换一个领域呢？

你可能会惊讶地发现，业界并没有一个公认的明确定义。这是一个麻烦的问题。

在本书中，对重试安全定义如下：

> 如果调用者无法观察到请求是否已被发送到服务器一次或多次，那么 API 端点就是重试安全的（或幂等的）。

我们将对这个定义进行探讨，深入理解其含义非常重要。

如果你在业界工作的时间足够长，则可能听说过另一个用来描述重试安全概念的术语：**幂等**。它们是同义词——后面将使用"幂等"这个词，主要是为了与行业术语保持一致（如幂等键）。

11.4.1　幂等实践：支付

本节我们将探讨在支付领域中幂等的定义。虚构的支付 API 提供了三个端点：

- **GET /balance**，检查当前的账户余额；
- **GET /payments**，检查支付列表；
- **POST /payments**，发起新支付。

POST /payments 需要将收款人信息和转账金额作为输入。调用 API 会触发从你的账户向指定的收款人转账；你的余额会减少（即 **new_balance = old_balance - payment_amount**）。

考虑一下这种情况：你的余额是 400 美元，你发送了一个转账 20 美元的请求。

请求成功：API 返回 **200 OK**[1]，你的余额被更新为 380 美元，收款人收到 20 美元。

然后，你重试了相同的请求，比如点击了两次"立即支付"按钮。

如果 **POST /payments** 是幂等的，会发生什么情况？

幂等的定义是围绕可观测性概念而建立的，即调用者可以通过与系统本身的交互来检查系统状态。

例如：通过查看 API 提交的日志，你可以轻松地确定第二次调用是一次重试。但调用者不是系统维护人，他们无法查看这些日志。用户看不到这些日志——就幂等而言，它们并不存在。它们不是通过 API 暴露和操作的领域模型的一部分。

示例中的领域模型包括：

---

1 现实世界中的支付系统很可能会返回 **202 Accepted**——支付授权、执行和结算发生在不同的时间点。为了举例说明，我们将事情简单化。

- 转账人的账户及其余额（通过 **GET /balance**）和支付记录（通过 **GET /payments**）；
- 可通过支付网络到达的其他账户[1]（即支付的收款人）。

基于上述情况，我们可以说，在重试请求时，**POST /payments** 是幂等的：

- 余额仍为 380 美元；
- 没有将账户剩下的余额转给收款人。

还有一个细节需要处理——对于重试请求，服务器应该返回什么样的 HTTP 响应？

调用者不应该看到第二次请求是重试。因为付款成功了，所以服务器应该返回成功的响应，这个响应在语义上等价于第一次请求的 HTTP 响应。

11.4.2 幂等键

我们对幂等的定义有含糊不清的地方：如何区分重试和转账人试图向同一个收款人支付两笔相同的金额？

我们需要理解转账人的**意图**。

可以尝试使用启发式方法——例如，如果第二个请求是在 5 分钟之内发送的，那么它就是一个重复的请求。

这可能是一个很好的起点，但并非万无一失。错误分类的后果可能很严重，无论是对转账人，还是对组织的声誉（例如，延迟重试导致重复转账）。

鉴于这一切都是为了理解转账人的意图，没有比授权转账人告诉我们，他们想要做什么更好的策略了。这通常是通过幂等键来实现的。

转账人为要执行的每一个改变状态的操作生成一个唯一标识符，即**幂等键**。在传出的请求中加上幂等键，通常加在 HTTP 请求头上（例如 **Idempotency-Key**[2]）。

服务器现在可以很容易地发现重复的请求：

- 两个相同的请求，不同的幂等键等于两个不同的操作；
- 两个相同的请求，相同的幂等键等于一个操作，第二个请求是重复的；

---

1 支付网络上的其他账户不会通过 API 向我们公开（比如无法查询约翰的支付记录），但我们仍然可以观察到某笔支付是否到达了收款人手中——例如，通过给他们打电话，或者他们向我们抱怨还没收到钱！API 调用可以对周围的真实世界产生直接的影响——这就是为什么整个计算机系统如此强大，同时又如此可怕！

2 IETF 工作组中的一份互联网草案建议对 **Idempotency-Key** 请求头进行标准化，但似乎没有取得进展（该草案于 2022 年 1 月过期）。

- 两个不同的请求[1]，相同的幂等键等于第一个请求被处理，第二个请求被拒绝。

我们要求在 **POST /admin/newsletters** 中提供幂等键，作为幂等实现的一部分。

11.4.3　并发请求

如果同时发起两个重复的请求——第二个请求在服务器处理完第一个请求之前到达服务器，则会发生什么情况？

我们还不知道第一个请求的处理结果。并行处理这两个请求还可能会带来不止一次执行的风险（例如，产生两笔不同的支付）。

通常的做法是引入**同步**：在第一个请求被处理完成后，再处理第二个请求。

我们有两种选择：

- 拒绝第二个请求，向调用者返回 **409** 请求冲突的状态码；
- 等待，直到第一个请求被处理完成。

两种选择都可以！

后者对调用者来说是完全透明的，使用户更容易使用 API——这样就不必再处理另一种临时故障模式了。不过，这也要付出代价[2]：客户端和服务器都需要在空闲时保持连接，等待其他任务完成。

考虑到用例（处理表单），我们将采用第二种策略，以尽量减少用户可见错误的数量——浏览器不会自动重试 **409**。

11.5　测试需求（第一部分）

从最简单的情况开始：接收并成功处理一个请求，然后进行重试。

我们希望得到一个成功的响应，并且不能重复发送邮件简报：

```
1  //! tests/api/newsletter.rs
2  // [...]
3
4  #[tokio::test]
5  async fn newsletter_creation_is_idempotent() {
6      // 准备
```

1　我们实际上并不打算对传入的请求进行相等性检查——这可能会变得相当棘手：请求头信息重要吗？全部还是其中的一个子集？请求体是否需要逐字节匹配？如果它们在语义上是等价的（例如，两个具有相同键和值的 JSON 对象），这就足够了吗？可以这样做，但这超出了本章的讨论范围。

2　如果我们持悲观态度的话，这可能会被滥用来对 API 发起拒绝服务攻击。可以通过强制执行公平使用限制来避免这种情况，例如，对同一个幂等键有少量并发请求是没有问题的，但如果最终要处理数十个重复的请求，服务器就会开始返回错误。

```
7     let app = spawn_app().await;
8     create_confirmed_subscriber(&app).await;
9     app.test_user.login(&app).await;
10
11    Mock::given(path("/email"))
12        .and(method("POST"))
13        .respond_with(ResponseTemplate::new(200))
14        .expect(1)
15        .mount(&app.email_server)
16        .await;
17
18    // 执行——第一部分，提交表单
19    let newsletter_request_body = serde_json::json!({
20        "title": "Newsletter title",
21        "text_content": "Newsletter body as plain text",
22        "html_content": "<p>Newsletter body as HTML</p>",
23        // 我们希望幂等键作为表单数据的一部分，而不是在请求头中
24        "idempotency_key": uuid::Uuid::new_v4().to_string()
25    });
26    let response = app.post_publish_newsletter(&newsletter_request_body).await;
27    assert_is_redirect_to(&response, "/admin/newsletters");
28
29    // 执行——第二部分，跟随重定向
30    let html_page = app.get_publish_newsletter_html().await;
31    assert!(
32        html_page.contains("<p><i>The newsletter issue has been published!</i></p>")
33    );
34
35    // 执行——第三部分，再次提交表单
36    let response = app.post_publish_newsletter(&newsletter_request_body).await;
37    assert_is_redirect_to(&response, "/admin/newsletters");
38
39    // 执行——第四部分，跟随重定向
40    let html_page = app.get_publish_newsletter_html().await;
41    assert!(
42        html_page.contains("<p><i>The newsletter issue has been published!</i></p>")
43    );
44
45    // Mock 在 Drop 上验证我们是否再次发送了邮件简报
46 }
```

cargo test 应该失败了：

```
1  thread 'newsletter::newsletter_creation_is_idempotent' panicked at
2  'Verifications failed:
3  - Mock #1.
4      Expected range of matching incoming requests: == 1
5      Number of matched incoming requests: 2
6  [...]'
```

重试成功了，但导致向订阅者发送了两次邮件简报——这就是在本章开头的故障分析中发现的问题。

11.6　实现策略

如何防止重试请求向订阅者发送新一轮电子邮件？我们有两种选择：一种是需要状态，另一种是不需要状态。

11.6.1　有状态的幂等：保存和重放

在有状态方法中，我们先处理第一个请求，然后将其幂等键存储在即将返回的 HTTP 响应中。当有重试请求时，我们会在存储中查找与幂等键相匹配的请求，获取所保存的 HTTP 响应并将其返回给调用者。Postmark 的 API 不会被再次调用，从而避免了重复发送。

11.6.2　无状态的幂等：确定性的键生成

无状态方法试图在不依赖持久化的情况下实现相同的结果。

对于每个订阅者，我们都会使用订阅者 ID、邮件简报内容[1]和附在传入请求上的幂等键，**确定性**地生成一个新的幂等键。每次调用 Postmark 发送电子邮件时，都会确保发送订阅者特定的幂等键。

当重试请求时，我们会执行相同的处理逻辑——这将导致使用完全相同的幂等键对 Postmark 进行同样的 HTTP 调用。如果正确实现了幂等，就不会发送新邮件了。

11.6.3　时间问题有些棘手

无状态方法和有状态方法并不完全等同。

举例来说，如果有新用户订阅了邮件简报，那么在初始请求和随后的重试请求之间会发生什么情况？

无状态方法执行处理器逻辑，以处理重试请求。特别是，它会在发送电子邮件 **for** 循环之前重新生成当前的订阅者列表。因此，新的订阅者将会收到邮件简报。

当采用有状态方法时，情况并非如此——我们从存储中查询 HTTP 响应并将其返回给调用者，

1　两个不同的邮件简报不应生成相同的订阅者特定的幂等键。如果出现这种情况，则无法继续发送不同的邮件，因为 Postmark 的幂等逻辑会阻止第二封邮件的发送。这就是为什么必须在订阅者特定的幂等键的生成逻辑中包含传入请求内容的指纹——它能确保每个订阅者-邮件简报对的结果都是唯一的。或者，必须进行相等性检查，以确保相同的幂等键不能被用于两个不同的 **POST /admin/newsletters** 请求。也就是说，幂等键要足以保证邮件简报的内容不相同。

而不进行任何处理。

这是更深层次差异的表现——当采用无状态方法时，初始请求和随后的重试请求之间的时间间隔会影响处理结果。

我们无法针对第一个请求所看到的相同状态快照执行处理器逻辑，因此，无状态方法会受到自第一个请求被处理以来已提交的所有操作的影响[1]（例如，将新的订阅者加入邮件列表中）。

是否可以接受这种情况取决于不同的领域。

在我们的示例中，这种影响很小——我们只是发送了额外的邮件简报。如果无状态方法可以大大简化实现，那么也可以接受。

11.6.4 做出选择

遗憾的是，现在的情况没有选择的余地：Postmark 的 API 不提供任何幂等机制，因此不能采用无状态方法。

有状态方法恰好更难实现——庆幸吧，我们将有机会学习一些新模式。

11.7 幂等存储

11.7.1 应该使用哪种数据库

对于每个幂等键，必须存储相关的 HTTP 响应。

我们的应用程序目前使用两种不同的数据库：

- Redis，用于存储每个用户的会话状态；
- Postgres，用于存储其他所有数据。

我们不想永远存储幂等键——这不切合实际，也很浪费资源。

我们也不希望用户 A 执行的操作影响用户 B 执行操作的结果——如果不进行适当的隔离，就会存在特定的安全风险（跨用户数据泄露）。

将幂等键和响应存储到用户的会话状态中可以保证实现隔离和过期。但是将幂等键的生命周期与用户会话的生命周期绑定在一起不太合适。

根据当前的需求，Redis 看起来是存储(user_id, idempotency_key, http_response)三元组的最佳解决方案。它们有自己的生存时间策略，与会话状态无关，而且 Redis 还能清理过期数据。

---

1 这相当于关系型数据库中的不可重复读。

遗憾的是，新的需求很快会出现，Redis 就不适合了。在这里走弯路也学不到什么东西，所以还是直接选择 Postgres。

剧透：我们将在单个 SQL 事务中修改幂等三元组和应用程序状态。

11.7.2　数据库模式

我们需要新建一个表来存储以下信息：

- 用户 ID；
- 幂等键；
- HTTP 响应。

用户 ID 和幂等键可被用作联合主键。我们还应该记录每一行的创建时间，以便淘汰旧的幂等键。

但还有一个关键的不确定因素：使用什么类型来存储 HTTP 响应？

我们可以将整个 HTTP 响应视为字节块，使用 **bytea** 作为列类型。

遗憾的是，将这些字节反序列化成一个 **HttpResponse** 对象会很麻烦——**actix-web** 并没有为 **HttpResponse** 提供任何序列化/反序列化实现。

我们将自己实现序列化/反序列化代码——使用 HTTP 响应的核心组件：

- 状态码；
- 响应头；
- 响应体。

我们不会存储 HTTP 版本——假设只使用 HTTP/1.1。

我们可以使用 **smallint** 来表示状态码——它的最大值是 **32767**，足够了。

对于响应体，使用 **bytea** 类型。

那么响应头呢？它们的类型是什么？

可以将多个响应头的值与同一个响应头的名字相关联，将它们表示为**(name, value)**数组对。

可以使用 **TEXT** 来表示 **name**（参见 **http** 的实现[1]），而 **value** 是 **BYTEA** 类型的，因为它允许使用不透明的八进制数（参见 **http** 的测试用例[2]）。

Postgres 不支持元组数组，但有一种解决方法：可以定义一个 Postgres 组合类型，即一个命名

---

1 参见"链接 11-2"。

2 参见"链接 11-3"。

的字段集合，相当于 Rust 代码中的结构体。

```
1 CREATE TYPE header_pair AS (
2     name TEXT,
3     value BYTEA
4 );
```

现在可以编写迁移脚本：

```
1 sqlx migrate add create_idempotency_table
```

```
1 -- migrations/20220211080603_create_idempotency_table.sql
2 CREATE TYPE header_pair AS (
3     name TEXT,
4     value BYTEA
5 );
```

```
1 CREATE TABLE idempotency (
2     user_id uuid NOT NULL REFERENCES users(user_id),
3     idempotency_key TEXT NOT NULL,
4     response_status_code SMALLINT NOT NULL,
5     response_headers header_pair[] NOT NULL,
6     response_body BYTEA NOT NULL,
7     created_at timestamptz NOT NULL,
8     PRIMARY KEY(user_id, idempotency_key)
9 );
```

```
1 sqlx migrate run
```

本可以定义一个完整的 **http_response** 组合类型，但会在 **sqlx** 中遇到 bug，而这又是由 Rust 编译器中的一个错误引起的。当前最好避免嵌套组合类型。

11.8 保存和重放

11.8.1 读取幂等键

POST /admin/newsletters 端点是由 HTML 表单提交触发的，因此我们无法控制发送到服务器的请求头信息。

最实际的做法是在表单数据中嵌入幂等键：

```
1 //! src/routes/admin/newsletter/post.rs
2 // [...]
3
4 #[derive(serde::Deserialize)]
5 pub struct FormData {
6     title: String,
7     text_content: String,
8     html_content: String,
```

```
 9        // 新字段
10        idempotency_key: String
11   }
```

我们并不关心幂等键的具体格式，只要不是空的，而且长度合理即可。

下面定义一种新的类型来进行小范围验证：

```
 1   //! src/lib.rs
 2   // [...]
 3   // 新模块
 4   pub mod idempotency;
```

```
 1   //! src/idempotency/mod.rs
 2   mod key;
 3   pub use key::IdempotencyKey;
```

```
 1   //! src/idempotency/key.rs
 2   #[derive(Debug)]
 3   pub struct IdempotencyKey(String);
 4
 5   impl TryFrom<String> for IdempotencyKey {
 6       type Error = anyhow::Error;
 7       fn try_from(s: String) -> Result<Self, Self::Error> {
 8           if s.is_empty() {
 9               anyhow::bail!("The idempotency key cannot be empty");
10           }
11           let max_length = 50;
12           if s.len() >= max_length {
13               anyhow::bail!(
14                   "The idempotency key must be shorter
15                   than {max_length} characters");
16           }
17           Ok(Self(s))
18       }
19   }
20
21   impl From<IdempotencyKey> for String {
22       fn from(k: IdempotencyKey) -> Self {
23           k.0
24       }
25   }
26
27   impl AsRef<str> for IdempotencyKey {
28       fn as_ref(&self) -> &str {
29           &self.0
30       }
31   }
```

现在可以在 **publish_newsletter** 中使用它了：

```
 1   //! src/utils.rs
```

```
2   use actix_web::http::StatusCode;
3   // [...]
4
5   // 返回状态码 400，并在响应体中返回用户可读的验证错误信息
6   // 保留错误的根本原因，以便记录
7   pub fn e400<T: std::fmt::Debug + std::fmt::Display>(e: T) -> actix_web::Error
8       where
9           T: std::fmt::Debug + std::fmt::Display + 'static
10  {
11      actix_web::error::ErrorBadRequest(e)
12  }
```

```
1   //! src/routes/admin/newsletter/post.rs
2   use crate::idempotency::IdempotencyKey;
3   use crate::utils::e400;
4   // [...]
5
6   pub async fn publish_newsletter(/* */) -> Result<HttpResponse, actix_web::Error> {
7       // 必须重组表单，以避免干扰借用检查器
8       let FormData { title, text_content, html_content, idempotency_key } = form.0;
9       let idempotency_key: IdempotencyKey = idempotency_key.try_into().map_err(e400)?;
10      let subscribers = get_confirmed_subscribers(&pool).await.map_err(e500)?;
11      for subscriber in subscribers {
12          match subscriber {
13              Ok(subscriber) => {
14                  // 不再使用 `form.<X>`
15                  email_client
16                      .send_email(&subscriber.email, &title, &html_content, &text_content)
17                  // [...]
18              }
19              // [...]
20          }
21      }
22      // [...]
23  }
```

成功了！已经可以解析和验证幂等键了。

不过，一些旧的测试没有通过：

```
1   thread 'newsletter::you_must_be_logged_in_to_publish_a_newsletter'
2   panicked at 'assertion failed: `(left == right)`
3     left: `400`,
4    right: `303`'
5
6   thread 'newsletter::newsletters_are_not_delivered_to_unconfirmed_subscribers'
7   panicked at 'assertion failed: `(left == right)`
8     left: `400`,
9    right: `303`'
10
```

```
11 thread 'newsletter::newsletters_are_delivered_to_confirmed_subscribers'
12 panicked at 'assertion failed: `(left == right)`
13   left: `400`,
14  right: `303`'
```

测试请求被拒绝，因为没有包含幂等键。

更新代码：

```
1 //! tests/api/newsletter.rs
2 // [...]
3
4 #[tokio::test]
5 async fn newsletters_are_not_delivered_to_unconfirmed_subscribers() {
6     // [...]
7     let newsletter_request_body = serde_json::json!({
8         // [...]
9         "idempotency_key": uuid::Uuid::new_v4().to_string()
10     });
11 }
12
13 #[tokio::test]
14 async fn newsletters_are_delivered_to_confirmed_subscribers() {
15     // [...]
16     let newsletter_request_body = serde_json::json!({
17         // [...]
18         "idempotency_key": uuid::Uuid::new_v4().to_string()
19     });
20 }
21
22 #[tokio::test]
23 async fn you_must_be_logged_in_to_publish_a_newsletter() {
24     // [...]
25     let newsletter_request_body = serde_json::json!({
26         // [...]
27         "idempotency_key": uuid::Uuid::new_v4().to_string()
28     });
29     // [...]
30 }
```

现在这三个测试应该都能通过了，只有 **newsletter::newsletter_creation_is_idempotent** 测试失败。

还需要更新 **GET /admin/newsletters**，以便在 HTML 表单中嵌入随机生成的幂等键：

```
1 //! src/routes/admin/newsletter/get.rs
2 // [...]
3
4 pub async fn publish_newsletter_form(/* */) -> Result<HttpResponse, actix_web::Error> {
5     // [...]
6     let idempotency_key = uuid::Uuid::new_v4();
```

```
7    Ok(HttpResponse::Ok()
8        .content_type(ContentType::html())
9        .body(format!(
10           r#"<!-- ... -->
11   <form action="/admin/newsletters" method="post">
12       <!-- ... -->
13       <input hidden type="text" name="idempotency_key" value="{idempotency_key}">
14       <button type="submit">Publish</button>
15   </form>
16   <!-- ... -->"#,
17       )))
18 }
```

11.8.2 查询已保存的响应

下一步是从数据库中获取已保存的 HTTP 响应（假设存在）。

这可以通过 SQL 查询实现：

```
1  //! src/idempotency/mod.rs
2  // [...]
3  mod persistence;
4  pub use persistence::get_saved_response;
```

```
1  //! src/idempotency/persistence.rs
2  use super::IdempotencyKey;
3  use actix_web::HttpResponse;
4  use sqlx::PgPool;
5  use uuid::Uuid;
6
7  pub async fn get_saved_response(
8      pool: &PgPool,
9      idempotency_key: &IdempotencyKey,
10     user_id: Uuid,
11 ) -> Result<Option<HttpResponse>, anyhow::Error> {
12     let saved_response = sqlx::query!(
13         r#"
14         SELECT
15             response_status_code,
16             response_headers,
17             response_body
18         FROM idempotency
19         WHERE
20             user_id = $1 AND
21             idempotency_key = $2
22         "#,
23         user_id,
24         idempotency_key.as_ref()
25     )
```

```
26        .fetch_optional(pool)
27        .await?;
28        todo!()
29  }
```

需要注意的是，**sqlx** 不知道如何处理自定义的 **header_pair** 类型：

```
1  error: unsupported type _header_pair of column #2 ("response_headers")
2    |
3    |          let saved_response = sqlx::query!(
4    |  _____^
5    | |          r#"
6    | |          SELECT
7  .. |
8    | |          idempotency_key.as_ref()
9    | |      )
10   | |_____^
```

它也许不支持开箱即用，但有一种机制可以指定如何处理它，这就是 **Type**、**Decode** 和 **Encode** 特质。

幸运的是，我们不必自己实现——可以用宏来派生它们。只需要指定类型字段和组合类型的名称，就像它在 Postgres 中展示的那样；剩下的就交给宏来处理：

```
1  //! src/idempotency/persistence.rs
2  // [...]
3
4  #[derive(Debug, sqlx::Type)]
5  #[sqlx(type_name = "header_pair")]
6  struct HeaderPairRecord {
7      name: String,
8      value: Vec<u8>,
9  }
```

遗憾的是，错误仍然存在。

```
1  error: unsupported type _header_pair of column #2 ("response_headers")
2    |
3    |          let saved_response = sqlx::query!(
4    |  _____^
5    | |          r#"
6    | |          SELECT
7  .. |
8    | |          idempotency_key.as_ref()
9    | |      )
10   | |____^
11
12 // [...] <new error> [...]
```

事实证明，**sqlx::query!** 不会自动处理自定义类型——需要使用显式类型注解来处理自定义的列。

于是查询就变成了：

```
1  //! src/idempotency/persistence.rs
2  // [...]
3
4  pub async fn get_saved_response(/* */) -> Result</* */> {
5      let saved_response = sqlx::query!(
6          r#"
7          SELECT
8              response_status_code,
9              response_headers as "response_headers: Vec<HeaderPairRecord>",
10             response_body
11         // [...]
12         "#,
13         // [...]
14     )
15     // [...]
16 }
```

编译终于成功了！

我们将查询到的数据映射回 **HttpResponse** 中：

```
1  //! src/idempotency/persistence.rs
2  use actix_web::http::StatusCode;
3  // [...]
4
5  pub async fn get_saved_response(/* */) -> Result<Option<HttpResponse>, anyhow::Error> {
6      let saved_response = sqlx::query!(/* */)
7          .fetch_optional(pool)
8          .await?;
9      if let Some(r) = saved_response {
10         let status_code = StatusCode::from_u16(
11             r.response_status_code.try_into()?
12         )?;
13         let mut response = HttpResponse::build(status_code);
14         for HeaderPairRecord { name, value } in r.response_headers {
15             response.append_header((name, value));
16         }
17         Ok(Some(response.body(r.response_body)))
18     } else {
19         Ok(None)
20     }
21 }
```

现在可以在请求处理器中加上 **get_saved_response**：

```
1  //! src/routes/admin/newsletter/post.rs
2  // [...]
3  use crate::idempotency::get_saved_response;
4
```

```
5  pub async fn publish_newsletter(
6      // [...]
7      // 注入从用户会话中提取的用户 ID
8      user_id: ReqData<UserId>,
9  ) -> Result<HttpResponse, actix_web::Error> {
10     let user_id = user_id.into_inner();
11     let FormData {
12         title,
13         text_content,
14         html_content,
15         idempotency_key,
16     } = form.0;
17     let idempotency_key: IdempotencyKey = idempotency_key.try_into().map_err(e400)?;
18     // 如果数据库中存在响应就提前返回
19     if let Some(saved_response) = get_saved_response(&pool, &idempotency_key, *user_id)
20         .await
21         .map_err(e500)?
22     {
23         return Ok(saved_response);
24     }
25     // [...]
26 }
```

11.8.3　保存响应

我们已经有代码来查询已保存的响应，但还没有代码来保存响应，这正是接下来要关注的内容。

在 **idempotency** 模块中添加一个新的函数骨架：

```
1  //! src/idempotency/mod.rs
2  // [...]
3  pub use persistence::save_response;
```

```
1  //! src/idempotency/persistence.rs
2  // [...]
3
4  pub async fn save_response(
5      _pool: &PgPool,
6      _idempotency_key: &IdempotencyKey,
7      _user_id: Uuid,
8      _http_response: &HttpResponse,
9  ) -> Result<(), anyhow::Error> {
10     todo!()
11 }
```

在编写 **INSERT** 语句之前，需要将 **HttpResponse** 分解成不同的部分。

我们可以使用 **.status()** 来获取状态码，使用 **.headers()** 来获取响应头……那么响应体呢？

有一个 **.body()** 方法，看看方法签名：

```
1  /// 返回对响应体的引用
2  pub fn body(&self) -> &B {
3      self.res.body()
4  }
```

B 是什么? 看看它在 **impl** 块中的定义:

```
1  impl<B> HttpResponse<B> {
2      /// 返回对响应体的引用
3      pub fn body(&self) -> &B {
4          self.res.body()
5      }
6  }
```

事实证明,**HttpResponse** 的泛型参数就是响应体类型(body 类型)。

但是,你可能会问:"我们已经使用了返回是 **400** 的 **HttpResponse**,却没有指定任何泛型参数,这是怎么回事?"

有一个默认的泛型参数,如果没有指定 **B**,它就会启动:

```
1  /// 输出响应
2  pub struct HttpResponse<B = BoxBody> {/* */}
```

11.8.3.1 MessageBody 和 HTTP 流

为什么 **HttpResponse** 首先需要对 body 类型进行泛型化? 难道不能使用 **Vec<u8>**或类似的字节容器吗?

之前,响应一直是在服务器上处理完成后再返回给调用者的。HTTP/1.1 支持另一种数据传输机制——**Transfer-Encoding:chunked**,也被称为"HTTP 流"。

服务器将请求负载拆分为多个块,然后一次一个地发送给调用者,而不是先在内存中累积整个请求体。这样服务器可以大大减少内存使用量。在处理大型请求负载(如文件或大型查询结果)时,这种方法非常有用(全程流式传输)。

提到 HTTP 流,就更容易理解 **MessageBody** 的设计了。在 **actix-web** 中使用类型作为 body 时,必须实现 **MessageBody** 特质:

```
1  pub trait MessageBody {
2      type Error: Into<Box<dyn Error + 'static, Global>>;
3      fn size(&self) -> BodySize;
4      fn poll_next(
5          self: Pin<&mut Self>,
6          cx: &mut Context<'_>
7      ) -> Poll<Option<Result<Bytes, Self::Error>>>;
8      // [...]
9  }
```

你可以一次获取一个块数据,直到全部获取完毕。

当响应不是流式传输时，数据可以被一次性获取到——**poll_next** 可以一次性返回所有数据。

我们了解到 **BoxBody** 是 **HttpResponse** 使用的默认 body 类型。在不知不觉中，我们已经在好几章中使用了这种 body 类型。

BoxBody 抽象了特定的请求负载的传输机制。在底层，它只不过是一个枚举，每种策略都有一个变体，其中还有一个特例用于没有响应体的响应：

```
1  #[derive(Debug)]
2  pub struct BoxBody(BoxBodyInner);
3
4  enum BoxBodyInner {
5      None(body::None),
6      Bytes(Bytes),
7      Stream(Pin<Box<dyn MessageBody<Error=Box<dyn StdError>>>>),
8  }
```

这种方法之所以能运行这么久，是因为我们并不关心将响应返回给调用者的方式。

实现 **save_response** 促使我们仔细观察——需要在内存中收集响应[1]，以便将其存储到数据库的 **idempotency** 表中。

actix-web 有一个专门的函数——**to_bytes**。它调用 **poll_next**，直到没有数据可取为止，然后将完整的响应返回到 **Bytes** 容器[2]中。

通常，建议在讨论 **to_bytes** 时要谨慎——如果你处理的是巨大的请求负载，则有可能会给服务器带来巨大的内存压力。但我们的情况并非如此——所有的响应体都很小，实际上并没有使用 HTTP 流，所以 **to_bytes** 也就没起作用。

理论够了，我们实践一下：

```
1  //! src/idempotency/persistence.rs
2  use actix_web::body::to_bytes;
3  // [...]
4
5  pub async fn save_response(
6      pool: &PgPool,
7      idempotency_key: &IdempotencyKey,
8      user_id: Uuid,
9      http_response: &HttpResponse,
10 ) -> Result<(), anyhow::Error> {
11     let status_code = http_response.status().as_u16() as i16;
12     let headers = {
13         let mut h = Vec::with_capacity(http_response.headers().len());
14         for (name, value) in http_response.headers().iter() {
```

---

1 从技术上讲，还有另一种选择：将响应体直接流式传输到数据库，然后再从数据库直接流式传输回调用者。

2 你可以把 **Bytes** 看作一个 **Vec<u8>**，它还有额外的好处——查看 **bytes** 包的文档以了解更多详细信息。

```
15              let name = name.as_str().to_owned();
16              let value = value.as_bytes().to_owned();
17              h.push(HeaderPairRecord { name, value });
18          }
19          h
20      };
21      let body = to_bytes(http_response.body()).await.unwrap();
22      todo!()
23  }
```

编译出错了：

```
1  error[E0277]: the trait bound `&BoxBody: MessageBody` is not satisfied
2  --> src/idempotency/persistence.rs
3    |
4    |      let body = to_bytes(http_response.body()).await.unwrap();
5    |                 --------  ^^^^^^^^^^^^^^^^^^^^^
6  the trait `MessageBody` is not implemented for `&BoxBody`
7    |                        |
8    |                        required by a bound introduced by this call
9    |
10 = help: the following implementations were found:
11          <BoxBody as MessageBody>
```

BoxBody 实现了 **MessageBody**，但 **&BoxBody** 没有——**.body()** 返回的是引用，它并没有拥有请求体的所有权。

我们为什么需要所有权？还是因为 HTTP 流！

从请求负载流中提取数据块需要获取对流本身的可变引用——一旦读取了数据块，就无法重放流并再次读取它了。

有一种常见的模式可以解决这个问题：

- 通过 **.into_parts()** 获取请求体的所有权；

- 通过 **to_bytes** 在内存中缓冲整个请求体；

- 对请求体进行任意处理；

- 在请求头中使用 **.set_body()** 重组响应。

.into_parts() 需要拥有 **HttpResponse** 的所有权，所以必须修改 **save_response** 的方法签名来实现。我们不使用引用，而是获取响应的所有权，然后在成功的情况下返回另一个所拥有的 **HttpResponse**。

实现如下：

```
1  //! src/idempotency/persistence.rs
2  // [...]
3
```

```
4  pub async fn save_response(
5      // [...]
6      // 不再是引用
7      http_response: HttpResponse,
8  ) -> Result<HttpResponse, anyhow::Error> {
9      let (response_head, body) = http_response.into_parts();
10     // `MessageBody::Error` 不是 `Send` + `Sync`
11     // 因此，它与 `anyhow` 不能很好地兼容
12     let body = to_bytes(body).await.map_err(|e| anyhow::anyhow!("{}", e))?;
13     let status_code = response_head.status().as_u16() as i16;
14     let headers = {
15         let mut h = Vec::with_capacity(response_head.headers().len());
16         for (name, value) in response_head.headers().iter() {
17             let name = name.as_str().to_owned();
18             let value = value.as_bytes().to_owned();
19             h.push(HeaderPairRecord { name, value });
20         }
21         h
22     };
23
24     // TODO: SQL 查询
25
26     // 使用 .map_into_boxed_body 方法
27     // 将 HttpResponse<Bytes> 转换为 HttpResponse<BoxBody>
28     let http_response = response_head.set_body(body).map_into_boxed_body();
29     Ok(http_response)
30 }
```

这应该能编译成功，尽管目前还不是特别有用。

11.8.3.2　Postgres 组合类型的数组

实现插入查询：

```
1  //! src/idempotency/persistence.rs
2  // [...]
3
4  pub async fn save_response(
5      // [...]
6  ) -> Result<HttpResponse, anyhow::Error> {
7      // [...]
8      sqlx::query!(
9          r#"
10         INSERT INTO idempotency (
11             user_id,
12             idempotency_key,
13             response_status_code,
14             response_headers,
15             response_body,
16             created_at
```

```
17          )
18          VALUES ($1, $2, $3, $4, $5, now())
19          "#,
20          user_id,
21          idempotency_key.as_ref(),
22          status_code,
23          headers,
24          body.as_ref()
25      )
26      .execute(pool)
27      .await?;
28
29      let http_response = response_head.set_body(body).map_into_boxed_body();
30      Ok(http_response)
31 }
```

编译失败，出现错误：

```
1 error: unsupported type _header_pair for param #4
2 --> src/idempotency/persistence.rs
3    |
4  | /     sqlx::query!(
5  | |         r#"
6  | |         INSERT INTO idempotency (
7  | |             user_id,
8  ..|
9  | |         body.as_ref()
10 | |     )
11 | |_____^
```

这确实是有道理的，因为我们使用的是自定义类型。而 **sqlx::query!** 功能不够强大，无法在编译时了解它以进行检查。必须关闭编译时检查功能——使用 **query_unchecked!** 代替 **query!**：

```
1 //! src/idempotency/persistence.rs
2 // [...]
3
4 pub async fn save_response(
5     // [...]
6 ) -> Result<HttpResponse, anyhow::Error> {
7     // [...]
8     sqlx::query_unchecked!(/* */)
9     // [...]
10 }
```

离成功更近了——错误不一样了：

```
1 error[E0277]: the trait bound `HeaderPairRecord: PgHasArrayType` is not satisfied
2 --> src/idempotency/persistence.rs
3    |
4  | /     sqlx::query_unchecked!(
5  | |         r#"
```

```
 6  | |          INSERT INTO idempotency (
 7  | |              user_id,
 8  ..|
 9  | |              body.as_ref()
10  | |          )
11  | |____^ the trait `PgHasArrayType` is not implemented for `HeaderPairRecord`
```

通过 **#[sqlx(type_name = "header_pair")]** 属性，**sqlx** 知道组合类型本身的名称，但不知道包含 **header_pair** 元素的数组类型名称。

在运行 **CREATE TYPE** 语句时，Postgres 会隐式创建一个数组类型——它就是以下画线为前缀的组合类型名称[1]。

我们可以按照编译器的建议，通过实现 **PgHasArrayType** 特质，为 **sqlx** 提供这一信息：

```rust
1  //! src/idempotency/persistence.rs
2  use sqlx::postgres::PgHasArrayType;
3  // [...]
4
5  impl PgHasArrayType for HeaderPairRecord {
6      fn array_type_info() -> sqlx::postgres::PgTypeInfo {
7          sqlx::postgres::PgTypeInfo::with_name("_header_pair")
8      }
9  }
```

代码最终应该会编译成功。

11.8.3.3　整合代码

这是一个里程碑，但现在高兴为时过早——还不知道它是否有效。集成测试还没通过。

现在将 **save_response** 添加到请求处理器中：

```rust
 1  //! src/routes/admin/newsletter/post.rs
 2  use crate::idempotency::save_response;
 3  // [...]
 4
 5  pub async fn publish_newsletter(/* */) -> Result</* */> {
 6      // [...]
 7      for subscriber in subscribers {
 8          // [...]
 9      }
10      FlashMessage::info("The newsletter issue has been published!").send();
11      let response = see_other("/admin/newsletters");
12      let response = save_response(&pool, &idempotency_key, *user_id, response)
13          .await
14          .map_err(e500)?;
15      Ok(response)
16  }
```

1　如果类型名称太长，则会进行截断。

cargo test 通过，成功了！

11.9 并发请求

在讨论幂等时，我们处理了"简单"的场景：一个请求到达，完成处理，然后重试请求。

现在要处理的是更麻烦的场景——重试请求在第一个请求被处理完成之前到来。

我们希望第二个请求排在第一个请求之后——一旦处理完成，它就会从数据库中获取所保存的 HTTP 响应，并将其返回给调用者。

11.9.1 测试需求（第二部分）

再次利用测试驱动需求：

```
1  //! tests/api/newsletter.rs
2  use std::time::Duration;
3  // [...]
4
5  #[tokio::test]
6  async fn concurrent_form_submission_is_handled_gracefully() {
7      // 准备
8      let app = spawn_app().await;
9      create_confirmed_subscriber(&app).await;
10     app.test_user.login(&app).await;
11
12     Mock::given(path("/email"))
13         .and(method("POST"))
14         // 设置较长的延迟时间，以确保第二个请求在第一个请求处理完成之前到达
15         .respond_with(ResponseTemplate::new(200).set_delay(Duration::from_secs(2)))
16         .expect(1)
17         .mount(&app.email_server)
18         .await;
19
20     // 执行——并发提交两个邮件简报表单
21     let newsletter_request_body = serde_json::json!({
22         "title": "Newsletter title",
23         "text_content": "Newsletter body as plain text",
24         "html_content": "<p>Newsletter body as HTML</p>",
25         "idempotency_key": uuid::Uuid::new_v4().to_string()
26     });
27     let response1 = app.post_publish_newsletter(&newsletter_request_body);
28     let response2 = app.post_publish_newsletter(&newsletter_request_body);
29     let (response1, response2) = tokio::join!(response1, response2);
30
31     assert_eq!(response1.status(), response2.status());
```

```
32        assert_eq!(response1.text().await.unwrap(), response2.text().await.unwrap());
33
34    // Mock 在 Drop 上验证我们是否再次发送了邮件简报
35    }
```

测试失败——服务器向两个请求之一返回了 **500 Internal Server Error**：

```
1  thread 'newsletter::concurrent_form_submission_is_handled_gracefully'
2  panicked at 'assertion failed: `(left == right)`
3    left: `303`,
4   right: `500`'
```

日志解释了所发生的事情：

```
1  exception.details:
2     error returned from database:
3     duplicate key value violates unique constraint "idempotency_pkey"
4
5     Caused by:
6         duplicate key value violates unique constraint "idempotency_pkey"
```

由于数据库的唯一约束，无法将最慢的请求写入 **idempotency** 表。

错误响应并不是唯一的问题：两个请求都执行了电子邮件发送代码（否则不会看到违反约束的情况），导致重复发送。

11.9.2　同步

第二个请求在尝试插入数据库之前并不知道第一个请求的存在。

如果要防止重复发送，则需要在开始处理订阅者之前引入**跨请求同步**。

如果所有传入的请求都由单个 API 实例提供服务，那么使用内存锁（例如 **tokio::sync::Mutex**）就可以了。但我们的情况并非如此：API 是多副本的，因此两个请求可能由两个不同的实例处理。

我们的同步机制必须在进程外运行——数据库是最合适的选择。

想一想：有一个 **idempotency** 表，在表中，用户 ID 和幂等键的每个唯一组合都有一条记录。能用它做些什么吗？

当前的实现是在处理完请求后向 **idempotency** 表中插入一条记录，然后将响应返回给调用者。我们将改变这种做法：在处理器被调用后立即插入一条记录。

此时还不知道最终的响应——因为还没有开始处理！所以必须解除某些列上的 **NOT NULL** 约束：

```
1  sqlx migrate add relax_null_checks_on_idempotency
```

```
1  ALTER TABLE idempotency ALTER COLUMN response_status_code DROP NOT NULL;
2  ALTER TABLE idempotency ALTER COLUMN response_body DROP NOT NULL;
3  ALTER TABLE idempotency ALTER COLUMN response_headers DROP NOT NULL;
```

```
1  sqlx migrate run
```

现在，只要处理器被调用，就可以通过用户 ID 和幂等键联合主键插入一条记录。

第一个请求将成功地向 **idempotency** 表中插入一条记录。第二个请求则会因为违反唯一约束而失败。

这不是我们想要的结果：

- 如果第一个请求已完成，希望返回已保存的响应；
- 如果第一个请求仍在进行中，希望等待。

我们可以使用 Postgres 的 **ON CONFLICT** 语句来处理第一种情况——它允许我们定义当 **INSERT** 因为违反约束（如唯一性）而失败时应该发生的情况。

有两个选项：**ON CONFLICT DO NOTHING** 和 **ON CONFLICT DO UPDATE**。正如你可能猜到的，**ON CONFLICT DO NOTHING** 什么也不做——它只是接受了错误。可以通过检查受语句影响的记录数来检测记录是否已经存在。

而 **ON CONFLICT DO UPDATE** 可以用来修改已经存在的记录，例如：**ON CONFLICT DO UPDATE SET updated_at = now()**。

我们将使用 **ON CONFLICT DO NOTHING**——如果没有插入新记录，则尝试获取已保存的响应。

在开始实现之前，需要解决一个问题：代码已经无法编译。由于没有更新，无法处理 **idempotency** 表中的一些列为空的情况。我们必须更新查询，要求 **sqlx** 强制假设这些列不会为空——如果没有更新，在运行时就会出错。

其语法与之前处理请求头对时使用的类型转换语法类似——必须在列的别名后加上"!"：

```
1  //! src/idempotency/persistence.rs
2  // [...]
3
4  pub async fn get_saved_response(/* */) -> Result</* */> {
5      let saved_response = sqlx::query!(
6          r#"
7          SELECT
8            response_status_code as "response_status_code!",
9            response_headers as "response_headers!: Vec<HeaderPairRecord>",
10           response_body as "response_body!"
11         [...]
12         "#,
13         user_id,
14         idempotency_key.as_ref()
15     )
16     // [...]
17 }
```

现在定义一个新函数的骨架，即在请求处理器的开始调用 **try_processing** 函数。

它将尝试执行刚才讨论过的插入操作——如果因为记录已经存在而失败，我们就会假设已保存响应并尝试返回它。

```
1  //! src/idempotency/mod.rs
2  // [...]
3  pub use persistence::{try_processing, NextAction};

1  //! src/idempotency/persistence.rs
2  // [...]
3
4  pub enum NextAction {
5      StartProcessing,
6      ReturnSavedResponse(HttpResponse),
7  }
8
9  pub async fn try_processing(
10     pool: &PgPool,
11     idempotency_key: &IdempotencyKey,
12     user_id: Uuid,
13 ) -> Result<NextAction, anyhow::Error> {
14     todo!()
15 }
```

处理器将调用 **try_processing**，而不是 **get_saved_response**：

```
1  //! src/routes/admin/newsletter/post.rs
2  use crate::idempotency::{try_processing, NextAction};
3  // [...]
4
5  pub async fn publish_newsletter(/* */) -> Result<HttpResponse, actix_web::Error> {
6      // [...]
7      let idempotency_key: IdempotencyKey = idempotency_key.try_into().map_err(e400)?;
8      match try_processing(&pool, &idempotency_key, *user_id)
9          .await
10         .map_err(e500)?
11     {
12         NextAction::StartProcessing => {}
13         NextAction::ReturnSavedResponse(saved_response) => {
14             success_message().send();
15             return Ok(saved_response);
16         }
17     }
18     // [...]
19      success_message().send();
20     let response = see_other("/admin/newsletters");
21     let response = save_response(&pool, &idempotency_key, *user_id, response)
22         .await
23         .map_err(e500)?;
```

```
24        Ok(response)
25   }
26
27   fn success_message() -> FlashMessage {
28        FlashMessage::info("The newsletter issue has been published!")
29   }
```

现在实现 **try_processing**：

```
1    //! src/idempotency/persistence.rs
2    // [...]
3
4    pub async fn try_processing(
5        pool: &PgPool,
6        idempotency_key: &IdempotencyKey,
7        user_id: Uuid,
8    ) -> Result<NextAction, anyhow::Error> {
9        let n_inserted_rows = sqlx::query!(
10           r#"
11           INSERT INTO idempotency (
12               user_id,
13               idempotency_key,
14               created_at
15           )
16           VALUES ($1, $2, now())
17           ON CONFLICT DO NOTHING
18           "#,
19           user_id,
20           idempotency_key.as_ref()
21       )
22       .execute(pool)
23       .await?
24       .rows_affected();
25       if n_inserted_rows > 0 {
26           Ok(NextAction::StartProcessing)
27       } else {
28           let saved_response = get_saved_response(pool, idempotency_key, user_id)
29               .await?
30               .ok_or_else(||
31                   anyhow::anyhow!("We expected a saved response, we didn't find it")
32               )?;
33           Ok(NextAction::ReturnSavedResponse(saved_response))
34       }
35   }
```

大量的测试开始失败。这是怎么回事？

查看日志，发现一个重复键违反了唯一约束，**idempotency_pkey**。为什么呢？我们忘了更新 **save_response**！它试图在 **idempotency** 表中为用户 ID 和幂等键的相同组合插入另一条记录——它

需要执行 **UPDATE** 而不是 **INSERT**。

```rust
//! src/idempotency/persistence.rs
// [...]

pub async fn save_response(/* */) -> Result</* */> {
    // [...]
    sqlx::query_unchecked!(
        r#"
        UPDATE idempotency
        SET
            response_status_code = $3,
            response_headers = $4,
            response_body = $5
        WHERE
            user_id = $1 AND
            idempotency_key = $2
        "#,
        user_id,
        idempotency_key.as_ref(),
        status_code,
        headers,
        body.as_ref()
    )
    // [...]
}
```

又回到了起点——**concurrent_form_submission_is_handled_gracefully** 是唯一失败的测试。我们收获了什么?

收获甚微——第二个请求返回错误,而不是发送两次电子邮件。这是一个进步,但还没有达到目标。

我们需要找到一种方法,使 **try_processing** 中的 **INSERT** 等待,而不是在第一个请求处理完之前、重试请求到达时出错。

11.9.2.1　事务隔离级别

我们做一个实验:在一个 SQL 事务中,使用 **try_processing** 封装 **INSERT**,使用 **save_response** 封装 **UPDATE**。

你觉得会发生什么呢?

```rust
//! src/idempotency/persistence.rs
use sqlx::{Postgres, Transaction};
// [...]

#[allow(clippy::large_enum_variant)]
pub enum NextAction {
```

```
7       // 稍后使用返回的事务
8       StartProcessing(Transaction<'static, Postgres>),
9       // [...]
10  }
11
12  pub async fn try_processing(/* */) -> Result</* */> {
13      let mut transaction = pool.begin().await?;
14      let n_inserted_rows = sqlx::query!(/* */)
15          .execute(&mut transaction)
16          .await?
17          .rows_affected();
18      if n_inserted_rows > 0 {
19          Ok(NextAction::StartProcessing(transaction))
20      } else {
21          // [...]
22      }
23  }
24
25  pub async fn save_response(
26      // 不再需要`Pool`
27      mut transaction: Transaction<'static, Postgres>,
28      // [...]
29  ) -> Result</* */> {
30      // [...]
31      sqlx::query_unchecked!(/* */)
32          .execute(&mut transaction)
33          .await?;
34      transaction.commit().await?;
35      // [...]
36  }
```

```
1   //! src/routes/admin/newsletter/post.rs
2   // [...]
3
4   pub async fn publish_newsletter(/* */) -> Result</* */> {
5       // [...]
6       let transaction = match try_processing(&pool, &idempotency_key, *user_id)
7           .await
8           .map_err(e500)?
9       {
10          NextAction::StartProcessing(t) => t,
11          // [...]
12      };
13      // [...]
14      let response = save_response(transaction, /* */)
15          .await
16          .map_err(e500)?;
17      // [...]
18  }
```

所有测试都通过了。为什么？

归根结底，是锁和事务隔离级别的问题！

READ COMMITTED 是 Postgres 的默认隔离级别。我们没有调整这一设置，在应用程序中的查询也是如此。

Postgres 文档对该隔离级别下的行为描述如下：

> ……SELECT 查询（没有 FOR UPDATE/SHARE 子句）只能看到在查询开始前提交的数据，而看不到未提交的数据或在查询执行期间并发事务提交的更改。实际上，SELECT 查询看到的是查询开始时的数据库快照。

相反，更改数据的语句会受到试图更改同一行的未提交事务的影响：

> UPDATE、DELETE、SELECT FOR UPDATE……只会找到在命令开始时已提交的目标行。但是，在找到目标行时，它可能已经被另一个并发事务更新（或删除或锁定）了。在这种情况下，更新者将等待第一个更新事务提交或回滚（如果仍在进行中）。

我们的情况正是如此。

第二个请求启动的 **INSERT** 语句必须等待第一个请求启动的 SQL 事务的结果。

如果后者提交了，前者将什么也不做。如果后者回滚了，前者将实际执行插入操作。

值得强调的是，如果使用更严格的隔离级别，这种策略将不起作用：

```
//! src/idempotency/persistence.rs
// [...]

pub async fn try_processing(/* */) -> Result</* */> {
    let mut transaction = pool.begin().await?;
    sqlx::query!("SET TRANSACTION ISOLATION LEVEL repeatable read")
        .execute(&mut transaction)
        .await?;
    let n_inserted_rows = sqlx::query!(/* */)
    // [...]
}
```

第二个并发请求将因为数据库错误而失败：由于并发更新，无法序列化访问。

可重复读的设计的目的是防止不可重复读（谁能想到呢）：如果在同一事务中连续运行两次相同的 **SELECT** 查询，那么返回的数据应该是相同的。

这对诸如 **UPDATE** 这样的语句有影响：如果这些语句是在可重复读事务中执行的，它们就不能修改或锁定可重复读事务开始后其他事务更改的行。

这就是在上面的实验中，第二个请求启动的事务无法提交的原因。即使选择 Postgres 中最严格的隔离级别——可序列化，也会发生同样的情况。

11.10　处理错误

我们取得了一些实际的进展——无论请求是并发到达还是顺序到达的，我们的实现都能优雅地处理重复的请求。

发生错误怎么办？

添加一个测试用例看看：

```
1  #! Cargo.toml
2  # [...]
3  [dev-dependencies]
4  serde_urlencoded = "0.7.1"
5  # [...]
```

```
1  //! tests/api/newsletter.rs
2  use fake::faker::internet::en::SafeEmail;
3  use fake::faker::name::en::Name;
4  use fake::Fake;
5  use wiremock::MockBuilder;
6  // [...]
7
8  // 公共的 Mock 设置
9  fn when_sending_an_email() -> MockBuilder {
10     Mock::given(path("/email")).and(method("POST"))
11  }
12
13  #[tokio::test]
14  async fn transient_errors_do_not_cause_duplicate_deliveries_on_retries() {
15     // 准备
16     let app = spawn_app().await;
17     let newsletter_request_body = serde_json::json!({
18         "title": "Newsletter title",
19         "text_content": "Newsletter body as plain text",
20         "html_content": "<p>Newsletter body as HTML</p>",
21         "idempotency_key": uuid::Uuid::new_v4().to_string()
22     });
23     // 两个订阅者，而不是一个
24     create_confirmed_subscriber(&app).await;
25     create_confirmed_subscriber(&app).await;
26     app.test_user.login(&app).await;
27
28     // 第一部分——提交邮件简报表单
29     // 第二个订阅者的电子邮件发送失败
```

```
30    when_sending_an_email()
31        .respond_with(ResponseTemplate::new(200))
32        .up_to_n_times(1)
33        .expect(1)
34        .mount(&app.email_server)
35        .await;
36    when_sending_an_email()
37        .respond_with(ResponseTemplate::new(500))
38        .up_to_n_times(1)
39        .expect(1)
40        .mount(&app.email_server)
41        .await;
42
43    let response = app.post_publish_newsletter(&newsletter_request_body).await;
44    assert_eq!(response.status().as_u16(), 500);
45
46    // 第二部分——重试提交表单
47    // 现在两个订阅者的电子邮件发送都将成功
48    when_sending_an_email()
49        .respond_with(ResponseTemplate::new(200))
50        .expect(1)
51        .named("Delivery retry")
52        .mount(&app.email_server)
53        .await;
54    let response = app.post_publish_newsletter(&newsletter_request_body).await;
55    assert_eq!(response.status().as_u16(), 303);
56
57    // Mock 在 Drop 上验证没有重复发送
58 }
59
60 async fn create_unconfirmed_subscriber(app: &TestApp) -> ConfirmationLinks {
61    // 正在使用多个订阅者
62    // 其细节必须随机化, 以避免冲突
63    let name: String = Name().fake();
64    let email: String = SafeEmail().fake();
65
66    let body = serde_urlencoded::to_string(&serde_json::json!({
67        "name": name,
68        "email": email
69    }))
70    .unwrap();
71    // [...]
72 }
```

测试没有通过——我们又看到了一个重复发送的例子:

```
1 thread 'newsletter::transient_errors_do_not_cause_duplicate_deliveries_on_retries'
2 panicked at 'Verifications failed:
3 - Delivery retry.
```

```
4        Expected range of matching incoming requests: == 1
5        Number of matched incoming requests: 2
```

如果想想幂等的实现，就会明白：插入 **idempotency** 表的 SQL 事务只在处理成功时提交。

错误会导致提前返回——当 **Transaction<'static, Postgres>** 值被丢弃时，就会触发回滚。

我们能做得更好吗？

11.10.1　分布式事务

我们所感受到的痛苦是实际应用中的一个常见问题——当执行的逻辑同时触及本地状态和另一个系统[1]管理的远程状态时，就会失去事务性[2]。

我对分布式系统中的技术挑战非常着迷，但我很清楚，用户并不与我有同样的热情。他们只想完成任务，并不关心系统内部——这也是理所当然的。

邮件简报作者希望在点击"提交"按钮后出现以下情况之一：

- 邮件简报已被发送给所有订阅者；
- 无法发送邮件简报，因此没有人收到。

我们的实现目前允许第三种情况：邮件简报无法发送（**500 Internal Server Error**），但一些订阅者还是收到了。

这可不行——部分执行是不可接受的，系统必须以合理的状态结束。

解决这个问题有两种常见方法：后向恢复和前向恢复。

11.10.2　后向恢复

后向恢复试图通过执行补偿操作来实现语义回滚。

假设我们正在使用一个电子商务结账系统：已经向客户收取了其购物车中产品的费用，但在尝试发货时，发现其中一件产品缺货。

我们可以通过取消所有的发货指令，并向客户退还购物车中产品的全部金额来进行后向恢复。

这种恢复机制对用户并不透明——他们仍然会在交易记录中看到两笔付款，即最初的费用和随后的退款。我们也可能会发送一封电子邮件来解释发生了什么。但是他们的余额，也就是他们关心的状态，已经恢复了。

1　在通常情况下，另一个系统就在组织内部——它只是一个不同的微服务，拥有自己独立的数据存储。已用单体系统的内部复杂性换取了协调多个子系统间变化的复杂性——复杂性总会存在。

2　类似于两阶段提交这样的协议，可以在分布式系统中实现全有或全无的语义，但由于复杂性和缺点，其并未得到广泛支持。

11.10.3　前向恢复

后向恢复不适合邮件简报发送系统——既不能"取消发送"电子邮件，也不能随后发送一封电子邮件，要求订阅者忽略我们之前发送的电子邮件（不过这样会很有趣）。

我们必须尝试执行前向恢复——即使一个或多个子任务没有成功，也要推动整个工作流执行完成。

我们有两种选择：主动恢复和被动恢复。

被动恢复将推动工作流完成的责任交给 API 调用者。请求处理器利用检查点来跟踪进度，例如"已发出 123 封邮件"。如果处理器崩溃，下一次 API 调用将从最新的检查点开始恢复处理，从而最大限度地减少重复工作（如果有的话）。经过足够多次的重试后，工作流执行完成。

主动恢复不需要调用者做任何事情，除启动工作流外。我们将依赖后台进程（例如 API 上的后台任务）来检测中途停止发送邮件简报的问题，然后将保证以异步方式发送完成——在 **POST /admin/newsletters** 请求的生命周期之外。

被动恢复会带来糟糕的用户体验——邮件简报作者必须不停地提交表单，直到收到成功的回复。作者的处境很尴尬——他们看到的错误是否与在发送过程中遇到的临时故障有关？还是数据库在试图获取订阅者列表时出现了故障？换句话说，重试是否会成功？

如果他们在发送过程中选择放弃重试，系统就会再次处于不一致的状态。

因此，我们选择主动恢复。

11.10.4　异步处理

主动恢复也有其不足之处。

我们不希望作者在幕后启动邮件简报的投递时收到来自 API 的错误。

我们可以通过改变对 **POST /admin/newsletters** 的期望来改善用户体验。目前，表单成功提交意味着新的邮件简报已通过验证并被发送给所有订阅者。

我们可以缩小其范围：表单提交成功意味着邮件简报已通过验证，并将以异步方式发送给所有订阅者。

换句话说，表单提交成功可向作者保证，发送工作流已正确启动。他们只需要等待所有邮件的发送而无须担心——一切都会成功[1]。

POST /admin/newsletters 的请求处理器不再负责发送邮件，它将简单地启动一个任务列表，由

---

[1] 作者仍将受益于交付流程的可视化——例如，通过一个页面来跟踪某期邮件简报还有多少邮件未发送。工作流的可观测性不在本书的讨论范围之内，但这可能是一个有趣的尝试。

一组后台程序异步完成任务。我们使用 Postgres 中的 **issue_delivery_queue** 表作为任务队列。

乍一看，这可能只是一个很小的区别——只是在工作需要时发生转移。但它有一种强大的含义：恢复了事务性。

我们的订阅者数据、幂等记录、任务队列都存在于 Postgres 中。**POST /admin/newsletters** 执行的所有操作都可以被封装在一个 SQL 事务中——要么全部成功，要么什么都没发生。

调用者不再需要猜测 API 的响应，也不需要对其实现进行猜测。

11.10.4.1 newsletter_issues

在发送时，我们不需要存储所发送邮件简报的详细信息。为了执行新策略，这种情况必须改变：使用专门的 **newsletter_issues** 表来存储邮件简报。

这种模式很常见：

```
sqlx migrate add create_newsletter_issues_table
```

```
-- migrations/20220211080603_create_newsletter_issues_table.sql
CREATE TABLE newsletter_issues (
    newsletter_issue_id uuid NOT NULL,
    title TEXT NOT NULL,
    text_content TEXT NOT NULL,
    html_content TEXT NOT NULL,
    published_at TEXT NOT NULL,
    PRIMARY KEY(newsletter_issue_id)
);
```

```
sqlx migrate run
```

实现一个 **insert_newsletter_issue** 函数——很快就会用到它：

```
//! src/routes/admin/newsletter/post.rs
use sqlx::{Postgres, Transaction};
use uuid::Uuid;
// [...]

#[tracing::instrument(skip_all)]
async fn insert_newsletter_issue(
    transaction: &mut Transaction<'_, Postgres>,
    title: &str,
    text_content: &str,
    html_content: &str,
) -> Result<Uuid, sqlx::Error> {
    let newsletter_issue_id = Uuid::new_v4();
    sqlx::query!(
        r#"
        INSERT INTO newsletter_issues (
            newsletter_issue_id,
```

```
18              title,
19              text_content,
20              html_content,
21              published_at
22          )
23          VALUES ($1, $2, $3, $4, now())
24          "#,
25          newsletter_issue_id,
26          title,
27          text_content,
28          html_content
29      )
30      .execute(transaction)
31      .await?;
32      Ok(newsletter_issue_id)
33 }
```

11.10.4.2　issue_delivery_queue

说到任务，我们就简单点儿：

```
1 sqlx migrate add create_issue_delivery_queue_table
```

```
1 -- migrations/20220211080603_create_issue_delivery_queue_table.sql
2 CREATE TABLE issue_delivery_queue (
3    newsletter_issue_id uuid NOT NULL REFERENCES newsletter_issues (newsletter_issue_id),
4    subscriber_email TEXT NOT NULL,
5    PRIMARY KEY(newsletter_issue_id, subscriber_email)
6 );
```

```
1 sqlx migrate run
```

通过插入语句来创建任务：

```
1 //! src/routes/admin/newsletter/post.rs
2 // [...]
3
4 #[tracing::instrument(skip_all)]
5 async fn enqueue_delivery_tasks(
6     transaction: &mut Transaction<'_, Postgres>,
7     newsletter_issue_id: Uuid,
8 ) -> Result<(), sqlx::Error> {
9     sqlx::query!(
10        r#"
11        INSERT INTO issue_delivery_queue (
12            newsletter_issue_id,
13            subscriber_email
14        )
15        SELECT $1, email
16        FROM subscriptions
17        WHERE status = 'confirmed'
```

```
18          "#,
19          newsletter_issue_id,
20      )
21      .execute(transaction)
22      .await?;
23      Ok(())
24  }
```

11.10.4.3　POST /admin/newsletters

我们已经准备好将刚才构建的各个部分组合在一起，用来彻底改造请求处理器：

```
1   //! src/routes/admin/newsletter/post.rs
2   // [...]
3
4   #[tracing::instrument(
5       name = "Publish a newsletter issue",
6       skip_all,
7       fields(user_id = % & * user_id)
8   )]
9   pub async fn publish_newsletter(
10      form: web::Form<FormData>,
11      pool: web::Data<PgPool>,
12      user_id: web::ReqData<UserId>,
13  ) -> Result<HttpResponse, actix_web::Error> {
14      let user_id = user_id.into_inner();
15      let FormData {
16          title,
17          text_content,
18          html_content,
19          idempotency_key,
20      } = form.0;
21      let idempotency_key: IdempotencyKey = idempotency_key.try_into().map_err(e400)?;
22      let mut transaction = match try_processing(&pool, &idempotency_key, *user_id)
23          .await
24          .map_err(e500)?
25      {
26          NextAction::StartProcessing(t) => t,
27          NextAction::ReturnSavedResponse(saved_response) => {
28              success_message().send();
29              return Ok(saved_response);
30          }
31      };
32      let issue_id = insert_newsletter_issue(&mut transaction, &title, &text_content, &html_content)
33          .await
34          .context("Failed to store newsletter issue details")
35          .map_err(e500)?;
36      enqueue_delivery_tasks(&mut transaction, issue_id)
37          .await
```

```
38          .context("Failed to enqueue delivery tasks")
39          .map_err(e500)?;
40      let response = see_other("/admin/newsletters");
41      let response = save_response(transaction, &idempotency_key, *user_id, response)
42          .await
43          .map_err(e500)?;
44      success_message().send();
45      Ok(response)
46  }
47
48  fn success_message() -> FlashMessage {
49      FlashMessage::info(
50          "The newsletter issue has been accepted - \
51          emails will go out shortly.",
52      )
53  }
```

还可以删除 **get_confirmed_subscribers** 和 **ConfirmedSubscriber**。

现在，请求处理器的逻辑非常简单。作者也将获得更快的反馈——端点不再需要在将数百个订阅者重定向到成功页面之前对其进行遍历。

11.10.4.4　邮件处理

现在，我们把重点放在发送上。

我们需要消费 **issue_delivery_queue** 表中的任务。可能会有多个工作进程同时执行发送任务——每个 API 实例都至少有一个。

使用朴素的处理方法，可能会带来问题：

```
1  SELECT (newsletter_issue_id, subscriber_email)
2  FROM issue_delivery_queue
3  LIMIT 1
```

当多个工作进程选择了相同的电子邮件地址时，这个地址会收到重复的电子邮件。

这里就需要用到同步机制。我们可以使用数据库的行级锁。

PostgreSQL 9.5 引入了 **SKIP LOCKED** 子句——它允许 **SELECT** 语句忽略当前被其他并发操作锁定的行。

结合起来如下：

```
1  SELECT (newsletter_issue_id, subscriber_email)
2  FROM issue_delivery_queue
3  FOR UPDATE
4  SKIP LOCKED
5  LIMIT 1
```

这样就有了一个并发安全队列。

每个工作进程都将选择一个无竞争的任务（**SKIP LOCKED** 和 **LIMIT 1**）；在整个 SQL 事务期间，此任务本身对其他工作进程不可用（**FOR UPDATE**）。

在任务完成后（即电子邮件已发送），从 **issue_delivery_queue** 表中删除相应的行，并提交更改。

实现的代码如下：

```
1  //! lib.rs
2  // [...]
3  pub mod issue_delivery_worker;

1  //! src/issue_delivery_worker;
2  use crate::email_client::EmailClient;
3  use sqlx::{PgPool, Postgres, Transaction};
4  use tracing::{field::display, Span};
5  use uuid::Uuid;
6
7  #[tracing::instrument(
8      skip_all,
9      fields(
10         newsletter_issue_id = tracing::field::Empty,
11         subscriber_email = tracing::field::Empty
12     ),
13     err
14 )]
15 async fn try_execute_task(
16     pool: &PgPool,
17     email_client: &EmailClient,
18 ) -> Result<(), anyhow::Error> {
19     if let Some((transaction, issue_id, email)) = dequeue_task(pool).await? {
20         Span::current()
21             .record("newsletter_issue_id", &display(issue_id))
22             .record("subscriber_email", &display(&email));
23         // TODO: 发送电子邮件
24         delete_task(transaction, issue_id, &email).await?;
25     }
26     Ok(())
27 }
28
29 type PgTransaction = Transaction<'static, Postgres>;
30
31 #[tracing::instrument(skip_all)]
32 async fn dequeue_task(
33     pool: &PgPool,
34 ) -> Result<Option<(PgTransaction, Uuid, String)>, anyhow::Error> {
35     let mut transaction = pool.begin().await?;
36     let r = sqlx::query!(
37         r#"
```

```
38          SELECT newsletter_issue_id, subscriber_email
39          FROM issue_delivery_queue
40          FOR UPDATE
41          SKIP LOCKED
42          LIMIT 1
43          "#,
44      )
45      .fetch_optional(&mut transaction)
46      .await?;
47      if let Some(r) = r {
48          Ok(Some((
49              transaction,
50              r.newsletter_issue_id,
51              r.subscriber_email,
52          )))
53      } else {
54          Ok(None)
55      }
56  }
57
58  #[tracing::instrument(skip_all)]
59  async fn delete_task(
60      mut transaction: PgTransaction,
61      issue_id: Uuid,
62      email: &str,
63  ) -> Result<(), anyhow::Error> {
64      sqlx::query!(
65          r#"
66          DELETE FROM issue_delivery_queue
67          WHERE
68              newsletter_issue_id = $1 AND
69              subscriber_email = $2
70          "#,
71          issue_id,
72          email
73      )
74      .execute(&mut transaction)
75      .await?;
76      transaction.commit().await?;
77  }
```

要真正发送电子邮件，需要先获取邮件简报的内容：

```
1  //! src/issue_delivery_worker;
2  // [...]
3
4  struct NewsletterIssue {
5      title: String,
6      text_content: String,
```

```
 7      html_content: String,
 8  }
 9
10  #[tracing::instrument(skip_all)]
11  async fn get_issue(
12      pool: &PgPool,
13      issue_id: Uuid
14  ) -> Result<NewsletterIssue, anyhow::Error> {
15      let issue = sqlx::query_as!(
16          NewsletterIssue,
17          r#"
18          SELECT title, text_content, html_content
19          FROM newsletter_issues
20          WHERE
21              newsletter_issue_id = $1
22          "#,
23          issue_id
24      )
25      .fetch_one(pool)
26      .await?;
27      Ok(issue)
28  }
```

然后，我们就可以恢复 **POST /admin/newsletters** 中的分发逻辑了：

```
 1  //! src/issue_delivery_worker;
 2  use crate::domain::SubscriberEmail;
 3  // [...]
 4
 5  #[tracing::instrument(/* */)]
 6  async fn try_execute_task(
 7      pool: &PgPool,
 8      email_client: &EmailClient,
 9  ) -> Result<(), anyhow::Error> {
10      if let Some((transaction, issue_id, email)) = dequeue_task(pool).await? {
11          // [...]
12          match SubscriberEmail::parse(email.clone()) {
13              Ok(email) => {
14                  let issue = get_issue(pool, issue_id).await?;
15                  if let Err(e) = email_client
16                      .send_email(
17                          &email,
18                          &issue.title,
19                          &issue.html_content,
20                          &issue.text_content,
21                      ).
22                      await
23                  {
24                      tracing::error!(
```

```
25                    error.cause_chain = ?e,
26                    error.message = %e,
27                    "Failed to deliver issue to a confirmed subscriber. \
28                    Skipping.",
29                );
30            }
31        }
32        Err(e) => {
33            tracing::error!(
34                error.cause_chain = ?e,
35                error.message = %e,
36                "Skipping a confirmed subscriber. \
37                Their stored contact details are invalid",
38            );
39        }
40    }
41    delete_task(transaction, issue_id, &email).await?;
42  }
43  Ok(())
44 }
```

如你所见，当发送尝试因为 Postmark 错误而失败时，就不会重试了。

我们可以通过增强 **issue_delivery_queue** 表来改变这种情况。例如，添加 **n_retries** 和 **execute_after** 列来跟踪已经进行了多少次尝试，以及在再次尝试之前等待了多长时间。将其作为练习试着来实现！

11.10.4.5　工作进程循环

try_execute_task 试图发送一封邮件——我们需要一个后台任务，不断地从 **issue_delivery_queue** 表中读取信息，并在有可用信息时完成任务。

我们可以使用无限循环：

```
1  //! src/issue_delivery_worker;
2  use std::time::Duration;
3  // [...]
4
5  async fn worker_loop(
6      pool: PgPool,
7      email_client: EmailClient
8  ) -> Result<(), anyhow::Error> {
9      loop {
10         if try_execute_task(&pool, &email_client).await.is_err() {
11             tokio::time::sleep(Duration::from_secs(1)).await;
12         }
13     }
14 }
```

我们经历了短暂的失败[1]，需要休眠一段时间，以提高未来成功的机会。这可以通过引入带抖动的指数回退来进一步改进。

除失败之外，还需要注意另一种情况：**issue_delivery_queue** 表可能是空的。

在这种情况下，**try_execute_task** 将被连续调用。这意味着对数据库进行了不必要的查询。

我们可以通过更改 **try_execute_task** 的方法签名来降低这种风险——需要知道它是否真的成功地删除了某些任务。

```
1  //! src/issue_delivery_worker.rs
2  // [...]
3
4  enum ExecutionOutcome {
5      TaskCompleted,
6      EmptyQueue,
7  }
8
9  #[tracing::instrument(/* */)]
10 async fn try_execute_task(/* */) -> Result<ExecutionOutcome, anyhow::Error> {
11     let task = dequeue_task(pool).await?;
12     if task.is_none() {
13         return Ok(ExecutionOutcome::EmptyQueue);
14     }
15     let (transaction, issue_id, email) = task.unwrap();
16     // [...]
17     Ok(ExecutionOutcome::TaskCompleted)
18 }
```

worker_loop 变得更强大了：

```
1  //! src/issue_delivery_worker.rs
2  // [...]
3
4  async fn worker_loop(/* */) -> Result</* */> {
5      loop {
6          match try_execute_task(&pool, &email_client).await {
7              Ok(ExecutionOutcome::EmptyQueue) => {
8                  tokio::time::sleep(Duration::from_secs(10)).await;
9              }
10             Err(_) => {
11                 tokio::time::sleep(Duration::from_secs(1)).await;
12             }
13             Ok(ExecutionOutcome::TaskCompleted) => {}
14         }
15     }
16 }
```

再也不用忙着循环了！

---

1 **try_execute_task** 返回的所有错误几乎都是临时的，除了无效的订阅者电子邮件——休眠并不能解决这些问题。请尝试改进实现，以区分临时故障和致命故障，并让 **worker_loop** 做出适当的反应。

11.10.4.6　启动后台工作进程

我们有一个工作进程循环，但它并没有在任何地方启动。

现在，根据配置值构建所需的依赖关系[1]：

```
1  //! src/issue_delivery_worker.rs
2  use crate::{configuration::Settings, startup::get_connection_pool};
3  // [...]
4
5  pub async fn run_worker_until_stopped(
6      configuration: Settings
7  ) -> Result<(), anyhow::Error> {
8      let connection_pool = get_connection_pool(&configuration.database);
9
10     let sender_email = configuration
11         .email_client
12         .sender()
13         .expect("Invalid sender email address.");
14     let timeout = configuration.email_client.timeout();
15     let email_client = EmailClient::new(
16         configuration.email_client.base_url,
17         sender_email,
18         configuration.email_client.authorization_token,
19         timeout,
20     );
21     worker_loop(connection_pool, email_client).await
22  }
```

为了同时运行后台工作进程和 API，我们需要重构 **main** 函数。

为两个长期运行的任务分别构建一个 **Future**——在 Rust 中，**Future** 是惰性的，因此在真正等待之前不会发生任何事情。

使用 **tokio::select!** 让两个任务同时取得进展。一旦其中一个任务完成或出错，**tokio::select!** 就会返回：

```
1  //! src/main.rs
2  use zero2prod::issue_delivery_worker::run_worker_until_stopped;
3  // [...]
4
5  #[tokio::main]
6  async fn main() -> anyhow::Result<()> {
7      let subscriber = get_subscriber("zero2prod".into(), "info".into(), std::io::stdout);
8      init_subscriber(subscriber);
```

---

1 我们不会重复使用为 **actix_web** 应用程序构建的依赖关系。例如，这种分离能够让我们精确控制有多少数据库连接被分配给了后台任务与 API 工作负载。不过，这在现阶段显然是不必要的——我们本可以构建一个连接池和 HTTP 客户端，将 **Arc** 指针传递给两个子系统（API 和工作进程）。正确的选择取决于具体情况和整体约束条件。

```
 9
10    let configuration = get_configuration().expect("Failed to read configuration.");
11    let application = Application::build(configuration.clone())
12        .await?
13        .run_until_stopped();
14    let worker = run_worker_until_stopped(configuration);
15
16    tokio::select! {
17        _ = application => {},
18        _ = worker => {},
19    };
20    Ok(())
21 }
```

在使用 **tokio::select!** 时需要注意一个陷阱——所有选中的 **Future** 都会作为一个任务进行轮询。正如 **tokio** 文档所强调的那样，这会产生后果：

> 通过在当前任务上运行所有异步表达式，这些表达式可以并发运行，但不能并行。这意味着所有表达式都在同一个线程上运行，如果一个分支阻塞了线程，那么所有其他表达式都将无法继续运行。如果需要并行，请使用 **tokio::spawn** 生成每个异步表达式，并将 join 句柄传递给 **select!**。

遵循这个建议：

```
 1 //! src/main.rs
 2 // [...]
 3
 4 #[tokio::main]
 5 async fn main() -> anyhow::Result<()> {
 6     // [...]
 7     let application = Application::build(configuration.clone()).await?;
 8     let application_task = tokio::spawn(application.run_until_stopped());
 9     let worker_task = tokio::spawn(run_worker_until_stopped(configuration));
10
11     tokio::select! {
12         _ = application_task => {},
13         _ = worker_task => {},
14     };
15
16     Ok(())
17 }
```

目前的情况是，我们无法知道哪个任务先完成，也无法知道它们是否都成功完成。添加一些日志看看：

```
 1 //! src/main.rs
 2 use std::fmt::{Debug, Display};
 3 use tokio::task::JoinError;
```

```
 4   // [...]
 5
 6   #[tokio::main]
 7   async fn main() -> anyhow::Result<()> {
 8       // [...]
 9       tokio::select! {
10           o = application_task => report_exit("API", o),
11           o = worker_task => report_exit("Background worker", o),
12       };
13
14       Ok(())
15   }
16
17   fn report_exit(
18       task_name: &str,
19       outcome: Result<Result<(), impl Debug + Display>, JoinError>,
20   ) {
21       match outcome {
22           Ok(Ok(())) => {
23               tracing::info!("{} has exited", task_name)
24           }
25           Ok(Err(e)) => {
26               tracing::error!(
27                   error.cause_chain = ?e,
28                   error.message = %e,
29                   "{} failed",
30                   task_name
31               )
32           }
33           Err(e) => {
34               tracing::error!(
35                   error.cause_chain = ?e,
36                   error.message = %e,
37                   "{}' task failed to complete",
38                   task_name
39               )
40           }
41       }
42   }
```

看起来非常不错！

11.10.4.7　更新测试套件

还有一个遗留问题——很多测试都失败了。这些测试是在同步发送电子邮件时写的，而现在已经不再是那种情况了。应该如何处理？

启动后台工作进程可以模拟应用程序的行为，但这将会导致测试套件变得脆弱——我们将必须在任意时间间隔内休眠，等待后台工作进程处理刚刚启动的电子邮件任务。我们迟早会遇到测试不稳定的问题。

另一种方法是按需启动工作进程，要求它消费所有可用任务。这种方法略微偏离了 **main** 函数中的行为，但却能复用大部分代码，而且更加健壮。这就是我们的目标！

首先，在 **TestApp** 中添加一个 **EmailClient** 实例：

```rust
//! src/configuration.rs
use crate::email_client::EmailClient;
// [...]

impl EmailClientSettings {
    pub fn client(self) -> EmailClient {
        let sender_email = self.sender().expect("Invalid sender email address.");
        let timeout = self.timeout();
        EmailClient::new(
            self.base_url,
            sender_email,
            self.authorization_token,
            timeout,
        )
    }

    // [...]
}
```

```rust
//! tests/api/helpers.rs
use zero2prod::email_client::EmailClient;
// [...]

pub struct TestApp {
    // [...]
    pub email_client: EmailClient,
}

pub async fn spawn_app() -> TestApp {
    // [...]
    let test_app = TestApp {
        // [...]
        email_client: configuration.email_client.client()
    };
    // [...]
}
```

```rust
//! src/issue_delivery_worker.rs
// [...]

pub async fn run_worker_until_stopped(
```

```
 5       configuration: Settings
 6   ) -> Result<(), anyhow::Error> {
 7       let connection_pool = get_connection_pool(&configuration.database);
 8       // 使用辅助函数
 9       let email_client = configuration.email_client.client();
10       worker_loop(connection_pool, email_client).await
11   }
```

```
 1   //! src/startup.rs
 2   // [...]
 3
 4   impl Application {
 5       pub async fn build(configuration: Settings) -> Result<Self, anyhow::Error> {
 6           let connection_pool = get_connection_pool(&configuration.database);
 7           // 使用辅助函数
 8           let email_client = configuration.email_client.client();
 9           // [...]
10       }
11       // [...]
12   }
```

然后，实现一个辅助函数来消费所有队列任务：

```
 1   //! tests/api/helpers.rs
 2   use zero2prod::issue_delivery_worker::{try_execute_task, ExecutionOutcome};
 3   // [...]
 4
 5   impl TestApp {
 6       pub async fn dispatch_all_pending_emails(&self) {
 7           loop {
 8               if let ExecutionOutcome::EmptyQueue =
 9                   try_execute_task(&self.db_pool, &self.email_client)
10                       .await
11                       .unwrap()
12               {
13                   break;
14               }
15           }
16       }
17       // [...]
18   }
```

```
 1   //! src/issue_delivery_worker.rs
 2   // [...]
 3
 4   // 标记为 pub
 5   pub enum ExecutionOutcome {/* */}
 6
 7   #[tracing::instrument(/* */)]
 8   // 标记为 pub
```

```
9  pub async fn try_execute_task(/* */) -> Result</* */> {/* */}
```

更新所有受影响的测试用例：

```
1  //! tests/api/newsletter.rs
2  // [...]
3
4  #[tokio::test]
5  async fn newsletters_are_not_delivered_to_unconfirmed_subscribers() {
6      // [...]
7      assert!(html_page.contains(
8          "<p><i>The newsletter issue has been accepted - \
9          emails will go out shortly.</i></p>"
10     ));
11     app.dispatch_all_pending_emails().await;
12     // Mock 在 Drop 上验证我们是否已发送邮件简报
13 }
14
15 #[tokio::test]
16 async fn newsletters_are_delivered_to_confirmed_subscribers() {
17     // [...]
18     assert!(html_page.contains(
19         "<p><i>The newsletter issue has been accepted - \
20         emails will go out shortly.</i></p>"
21     ));
22     app.dispatch_all_pending_emails().await;
23     // Mock 在 Drop 上验证我们是否已发送邮件简报
24 }
25
26 #[tokio::test]
27 async fn newsletter_creation_is_idempotent() {
28     // [...]
29     // 执行——第二部分，跟随重定向
30     let html_page = app.get_publish_newsletter_html().await;
31     assert!(html_page.contains(
32         "<p><i>The newsletter issue has been accepted - \
33         emails will go out shortly.</i></p>"
34     ));
35     // [...]
36     // 执行——第四部分，跟随重定向
37     let html_page = app.get_publish_newsletter_html().await;
38     assert!(html_page.contains(
39         "<p><i>The newsletter issue has been accepted - \
40         emails will go out shortly.</i></p>"
41     ));
42     app.dispatch_all_pending_emails().await;
43     // Mock 在 Drop 上验证我们是否已发送邮件简报
44 }
45
```

```
46  #[tokio::test]
47  async fn concurrent_form_submission_is_handled_gracefully() {
48      // [...]
49      app.dispatch_all_pending_emails().await;
50      // Mock 在 Drop 上验证我们是否已发送邮件简报
51  }
52
53  // 删除了`transient_errors_do_not_cause_duplicate_deliveries_on_retries`
54  // 由于进行了重新设计，它已不再相关
```

测试通过，我们成功了！

实际上，我们差点儿就成功了。

但我们忽略了一个细节：幂等键没有过期机制。请参考在后台工作进程中学到的知识，尝试设计一个幂等性密钥的过期机制。

11.11　后记

我们的共同旅程到此结束。

我们是从一个空的项目开始的。看看现在的项目：功能齐全、测试良好、具有安全性——一个真正的最小可行产品。不过，这个项目从来就不是目标，我们真正的目标是尝试使用 Rust 编写一个生产级的 API，看看是什么感觉。

《从零构建 Rust 生产级服务》始于一个我经常听到的问题：

Rust 能成为 API 开发的高效语言吗？

我已经告诉你答案了。我向你展示了 Rust 生态系统的一个小角落，一个有争议但强大的工具包。现在选择权在你：你已经学到了足够的知识，如果你愿意，可以自己继续走下去。

Rust 在业界的应用正在崛起：我们正在经历一个拐点。我的愿望是写一本书，为这股崛起的浪潮提供一张船票——为那些希望成为这个故事一部分的人提供入门指南。

这只是一个开始——这个社区的未来还未写就，但前景看起来非常光明。